全国电力出版指导委员会出版规划重点项目

火力发电职业技能培训教材

HUOLI FADIAN ZHIYE JINENG PEIXUN JIAOCAI

环保设备检修

《火力发电职业技能培训教材》编委会　编

中国电力出版社
CHINA ELECTRIC POWER PRESS

内 容 提 要

本套教材在2005年出版的《火力发电职业技能培训教材》基础上，吸收近年来国家和电力行业对火力发电职业技能培训的新要求编写而成。在修订过程中以实际操作技能为主线，将相关专业理论与生产实践紧密结合，力求反映当前我国火电技术发展的水平，符合电力生产实际的需求。

本套教材总共15个分册，其中的《环保设备运行》《环保设备检修》为本次新增的2个分册，覆盖火力发电运行与检修专业的职业技能培训需求。本套教材的作者均为长年工作在生产第一线的专家、技术人员，具有较好的理论基础、丰富的实践经验和培训经验。

本书为《环保设备检修》分册，共四篇，主要内容包括设备检修管理、脱硫设备检修、脱硝设备检修和除尘除灰设备检修。

本套教材适合作为火力发电专业职业技能鉴定培训教材和火力发电现场生产技术培训教材，也可供火电类技术人员及职业技术学校教学使用。

图书在版编目（CIP）数据

环保设备检修/《火力发电职业技能培训教材》编委会编. —北京：中国电力出版社，2020.8

火力发电职业技能培训教材

ISBN 978-7-5198-4651-0

Ⅰ.①环… Ⅱ.①火… Ⅲ.①火电厂－环境保护－设备检修－技术培训－教材 Ⅳ.①TM621.7

中国版本图书馆CIP数据核字（2020）第073315号

出版发行：中国电力出版社
地　　址：北京市东城区北京站西街19号（邮政编码100005）
网　　址：http://www.cepp.sgcc.com.cn
责任编辑：姜　萍（010-63412368）常丽燕
责任校对：黄　蓓　朱丽芳
装帧设计：赵姗姗
责任印制：吴　迪

印　　刷：三河市万龙印装有限公司
版　　次：2020年8月第一版
印　　次：2020年8月北京第一次印刷
开　　本：880毫米×1230毫米　32开本
印　　张：14.375
字　　数：492千字
印　　数：0001—2000册
定　　价：78.00元

《火力发电职业技能培训教材》（第二版）

编　委　会

《火力发电职业技能培训教材
环保设备检修》

编 写 人 员

主 编：武晓明

参 编（按姓氏笔画排列）：

朱立新 李 晋 张裕富 刘丽军

宋金峰 靳燕军 付清莉

《火力发电职业技能培训教材》（第一版）

编　委　会

第二版前言

2004年，中国国电集团公司、中国大唐集团公司与中国电力出版社共同组织编写了《火力发电职业技能培训教材》。教材出版发行后，深受广大读者好评，主要分册重印10余次，对提高火力发电员工职业技能水平发挥了重要的作用。

近年来，随着我国经济的发展，电力工业取得显著进步，截至2018年底，我国火力发电装机总规模已达11.4亿kW，燃煤发电600MW、1000MW机组已经成为主力机组。当前，我国火力发电技术正向着大机组、高参数、高度自动化方向迅猛发展，新技术、新设备、新工艺、新材料逐年更新，有关生产管理、质量监督和专业技术发展也是日新月异，现代火力发电厂对员工知识的深度与广度，对运用技能的熟练程度，对变革创新的能力，对掌握新技术、新设备、新工艺的能力，以及对多种岗位上工作的适应能力、协作能力、综合能力等提出了更高、更新的要求。

为适应火力发电技术快速发展、超临界和超超临界机组大规模应用的现状，使火力发电员工职业技能培训和技能鉴定工作与生产形势相匹配，提高火力发电员工职业技能水平，在广泛收集原教材的使用意见和建议的基础上，2018年8月，中国电力出版社有限公司、中国大唐集团有限公司山西分公司启动了《火力发电职业技能培训教材》修订工作。100多位发电企业技术专家和技术人员以高度的责任心和使命感，精心策划、精雕细刻、精益求精，高质量地完成了本次修订工作。

《火力发电职业技能培训教材》（第二版）具有以下突出特点：

（1）针对性。教材内容要紧扣《中华人民共和国职业技能鉴定规范·电力行业》（简称《规范》）的要求，体现《规范》对火力发电有关工种鉴定的要求，以培训大纲中的“职业技能模块”及生产实际的工作程序设章、节，每一个技能模块相对独立，均有非常具体的学习目标和学习内容，教材能满足职业技能培训和技能鉴定工作的需要。

（2）规范性。教材修订过程中，引用了最新的国家标准、电力行业规程规范，更新、升级一些老标准，确保内容符合企业实际生产规程规范的要求。教材采用了规范的物理量符号及计量单位，更新了相关设备的图形符号、文字符号，注意了名词术语的规范性。

（3）系统性。教材注重专业理论知识体系的搭建，通过对培训人员分析能力、理解能力、学习方法等的培养，达到知其然又知其所以然的目的，从而打下坚实的专业理论基础，提高自学本领。

（4）时代性。教材修订过程中，充分吸收了新技术、新设备、新工艺、新材料以及有关生产管理、质量监督和专业技术发展动态等内容，删除了第一版中包含的已经淘汰的设备、工艺等相关内容。2005年出版的《火力发电职业技能培训教材》共15个分册，考虑到从业人员、专业技术发展等因素，没有对《电测仪表》《电气试验》两个分册进行修订；针对火电厂脱硫、除尘、脱硝设备运行检修的实际情况，新增了《环保设备运行》《环保设备检修》两个分册。

（5）实用性。教材修订工作遵循为企业培训服务的原则，面向生产、面向实际，以提高岗位技能为导向，强调了“缺什么补什么，干什么学什么”的原则，在内容编排上以实际操作技能为主线，知识为掌握技能服务，知识内容以相应的工种必需的专业知识为起点，不再重复已经掌握的理论知识。突出理论和实践相结合，将相关的专业理论知识与实际操作技能有机地融为一体。

（6）完整性。教材在分册划分上没有按工种划分，而采取按专业方式分册，主要是考虑知识体系的完整，专业相对稳定而工种则可能随着时间和设备变化调整，同时这样安排便于各工种人员全面学习了解本专业相关工种知识技能，能适应轮岗、调岗的需要。

（7）通用性。教材突出对实际操作技能的要求，增加了现场实践性教学的内容，不再人为地划分初、中、高技术等级。不同技术等级的培训可根据大纲要求，从教材中选取相应的章节内容。每一章后均有关于各技术等级应掌握本章节相应内容的提示。每一册均有关本册涵盖职业技能鉴定专业及工种的提示，方便培训时选择合适的内容。

（8）可读性。教材力求开门见山，重点突出，图文并茂，便于理解，便于记忆，适用于职业培训，也可供广大工程技术人员自学参考。

希望《火力发电职业技能培训教材》（第二版）的出版，能为推进火力发电企业职业技能培训工作发挥积极作用，进而提升火力发电员工职业能力水平，为电力安全生产添砖加瓦。恳请各单位在使用过程中对教材多提宝贵意见，以期再版时修订完善。

本套教材修订工作得到中国大唐集团有限公司山西分公司、大唐太原第二热电厂和阳城国际发电有限责任公司各级领导的大力支持，在此谨向为教材修订做出贡献的各位专家和支持这项工作的领导表示衷心感谢。

《火力发电职业技能培训教材》（第二版）编委会

2020年1月

第一版前言

近年来，我国电力工业正向着大机组、高参数、大电网、高电压、高度自动化方向迅猛发展。随着电力工业体制改革的深化，现代火力发电厂对职工所掌握知识与能力的深度、广度要求，对运用技能的熟练程度，以及对革新的能力，掌握新技术、新设备、新工艺的能力，监督管理能力，多种岗位上工作的适应能力，协作能力，综合能力等提出了更高、更新的要求。这都急切地需要通过培训来提高职工队伍的职业技能，以适应新形势的需要。

当前，随着《中华人民共和国职业技能鉴定规范》（简称《规范》）在电力行业的正式施行，电力行业职业技能标准的水平有了明显的提高。为了满足《规范》对火力发电有关工种鉴定的要求，做好职业技能培训工作，中国国电集团公司、中国大唐集团公司与中国电力出版社共同组织编写了这套《火力发电职业技能培训教材》，并邀请一批有良好电力职业培训基础和经验，并热心于职业教育培训的专家进行审稿把关。此次组织开发的新教材，汲取了以往教材建设的成功经验，认真研究和借鉴了国际劳工组织开发的MES技能培训模式，按照MES教材开发的原则和方法，按照《规范》对火力发电职业技能鉴定培训的要求编写。教材在设计思想上，以实际操作技能为主线，更加突出了理论和实践相结合，将相关的专业理论知识与实际操作技能有机地融为一体，形成了本套技能培训教材的新特色。

《火力发电职业技能培训教材》共15分册，同时配套有15分册的《复习题与题解》，以帮助学员巩固所学到的知识和技能。

《火力发电职业技能培训教材》主要具有以下突出特点：

（1）教材体现了《规范》对培训的新要求，教材以培训大纲中的“职业技能模块”及生产实际的工作程序设章、节，每一个技能模块相对独立，均有非常具体的学习目标和学习内容。

（2）对教材的体系和内容进行了必要的改革，更加科学合理。在内容编排上以实际操作技能为主线，知识为掌握技能服务，知识内容以相应的职业必需的专业知识为起点，不再重复已经掌握的理论知识，以达到再培训，再提高，满足技能的需要。

凡属已出版的《全国电力工人公用类培训教材》涉及的内容，如识绘图、热工、机械、力学、钳工等基础理论均未重复编入本教材。

（3）教材突出了对实际操作技能的要求，增加了现场实践性教学的内容，不再人为地划分初、中、高技术等级。不同技术等级的培训可根据大纲要求，从教材中选取相应的章节内容。每一章后，均有关于各技术等级应掌握本章节相应内容的提示。

（4）教材更加体现了培训为企业服务的原则，面向生产，面向实际，以提高岗位技能为导向，强调了“缺什么补什么，干什么学什么”的原则，内容符合企业实际生产规程、规范的要求。

（5）教材反映了当前新技术、新设备、新工艺、新材料以及有关生产管理、质量监督和专业技术发展动态等内容。

（6）教材力求简明实用，内容叙述开门见山，重点突出，克服了偏深、偏难、内容繁杂等弊端，坚持少而精、学则得的原则，便于培训教学和自学。

（7）教材不仅满足了《规范》对职业技能鉴定培训的要求，同时还融入了对分析能力、理解能力、学习方法等的培养，使学员既学会一定的理论知识和技能，又掌握学习的方法，从而提高自学本领。

（8）教材图文并茂，便于理解，便于记忆，适应于企业培训，也可供广大工程技术人员参考，还可以用于职业技术教学。

《火力发电职业技能培训教材》的出版，是深化教材改革的成果，为创建新的培训教材体系迈进了一步，这将为推进火力发电厂的培训工作，为提高培训效果发挥积极作用。希望各单位在使用过程中对教材提出宝贵建议，以使不断改进，日臻完善。

在此谨向为编审教材做出贡献的各位专家和支持这项工作的领导们深表谢意。

《火力发电职业技能培训教材》编委会

2005 年 1 月

编者的话

2014年9月12日，国家发展改革委员会、环境保护部、国家能源局联合下发《煤电节能减排升级与改造行动计划（2014—2020年）》（以下简称《行动计划》）。“严控大气污染物排放”是该《行动计划》的一项重要内容，《行动计划》明确指出：新建燃煤发电机组（含在建和项目已纳入国家火电建设规划的机组）应同步建设先进高效脱硫、脱硝和除尘设施，不得设置烟气旁路通道。东部地区新建燃煤发电机组大气污染物排放浓度基本达到燃气轮机组排放限值（即在基准氧含量6%条件下，烟尘、二氧化硫、氮氧化物排放浓度分别不高于$10mg/m^3$、$35mg/m^3$、$50mg/m^3$），中部地区新建机组原则上接近或达到燃气轮机组排放限值，鼓励西部地区新建机组接近或达到燃气轮机组排放限值。支持同步开展大气污染物联合协同脱除，减少三氧化硫、汞、砷等污染物排放。

近年来，随着环保标准的不断提高和超低排放改造的不断深入，脱硫、脱硝、除尘等环保设施安全、稳定、经济运行，已成为各火电企业设备检修管理的目标和重点。本书以目前300MW、600MW、1000MW火电机组的脱硫、脱硝、除尘检修实践为基础，查阅、借鉴了相关的专业书籍和技术资料，阐述了火电厂石灰石－石膏湿法脱硫系统、脱硝系统（SCR）、除尘系统（电除尘器、布袋除尘器及湿式电除尘器）等主要设备的结构、工作原理、检修工序、工艺标准，以及常见故障与处理方法等内容。

本书共分为四篇，第一篇介绍了环保设备检修管理的基础知识，由大唐山西发电有限公司太原第二热电厂刘丽军编写；第二篇着重介绍了石灰石－石膏湿法脱硫系统主要设备的检修维护技术，其中第二、三章由大唐山西发电有限公司太原第二热电厂朱立新编写，其余章节由大唐山西发电有限公司太原第二热电厂武晓明、张裕富编写；第三篇介绍了烟气脱硝系统设备的检修维护技术，由阳城国际发电有限责任公司靳燕军编写；第四篇为除尘除灰设备检修维护技术，其中电除尘器、布袋除尘器和气力除灰系统设备检修由大唐山西发电有限公司太原第二热电厂李晋编写，湿式电除尘器检修由阳城国际发电有限责任公司付清莉编写。

由于时间仓促和编者水平有限，书中难免有疏漏和不妥之处，恳请专家、读者批评指正。

编　者

2020年3月

目录

第三篇　脱硝设备检修

第四篇　除尘除灰设备检修

第一篇

设备检修管理

第一章

设备检修管理概述

发电企业机组设备检修是消除隐患、保证设备安全运行的重要活动。在检修过程中，由于现场环境、交叉作业、检修工具使用、人员操作失误等的限制，常会给设备带来一些安全隐患，引发各种检修质量问题和安全事故。在此情况下，标准化检修概念和规范化管理应运而生，在发电企业得到了积极推广并取得了良好效果。

标准化检修是标准化管理、项目管理及电力行业检修管理等思想、理念和方法相互融合、相互交叉、相互补充而产生的检修管理方式，是新形势下具有较强实践意义的管理模式。

标准化检修是为了进一步规范机组检修工作，在总结了传统检修管理经验的基础上，引进国内外先进火电、核电企业检修管理的理念和方法，结合新形势下的实际情况而提出的，以程序为依据，以文件为载体，以全员、全方位、全过程控制为手段，以便获得最佳的检修秩序，确保实现既定的安全、质量、工期、费用等目标，从而恢复、保持甚至超越设备的设计性能标准，实现效益最大化的检修管理模式。

设备检修应贯彻“安全第一，预防为主，综合治理”的方针，杜绝各类违章，确保人身和设备安全。

检修质量管理应贯彻 GB/T 19001—2016《质量管理体系要求》细则，建立检修质量管理体系和组织机组，编制质量手册，完善程序文件，实行全过程管理，推行标准化作业。

设备检修应采用 PDCA（P—计划、D—实施、C—检查、A—总结）循环的方法，从检修准备开始，制订各项计划和具体措施，做好施工、验收和检修后的评估工作。

设备检修人员应熟悉系统和设备的构造、性能及原理，熟悉设备的检修工艺、工序和质量标准，熟悉安全工作规程，掌握与本专业密切相关的技能，能看懂图纸并绘制简单的零部件图。

检修作业宜采用先进工艺和新技术、新方法，推广应用新材料、新工具，以提高工作效率，缩短检修工期。

第一节 术语和定义

1. 点检定修制

对设备按照规定的检查周期和方法进行预防性检查（即点检），并取得设备状态信息，制定有效的维修策略，把维修工作做在设备事故发生之前，使设备始终处于受控制状态的设备管理方法。

2. 定期检修

一种以时间为基础的预防性检修，根据设备磨损和老化的统计规律，事先确定检修等级、检修间隔、检修项目、需用备件及材料等的检修方式。

3. 状态检修

根据状态检测和诊断技术提供的设备状态信息，评估设备的状况，在故障发生前进行检修的方式。

4. 改进性检修

对设备先天性缺陷或频发故障，按照当前设备技术水平和发展趋势进行改造，从根本上消除设备缺陷，以提高设备的技术性能和可用率，并结合检修过程实施的检修方式。

5. 故障检修

设备在发生故障或其他失效时进行的非计划检修。

6. 非标项目

检修技术规程中规定的标准项目以外，为消除重大设备缺陷或频发性故障，对设备的局部结构或零部件进行改进、更新，但不构成新的固定资产的项目，以及在检修中进行的属于高一级别检修类别的标准项目内容。

7. 重大非标项目

单项费用在 50 万元及以上的项目为重大非标项目，其他为一般非标项目。

8. 技术改造项目

对发电企业现有设备和设施及相应配套的辅助性生产、环保、劳动保护设施，利用国内外成熟适用的先进技术、先进设备、先进工艺进行完善、配套、改造，以消除其重大隐患和缺陷，提高效率，降低能耗，确保发电企业安全稳定生产的资本型支出项目。

9. 特殊项目

检修技术规程中规定的标准项目以外的项目，包含非标项目和技术改造项目。

10. 重大特殊项目

非标项目单项费用在50万元及以上、技术改造项目单项费用在50万元及以上的特殊项目为重大特殊项目，其他为一般特殊项目。

第二节　检修管理的基础知识

一、检修管理内容与方法

（1）设备检修管理应推行全过程管理，使检修管理规范化、标准化、科学化。

（2）根据设备的实际状况，应通过优化检修策略，形成一套融定期检修、状态检修、改进性检修和故障检修为一体的综合检修模式，以提高设备安全性和可靠性，降低设备检修成本。

（3）为使检修质量得到有效控制，把设备检修、维护中的各个质量环节和有关因素控制起来，做到预防为主、防检结合，贯彻"应修必修，修必修好"的原则，从而达到有效降低电力生产的安全风险，提高发电设备可用系数，充分发挥设备潜力的目的。设备检修应保证发电设备安全、经济、持续、可靠地运行，确保机组A级检修后180天无非计划停运。

（4）在检修全过程，应完善检修规程，明确设备检修工作的管理原则，保证设备检修管理工作规范、有序；通过实行有效的工作程序，控制设备检修工作中的风险；向员工推行新实施或新更改的检修方法及程序。

（5）检修工作应程序化、规范化、信息化，使检修信息系统的管理符合所有适用的监管规定；同时通过遵守为消除检修活动的潜在危险而制定的最新标准和程序，使因缺乏制度或不遵守程序而引起的事故得到有效遏制或杜绝，从而不断提高设备健康水平。

（6）安全、文明、规范、有序地开展检修工作，提高检修现场安全文明生产水平。

二、检修策略执行步骤

（1）确定分析系统的范围。

（2）选择系统内的设备和部件。

（3）整理设备和部件编码。

（4）对系统设备进行功能及功能故障分析，即分析设备完成的功能是什么，在什么情况下不能完成规定的功能，故障的概率是多少。

（5）确定设备和部件的重要性、关键性及非关键性的作用。

1）设备类型分析。对系统内的设备进行分析，找出对人身安全、机组可靠性和经济性等影响最大的设备和部件，进而按设备的重要程度划分为A、B、C三类设备，同时综合考虑该设备是否有冗余，从而对不同类别的设备采取不同的检修方式并确定检修任务。

A类设备是指该设备损坏后，对人员、电网、机组或其他重要设备的安全构成严重威胁的设备，以及直接导致环境严重污染的设备。对该类设备应采用预防性检修为主的检修方式，结合点检结果，制定设备的检修周期并严格执行。对于A类设备，应实行点检优先、检修计划优先、定期维护工作优先、维修资源优先、故障管理优先原则。

B类设备是指该设备损坏或在自身和备用设备皆失去作用时，会直接导致机组的安全性、可用性、经济性降低或导致环境污染的设备，以及本身昂贵且故障检修周期或备件采购制造周期比较长的设备。对该类设备应采用预防性检修和状态检修相结合的检修方式，检修周期应根据日常点检管理、劣化倾向管理和状态监测的结果及时调整。

C类设备是指A、B类设备以外的其他设备。对该类设备应以事后检修为主要检修方式。

2）设备部件分析。对于A、B类设备，要对设备的各个检修部件进行分析，通过分析各个部件对该设备的影响程度及修复难易程度，可将部件分为A1、A2、A3、B1、B2、B3几类，从而确定设备的检修项目。对于C类设备，可不进行部件分析。

（6）根据实践结果，不断完善和更新，实施优化检修的调整。

（7）通过以上步骤，确定设备的检修方式和检修项目（内容），最终形成一套完整的综合检修模式。

三、检修等级、检修间隔和停运时间、检修项目

1. 检修等级

以机组检修规模和停运时间为原则，将发电企业机组的检修分为A、B、C、D四个等级。

A级检修：对发电机组进行全面的解体检查和修理，以保持、恢复或提高设备性能。

B级检修：针对机组某些设备存在的问题，对机组部分设备进行解体检查和修理。B级检修可根据机组设备状态评估结果，有针对性地实施部分A级检修项目或定期滚动检修项目。

C级检修：根据设备的磨损、老化规律，有重点地对机组进行检查、

评估、修理、清扫。C 级检修可进行少量零件的更换、设备的消缺、调整、预防性试验等作业以及实施部分 A 级检修项目或定期滚动检修项目；对机组进行定期的检查、清扫；检查设备状况，尤其是易磨、易损、易堵部件；对设备进行必要的试验；消除点检时和运行中发现的设备缺陷，以保证设备能维持额定负荷运行。

D 级检修（含计划性检修）：当机组总体运行状况良好时，对主要设备的附属系统和设备进行消缺。D 级检修除进行附属系统和设备的消缺外，还可根据设备状态的评估结果，安排部分 C 级检修项目；要对主要附属设备、公用系统进行日常保养、巡检、点检和消除缺陷，以保证设备正常运行。

2. 检修间隔和停运时间

（1）对于国产火力发电机组，其检修间隔和停运时间通常采取以下策略。

A 级检修：每 5 ~ 6 年进行 1 次。

B 级检修：一般安排在 A 级检修后第 3 年进行。

C 级检修：间隔时间为 10 个月至 1 年；对于年内有 A、B 级检修的机组，不安排 C 级检修。

A 级检修间隔内检修组合方式为 A—C（D）—C（D）—B—C（D）—A。

（2）根据设备的运行状况，要灵活采用不同等级的检修组合方式，但必须在年度计划中明确提出。

（3）根据机组的技术性能或实际利用小时数，要适当调整 A 级检修间隔和检修等级组合方式，但应进行技术论证，并经上级集团公司同意，报请电网生产调度机构批准。

（4）启停调峰（每周不小于两次）的机组和燃用劣质燃料的机组，其 A 级检修间隔可低于上述规定，并可视具体情况，每年增加一次 D 级检修或一次 D 级检修的停运日数。

（5）新机组第一次 A、B 级检修可根据制造厂家的要求、合同规定及机组的具体情况决定。第一次 A、B 级检修时间可安排在火力发电机组正式投产后 1 年左右。

（6）主要设备的附属设备和辅助设备可根据状态检测分析结果和制造厂家的要求，合理确定检修等级和检修间隔。

3. 检修项目

检修项目由标准项目和非标项目构成，检修项目的确定依据如下。

（1）A 级检修项目。A 级检修项目的主要内容：

1）设备制造厂要求的项目；

2）全面解体、定期检查、清扫、测量、调整和修理；

3）定期监测、试验、校验和鉴定；

4）按规定需要定期更换零部件的项目；

5）技术改造、环境保护、反事故措施及科技攻关项目；

6）各项技术监督规定的检查项目；

7）消除设备和系统的缺陷及安全隐患。

（2）B 级检修项目。B 级检修项目是根据环保设备状态评价及系统的特点和运行状况，有针对性地实施部分 A 级检修项目和定期滚动检修项目，包括 C 级检修项目及其他非标项目。

（3）C 级检修项目。C 级检修项目的主要内容包括：

1）检修技术规程中规定的标准项目；

2）消除运行中发生的设备缺陷；

3）重点清扫、检查和处理易损、易磨部件，必要时进行实测和试验；

4）各项技术监督规定的检查项目。

（4）D 级检修项目。D 级检修项目的主要内容包括：

1）消除运行中发生的设备缺陷；

2）季节性防护措施实施；

3）装置性违章治理；

4）定检定修的设备检查和修理。

凡是只有停机才能检修的设备，其检修应与机组检修同步进行。各级检修标准项目可根据设备的状况、状态检测的分析结果进行调整，在一个 A 级检修周期内的所有标准项目都必须进行检修。

四、检修全过程管理

检修全过程管理是设备全过程管理的重要组成部分，其要求检修计划制订、备品备件及材料采购、技术文件编制、组织施工、试验传动、冷热态验收、检修总结和检修后评价等每一个环节均处于受控状态，以达到预期的检修效果和质量目标。对于重大特殊项目，要编写调研计划，经过充分调研，确定切实可行的技术方案后方可实施，以确保项目达到预期目标。

1. 检修准备

（1）成立检修管理组织机构并确定其职责，主要组织机构有检修领导组、现场指挥组、安全监察组、技术质量管理组、启动试运组、物资保障组、后勤保障组等。

（2）针对系统和设备的运行情况、存在的缺陷和上次检查结果，结合上次检修总结进行现场查对。根据查对结果及年度检修计划的要求，确定检修的项目，制定符合实际情况的对策和措施，并做好有关设计、试验和技术鉴定工作。

（3）编制检修计划，包括标准项目、非标项目及监督、试验、测绘等项目，不需停机的、平时可轮换检修的项目尽量不在机组停机集中检修期间安排。

（4）落实检修费用、制订备品备件和材料计划等，并做好材料备件的订货工作。

（5）编制、修订作业指导书，制定项目的工艺方法、质量标准及施工的安全、组织和技术措施，制定具体实施方案。

（6）编制质量验收计划，准备好技术记录表单、试验报告、质量验收单等。

（7）编制检修项目施工进度计划，绘制施工网络图。

（8）划分检修现场安全、文明管理区域，确定责任人。

（9）绘制检修现场定置图（检修或拆下的设备、零部件规范化放置图）。

（10）组织检查施工机具、专用工具、安全用具和试验器械并经试验合格。

（11）组织全体检修人员和有关管理人员进行学习，并对学习人员在质量标准、技术措施、安全措施、安全规程等方面进行考核，考核合格后方可上岗。

（12）与外包施工单位的协议及合同已签订并界定双方的服务项目和责任范围。

（13）进行机组检修前试验及数据测量。

（14）编制检修计划任务书，其内容包括检修目标、指标、组织机构、现场定置图、检修项目（标准项目、非标项目）、重点验收项目、检修作业指导书、施工进度计划（网络图）、安全技术措施、验收标准（含冷、热态验收）等。

2. 检修实施

（1）检修施工期间是检修工作高度集中的阶段，也是检修全过程管理的关键阶段，检修单位应严格执行安全规程、安全技术措施、质量标准、工艺要求等各类作业和程序文件，认真落实安全文明责任制、质量责任制、经济责任制。

（2）检修管理人员应随时掌握施工进度，做好劳动力、特殊工种、修配加工、施工机具、施工场地、施工电源、材料、备品备件等方面的平衡调度工作。

（3）要认真执行检修工艺规程和有关技术标准，严把质量关，进行全过程质量监督，做好分段验收、设备分部试运行和机组启动试运行的组织管理和质量把关工作。

（4）检修期间，应按标准对检修现场的文明施工进行监督、检查。

（5）设备检修期间的注意事项如下：

1）检修开工前检查工作票办理情况及各项安全（隔离）措施落实情况，检查检修人员着装、各种工器具和防护用具的使用佩戴是否符合安规要求。

2）检修开工后应尽早对设备进行解体检查，发现问题后及时召开解体分析会，对解体情况进行全面评估，合理调整检修重点项目和关键进度。

3）对于可能影响工期的项目，以及尚需进一步落实技术措施的项目，设备解体工作应提前进行。

4）解体重点设备或有严重问题的主要辅助设备时，主管生产领导及专业负责人应在现场，以掌握第一手资料，协调有关问题，抓住关键部位，指导检修工作。

5）设备解体后要进行全面检查，查找设备缺陷，掌握设备技术状况，鉴定以往重要检修项目和技术改造项目的效果；对已掌握的设备缺陷要进行重点检查，分析原因，制定科学的检修方案和措施。

（6）质量管理和验收监督的注意事项如下：

1）检修人员在施工前应认真学习检修工艺规程，严格按规定程序和工艺要求执行；质检人员应深入现场，随时掌握检修情况，工作中坚持质量标准。

2）应对整个检修过程的质量控制做出总体安排，有计划地对直接影响质量的检修工序进行监督控制，在关键工序上设置停工待检点（H点）、现场见证点（W点），并确保这些工序处于受控状态。

3）质量验收采取质检点H、W验收，零星验收，分段验收相结合的方式，质量验收执行三级验收制度。对于重要检修工作的验收，如浆液循环泵、氧化风机、转机找中心、塔内防腐等的验收，应通知点检人员进行现场监督指导。

4）验收不合格时，质检人员应填写“不符合项通知单”，要求检修单位按不符合项程序进行处理，以查明原因，防止重复发生；若有让步放行，需总工程师或以上领导批准。

5）所有项目的检修和质量验收应实行签字责任制和质量追溯制，将质量与责任挂钩，检修中或检修后出现的质量问题应进行追踪考核。

6）做好现场检修记录，内容应清晰明了，详细完整。

7）分部试运行、总体验收、整体试运行、报竣工。

检修工作结束和分段验收合格后，才可以进行设备回装，进行分部试运行。分部试运行由运行负责人主持，检修负责人及相关检修人员、运行人员及点检人员参加。分部试运行必须在分段验收合格，并核查检修项目无遗漏，检修质量合格，有关设备变更（异动）报告已审批完毕并与运行人员交底，检修现场已清理，安全措施已全部恢复，所有检修人员已撤离现场后方可进行。

总体验收（冷态验收）在分部试运行全部结束后进行，检修单位汇报检修项目完成情况，由主管生产领导主持，设备部负责核查分段验收、分部试运行及全部检修资料是否齐全，点检人员进行现场检查、质量监督并验收。

3. 检修进度管理

（1）检修进度计划应以保证检修质量为前提，科学制订并严格执行。总体工期应符合本制度的规定，既不宜提前，更不应超期。检修单位宜采用网络进度图的方法统筹规划和管理检修进度。

（2）要随时掌握各设备检修工作的进展情况并严格执行网络进度计划。施工过程中跟踪检查实际进度，并与计划进度进行比较、分析，确定后续工作和总工期的限制条件，并通知各专业共同掌握。

（3）检修过程中发现重大设备问题，应立即制定解决方案并积极执行落实，以免影响机组的整体检修工期。

4. 检修信息管理

（1）检修信息。所谓检修信息，是指与设备管理和设备检修相关的各类信息，包括管理制度、工艺标准的制定和实施，详尽的检修记录（包括设备规范、备品备件更换记录、检查发现问题及处理方案等），新设备、新技术应用及与设备检修有关的各类分析报告与检修总结等。检修信息应严格管理，并妥善保存。

（2）检修信息的管理，应按以下步骤执行：

1）对所有检修信息进行分类，确定分级管理原则。

2）应当记录和保存的检修信息，包括设备规格参数、设备检修前运行中存在的缺陷记录、设备解体过程中发现的问题、检修具体方案、工艺标准、质检点验收记录、检修总结和检修后评价报告等。建议根据实际情况采用检修文件包（检修作业指导书）对设备检修进行统一管理，以实现检修资料的规范、全面，提高检修资料的实用性。

3）应当由检修管理人员记录和保存的检修信息包括检修技术记录、检修试验报告、质量验收单、点检分析报告等。

4）应当由设备部及档案中心保存的检修信息包括设备异动报告、重大特殊项目竣工报告、机组大修总结报告等。

5. 检修规程管理

（1）检修规程由设备管理责任人编制，由设备管理部门专业主管进行审核，由总工程师或生产副总经理审批。检修规程内容至少应包括以下内容：

1）设备概况及参数，主要备品备件规格型号、材质等，专用工器具、试验仪器，检修台账（投产后设备历年出现重大问题的原因、处理情况、处理结果及设备改造情况）；

2）检修方案、检修类别、检修项目、项目验收级别、分段验收项目、试验规程、检修周期及工期；

3）检修工艺、技术标准和质量标准；

4）设备结构及部件相关图表。

（2）新投产的发电企业编制检修规程时要兼顾点检定修的技术标准，内容应满足技术标准和检修规程两方面的需要。

（3）审批后的检修规程应列为发电企业的企业标准并及时发布实施。

（4）检修规程应发放到本单位生产领导、设备管理人员、运行人员和检修维护人员手中。

（5）设备管理人员和检修人员应加强对检修规程等相关知识的学习和培训，严格依照检修规程规定的检修方案、检修周期、技术质量标准和检修试验规程等制订检修计划，并按照检修规程的要求和检修文件包管理标准的要求制定并执行设备检修的技术资料和文件。

（6）检修规程应每3~5年进行一次完善和修订，对于改造设备和新增设备，应及时对原规程进行补充和完善。

（7）检修规程的修订应由专业技术人员进行，并经专业主管审核、发电企业总工程师或主管生产的领导批准后方可执行。

（8）有变更时应及时通知或上报各规程持有人，保证规程持有人所持规程是最新的和有效的。

6. 检修质量管理

（1）检修质量验收人员必须坚持质量标准，把好质量验收关，应经常性地深入现场，调查研究，随时掌握设备检修的真实和详细情况，对检修质量进行实时跟踪、全过程监控。

（2）加强检修质量监督，认真执行检修作业指导书，严格按照H、W点进行验收，确保检修工艺正确，质量合格。若验收合格后又有返工现象，则必须重新履行验收程序。所有项目的检修和质量验收应实行签字责任制和质量追溯制。

（3）管理人员对检修质量验收方式及奖惩办法的制定和执行情况负责。

（4）技术人员对检修的工艺过程、验收点质量标准、验收技术指标和执行情况负责。

（5）检修作业人员对检修工艺质量和测量数据的准确性负责。

（6）检修后设备各项性能指标应达到设计标准或预期的标准。

（7）规定的检修和试验项目应全部完成。

（8）检修后设备完整无缺，缺陷彻底消除，无渗漏问题。

（9）设备出力恢复，效率较检修前有所提高。

（10）保护及自动装置动作准确、可靠，主要监视仪表及信号指示正确。

（11）设备见本色，设施完好，保温完整，铭牌齐全，设备现场整洁。

（12）各项技术记录及各种验收单正确、齐全。

7. 检修总结及设备评估

（1）检修竣工后，发电企业生产主管领导应尽快组织有关人员认真总结经验，对检修中的安全、质量、项目、工期、材料消耗、费用进行统计分析，对机组试运行情况进行总结，对本次检修做经济技术评价。检修总结和检修后评价的目的如下：

1）确保检修质量逐步提高，保证检修达到预期目的；

2）保证设备安全性、可靠性稳步提高；

3）保证设备性能达到历史最高水平或设计要求；

4）使检修费用支出合理；

5）统一和规范管理程序，明确各级权限职责。

（2）检修总结和检修后评价。对检修前准备至竣工验收的各个环节进行全过程评价，对检修工作的安全、健康、环境保护、质量、费用、项目内容、工期进度等指标进行全面评价。

（3）检修总结和检修后评价的内容。主要包括：

1）安全、质量、设备健康水平、经济水平、技术水平指标及工期、费用等是否达到大修项目实施前提出的预期目标；

2）是否恢复和提高了设备及系统运行的安全性、可靠性、经济性；

3）检修文件包、技术文件是否得到落实；

4）检修中设备缺陷、渗漏点治理的情况；

5）检修项目的调整和变更范围；

6）检修项目实施进度及工期情况；

7）对日常维护和运行工作提出合理化建议；

8）对检修外委项目的招标进行说明，并对参加检修的队伍资质重新进行评价；

9）检修费用发生构成和结算情况，核查是否超计划、是否超定额及是否有挪用资金情况；

10）检修后仍存在问题的项目（包括原因、可能的影响、处理意见、预防措施等）。

（4）检修总结和检修后评价的报告。主要包括如下内容：

1）机组检修后30天内应完成检修后机组效率试验，完成检修冷、热态评价，完成检修总结报告及检修后评价。试验报告作为评价检修质量的依据之一。

2）检修后评价报告要包括从检修前准备至检修后总结各个环节的全过程评价，检修工作各项指标的全面评价，并总结存在的问题，提出改进措施。

3）检修竣工资料应及时整理、移交存档。

4）检修总结要准确反映设备分析、技术分析、项目构成、资金结构和工程进度的实际情况，杜绝各项指标、数据的漏报，杜绝对应关系错误及数量、项目不匹配的现象，杜绝迟报、未报。

第三节　点检定修的管理

一、术语与定义

1. 设备点检

设备点检就是借助人的感官和检测工具，按照预先制定的技术标准，对设备进行定点、定标准、定人、定周期、定方法、定量、定作业流程、定点检要求检查的一种设备管理方法。它通过对设备的全面检查和分析来达到对设备进行量化评价的目的。设备点检综合利用运行岗位的日常巡回检查、点检员及其他专业人员的定期点检、精密点检、技术诊断和劣化倾向管理、综合性能测试等五个方面的力量和手段，形成了保证设备健康运转的五层防护体系。这体现了对设备的全员管理原则，将具有现代化管理知识和技能的人、现代化的仪器装备和现代化的管理方式三者有机结合在了一起。

2. 设备定修

设备定修是指在推行设备点检管理的基础上，根据预防检修的原则和设备点检的结果确定检修内容、检修周期和工期，并严格按计划实施设备检修的一种检修管理方法。其目的是合理延长设备检修周期，缩短检修工期，降低检修成本，提高检修质量，并使日常检修和定期检修负荷达到更优状态。

3. 精密点检

精密点检是指用标准检测仪器、仪表，对设备进行综合性测试、检查，或在设备未解体情况下运用特殊仪器、工具、诊断技术和其他特殊方法测定设备的振动、温度、裂纹、变形、绝缘等状态量，并将测得的数据对照标准和历史记录进行分析、比较、判别，以确定设备的技术状况和劣化程度的一种检测方法。

4. 设备劣化

设备劣化是指设备降低或丧失了应有的使用功能，是设备工作异常、性能降低、突发故障、设备损坏和经济价值降低等状态的总称。

5. 劣化倾向管理

劣化倾向管理是通过对点检和其他手段测得的数据进行统计、分析，找出设备劣化趋势和规律，实行预知检修的一种管理方式。

6. 设备的精度和性能测试

设备的精度和性能测试是指按预先制定的周期和标准对设备进行综合性精度测试和性能指标测试，计算汽耗、热耗、效率、供电煤耗（水耗）等技术经济指标和性能指标，分析劣化点，评价设备性能的一种检测方法。

7. 三方确认和两方确认

三方确认是指在实施点检定修管理的过程中，由于安全措施和质量监控工作的需要，点检方、检修方、运行方共同进行现场确认的一种工作方法。当仅需点检方、检修方和运行方中的任何两方进行现场确认时，则称之为“两方确认”。

8. 设备的“四保持”

设备的“四保持”，是指保持设备的外观整洁，保持设备的结构完整，保持设备的性能和精度，保持设备的自动化程度。

9. 工序服从原则

工序服从原则是指在实行点检定修制时，以主工序、主体业务的设备专业主管为核心，对跨工序、跨部门的协作作业有协作管理权的一种管理原则。

10. A、B 角制

A、B 角制是点检管理分工责任制的一种补充。对每一台（件）设备，都有明确的设备点检责任人，该人即为设备的 A 角。与此同时又必须明确当该责任人因故不在时的备用管理人员，即为该设备的 B 角。设备 A、B 角应相互交流。点检人员在担任某些设备 A 角的同时，还可担任另外一些设备的 B 角。

11. 多能化

多能化是指点检人员同时具备对某一设备的多个专业项目进行点检的能力。

12. 设备管理值

设备管理值是指对设备进行量化管理的值，是设备每一部位、零件、项目的量（质量和数量）、度及运行参数和状态的总称。它包括零部件的材质及材质的性能、热处理的程度、公差配合、设备的检修周期、零部件的使用寿命、油脂的牌号、设备运行过程中的各种参数和状态的数值等。

13. 动态管理

动态管理是指在点检定修管理中对设备管理值始终进行跟踪、分析、修改、完善的一种管理方法。设备管理值始终处于动态之中，设备每经过一次 PDCA（计划、实施、检查、总结）循环之后，设备的管理者都有责任提出对设备管理值的改进意见，使设备管理值不断趋向科学、准确、合理，从而达到延长设备使用寿命、降低设备故障发生率的目的。

二、点检定修制的主要特点

与传统的设备管理模式相比较，点检定修制有以下几个主要特点：

（1）点检定修制明确了设备管理的责任主体——点检员，而且明确了点检员对设备的全过程管理负责，而传统设备管理中设备的管理职责难以十分清楚地界定。

（2）点检定修制明确了以设备状态为定修的基础，同时也提出了优化检修策略，执行点检定修管理将使设备管理从计划检修逐步进入状态检修和优化检修。

（3）点检定修制明确了对所有设备进行全过程的动态管理，在实行PDCA循环的同时，对设备进行持续改进，最终达到设备受控、有关技术标准符合客观实际的目的。

（4）点检定修制所推荐的设备管理组织机构是精简高效的管理体制，实现组织机构扁平化，减少机构层次，它的管理模式可与国际上其他发达国家所施行的管理模式相接轨。

（5）点检定修制要求管理方——点检员共同参与现场的安全、质量上的“三方”确认，加强了对重大安全、质量工作的管理力度。

（6）点检定修制明确了对设备管理的全员参与，电厂的主要管理力量要放在管理设备上，运行、检修、管理三方均要树立自己对设备负责的管理意识，同时提出了以人为本和自主管理的观念，激励员工全员全身心投入设备管理。

（7）点检定修制明确实行标准化作业，要求建立设备管理的“四大标准”体系，即检修技术标准、检修作业标准、点检标准、设备维护保养标准，同时也要求建立为贯彻“四大标准”相应的管理标准，强调所有标准均是科学管理的支持体系。

（8）点检定修制主张员工工作的有效性，强调工作是否有成效，例如点检工作的有效性、编制计划的准确程度（命中率）、减少过维修和欠维修、设备是否受控等。

（9）点检定修制推行满负荷工作法和人员的多能化，例如要求点检员实行随手点检（消缺）和实行A、B角，对维修人员要求一专多能等。

（10）点检定修制要求管理方、运行方、检修方的协调统一，要求专业间相互协调统一，实行“工序服从”原则，要求管理决策尽量符合客观实际，要求计划命中率不断提高，突出为生产第一线服务的观点。

（11）点检定修制明确规定了设备的最佳状态，提出了设备的“四保持”，该项工作的落实和推进，有利于提高我国电力行业的设备管理水平。

（12）点检定修制规范了点检员的行为，要求工作时间标准化、工作方法规范化、工作程序标准化，要求点检员抓“五大要素”，实行“七步工作法”等。

三、点检定修管理体制的建立

（1）点检定修管理的工作应包括点检管理、定修管理、标准化管理、设备的维护保养管理、设备备品和费用管理、设备的全过程（PDCA）管理。

（2）点检定修管理要真正实现管、修分开，实现设备管理的专业化、标准化。根据设备点检定修的标准和设备的特点，建立相应的管理标准、工作标准、技术标准。

1）管理类标准应包括点检管理标准、检修管理标准、生产设备分工管理标准、对项目公司的评价及考核管理标准。

2）工作类标准应包括各级人员岗位工作标准、各专业 A、B 角点检区域划分、各专业设备点检路线标准。

3）技术类标准应包括各专业设备点检标准、设备缺陷管理标准、设备技术标准、检修作业标准。

（3）点检定修管理应突出点检人员的责任主体地位，落实责任到岗到人。点检、运行、检修三方必须以点检为核心。

（4）点检定修管理应突出“五层防护体系”作用的共同发挥，不能因强调点检人员的责任主体而忽视第一层防护体系的作用，即运行岗位值班员负责对设备的日常巡检。

（5）点检定修管理应突出各专业、各相关部门之间的协调统一，实行“工序服从”原则。主工序的点检员有权要求辅助工序的点检员或其他部门人员协助完成工作，辅助工序的点检员和部门必须服从。

（6）点检定修管理应建立完整的点检信息统计和分析系统，科学地利用离线采集的数据和在线采集的数据进行统计和分析，有条件的企业可与 SIS（厂级监控系统）和 EAM（资产管理系统）相结合，使其成为设备维护和检修的重要技术支持，进而形成点检定修信息化管理平台。

（7）设备点检定修的台账和基本记录一般包括设备台账、点检工作日志、点检定修报告及分析、检修工时和费用预算、备品配件管理记录、设备改进记录及质量监控有关记录。

（8）点检人员要组织或参加设备监造和设备质量验收。在设备的安装、调试过程中，点检人员要熟悉、掌握设备的结构和特性，为设备点检管理积累经验，并参加设备安装质量的监督和验收。

四、发电设备的点检管理

（1）设备点检管理的基本原则。具体包括以下几个方面：

1）定点。科学地分析、确定设备的维护点，即易发生劣化的部件，明确点检部位，同时确定各部件检查的项目和内容。

2）定标准。按照设备技术标准的要求，确定每一个维护检查点参数（如间隙、温度、压力、振动、流量、绝缘等）的正常工作范围。

3）定人。按区域、设备、人员素质要求，明确专业点检员。

4）定周期。预先确定设备的点检周期和点检状态，按照分工进行日常巡检、专业点检和精密点检。

5）定方法。根据不同设备及点检要求，明确点检的具体方法，如用感官（视、听、触、嗅、味）或用仪器、工具进行。

6）定量。采用技术诊断和劣化倾向管理方法，运用现代化管理手段进行设备劣化的量化管理。

7）定业务流程。明确点检作业的程序，包括点检结果的处理程序。

8）定点检要求。做到定点记录、定标处理、定期分析、定向设计、定人改进、系统总结。

（2）设备点检的防护体系。即“五层防护体系”，具体如下：

1）第一层防护体系。运行岗位值班员负责对设备的日常巡检，以及时发现设备的异常和故障。

2）第二层防护体系。点检员按区域设备或者设备类型分工负责设备点检，鼓励提高点检员综合素质以创造条件实行跨专业点检。

3）第三层防护体系。专业主管或专业点检员在日常巡检和专业点检的基础上，根据职责分工组织有关专业人员对设备进行精密点检或技术诊断。

4）第四层防护体系。专业主管或专业点检员在日常巡检和专业点检及精密点检的基础上，根据职责分工负责设备劣化倾向管理。

5）第五层防护体系。专业主管、专业点检员根据职责分工负责定期对设备进行综合性精度检测和性能指标测定，以确定设备的性能和技术经济指标，评价点检结果。

（3）点检专业的划分。火力发电企业一般按锅炉、汽机、电气一次、燃料等专业划分，其他如化学、除灰等专业可根据各企业具体情况并入上述专业或另列专业。热控、电气二次、通信专业可以根据企业情况确定是否实行点检定修管理。

（4）点检人员的配置。每专业一般设专业主管1人，点检员若干人，并积极培养跨专业的多能化点检人员。

（5）设备点检管理包括点检标准的编制、点检计划的编制和实施（含定期点检、精密点检和技术监督）、点检实绩的记录和分析、点检工作台账。

(6) 点检路线图的制定。注意事项如下:

1) 运行岗位应编制每运行班相应的点检路线图。

2) 点检路线图由点检人员根据点检标准的要求，按展开点检工作方便、路线最佳并兼顾工作量的原则编制。

(7) 设备的点检应实行 A、B 角制。

(8) 点检业务流程按 PDCA（计划、实施、检查、总结）循环进行。

(9) 点检人员应利用相应的信息管理系统对所分管设备的点检数据定期分析，重点分析设备的劣化趋势，同时根据设备重要性可以进行周分析、月分析和季分析等。

五、设备定修管理

(1) 设备定修管理包括定修计划的编制和执行、定修的实绩记录和分析、定修项目的质量监控管理。

(2) 设备定修管理策略。设备管理部门对设备分成 A、B、C 三类，点检定修工作重点应放在 A、B 类设备上。对 A、B、C 类设备，应根据其在生产中的重要程度，采用不同的定修策略。

A 类设备以预防性检修为主要检修方式，结合日常点检管理、劣化倾向管理和状态监测的结果，再制定设备的检修周期，并严格执行。

B 类设备采用预防性检修和预知检修相结合的检修方式，检修周期应结合日常点检管理、劣化倾向管理和状态监测的结果及时调整。

C 类设备以事后检修为主要检修方式。

(3) 设备定修计划应在设备点检管理的基础上编制。设备定修计划的具体内容应包括项目、技术措施和方案、工期、费用、工时定额、备品配件等。

(4) 各级设备点检人员应做好设备的劣化倾向管理，提高定修计划的准确性。

(5) 点检员应是相应专业在进行设备消缺和计划检修工作时的工作票签发人。

(6) 定修工作应按项目下达任务单，其内容包括检修工艺步骤、质量标准、质量监督控制点、安全措施、工时定额、材料和备品配件的消耗，以及主要大型工器具的使用等。已建立检修作业指导书的项目，在工作任务单中可不重复下达有关内容，但需在有关栏目内注明。

(7) 点检人员应对定修项目的安全措施和质量标准、进度、工时和备品配件的使用负责。点检人员除应在工作任务单上标明外，还应对上述内容在实际工作过程中组织“三方”或“两方”确认。

(8) 在定修工作中，对跨工序、跨部门的作业应遵循“工序服从”原则，以便及时协调专业之间需相互配合的工作。

六、点检定修的主要技术标准

点检定修的主要技术标准应包括点检标准、设备技术标准、检修作业标准和设备维护保养标准，这些标准是实行设备点检定修管理的依据。

1. 点检标准

(1) 点检标准的内容包括设备的点检部位、点检项目、点检内容、点检方法、点检周期和管理值，是点检员对设备进行预防性检查的依据，也是编制各种点检计划的依据。

(2) 点检标准的编制依据包括国家和行业发布的技术标准和规范、设备制造厂提供的设备图纸和使用、维护说明书，设备技术标准和导则、规程，国内外同类设备的实绩资料和实际使用中的经验。

(3) 点检标准应按照同类型设备采用同一标准，同种设备采用同一表格，且可操作性要强。

2. 设备技术标准

(1) 设备技术标准规定了设备各部位（部件）的检修管理值和检查、检验方法，是设备技术管理的基础，也是编制点检标准、检修作业标准和设备维护保养标准的依据。

(2) 设备技术标准的编制依据包括国家和行业发布的技术标准和规范、制造厂提供的设备图纸和使用、维护说明书，国内外同类型或使用性质相类似的设备技术标准。

(3) 设备技术标准的内容应包括部件名称、材料及规范、检修标准、检修方法、检修周期等。

3. 检修作业标准

(1) 检修作业标准是点检员确定检修工艺、工时、费用的基础，是项目公司进行作业的依据。

(2) 检修作业标准的编制依据包括国家和行业发布的技术标准和规范、制造厂提供的设备图纸和使用、维护说明书，国内外同类型或使用性质相类似的设备技术标准，相关安全作业规程和工艺规程。

(3) 检修作业标准的内容应包括设备名称、作业名称、作业条件、使用的工器具、风险分析与安全措施、质量标准、检修工艺要求等。

(4) 已经实行检修文件包管理的发电企业，检修文件包中的工序卡可作为设备技术标准和检修作业标准使用，但其内容应符合点检定修管理的要求。

4. 设备维护保养标准

设备维护保养标准包括设备的给油脂标准、设备缺陷管理标准、设备定期试验和维护标准、设备的“四保持”标准。

(1) 给油脂标准。设备给油脂标准规定设备的给油脂部位、周期、方法、分工、油脂品种、规格，是设备良好润滑、安全可靠运行的保证。

(2) 设备缺陷管理标准。应建立与点检定修制相适应的设备缺陷管理标准，标准中应该明确设备管理部门、运行管理部门、安全监察部门、物资供应部门等在缺陷管理中的职责分工和工作流程。根据动态零缺陷的原则，严格执行设备缺陷从发现、登记、消缺、验收等各阶段的时限要求，真正做到动态零缺陷。采用适当的缺陷评价指标，对设备缺陷处理过程进行有效的跟踪和评价。设备缺陷管理标准中应考虑对消缺责任人的奖励和考核条款。

1) 设备管理部门是设备缺陷处理的责任单位和责任人，点检员在设备缺陷处理过程中处于组织、协调、决策的主导地位，对消缺过程的安全、质量、进度负责。

2) 检修单位是消除设备缺陷的实施单位，应认真执行工单或作业指导书的要求和相关规程、标准，缺陷消除时要执行企业的工作票、操作票管理制度。

3) 设备运行管理部门是设备缺陷消除后静态验收的责任人及组织者。运行人员是设备消缺工作结束、系统恢复、设备试运再鉴定及恢复运行的责任者。

4) 设备缺陷处理完成后，点检员必须在现场进行验收确认。

(3) 设备定期试验和维护标准。设备定期试验和维护标准规定设备定期试验的项目、内容、措施和周期，规定设备定期维护的项目、内容、措施和周期。

设备定期试验和维护标准编制的依据是：国家和行业发布的技术标准和规范、制造厂提供的设备图纸和说明书，国内外同类设备的资料，以及设备实际运行状况与环境状态等。

(4) 设备“四保持”标准。规定每台设备的管理职责、维护周期及应达到的标准。

此外，设备进行技术改造和新增加设备后，应及时补充、完善和制定设备点检定修技术标准的相关内容。设备点检定修技术标准应实行动态管理，通过 PDCA 循环不断修订和完善。

第四节 设备检修文件包

一、定义和缩略语

1. 检修文件包

检修文件包是设备检修管理的作业文件，是检修工作的实施依据和检修过程记录档案。它包括工作任务、检修前准备、技术质量标准、作业标准（工序）、试验标准、技术记录、检修总结和自身动态管理的全过程。其核心内容是检修作业标准（工序）和技术记录。检修文件包含点检定修作业标准的全部内容。

2. 异常项

异常项是在一项活动中发现的特性、文件或程序方面的任何疑问、偏差或缺陷，它使某一实体的质量成为不可接收或不可确定项。

3. 不符合项

不符合项是在执行活动过程中发现的，对系统或部件的质量安全或可用率有影响的异常项，它不能用已批准的程序或文件中的信息解决。

4. 质检点

质检点是指在工序管理中根据某道工序的重要性和难易程度而设置的关键工序质量控制点，这些控制点不经质量检查签证不得转入下道工序，其中 H 点（Holdpoint）为不可逾越的停工待检点，W 点（Witnesspoint）为见证点。

5. 停工待检点（H 点）

H 点是待检查人员验证后方可进行下一步工作的工作点，或者是一旦该检修活动执行后，前序检修工作的检修质量无法再度验证的质量控制点。停工待检点是不能越过的签证点。

6. 见证点（W 点）

W 点是需检查人员验证的签证点。在通知检查人员并汇报有关情况后可进入下一步工作的工作点，是不能放弃的见证点。

二、检修文件包的基本标准

（1）检修文件包应有统一的格式，并按完成审核、发布、实施、归档等管理工作。

（2）检修文件包的内容包括工作任务单、检修前准备、安全技术措施、检修工序卡、技术记录卡、质量标准和质量签证单、不符合项处理单、设备试运单、完工验收报告单等项内容，它包括检修技术标准和作业标准的内容，是检修作业的程序和依据。

(3) 根据设备属性和检修工作实际需要，为确保检修质量达到标准要求，环保设备的检修工作均需编制检修文件包，特别是对于主要设备、需解体检修的设备、对运行稳定性和可靠性有较高要求的转动机械等，应当严格按照检修工艺标准编制检修文件包。

(4) 成熟的检修文件包可以取代相关设备的检修工艺规程，但原有的检修策略、检修技术标准、试验规程等标准仍需保留执行。

(5) 对于系统较复杂的主设备检修，可根据工作范围、性质和工作组的构成，编写多个子文件包。

(6) 全体检修人员和设备管理人员应熟知设备检修文件包的使用方法及具体要求。检修工作负责人及其成员在使用前应对检修文件包进行认真学习，熟悉检修文件包的要求和作业程序。检修开工前，检修工作负责人应严格按检修文件包要求做好检修前的准备工作。

(7) 检修开工后，检修人员须现场携带并妥善保管理检修文件包，严格遵守检修文件包规定的工序步骤，按顺序从事设备的解体、检查、修理和组装、传动试验工作，并及时记录检查、测量数据，随时核对计划工序与实际施工作业工序的一致性。

(8) 对于质检点（H/W）必须由各见证方签字确认后，方可进行下道工序，必要时应在检修技术记录中全面记录质检点（H/W）的完成情况。在同一作业组内，允许一部分人员进行不受这一工序限制的另一工序。

(9) 各单位设备技术主管部门主管或外聘监理有权监督、检查检修单位检修作业人员对检修文件包的执行情况，并按规定或合同要求，对H点或W点的执行情况进行检查、签字确认。发现未按规定执行时，有权做出停工处理，直至达到规定要求为止。

(10) 在检修期间如出现由于特性、文件或程序方面不足而使检修质量变得不可接受或无法判断时，该项目列为不符合项。出现不符合项时，设备技术主管理部门应发出不符合通知处理单，检修单位要积极组织工程技术人员提出解决方案，积极整改落实。对于让步接受项目，应做好记录，列入修后总结中。

(11) 应设专人负责检修文件包的完善、管理及归档工作。所有关于检修文件包的修改，在批准后应及时将文件包原有条文或内容修改，并保证向检修人员提供最新版的检修文件包。

第二篇

脱硫设备检修

第二章

石灰石－石膏湿法脱硫概述

石灰石－石膏湿法烟气脱硫工艺是目前世界上烟气脱硫工艺中应用最为广泛的一种脱硫技术，其工艺技术最为成熟，运行可靠，脱硫效率高而且稳定，煤种及含硫量变化适应性广，单塔出力大，脱硫副产品（石膏）可以综合利用。经过数十年的不断实践和应用，其脱硫系统性能和设备运行安全性、可靠性得以大大提高。目前，该技术是世界上最成熟、最商业化的脱硫工艺，已经在1000MW大容量机组上成功运行。但相对其他脱硫工艺而言，其缺点是工艺流程相对复杂、初期投资较高、装置占地面积较大。

一、石灰石－石膏湿法脱硫工艺的特点

（1）使用范围广，不受燃煤含硫量和机组容量的限制。

（2）脱硫效率高，一般可达到95%以上，脱硫后不但二氧化硫浓度低，而且含尘量也大大降低。

（3）处理烟气量大。

（4）技术成熟，运行可靠性好。目前，由于脱硫技术的日趋成熟和相关设备可靠性的不断提高，对于已经取消脱硫旁路烟道并实现引增合一改造的火电企业，其石灰石－石膏湿法脱硫装置投运率均可达到100%，极少出现因脱硫设备故障而影响主机运行的事件。

（5）脱硫吸收剂（石灰石）储量丰富，价廉易得。

（6）脱硫副产品（石膏）可作为水泥缓凝剂或加工成建材产品，减少脱硫副产物处理费用，增加经济效益。

（7）为适应国内外发展趋势，在国内已建成或正筹建的电厂中，石灰石－石膏湿法脱硫技术的应用占90%以上。

（8）近年来，湿法脱硫工艺有较大改进，各种节能减排技术得到不断应用，并取得较好效果，关键技术设备也逐步产业化，设计、建造、运行、维护费用也大幅降低。

综上所述，石灰石－石膏湿法脱硫技术具有脱硫工艺成熟、吸收剂利用率高、石灰石资源丰富、对煤质适应性广、适应大机组的安全稳定运行等诸多优点。

二、石灰石－石膏湿法脱硫系统的构成

石灰石－石膏湿法脱硫系统的构成包括烟气系统、SO_2吸收系统、石灰石浆液制备和供给系统、石膏脱水系统及废水处理等其他系统。这些系统中都有需要防腐的区域或耐腐设备，其中尤以SO_2吸收系统的防腐要求较高。

烟气湿法脱硫的简单工艺流程为：烟气经除尘后由引风机送入脱硫系统，经增压风机（目前大多火电企业已取消增压风机，完成引增合一改造）增压后进入烟气换热器（部分火电企业已取消GGH，近年来因烟气消白改造，后又增设MGGH或其他形式的热交换设备）冷却后进入吸收塔。烟气在吸收塔中与向下喷淋的石灰石浆液反应，除掉烟气中的SO_2，洁净的烟气从吸收塔排出后经烟气换热器加热升温后排入烟囱。

1. 烟气系统

烟气系统的主要设备包括烟道、烟道挡板、烟气换热器、增压风机等。对于湿法脱硫工艺的烟气系统来说，可以采用两种方式运行：一种是设置烟气换热器（如GGH、MGGH等），另一种是不设置烟气换热器。近年来，由于“烟气消白”环保理念的不断深入，为提高排烟温度，消除视觉污染，进一步降低烟气中的PM2.5细微粉尘，回收烟气中的水分，部分区域火电厂湿法脱硫系统开始推广采用烟气换热器。

2. SO_2吸收系统

SO_2吸收系统是烟气脱硫系统的核心，其主要设备包括吸收塔、烟气均布装置（如湍流器、合金托盘等）及除雾器、浆液循环泵、浆液喷淋管道、氧化风机、搅拌器等。

在吸收塔内，烟气中的SO_2被经喷嘴雾化后的浆液洗涤，并与浆液中的$CaCO_3$发生反应，生成亚硫酸钙。亚硫酸钙在吸收塔底部浆池中，由氧化风机鼓入的空气强制氧化生成石膏晶体（硫酸钙）。从吸收塔内排出的石膏浆液经旋流器分离（浓缩），送至真空皮带脱水机（也有脱硫系统采用离心脱水机或圆盘式脱水机）脱水后形成石膏（含水率一般≤10%）。在吸收塔的出口一般设置两至三级除雾器（或者采用管束式除尘除雾装置），将烟气中携带的液滴除去，使烟气中的液滴含量低于75mg/m^3（标准状况下）。

3. 石灰石浆液制备及供给系统

石灰石浆液制备及供给系统主要设备有石灰石储仓（外购石灰石粉的系统配置有石灰石粉仓）、斗式提升机、称重式给料机、湿式球磨机、

石灰石浆液箱（罐）、搅拌器、浆液泵等。石灰石经斗式提升机、称重式给料机进入球磨机，被磨碎的石灰石与球磨机进口补充的水混合成石灰石浆液，不断从球磨机出料端出口溢出，进入湿磨再循环箱，通过湿磨再循环泵打入石灰石旋流器进行旋流分级处理，细度合格的浆液进入石灰石浆液箱，由石灰石浆液泵打至吸收塔，不合格的浆液进入再一次研磨循环。

4. 石膏脱水系统

石膏脱水系统主要包括真空泵、真空皮带脱水机、水力旋流器、废水箱、废水泵、石膏储仓等。目前，湿法脱硫系统使用较多的是真空皮带脱水机，它是通过真空抽吸浆液达到脱水的目的，具有过滤效率高、生产能力大、洗涤效率好，滤饼水分低、操作灵活、维护简单等优点，特别适用于燃煤硫分较高的火电企业。

5. 其他系统

其他系统包括工艺水系统、除雾器冲洗水系统、事故浆液系统、压缩空气系统、供电系统、脱硫废水处理系统、自动控制系统等。

第三章

烟气系统设备检修

脱硫烟道上设有挡板系统，所有烟气挡板都有密封系统，以保证零泄漏。本章重点介绍烟气系统中烟气挡板、GGH 及烟道等设备的检修。

第一节 烟气挡板门检修

一、烟气挡板门简介

1. 烟气挡板门的结构及工作原理

烟气挡板门主要在原烟道、净烟道及旁路烟道系统中起截断介质的作用，具有全开及全关功能，动作灵活，运行可靠。它关闭后，能确保无介质泄漏进入挡板门后烟道内。对于普通介质，挡板门可以采用碳钢材料；对于腐蚀性介质，挡板门应采用镍基合金材料。

烟气挡板门本体主要由框架、叶片、主轴、密封片、支撑装置、轴封装置、曲柄连杆机构、电动执行机构等部分组成（见图 3－1）。

图 3－1 烟气挡板门本体结构图

框架由结构钢制成，焊接制造，法兰边适合于螺栓连接或焊接方法与烟道固定；叶片为整体钢制成，由上、下两块面板及中间加强筋焊接成空腔结构；主轴一般是根据介质对它是否具有腐蚀作用而采用不同的材质制成，主轴与叶片焊接成整体；轴颈采用填料密封，为保证轴封（见图3－2）与轴的同心，采用可调式轴封外壳。由于轴封外壳不直接与框架焊接，而是采用螺栓把轴封外壳紧固在框架上，所以轴封外壳可随着轴的偏移而偏移，从而保证了轴封与轴的同心。叶片四周边缘为不锈钢弹性密封片，用螺栓固定在叶片上下面板边缘；主轴及叶片由轴承支撑在框架上。

图3－2　烟气挡板门轴封结构图

90°行程开关型电动执行机构带动驱动轴回转，驱动轴再通过曲柄连杆机构（见图3－3）带动所有叶片绕其各自主轴中心回转，叶片如百叶窗式动作，当叶片同介质流向平行时为挡板门开启位置，当叶片同介质流向垂直时为挡板门关闭位置。关闭位置时，挡板门叶片上下两层面板边缘的薄形弹性金属密封片（见图3－4）分别与挡板门框架内壁上相应的两道密封边板贴紧，形成机械密封，此时叶片、密封片及密封边板已将整个介质流道截断，并在流道断面上形成一个密封空腔。

图3－3　烟气挡板门连杆及限位装置

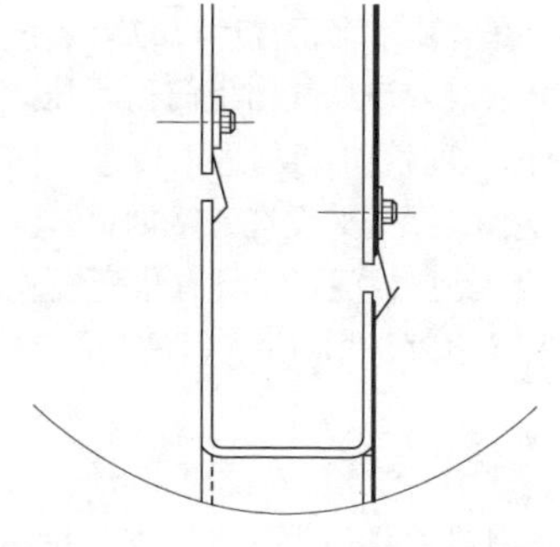

图3－4　烟气挡板门密封片结构图

挡板门上的密封空气阀与电动执行机构机械联动，当挡板门叶片开启时密封空气阀关闭，当挡板门叶片关闭时密封空气阀开启，此时密封空气从框架上的空气阀进口直接进入并充满整个密封空腔，由于密封空气压力比烟气介质压力高，烟气介质无法通过由叶片、密封片、密封边板及密封空气组成的密封屏障，从而确保挡板门的安全可靠密封（见图

3－5、图3－6）。

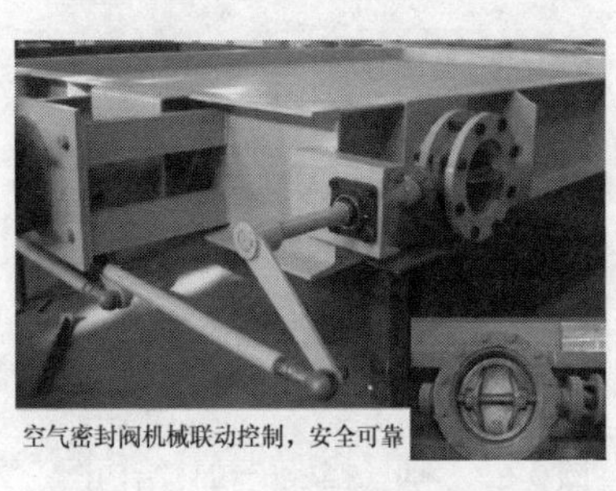

图3－5　空气密封机械联动结构示意图

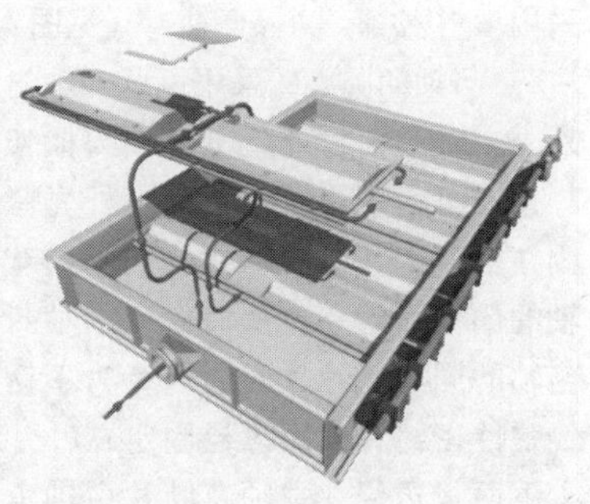

图3－6　烟气挡板门空气密封原理图

2. 烟气挡板门的类型

（1）按照烟气挡板门在脱硫系统中的安装位置及用途可分为脱硫入口烟气挡板门（也称作原烟气挡板门）、脱硫出口烟气挡板门（也称作净烟气挡板门）和旁路烟气挡板门。

烟气挡板门是连接锅炉与烟气脱硫（Flue Gas Desulfurization，FGD）装置的桥梁，它对锅炉的运行和FGD装置的寿命都有很大影响。

在脱硫系统正常运行的情况下，从锅炉电除尘器尾部出来的烟气，经FGD系统入口烟气挡板门由增压风机送入吸收塔，脱硫后的烟气经FGD系统出口烟气挡板门进入烟囱。

FGD系统如设有旁路烟道（见图3－7），则相应设有旁路烟气挡板门，旁路挡板门要求具有快开慢关功能，当FGD系统检修、维护或烟气工况异常时，烟气由旁路烟道直接排入烟囱以确保主机和脱硫系统的安全。

国家"十二五"节能减排政策要求火电企业湿法脱硫系统要逐步拆除或封堵旁路挡板，以实现机组启动、运行、停运全过程SO_2的达标排放。截至目前，原设置有旁路烟气挡板的FGD系统已完成旁路挡板封堵工作，同时为解决单增压风机运行给主机安全运行可能造成的风险，在旁路烟气挡板门封堵的同时，通过实施引增合一改造（取消增压风机，引风机相应增容，改造烟道），实现由引风机维持机组及脱硫系统的正常运行。新建机组脱硫系统一般不再设旁路烟道、旁路挡板及增压风机（见图3－8）。

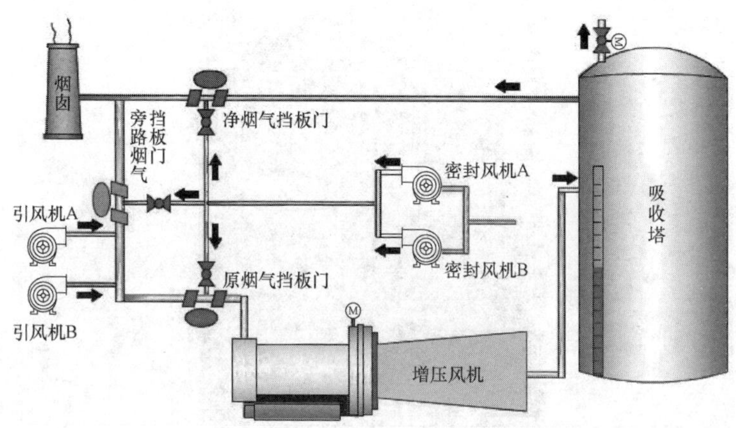

图 3－7　带有旁路烟道的 FGD 系统示意图

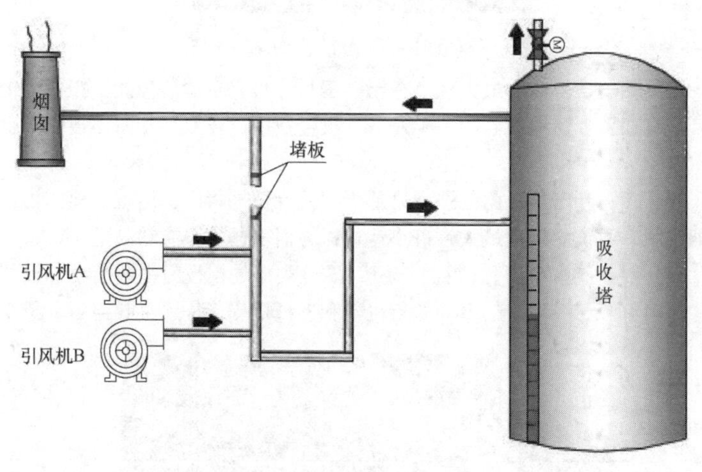

图 3－8　拆除旁路烟道后的烟气脱硫系统示意图

（2）按照烟气挡板门的结构形式通常可分为双叶片百叶窗挡板门和双百叶窗挡板门两种。目前，在我国大中型电站锅炉机组的烟气脱硫系统中使用的烟气挡板门也主要是这两种，其中以双百叶窗挡板门使用较多。

1）双叶片百叶窗挡板门（单百叶窗挡板门，见图 3－9）。该类型挡板门由一扇百叶窗组成，百叶窗由两片叶片组成，中间设置密封空气系统，允许 100% 的密封空气进入两叶片之间。

图 3-9　双叶片百叶窗挡板门结构示意图

这种烟气挡板门的最大优点在于其密封片具有自清洁功能，挡板门的质量只有双百叶窗挡板门的一半左右，投资费用也较双百叶窗挡板门降低了 50%。

双叶片百叶窗挡板门的强度略低于双百叶窗挡板门，但就目前国内电厂烟气脱硫系统的烟道最大、最小运行压力而言已完全能够满足。

2）双百叶窗挡板门（见图 3-10）。该类型的挡板门由两扇百叶窗组成，每扇百叶窗有独立的电动执行机构和连杆机构，每扇百叶窗由若干组

图 3-10　双百叶窗挡板门结构示意图

叶片组成，同组叶片可实现同步动作，两扇百叶窗的叶片也可通过电动执行机构实现同步动作。

这种挡板门的密封片采用特殊的镍基合金安装在挡板门叶片的周围，设置密封空气系统，允许100%的密封空气进入两扇百叶窗之间。

目前设计的双百叶窗挡板门的密封气体系统大都可保证烟道管线的零渗漏率，并在系统载荷的情况下配有意外防范措施。

这种挡板门投资较大，质量和尺寸相对双叶片百叶窗挡板门也大得多，是国内电站机组烟气脱硫装置中使用较早的类型。

综合比较而言，双叶片百叶窗挡板门的使用情况较好，使用频率也较高。

(3) 按照烟气挡板门的关断特性可分为关闭挡板门和调节挡板门两种。

1) 关闭挡板门也称为关断门，风门启闭角度为90°，具有全开全关两个功能，可使系统某一管路介质全部流通或关闭。关闭挡板门根据形状可分为方形关闭挡板门和圆形关闭挡板门；根据驱动方式可分为手动关闭挡板门、电动关闭挡板门和气动关闭挡板门。

脱硫系统中的出口烟气挡板门一般采用关闭型挡板门，机组运行时保持全开，停运检修时根据需要可完全关闭。

2) 调节挡板门通常用于调节烟道中烟气的流量，叶片可在0°~90°内动作，根据机组工况变化，调节挡板门通常都有自动跟踪、自动调节功能，从而可在叶片转动90°范围内的不同位置，通过不同的介质流量来控制系统中介质的压力、温度、数量等参数。

调节挡板门采用钢板压折焊接结构，叶片为两端尖角的流线型菱形结构，可改变气流尾流分布状况。其调节特性是在叶片开度25°~75°内，阻力系数与开度成近似线性比例关系；风门有电动、手动、气动等驱动方式，有就地、远控、集控等控制方式。

调节挡板门有普通型和密封型两种结构。普通型调节门仅起调节作用，须与其他类型隔绝门连用；密封型调节门既具有调节功能，又具有隔绝功能。密封型调节门的叶片两边及框架内部两穿轴侧面皆压有不锈钢密封片，叶片关闭时与钢管及框架内侧紧密贴实，既保证了密封效果，又可吸收叶片受热时产生的热膨胀。

脱硫系统入口挡板门即引风机出口挡板门采用调节型挡板门。

3. 烟气挡板门的材质分析

在烟气脱硫装置设计的初期阶段，烟气挡板门的防腐材料一般是采用

316LN（1.4429）合金、317L（1.4439）合金及904L（1.4539）合金等，但这些合金经过实际运行检验逐渐暴露出防腐蚀效果不佳、耐腐蚀时间不长等弱点，因此在目前的烟气挡板门防腐材料中已较少采用，取而代之的是由德国克虏伯VDM公司研制出的新型奥氏体超级不锈钢Cronifer 1925 hMo－926合金（1.4529）。对于密封片这样腐蚀负荷较高的部件则主要采用了C－276合金（2.4819）和625（2.4856）合金等。

一般来说，对于三类烟气挡板门的材质可选择如下：FGD入口烟气挡板门由于介质温度高于100℃，在酸露点的温度之上，所以可以选用Q235－A材质，但密封片应选用C－276材质；FGD出口烟气挡板门由于介质温度在80℃左右（结露位置），容易发生低温腐蚀，所以材料的选择应充分考虑防腐措施，如叶片材质为合金1.4529，主轴和外壳材质为碳钢包敷1.4529，密封片材质为合金C－276；旁路烟气挡板门在FGD正常运行时，两侧分别与高温烟气和低温烟气接触，一般在低温烟气侧考虑防腐，框架选用Q235－A材质，内衬选用1.4529材质，叶片在高温烟气侧选用Q235－A材质，在低温烟气侧选用1.4529材质，轴也选用1.4529材质，密封片选用C－276材质。

二、烟气挡板门的日常维护及检查

（1）连杆关节、螺纹滑移装置加注润滑油。通常情况下，给挡板的滑移装置加润滑油脂，建议每隔3～6个月进行一次，或者参照设备厂家提供的加油位置、加油数量及间隔时间进行。

（2）轴封。调整密封压盖紧定螺母。调整紧定螺母若还不能解决问题，则应更换新的密封填料。

（3）停运后的内部检查。在机组停运、设备检查期间，应对烟气挡板门内部情况进行检查，清除挡板叶片、框架、密封片等处积累的灰尘污垢，必须保证叶片能够平稳地开启和闭合。常规检查项目及应达到的标准如下：

1）执行器手柄的操作应灵活，如果操作很费劲则应检查执行器减速器齿轮是否正常，检查执行器与连杆连接处是否卡涩。如果执行器发出异常噪声，则应解体检查轴套、齿轮及轴。

2）检查滑动零部件是否已加足够的润滑脂，如果没有则再加一次润滑脂。

3）检查挡板上是否积累或黏附了许多灰尘，挡板内的叶片边缘是否触及外壳的内壁并产生卡涩现象（可能是由于外壳变形或者轴发生偏移）。

4）检查烟道内部是否积累或黏附了许多灰尘污垢，如果有，应清除。

5）检查挡板密封件和叶片的接触是否正常，如果不正常应清除灰尘或者更换密封件。

6）检查螺母或螺栓是否松动，如果有松动应拧紧。

7）检查挡板各部件是否有腐蚀、磨损或变形，如果有，应校正或更换。

8）检查挡板是否失灵，如果失灵首先应检查挡板本身是否有损坏，或者检查工作机构是否发生了故障。

三、烟气挡板门的检修

烟道挡板门检修工艺水平的高低，不仅影响烟气脱硫系统能否正常运行，而且会对锅炉运行的安全性产生重大影响。一旦烟气挡板门开关不灵敏或不及时，极有可能导致锅炉灭火事故的发生。

1. 检修前的准备工作

（1）统计分析设备停运前存在的缺陷及安全隐患，并进行初步诊断。

（2）准备检修所需的备品、材料、起重工、器具。

（3）正确执行工作票程序。

2. 设备检修前应进行的工作

（1）检查叶片的保险锁定装置（包括活节螺栓、锁紧曲柄、定位调节螺栓等）应正常。

（2）挡板门停运维修之前，将挡板门开到锁定位置，然后把活节螺栓放入锁紧曲柄槽孔中，并用螺母紧固，这样可以避免挡板门的转动。

（3）检查、调整定位调节螺栓，保证挡板门能够开关准确到位。

3. 检修叶片

（1）检查叶片表面是否有积垢、腐蚀、裂纹、变形等情况，铲刮清除灰垢。

（2）质量要求：叶片无腐蚀、变形、裂纹，叶片表面洁净。

4. 检修密封空气装置

（1）检查密封空气管道的腐蚀及接头的连接情况，清理疏通管道。

（2）检查、检修密封风机设备。

（3）质量要求：轴封完好，无杂物、腐蚀及泄漏，管道畅通；密封风机能够保证风压、转动正常。

5. 检修轴承

（1）检查轴承有无机械损伤，轴承座有无位移或裂纹。

（2）质量要求：轴承无锈蚀和裂纹，轴承座无裂纹并固定良好。

6. 检修蜗轮箱

（1）检查蜗轮、蜗杆及箱体有无机械损伤，更换润滑油。

（2）质量要求：检修后要求叶轮蜗轮、蜗杆完好，无锈蚀，润滑油无变质，油位正常。

7. 检修挡板连接机构

（1）主要是检查挡板连接杆有无变形、弯曲，先检查每一块转动，再装好传动连接杆，检查整个挡板联动情况。

（2）质量要求：挡板连接杆无弯曲，连接牢固，能灵活开关，0°时应达到全关状态，90°时应达到全开状态。

8. 挡板轴封检修

（1）检查、更换轴封填料。要求轴封完好，无腐蚀及泄漏。

（2）检查、调整轴封压盖。要求轴封压盖清洁、无裂纹。

9. 挡板门调试

（1）检查、上紧所有相关紧固件。

（2）清理挡板门内、外部及叶片转动范围内的所有杂物。

（3）松开叶片位置锁定装置，执行机构及限位开关必须就位准确。

（4）调试要保证叶片动作灵活，叶片关闭时机械密封严密，密封空气阀打开；叶片开启时，密封空气阀关闭。限位开关保护准确。

10. 工作结束

（1）检查各部完整，现场清理干净，无遗留杂物，保温齐全。

（2）按照规定终结工作票。

第二节　GGH　检　修

一、GGH 设备概述

1. GGH 在湿法脱硫系统中的应用现状

GGH（Gas Gas Heater，烟气换热器），原本是烟气脱硫系统中的主要装置之一，它的作用是利用高温原烟气将脱硫后的低温净烟气进行加热，使排烟温度达到酸露点之上，减轻烟气对净烟道和烟囱的腐蚀，提高污染物的扩散度；同时降低进入吸收塔的烟气温度，降低脱硫系统水耗，以及塔内对防腐的工艺技术要求。

新中国成立初期新建的脱硫工程普遍安装了 GGH，但在实际使用过程中，GGH 弊端明显，如运行可靠性差、易堵塞、漏风严重等。

由于 GGH 冷热端采用空气密封，运行中（特别是在低泄漏风机出力不足或故障情况下）没有脱硫的原烟气会在冷热烟气间形成短路，造成大约每立方米几十毫克到上百毫克的二氧化硫直接排放，严重降低脱硫效率。据统计，GGH 在连续运行半年以上的真实泄漏率不低于1.5%，通常使用一年后的泄漏率达2.0%～4.0%，有的高达8.0%；检修后多数机组 GGH 运行半年后的泄漏率一般为2.0%～5.0%。

超低排放要求 SO_2 排放浓度≤35mg/m^3（标准状况下），若仍采用 GGH，会直接造成 SO_2 无法达标排放。近年来的燃煤电厂超低排放改造中，很多原来安装 GGH 的电厂都选择了将其拆除，有的拆除后更换为 MGGH，新建机组也不再安装 GGH。究其原因，除了能耗高、故障多等方面的因素外，更多还是出于污染物达标排放的考虑。

基于以上原因，本节中 GGH 相关内容只做简单介绍，对相关附属系统及设备（如低泄漏风机、吹灰器、高压水泵等）不再做深入和细致的阐述。环保设备检修人员如有需要可参阅锅炉“空气预热器”相关内容或参考其他专业书籍。

2. GGH 的分类

GGH 通常有蓄热式和非蓄热式两种。蓄热式 GGH 主要有回转式、分体水媒式（MGGH）、分体热管式、整体热管式几类。非蓄热式 GGH 可借助能源（蒸汽、燃气等）使净冷烟气重新加热，其初始投资小，但能耗高、运行费用较大。目前，国内脱硫系统中使用的 GGH 大部分为蓄热式。

蓄热式 GGH 按烟气流程分为降温侧和升温侧两部分。在降温侧，烟气未经脱硫洗涤，在不同负荷下原烟气由120～150℃降到90～110℃。在换热器的烟气入口处，主要问题是含尘烟气的高速冲刷和磨损。在升温侧，烟气经过脱硫洗涤，由45～55℃加热到75～80℃，温度低于酸露点，主要问题是凝结酸腐蚀和细微固体物板结。经过脱硫的烟气中带有少量雾滴，雾滴中含有石膏、灰、石灰石等固定颗粒，容易在受热面上黏结堵塞烟气通道。此外，脱硫处理后的烟气一般还含有 SO_2、NO_x、HCl、HF、SO_3 等腐蚀性物质，与水蒸气混合后形成腐蚀强度高、渗透性强且较难防范的低温高湿稀酸型液体，对升温侧 GGH 钢材有较强的酸腐蚀作用。

二、回转式 GGH 的工作原理及结构

1. 回转式 GGH 的工作原理

回转式烟气换热器是带有旋转供热表面的再生式热交换器，安装有换热元件的转子在壳体内连续旋转，每当转子转过一圈就完成一次热交换过程。在每一次循环中，换热元件在未处理的原烟气侧时，从烟气流中吸取热量，当转到脱硫后的净烟气侧时，再把热量放出传给来自吸收塔的净烟

气，提升净烟气进入烟囱之前的温度。净烟气温度的提高有利于增加净烟气在烟囱中的自拔力，并能降低因烟气低温结露而对烟囱造成的腐蚀。

2. 回转式 GGH 的基本结构

回转式 GGH 由受热面转子和固定的外壳组成，外壳的顶部和底部把转子的通流部分分隔为两部分，使转子的一侧通过未处理的原烟气，另一侧以逆流通过脱硫后的净烟气（见图 3-11）。

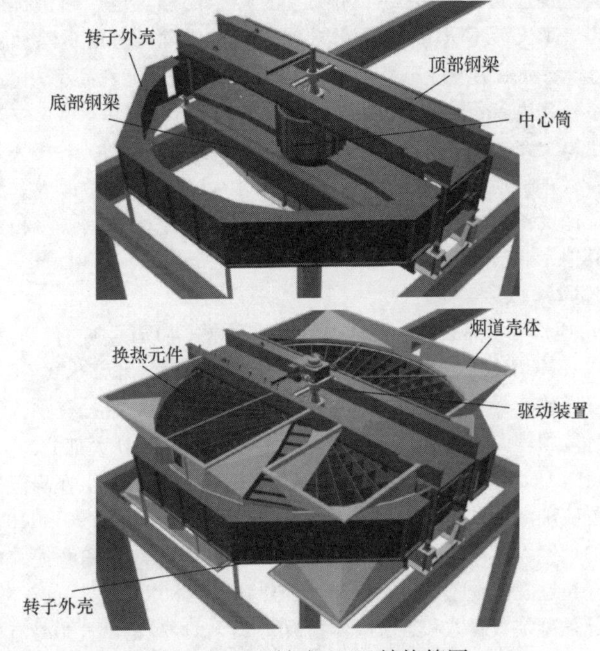

图 3-11　回转式 GGH 结构简图

回转式 GGH 的换热元件由波纹板组成，波纹板通常由 0.50~1.25mm 厚的钢板制成，并在表面镀工业搪瓷以防止腐蚀。由于回转式 GGH 的转动部分与固定部分之间总是存在着一定的间隙，同时由于两侧烟气之间有压差，未处理的原烟气就会通过这些间隙漏入净烟气侧，所以需采用烟气密封措施，即取部分净烟气作为密封气体，由低泄漏风机升压后充当 GGH 原烟气、净烟气侧的隔离介质。在制造和安装较好的前提下，泄漏量可保证在 0.5%~2.0%。

GGH 转子采用中心驱动加变频控制驱动方案。每台 GGH 设两台电动驱动装置，一台主驱动，另一台备用（即辅助驱动），电动机均采用空气冷却形式。若主驱动退出工作，辅助驱动自动切换，以防转子停转。

GGH 采用主轴垂直布置，原烟气向上，净烟气向下。为防止 GGH 传热面间沉积结垢而影响传热效率，可通过吹灰器使用蒸汽吹扫或用高压水定时在线清洗，在检修状态也可用低压水冲洗。吹灰器配有一根可伸缩的吹枪。蒸汽吹扫为每班 1 次，在线吹扫。高压水冲洗为每周两次。运行中当压降超过给定最大值时，说明有一定程度的石膏颗粒沉积或积灰，需启动高压水泵在线冲洗。

(1) 换热元件。换热元件都布置在同一层，运行时有“冷端”和“热端”之分。这些换热元件都由碳钢板加工而成并在表面加镀搪瓷。GGH“冷端”是未处理的原烟气出口和处理后的净烟气入口，由于吸收塔出口处烟气湿度较高，而烟气温度较低，所以更容易被腐蚀。

换热元件由两种不同形状的薄钢板制成，一片钢板上是波纹形的，另一片上则带有波纹和槽口，波纹与槽口成 30°夹角（见图 3 – 12）。带波纹的换热片和带有波纹和槽口的换热片交替层叠。波纹间交叉成 60°。槽口与转子轴和烟气流平行布置，使元件板之间保持适当的距离，从而使得烟气流经烟气换热器时形成较大的紊流。

图 3 – 12　DU 形换热元件波纹板

(2) 转子。连在圆形钢制中心筒上的考登钢板（考登钢又名 Corten 钢，分两大类：CortenA、CortenB，是美国 Cu – P 系列钢的代表钢种，属于低合金高强耐大气腐蚀结构钢，国内叫作耐候钢，简称 NH 钢）构成转子的基本骨架。转子的中心部分（即中心盘）与中心筒连为一体，从中心筒延伸到转子外缘的径向隔板将转子分为若干个扇区。这些扇区又被分隔板和二次径向隔板分割，垂直于它们的环向隔板加固了转子，并支撑换热元件盒（见图 3 – 13）。元件盒的支撑钢板被焊接到环向隔板的底部，沿着径向隔板的顶边、底边和外部垂直边上采用螺栓连接固定密封片。转子最终由若干个周围平直的扇区构成，每个扇形隔仓中包含若干个换热元件盒。

(3) 转子外壳。转子外壳包围转子并构成换热器的一部分，由预加工的钢板制成，内部镀有玻璃鳞片。GGH 外壳位于端柱之间，由 6 个部

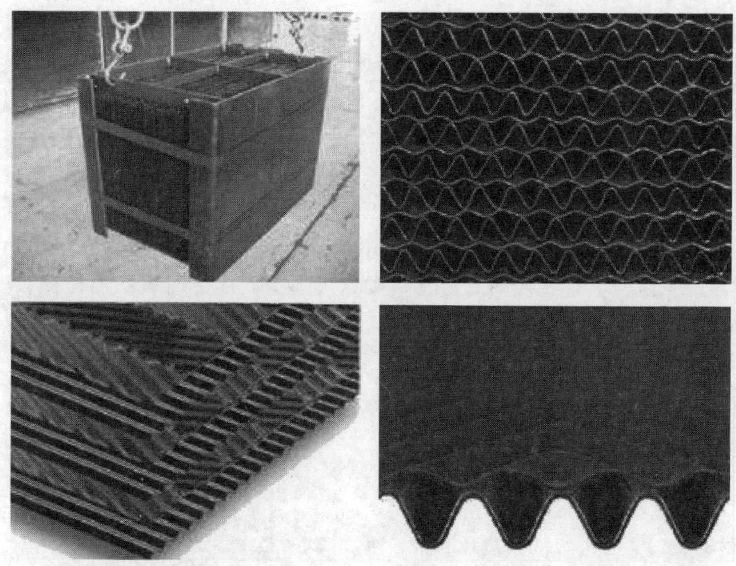

图 3－13　GGH 换热元件盒

分组装成八面体结构。转子外壳端部靠端柱和连接顶部结构与底梁的管撑支撑。端柱能够满足 GGH 外壳的不同位移。转子外壳支撑顶部和底部过渡烟道的外侧，这些烟道连接在顶部和底部基板上。

（4）端柱。端柱由低碳钢板加工而成，内镀玻璃鳞片。端柱支撑含转子导向轴承的顶部结构。每个端柱都支撑着一个轴向密封板，该板为端柱的一部分并支撑着转子外壳。端柱与底部结构的末端相连，并通过连接到底梁端部的铰链将整个载荷直接传递到底梁和换热器的支撑钢梁上。

（5）顶部结构。顶部结构是一个连接两个端柱并形成外壳一部分的复合碳钢结构。端柱之间的两个平行构件在底部由被称为扇形支板的平板连接。构成顶部烟道连接第四个面的两块预加工成型板与底部和顶部加强板连接，形成箱形结构。顶部结构上装有顶部扇形密封板。顶部扇形密封板在焊到扇形支板前悬吊在调节点位置。顶部结构由加强筋固定，长方形的烟风道位于顶部结构的端部。将此箱形结构与扇形支板和扇形板间的空间连接起来，形成烟气低泄漏系统的一部分。顶部结构将转子顶部轴承固定在中心位置并克服安装在驱动装置上驱动轴的反向扭矩。

(6) 底部结构。底部结构由两根碳钢梁组成，它支撑着承受转子重量的底部轴承凳板。底部结构还支撑着端柱、底部扇形板和扇形支板。连接 GGH 下侧的烟道也由底部结构部分支撑。检修转子支撑轴承和换热器下部的检修平台都是从底梁上伸出来的。底梁的所有载荷通过其两端传递到支撑钢架上。

(7) 转子驱动装置。转子通过减速箱由电动机驱动，驱动装置直接与转子驱动轴相连，驱动装置通过减速箱可以提供两种驱动方式，即主交流电动机驱动、备用交流电动机驱动。两个电动机都与初级斜齿轮箱的安装法兰相连。初级齿轮箱通过挠性联轴器与一级蜗轮蜗杆减速箱相连。一级蜗轮蜗杆减速箱直接安装在转子轴上的二级蜗轮蜗杆减速箱上。而二级蜗轮蜗杆减速箱通过锁紧盘固定在转子轴上。减速箱通过油浴润滑。二级减速箱的一侧装有扭矩臂，顶部结构对抗扭转臂的位移限制使得驱动系统无法旋转但可以轴向上下移动。驱动装置的非驱动端延长，便于在检修时安装手动盘车装置。电动机通过安装在换热器就地控制柜内的变频器启动和控制，用于降低 GGH 启动时较大的启动力矩。

(8) 转子支撑轴承。转子由自对中滚柱推力轴承支撑，轴承箱装在底梁上。轴承承受了全部的转动载荷。轴承采用油浴润滑，轴承箱上设有注油孔和油位计。

(9) 转子导向轴承。顶部导向轴承组件包含一个导向轴承，位于轴套内，而轴套落在转子驱动轴的轴肩上，通过锁紧盘与驱动轴固定。轴承和部分轴套在轴承箱内，其中包括油封管和顶底盖板。轴承凳板由两个焊接在轴承箱两侧的外伸支架构成，用来将轴承箱定位并固定到顶部结构上。在凳板外伸支架下加垫片来调平并定位轴承箱，焊接在顶梁上的调节螺栓可用来定位转子。轴承采用油浴润滑，轴承箱上设有注油孔和油位计。

(10) 转子密封（见图 3－14）。转子密封的主要作用是保证机组在正常负荷下，烟气泄漏量最小。密封板最初是在冷态下设定的，这样当 FGD 系统在 100% 负载下工作时，转子密封片就会刚好离开密封表面。运行过程中，转子膨胀填补了密封片顶部与密封板之间的空隙。对于底部扇形板，运行时转子与密封表面留有间隙，扇形板应尽量靠近转子设定，将密封间隙减到最小。由扇形板形成的径向密封路径与这些密封板的边缘和轴向密封板垂直，在处理后的净烟气和未处理的原烟气间形成一完整的密封路径。

1）径向密封。径向密封片直接连接在径向隔板和二次径向隔板的顶

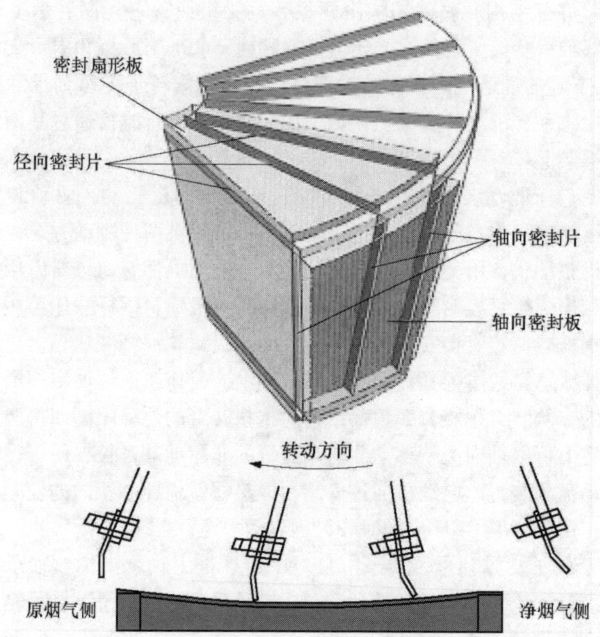

图 3-14 GGH 密封片布置图

部和底部边缘上。这些密封片是由 2mm 厚的不锈钢板加工而成的，安装时紧靠顶部和底部扇形板。密封片有调节用的开槽，用 M12 的螺栓和特制的大螺母将不锈钢方形压板和聚四氟乙烯垫片固定在径向隔板上。

2）轴向密封。轴向密封片和径向密封片的作用相同，用于减小转子和密封板之间的间隙，从而形成转子未处理的原烟气侧和处理后的净烟气侧的分隔。轴向密封片安装在径向隔板和二次径向隔板的垂直外缘，其冷态设置应保证转子受载时轴向密封片与轴向密封板之间保持最小的密封间隙。轴向密封片的材质要求与径向密封片相同。

3）环向密封。环向密封片安装在转子中心轴和转子外缘的顶部和底部，其主要功能是阻止烟气换热器转子外侧未处理的原烟气和处理后的净烟气的旁路气流。此外，环向密封还有利于轴向密封，因为它降低了轴向密封片两侧的压力差。在转子底部外缘，由 6mm 厚的碳钢制造的单根环向密封片焊接安装在转子外壳基板上，并与转子底部外缘角钢构成密封对。由于转子和转子外壳间的径向膨胀差，因此在冷态安装该密封片时需预先考虑到这一间隙要求。环向密封片通常采用镀玻璃鳞片来防腐。

顶部外缘环向密封由安装在转子外壳上的 2mm 厚的不锈钢板组成，与顶部外缘转子角钢的顶面形成密封对。内缘环向密封片安装在转子中心筒的顶部和底部，与顶部和底部扇形板一起构成密封对。

4）中心筒密封。中心筒密封采用带密封空气系统的双密封装置。中心筒两端各有一套这样的装置，固定在扇形板上并与中心筒形成密封对。内侧密封由两个分开的 2mm 厚不锈钢板制造的扁平圆环组成，两个圆环之间由支撑环支撑，直接装到扇形板上。为便于更换，每个内侧密封分两段安装，在烟气换热器外部就可以直接更换内侧密封。外侧密封为压填型，压填外壳上的支撑板安装在扇形板筋板上。

密封空气系统将空气不间断地输入内外中心筒密封间的环形空间，以达到防止烟气泄漏到大气中的目的。

（11）密封风系统。由于烟气具有腐蚀性，所以不能通过转子中心筒密封和吹灰器墙箱泄漏到大气中。为防止烟气泄漏，GGH 通常采用加压密封空气系统。该系统由密封风机通过管路获取气源。在转子中心轴顶部和底部都加密封空气，以提高内部中心筒密封的作用。吹灰器配有独立的密封风机来加压墙箱，以防烟气泄漏到大气中。

（12）隔离和清扫烟气系统。隔离风和清扫风是通过低泄漏风机从净烟道抽取净烟气加压形成的。隔离烟气通过顶部结构进入顶部扇形支板和扇形板的空间内，然后沿着顶部扇形板中心线上的一系列孔进入 GGH 转子隔仓内，并在原烟气、净烟气中间形成一道气流封幕，使原烟气、净烟气有效隔开。该系统也用于在进入处理后的净烟气侧之前清扫转子中未处理的原烟气。

（13）吹灰器。GGH 通常采用全伸缩式的吹灰器对换热元件进行清扫，主要有三种清扫方法：压缩空气吹扫、蒸汽吹扫和高压水冲洗。GGH 在未处理烟气出口处配有一台吹灰器。当转子转动时该电动吹灰器径向来回移动，通过控制吹枪行程来确保吹扫时整个转子表面都能被吹扫到。压缩空气吹扫和低压水冲洗使用的是相同的吹管和喷嘴，喷嘴到换热元件表面的距离在 300mm 内。高压水冲洗使用的是独立于蒸汽吹扫的喷嘴，高压水洗喷嘴紧靠在空气喷嘴后面布置。这样在进行蒸汽吹扫时，不会有未处理的原烟气流漏入。

吹枪是圆管形的，便于其在 GGH 外壳处进行密封。当吹枪缩回到停放位置时，保留吹枪边缘一小部分与墙箱密封的接触。吹灰器配有独立的密封风系统给墙箱提供气源，以防在盲板盖住墙箱开孔的短时间内造成泄漏的烟气伤人事件。

压缩空气吹扫和蒸汽吹扫使用正常转速，而高压水冲洗则是在 GGH 转子减速的情况下进行。

三、GGH 的日常检查与维护

湿法脱硫 GGH 是一个较为复杂的系统，单就 GGH 本体而言，由于在运行期间无法对其内部换热元件、密封板、密封片等进行检查维护，所以日常的巡检与维护应侧重于对驱动装置（主、辅电动机、减速机）的电流、温度、振动、油位、声音，以及中心筒密封情况、GGH 前后侧差压等的监测。运行电流及前后侧差压的变化可较为准确地反应 GGH 换热元件是否存在积灰积垢、堵塞等现象。若卡涩情况严重，则通过 GGH 壳体可明显听到动、静摩擦的声音。另外，GGH 附属设备（低泄漏风机、吹灰器、高压水泵等）也是日常检查与维护的主要工作。GGH 日常检查与维护的具体内容如下：

1. 转子驱动装置

定期检查整个驱动装置的运行及连接情况，特别是抗扭矩臂两侧与扭矩臂支座的横向间隙及扭矩臂支座的连接固定状态。检查减速箱润滑油通气口及减速箱的油位。

2. 转子轴承

每周必须检查一次顶部和底部轴承箱的润滑油位并保证正确的油量。定期检查轴承系统的噪声、振动及是否存在漏油现象。

3. 密封风系统

检查电动机和风机运行是否正常，有无异音或振动超标。定期检查风道是否有泄漏，阀门和压力表、压力开关是否有损坏现象。

4. 吹灰器和相关管线

定期检查吹灰器管线是否有漏油、漏水或漏气现象；检查吹灰器驱动电动机、减速机及密封风机运行情况；定期给链轮、链条加注润滑油脂，并检查各限位开关是否动作可靠，吹灰器进到位和退到位行程是否满足换热器清扫要求；定期检查更换密封墙箱密封填料；每半年应将吹枪完全抽出检查一次，查看吹枪和喷嘴是否有腐蚀现象。

注：对于北方火电企业 GGH 系统，冬季还应做好吹灰器管的防冻措施。

5. 高压水泵和相关管线

定期或在 GGH 前后侧差压有上升趋势时应使用高压水泵对 GGH 换热元件进行在线冲洗。高压水泵的日常检查和维护主要集中于：高压水泵油位、油质检查，定期更换润滑油；高压水泵振动、声音、泄漏情况的监测，及时更换连杆密封件。

高压水泵停运后的检修工作主要有：柱塞、吸入阀、排出阀和密封件检查更换；曲轴、连杆、十字头、轴承、轴瓦等磨损、位移情况的测量及更换；传动皮带磨损、松紧情况检查；安全阀解体检查，更换阀芯、阀座；柱塞检查，更换Y型、V型密封环和其他磨损件；针型再循环阀门和安全阀解体检查，研磨或更换磨损件。

6. 低泄漏风机和相关管线

低泄漏风机运行期间的检查及维护内容主要有：检查轴承温度（应低于75℃）及油位是否正常；风机本体有无过度的噪声及振动；检查联轴器的噪声及振动。

低泄漏风机停运后的检修工作主要有：检查叶轮、叶片有无腐蚀和裂纹，清理叶片表面及流道内的污垢；对于运行期间振动大的风机，还应做叶轮动静平衡；风机轴承检查，必要时更换；风机与电动机中心找正；各地脚螺栓紧固；检查进口调节门导叶全程的自由度，检查导叶、导叶轴承及连接点的磨损，必要时修理或更换。

四、GGH检修工艺

1. 换热元件的清扫

因为GGH运行环境恶劣，换热元件极易堵灰积垢或腐蚀，所以有必要对烟气换热器换热元件进行清扫。如果蒸汽吹扫无法达到理想效果，那么有必要利用配套的高压水泵进行高压水冲洗，或者请专业的清洗公司进行人工高压水冲洗（冲洗压力通常为20～40MPa），人工高压水冲洗时需采用手动盘车方式转动GGH。水洗结束后应检查换热元件是否清洁干净。

重要说明：清洗后的水是酸性的，所以一定要正确处理。工作人员必须清楚这一点并在工作时穿上适当的防护服。

2. 换热元件的检查

清洗后的换热元件不应有积灰积垢，应干净整洁并可见搪瓷釉本色；检查换热元件、框架及仓壳是否有腐蚀、磨损现象，视情况进行更换；检查各部位密封件是否存在变形损坏、固定螺栓松动等情况，按照要求测量并调整密封间隙。

3. 元件盒的拆除与更换

所有元件盒都必须使用专用吊耳通过顶部处理烟道直接从上面吊出。拆去原有元件盒后应及时装上新的元件盒，以保持转子在平衡状态。在承重梁上安装一个载重1000kg的手动或电动葫芦，以完成换热元件的拆旧换新工作。

注意：使用手动盘车装置转动转子时必须特别注意不要碰伤 GGH 的内部检修人员。

4. 径向、轴向及环向密封片的拆除和更换

卸下锁紧螺母、螺栓及转子径向隔板和密封片间的垫片。检查锁紧螺母、螺栓、特氟龙垫圈和压板的损坏和腐蚀情况，如有必要进行更换。

更换密封片后应按照 GGH 安装技术规范和设备实际运行状态需要，对各密封间隙（冷态）进行合理调整，既要保证最低的泄漏量，又要确保 GGH 在热态运行中不发生动、静摩擦。调整完成后各密封片的螺栓应紧固到位。

5. 中心筒密封片的拆除和更换

中心筒密封片分别位于转子中心筒的顶部和底部，用于密封扇形板和转子中心筒之间的间隙。每套密封由安装在中间和外边的带有钢保持环的两个分开的密封片组成，通过销钉固定在扇形板上。拆卸密封前应先松开密封压盖，从扇形板上拆除固定螺栓，然后拆下整个填料密封组件。卸下中心筒密封的固定销钉就可以将整个密封拆掉。更换密封时，必须注意两个保持环的正确安装位置，确保密封片靠紧中心筒。

6. 顶部导向轴承的拆卸和更换

首先需卸下转子驱动装置（最好在转子和转子外壳之间加临时支撑，以防止顶部导向轴承被卸下后转子倾斜），排净顶部轴承箱中的润滑油，松开锁紧盘，并把它从轴套上卸下，拆下六角头螺栓和顶部盖板，利用拆卸孔垂直向上拆下整个轴套和顶部导向轴承。重新安装顶部导向轴承的时候，必须按照与上述相反的程序进行，要保证顶部轴承箱的顶面与轴套上的“0”刻度线重合。

7. 底部支撑轴承的拆卸和更换

图 3－15 所示为 GGH 底部支撑轴承，其拆卸与更换时首先要排净底部轴承箱中的油，拆下内缘环向密封和顶部扇形板中心位置的顶部径向密封，拆除底部轴承箱固定螺栓，利用液压千斤顶和千斤顶顶板来抬升转子，以使轴承盖板与千斤顶顶板分开，然后移出轴承箱，拆除轴承箱盖板后即可拆卸和更换轴承。

注意：可以拿走轴承箱下面的薄垫片，以便有更大的空间移走轴承箱。转子抬升的高度不能过高，应当不超过 5mm，以防止顶部内缘环向密封支撑板的顶部接触到涂有玻璃鳞片的顶部扇形板密封面而导致鳞片破损或脱落。

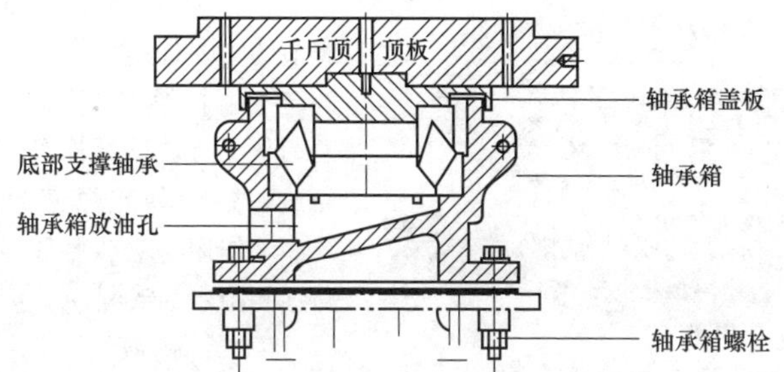

图 3 – 15　GGH 底部支撑轴承示意图

第三节　脱硫系统原烟道、净烟道检修

一、烟道及附属设备简述

脱硫系统烟道通常为矩形或圆形截面，原烟道（引风机出口至脱硫吸收塔入口膨胀节）由于烟气温度较高，一般不做防腐处理；对于在吸收塔入口原烟道设置有烟气减温装置（事故喷淋）的系统，该处烟道应考虑采用高温玻璃鳞片树脂涂层做防腐处理。吸收塔入口处烟道（膨胀节后，与吸收塔塔体焊接连接的烟道）一般采用不锈钢内衬（如 C – 276 合金钢板）做防腐处理；吸收塔出口净烟道可采用玻璃钢烟道，也可采用碳钢材质烟道并用玻璃鳞片树脂防腐。

为了吸收烟道热膨胀引起的轴向位移，烟道设有膨胀节，烟道膨胀节一般由挠性连接件（金属或非金属）、法兰、限位拉杆及其他零件组成。它通过挠性连接件的柔性变形来吸收烟道热膨胀引起的轴向位移和少量的横向、角向位移，并有消音减振和提高烟道使用寿命的作用。

脱硫烟道膨胀节根据材料可分为非金属膨胀节和金属膨胀节。膨胀节在可能出现的各种温度、压力下应无损坏，并保持 100% 的气密性。膨胀节与烟道可采用焊接方式或法兰螺栓连接方式，位于挡板门附近的膨胀节应有适当的净距，以避免与挡板门的移动部件互相碰触摩擦。

1. 非金属膨胀节

非金属膨胀节（见图 3 – 16）也称非金属补偿器、织物补偿器，属补偿器的一种，其材料主要为纤维织物、橡胶、耐高温材料等，具体结构如下：

图3－16　非金属膨胀节

（1）蒙皮。蒙皮是非金属膨胀节的主要伸缩体，由性能优良的硅（氟）橡胶或高硅氧聚四氟乙烯与无碱玻璃丝棉等多层复合而成，是一种高强密封复合材料。其作用是吸收膨胀量，防止漏气和雨水的渗漏。

（2）不锈钢丝网。不锈钢丝网是非金属膨胀节内衬，阻止流通介质中杂物进入膨胀节和阻止膨胀节中绝热材料的向外散失。

（3）保温棉。保温棉兼顾非金属膨胀节保温和气密性的双重作用，由玻璃纤维布、高硅氧布和各类保温棉毡等组成，其长度和宽度与外层的蒙皮一致，具有良好的延伸性和抗拉强度。

（4）隔热填料层。隔热填料层是非金属膨胀节绝热的主要保证，由多层陶瓷纤维等耐高温材料组成。

（5）机架。机架是非金属膨胀节的轮廓支架，以保证有足够的强度和刚度，其一般有与所连接的烟道相匹配的法兰面。

（6）挡板。挡板也称作导流板或防磨板，起导流和保护隔热层的作用，材料应是抗腐蚀和耐磨的，挡板还应不影响膨胀节的位移。

2. 金属膨胀节

金属膨胀节（见图3－17）一般由金属波节、连接法兰、导流板等组成。脱硫系统常用的有矩形或圆形波纹膨胀节。金属膨胀节按波节数量可分为单波、双波和三波膨胀节，按波管材质又可分为普通碳钢波纹膨胀

图3－17　金属膨胀节

节、不锈钢波纹膨胀节及其他合金波纹膨胀节。

3. 非金属膨胀节的优点

（1）补偿热膨胀。非金属膨胀节可以补偿多方向，大大优于只能单式补偿的金属补偿器。

（2）补偿安装误差。由于烟道连接过程中，系统误差在所难免，纤维补偿器可以较好地补偿安装误差。

（3）消声减振。纤维织物、保温棉体具有吸声、隔振功能，能有效减少系统的噪声和振动。

（4）无反推力。非金属膨胀节主体材料为纤维织物，缓冲效果较好，无力的传递。

（5）良好的耐高温、耐腐蚀性。非金属膨胀节选用的氟塑料、有机硅材料具有较好的耐高温和耐腐蚀性能。

（6）非金属膨胀节体轻、结构简单、安装维修方便。

（7）非金属膨胀节价格低于金属补偿器，质量不低于进口产品，价格是进口产品的1/2～1/5。

二、烟道及附属设备检修

1. 烟道本体检查

（1）开检修人孔门，降温通风，清理烟道杂物和积灰。

（2）对烟道内部进行外观检查，必要时搭设脚手架，检查是否有裂缝、焊缝开焊和严重冲刷痕迹。

（3）对于有严重冲刷的地方用测厚仪测厚，厚度应达到原钢板的4/5。

（4）检查烟道防腐层有无裂纹、褶皱、鼓包等现象，用测厚仪检测内衬厚度应不少于2mm。

（5）检查膨胀节框架和蒙皮是否完好无缺损，对于腐蚀严重的膨胀节，应重新做防腐或更换处理。

（6）烟道内部检查应保证良好的通风条件和照明条件。

（7）放置在烟道下面的设备、材料要用胶皮垫好，防止损伤烟道的防腐层。

2. 烟道钢板检修

（1）钢板出现裂缝或开焊现象，应进行修补和补焊。严重冲刷减薄的局部（不足原钢板4/5），应更换钢板处理。

（2）防腐段钢板的修补应尽量采用对接形式，焊道必须经过打磨，以保证平整光滑，不应有棱角和尖锐突起的现象。

（3）金属膨胀节有腐蚀或冲刷损坏的，应进行修复或更换处理，若腐蚀现象严重时，应对膨胀节材质是否能满足运行要求进行分析，并合理选材改型。

(4) 气割、焊接时防止火星乱溅引起火灾及影响其他工作人员。

3. 烟道防腐段防腐检修

(1) 防腐段烟道（含膨胀节）防腐衬层厚度不足的（少于2mm）局部必须补足厚度。

(2) 防腐段烟道（含膨胀节）防腐衬层有裂纹、褶皱和鼓包现象的局部，可用砂轮机磨平后进行修补处理。

(3) 对于修补过和新更换的钢板，必须进行重新防腐施工处理。防腐工序为打磨、清灰、刷底涂、抹鳞片、涂面漆。防腐衬层厚度不少于2mm，并经测厚检测、电火花检测合格。

4. 试运行

(1) 烟道内部工作结束后，对烟道及防腐段的完整度、平整度进行检查验收。

(2) 人员全部撤离烟道后，关闭所有人孔门，检查人孔密封的严密性，系统运行后无漏风现象。

(3) 试运行中检查是否存在液体渗漏现象。

第四节　烟气降温装置（事故喷淋）检修

一、事故喷淋系统概述

新建燃煤电厂和经过旁路封堵、引增合一改造的湿法脱硫装置通常为每座吸收塔入口设置一套事故喷淋装置，该装置包括伸入烟道内的冲洗管道及喷嘴（有的系统还设置有高位水箱），将除雾器冲洗水和消防水作为事故喷淋水源。

事故喷淋系统长期备用，气动（或电动）阀门和吸收塔入口烟气温度联锁，当温度超过报警值时，值班人员应及时进行燃烧调整；当烟气温度达到动作值时，自动开启气动（或电动）阀门，对烟气进行喷淋降温，直至系统恢复正常。

1. 设置烟气事故喷淋的目的

在机组故障（空气预热器、送风机、省煤器短时故障或炉膛燃烧出现异常等）、炉侧排烟温度超限、脱硫浆液循环泵全停等异常工况期间，FGD入口会出现短期180℃甚至更高的瞬间冲击烟温，为了保护吸收塔内的设备，保证系统的安全，在没有旁路烟道的情况下，需要在吸收塔入口前专门设置一套紧急事故喷淋系统，通过喷淋水的压力雾化对进入吸收塔之前的烟气进行冷却降温。

2. 事故喷淋系统的设置

事故喷淋系统一般设置在吸收塔入口之前的原烟道内，建议采用除雾器冲洗水和消防水两种水源方式并联的方案，可直接利用扬程较高的除雾器冲洗水泵来提供工艺水，也可另外设置单独的冲洗水泵。

此外，考虑到当发生全厂紧急停电事故时冲洗水泵将无法运行，还应设置一个高位水箱，高位水箱的水通过自身压力，送至吸收塔入口烟道事故喷淋管道上，高位水箱容积满足 3 ~ 5min 的耗水量。水箱至吸收塔入口设置电动阀，该电动阀设置在全厂断电时阀位开启状态。

事故喷淋系统（见图 3 – 18）包括事故喷淋喷嘴、管道、自动切换阀及温度、压力仪表及高位水箱。

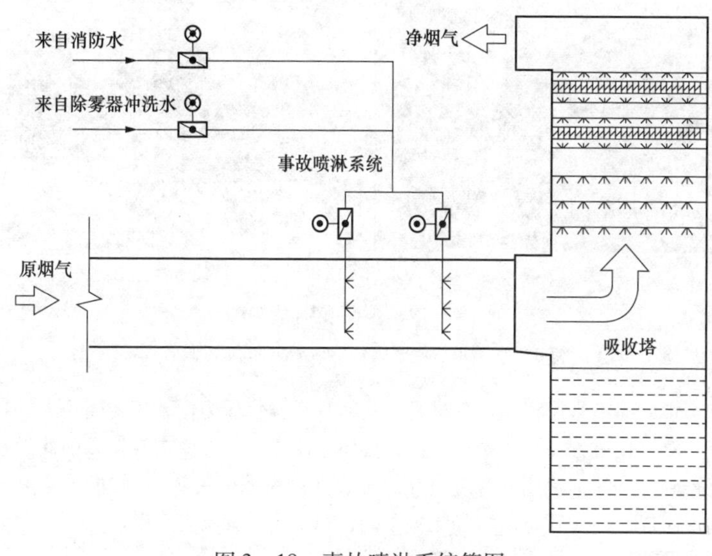

图 3 – 18　事故喷淋系统简图

在事故喷淋装置后烟道上或在吸收塔入口/出口处设计有温度测点来检验事故喷淋的冷却效果。

二、螺旋喷嘴结构

脱硫事故喷淋喷嘴一般选用单流体低压螺旋形，工作压力为 0. 25 ~ 0. 50MPa，在脱硫吸收塔入口烟道内布置成管网形式，喷嘴与管道以螺纹连接，喷嘴材质通常选用 316L 不锈钢、碳化硅或其他耐腐蚀优质合金钢。

设置事故喷淋系统的烟道设计要求有一定长度和一定的倾角，以保证喷淋的覆盖范围并避免喷淋水倒流进入前端烟道。喷淋方式为顺喷（顺着烟气方向），喷嘴安装与烟气方向成一定夹角，喷嘴喷淋角度按 90°设计，喷雾形态为空心锥形。

螺旋喷嘴结构（见图 3－19）比较简单，上半部分内部只是一个空腔，没有任何内部构件，下半部分是一个螺旋体，有内、外螺纹型，是一种实心锥形或空心锥形喷雾喷嘴，喷流角度范围可为 50°～170°。螺旋喷嘴设计紧凑，具有畅通不堵塞的无内芯直通式流道设计，可使液体在给定尺寸的管道上达到最大流量，它能将液体通过与连续变小的螺旋面相切和碰撞后，变成微小的液珠喷出而形成雾状。

(a)

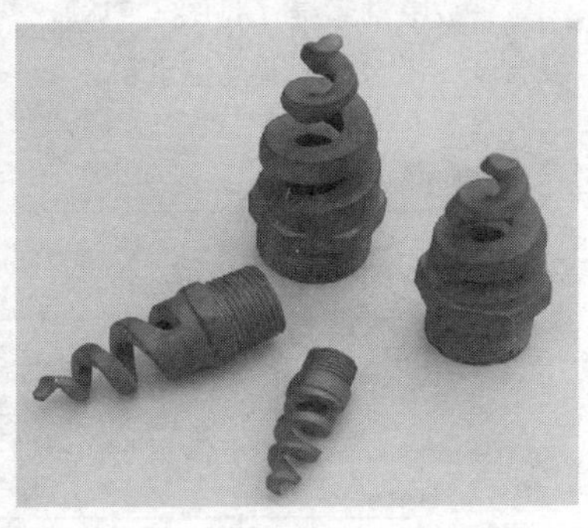

(b)

图 3－19　螺旋喷嘴结构图

(a) 不锈钢螺旋喷嘴；(b) 碳化硅螺旋喷嘴

螺旋喷嘴采用机械原理进行雾化，具有雾化压力低、喷射通径大等特点，对雾化过程的泵送系统和雾化液体中固体颗粒的要求较低，因此近年来得到了广泛的应用。螺旋喷嘴的实心雾化面一般由 2～4 圈的同心雾化圆形组成，由于喷雾压力和流量不同，每个同心圆具有一定的厚度，因此雾化颗粒的均匀性受同心圆形状的约束。

三、螺旋喷嘴的工作原理

事故喷淋系统采用合金喷嘴时，一般选用螺扣连接方式，即在喷淋管道上开孔，垂直焊接与喷嘴适配的内螺纹连接件，然后将喷嘴安装至连接件上，并旋紧固定。

其工作原理是：液体在喷雾压力的作用下，与一系列连续变小的螺旋线体相切使液体变成小液滴喷出，因此螺旋喷嘴的喷雾区域是由一系列连续的同心圆空心锥组合而成的实心锥形雾场（见图3－20）。

（a）

（b）

图3－20　螺旋喷嘴工作原理

（a）连接方式；（b）雾化效果

由于不同层锥体喷射面流线与喷嘴轴心的夹角（螺旋角）不同，而且角度逐层减小，因而在雾化面可以形成具有相同间距的同心圆形状，一般设计雾化面由2～4个相互联结的同心圆组成。

螺旋喷嘴雾化液滴直径的分布主要受喷孔直径、喷雾压力、液体的表面张力系数、空气的密度、液体的黏性系数、液体的密度等参数的影响。

四、事故喷淋系统的检修

1. 机组运行期间的检查和维护项目

（1）检查手动、气动（电动）阀门的严密性及开关动作的灵敏性和可靠性，如果是气动阀门要确保仪用气源品质及压力正常。

（2）系统泄漏点的消除和治理。

（3）事故喷淋系统需要做定期试验，以保证各部件功能正常。

（4）要重视对喷水压力和流量的监测，从中分析系统运行中存在的缺陷（如喷嘴是否堵塞或脱落等）。

（5）对于北方火电企业，冬季应做好系统管路的排空和防冻措施。

2. 机组停运后的检修项目

（1）高位水箱（如有）内部清理污垢。

（2）各手动及气动（电动）阀门严密性及动作可靠性检查。

（3）事故喷淋管道检查、清理、疏通。

（4）清理疏通并更换损坏的喷嘴。

（5）检查并修复喷淋管道固定装置。

(6) 通水试验喷嘴的扩散角度及雾化效果是否达到标准要求。

3. 影响喷嘴雾化的常见原因

(1) 磨损。喷嘴长期处于高速含尘烟气环境中，微小尘粒会对喷嘴形成一定的冲击磨损作用。

(2) 腐蚀。喷淋投运时，水与烟气中的酸性物质混合形成强酸性液体，造成喷嘴材料的化学性腐蚀。

(3) 阻塞。烟气中的污垢或其他杂质易沉积在螺旋喷嘴口部，从而限制喷嘴的流量，干扰喷雾形状及其均匀度。

(4) 黏结。液体自喷嘴喷出后，会瞬间吸热蒸发，从而在喷嘴口边缘内侧或外侧表面引起的喷溅、雾气或化学堆积作用，能遗留一层干燥的凝固层，阻塞喷嘴口或内流通道。

(5) 不正确的安装。偏离轴心的垫圈、过度上紧或其他改变位置的问题均能产生不良影响。

(6) 意外损伤。在安装和清洁中，由于使用不正确的工具可能意外地对喷嘴造成损伤。

第四章

吸收塔系统设备检修

第一节　吸收塔塔体检修

一、吸收塔系统及其主要设备

吸收塔系统是湿法烟气脱硫系统的核心部件，按照功能的不同，吸收塔内部自上而下分为除雾区（气体区域）、雾化喷淋吸收区（气液混合区域）、氧化区（液体区域）。烟气中 SO_2 的脱除、脱硫产物亚硫酸钙的氧化等主要化学反应均在吸收塔内部完成。

吸收塔内部自下而上设置的主要设备一般有浆液搅拌设备、氧化空气分布管网、吸收塔入口烟气均布装置、浆液喷淋装置、除雾装置及其冲洗水系统等。

湿法脱硫吸收塔有许多种结构，根据不同的气液接触方式，脱硫塔可以分为喷淋塔、鼓泡塔、液柱塔和填料塔等，其中喷淋塔具有效率高、阻力小、可用率高等优点，是石灰石－石膏湿法脱硫工艺中的主导塔型。

（一）吸收塔的几种典型类型

1. 喷淋塔

喷淋塔也称空塔或喷雾塔，是湿法 FGD 装置的主导塔型，通常采用烟气与浆液逆流接触方式布置。吸收塔上部布置若干层喷嘴，脱硫剂浆液通过雾化喷嘴形成液雾，烟气与浆液液雾逆向充分接触时，SO_2 被吸收。烟气中的 Cl^-、F^- 和灰尘等大多数杂质也在吸收塔中被去除。含有石膏、灰尘和杂质的吸收剂浆液部分被排入石膏脱水系统。

图 4－1 所示的喷淋塔内设置有一层合金托盘，这种由美国巴威（B&W）公司设计的技术可以增强气液两相的传质效率，有效降低液气比，但托盘烟气阻力较大（一层托盘的阻力约为 500Pa），在国家超低排放出台之前竞争优势有限，仅用于脱硫塔入口 SO_2 浓度较高、脱硫效率又要求较高的工程。近年来，随着超低排放改造的不断推进，有些项目为了减少对现有吸收塔的改动，在不增加液气比的情况下又要满足比较高的脱硫效率，采用了双托盘技术。

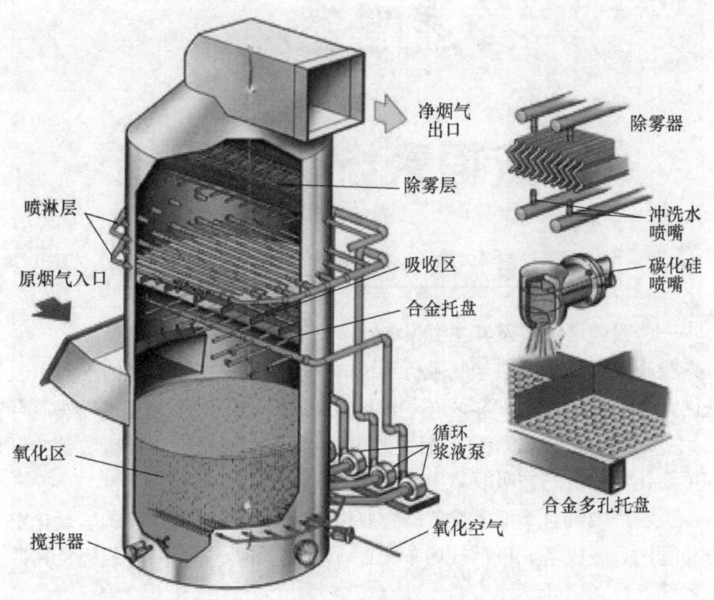

图 4－1　喷淋塔内部结构示意图

在喷淋塔中，工艺上要求喷嘴在满足雾化细度的条件下尽量降低压损，同时喷出的液雾能覆盖整个吸收塔截面，以达到吸收的稳定性和均匀性。塔底氧化池内，由专用的氧化风机鼓入空气，同时塔壁对称布置的搅拌器一方面可防止浆液沉淀，另一方面可促进氧化空气均布效果。除雾器布置在吸收塔顶端，用于除去净烟气中携带的小液滴。

喷淋吸收塔是集烟气中的 SO_2 洗涤、吸收、氧化剂和石膏结晶于一体的塔类设备。这种塔型在烟气脱硫装置中被广泛采用。

逆流喷淋塔入口烟道通常设置在反应罐液位以上和塔体吸收区下部之间，处于高温烟气与下落浆液第一次接触的交界面上，俗称“干湿界面”。当烟气进入吸收塔时被绝热饱和，沿入口烟道和干湿交界区形成一个很大的温度梯度，在这一区域烟气温度通常从 120～150℃ 迅速降至 50℃左右。由于旋涡作用或入口烟气分布不均匀，下落的浆液会被带入入口烟道，带入的浆液接触到烟道的热壁板后水分蒸发，于是形成了固体的沉积物。固体物的不断堆积将减少入口烟气通流面积，增大风烟系统的阻力，致使引风机喘振，严重时导致机组降负荷运行或被迫停机。入口烟道的这种环境决定了此处是湿法烟气脱硫系统腐蚀最严重的区域之一。

干湿界面长时间堆积石膏，将导致机组的风烟系统阻力增大。采用遮挡帽檐结构将干湿界面推向塔内，使之离开入口烟道壁面，这样可以防止入口烟道中沉积过多的固体物；或者使入口水平烟道带有坡度进入塔内，最终和塔连接的部分形成四方漏斗形。

入口烟道过渡段的结构材料通常选择耐高温、耐高浓度氯化物和氟化物、耐低 pH 值腐蚀、耐点腐蚀以及耐沉积物下缝隙腐蚀的高镍合金材料，如 C－276、59 号合金等。当吸收塔入口烟道温度降至 100℃左右时，也可以采用价格较低的耐高温玻璃鳞片树脂防腐。

喷淋塔是目前国内外脱硫塔的发展方向，在石灰石－石膏湿法 FGD 中占据主导地位。这种脱硫塔结构简单，对煤种、锅炉负荷变化适应能力强，脱硫有效且调节容易，维护方便且不易结垢或堵塞。

2. 鼓泡塔

鼓泡塔是喷射鼓泡脱硫塔的简称，其内部按功能划分为鼓泡区（喷射气泡区）和反应区两部分，如图 4－2 所示。

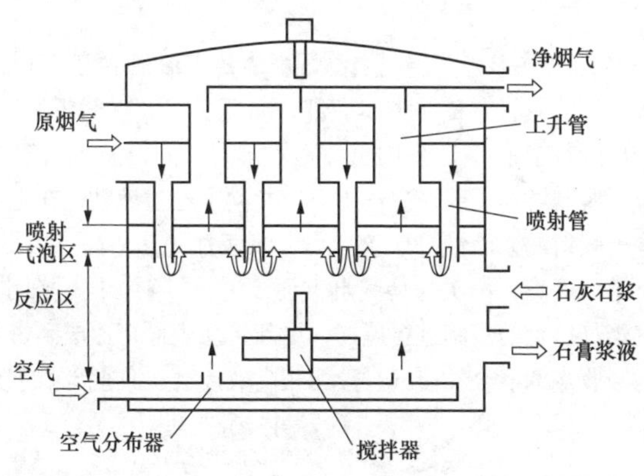

图 4－2　鼓泡塔内部结构示意图

鼓泡区（喷射气泡区）是一个由大量不断形成和破碎的气泡组成的连续气泡层。鼓泡区设置有气体喷射管，原烟气以一定的速度经喷射管进入浆液液面以下，与浆液激烈混合，并在内部产生大量的气泡，然后由于浮力作用曲折向上并急剧分散，从而形成气泡层，在此过程中实现气、液充分接触，烟气中的 SO_2 被吸收反应生成亚硫酸钙，烟气中的飞灰也在接触液膜后被除去。鼓泡区气泡大量、迅速地不断生成和破裂使气、液接触能力进一步加强，从而不断产生新的接触面积，同时将反应物由鼓泡区传递至反应区，并使新鲜的吸收剂与烟气接触。

反应区在鼓泡区以下，石灰石浆液直接补入反应区。氧化空气从反应区的底部进入，经分配管均匀分配到浆液中，使亚硫酸钙氧化成硫酸钙。处理后的净烟气从浆液中鼓泡上升，排入烟囱。在反应区，由于空气鼓泡与机械搅拌（有的鼓泡塔安装有垂直搅拌装置），使气体与液体充分混合。鼓泡塔内气泡在鼓泡区引起的液体循环代替了传统工艺的浆液循环泵的作用。

该工艺对烟气含尘量的要求较低，在高粉尘浓度条件下，也能够较好地运行并获得较高的脱硫效率，但应注重对吸收液品质和石膏品质的监测。从结构方面比较，鼓泡塔相比于喷淋塔省略了浆液循环泵、喷淋层，并将氧化区和脱硫反应区整合在一起，结构设计较为简单，可节省投资成本；同时，气相高度分散在液相中，传质效率较高。但不容忽视的是该工艺的系统阻力相对较大，对风烟系统设备出力要求较高。另外，由于气体喷射管引入的是高温烟气，且喷射管管口位于液面以下，管口位置由于浆液蒸发容易造成结垢现象，从而增加系统阻力。

3. 液柱塔

液柱塔（见图4－3）为空塔塔型，塔体是方形钢结构。液柱塔采用单层母管制配置，喷浆管布置在塔体底部，循环泵将吸收剂浆液送至喷浆母管中，再分散到各个平行支管中向上喷出，形成覆盖整个脱硫塔横截面的液柱。烟气从脱硫塔的下部径向进入塔内并向上通过液柱，在上升过程中，烟气先与向上喷射的浆液液柱顺流接触，浆液柱到达最高点后散开并形成均布的向下落的液滴，再次与烟气自上而下逆流接触，同时细小下落的液滴又与上升烟气携带的液滴进行碰撞，更新传质表面，形成高密集液滴层，提高烟气与吸收液的混合，使气、液两相高效接触，加速SO_2的吸收反应。

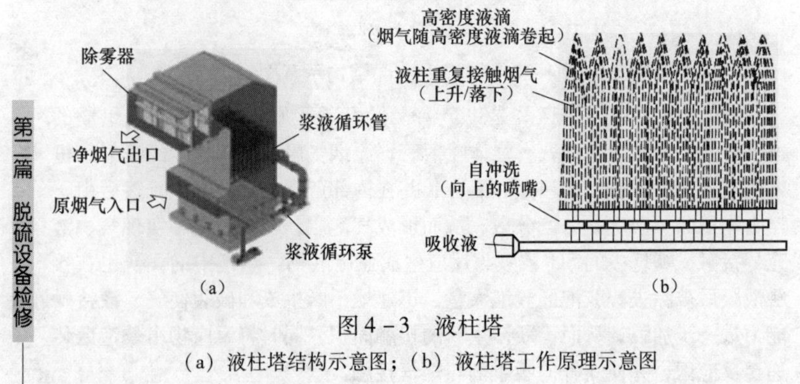

图4－3 液柱塔

（a）液柱塔结构示意图；（b）液柱塔工作原理示意图

在整个脱硫塔吸收区内，液柱向上喷射并自由落下，液滴的破碎和凝聚一直发生，新表面不断产生，液柱塔的吸收区域较喷淋塔高，抵消了低烟气流速带来的影响，延长了浆液在吸收区内的停留时间。液柱塔内的液滴湍动程度高，气液交织没有明显的接触界面，吸收剂液滴在散落、碰撞、破碎的过程中气、液接触界面不断更新，能够大大促进 SO_2 的吸收。

液柱塔的特点是：结构简单，内部元件较少；对于烟气的含尘量没有要求，并且工艺本身有比较高的粉尘处理能力；喷头孔径较大，不易堵塞，而且由于吸收区为空塔从而降低了结垢风险，因此对于石灰石制备设施要求不是很高。另外，如果浆液循环泵采用变频泵，节能的同时可使系统具有较好的负荷调节能力，当锅炉负荷变化时，只需改变液柱的喷射高度，就可相应改变脱硫系统出力。

除了上述特点外，液柱塔还有以下优点：

（1）吸收塔高度低。由于吸收塔与烟气接触方式为双接触，液柱塔高度大大低于常规的单向流塔，尤其对于中高硫煤，液柱塔合理简洁的单层喷浆管道避免了喷淋塔多层复杂的喷淋层布置，大大降低了吸收塔的总体高度。

（2）氧化池容积小。液柱塔浆液浓度一般为30%，其浓度相对喷淋塔的20%左右要大，氧化池所需要的容积要少许多。

（3）电耗低。由于喷浆管布置在吸收塔底部，喷管和喷嘴低位布置，大口径中空轴流喷嘴无须背压，不像传统喷淋塔喷嘴将浆液充分雾化需要足够高的压力，循环泵的扬程大大降低，因此吸收塔循环泵的电耗相对较低。

（4）成本低。喷浆管采用母管制，循环泵可以根据需要设置一台或多台，循环泵的型号相同，从备件到运行维护都大大降低成本。

（二）喷淋塔的主要设备

1. 吸收塔搅拌器

吸收塔搅拌器是用来搅拌浆液、防止浆液沉淀的搅拌设备。吸收塔搅拌器还能将氧化空气破碎成气沫与浆液充分混合，从而使亚硫酸钙向硫酸钙的氧化过程进行得更快、更充分。吸收塔搅拌器根据安装位置的不同可分为侧进式搅拌器和顶进式搅拌器。侧进式搅拌器采用浆罐外壁安装方式，比如吸收塔、事故浆罐，如图4－4所示。顶进式搅拌器采用浆罐、地坑顶部安装方式，比如石灰石浆罐、废水箱、滤液池、吸收塔排水坑等。吸收塔搅拌器由轴、叶片、变速箱、电动机组成。

(a)

(b)

图 4-4　侧进式搅拌器

(a) 侧进式搅拌器结构图；(b) 侧进式搅拌器现场安装图

目前国内侧进式搅拌器大多采用国外进口设备，在吸收塔内下部浆液池中一般采用 3~4 个搅拌器以一定倾斜角度径向布置，其作用是使浆液保持在流动状态，从而使其中的脱硫有效物质（$CaCO_3$、固体微粒）在浆液中始终保持均匀的悬浮状态，以保证浆液对 SO_2 的有效吸收和反应。

有的吸收塔浆池采用扰动搅拌方式（亦称脉冲悬浮搅拌系统，见图 4-5），具体方案是通过扰动泵（或称脉冲悬浮泵，一运一备）将塔浆池中的浆液从塔底部抽出，经过扰动管的喷嘴向下喷出，返回到浆池内，对浆液进行扰动，以达到防止浆液沉淀的目的。

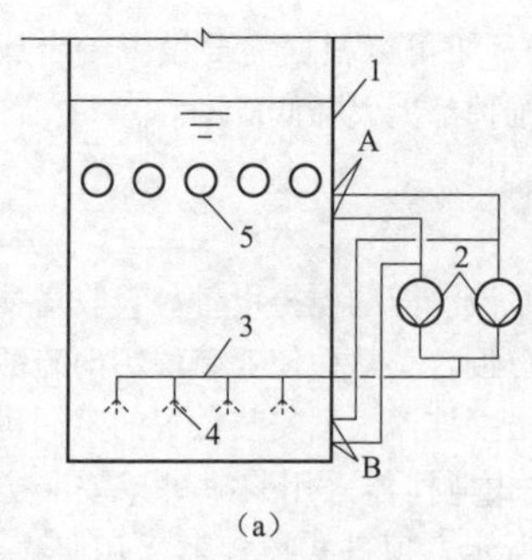

(a)

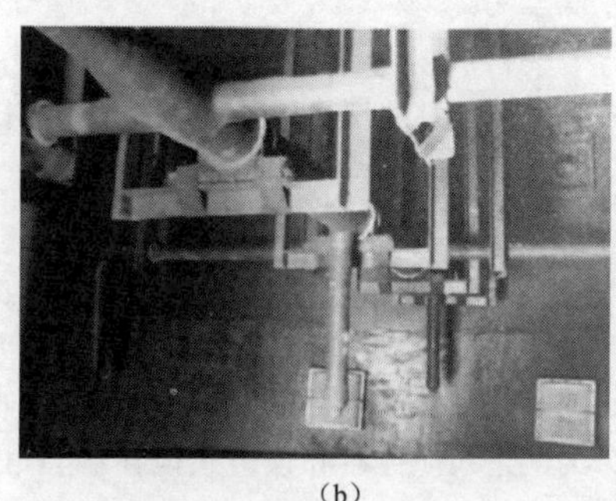

(b)

图 4-5　脉冲悬浮搅拌系统

(a) 脉冲悬浮搅拌系统示意图；(b) 脉冲悬浮搅拌系统布置图

2. 氧化空气分配装置

在石灰石－石膏湿法烟气脱硫工艺中有强制氧化和自然氧化之分。被浆液吸收的 SO_2 有少部分在吸收区内被烟气中的氧气氧化，这种氧化称为自然氧化。强制氧化是向塔体内的氧化区喷入空气，促使可溶性亚硫酸盐氧化成硫酸盐，控制结垢，最终结晶生成石膏。

在烟气脱硫系统中，烟气中本身含有的氧气量不足以氧化浆液中吸收 SO_2 反应生成的亚硫酸钙，因此需配套强制氧化系统为吸收塔浆液提供氧化空气。氧化空气的作用是把脱硫反应中生成的半水亚硫酸钙（$CaSO_3 \cdot 1/2H_2O$）氧化为硫酸钙并结晶生成石膏（$CaSO_4 \cdot 2H_2O$）。氧化空气系统由氧化风机和氧化空气分配装置组成。氧化风机一般采用罗茨风机或高速离心风机。氧化空气分配装置通常分为两种，即管网式和喷枪式。

（1）管网式。氧化空气通过氧化空气分布管网均匀分布在吸收塔浆池中，每个吸收塔设置 n 根氧化空气分布支管，每根支管上开有许多小孔，氧化空气从该小孔中喷出，并形成细小的空气泡，均匀分布至吸收塔反应浆池断面，然后气泡靠浮力上升至浆池表面，上升过程中与浆液得以充分混合，并进行氧化反应，进而实现亚硫酸钙的高氧化率。

（2）喷枪式。喷枪式氧化空气分配装置一般要结合搅拌器的布置一起考虑，利用搅拌器的搅拌来保证氧化空气的扩散，从而保证亚硫酸钙的氧化效果（见图 4－6）。

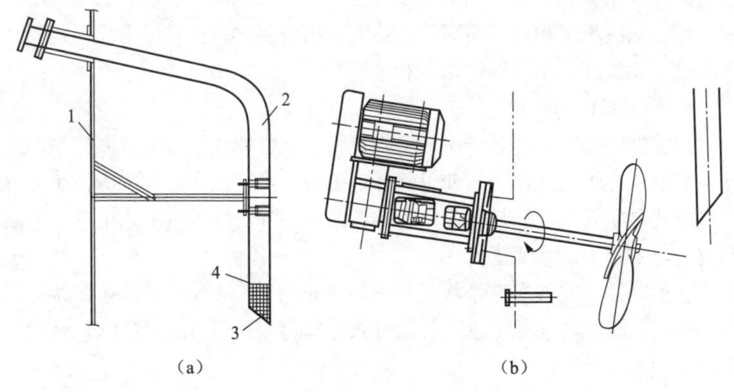

图 4－6　氧化空气喷枪布置示意图

（a）氧化空气喷枪管安装示意图；（b）氧化空气喷枪管与搅拌器布置图

1—吸收塔塔壁；2—喷枪式氧化空气管；3—氧化空气主喷口；4—氧化空气辅助喷孔

氧化空气分配装置的上述两种布置工艺各有利弊：①管网式相对于喷枪式，其结构复杂，施工安装工艺要求较高，维护工作量大，费用高，并且管网喷嘴容易堵塞；由于管网式跨度大，比较容易发生振动断裂问题。②由于喷枪式的布置原理是：氧化空气经由喷枪喷射进入吸收塔浆液池中，形成翻滚的大气泡，在氧化喷枪口处被快速扰动的搅拌器部分切碎并推入吸收塔中心区域，对吸收塔浆液中的亚硫酸钙进行氧化，因此对于管网式而言，其结构简单，对施工安装工艺要求不高，运行、维护较为简单，不易发生喷枪堵塞和断裂，故障率较低。但喷枪式的最大缺陷在于：产生氧化空气泡较大，不利用浆液亚硫酸钙吸收，存在较为严重的氧化吸收盲区。

针对喷枪式氧化空气分配装置的缺陷，近年来逐步对其管道进行了优化改造，如图4-6所示：一根喷枪管道同时具有位于管道端部的一个主喷口和开设于喷枪管口侧壁的若干个辅助喷孔。开孔段长度为喷枪管道管径的1.5~2.0倍，开孔率一般为15%~30%，开孔孔径为10~20mm。

3. 浆液喷淋装置

浆液喷淋装置包括喷淋层组件及喷嘴。一个喷淋层由带连接支管的母管制浆液分布管道和喷嘴组成，喷淋层组件及喷嘴的布置设计成均匀覆盖吸收塔的横截面，并达到要求的喷淋浆液覆盖率，使吸收浆液与烟气充分接触。喷淋层一般采用FRP管道，下面用箱形梁支撑，也有项目直接采用碳钢双面衬胶管道作为喷淋层母管，支管采用FRP管道。

喷嘴采用碳化硅材料制成，喷嘴有多种形式：螺旋形喷嘴、单向空心锥喷嘴、双向喷嘴和双头喷嘴等，喷嘴采用的碳化硅材料可以长期运行而无腐蚀、无磨蚀，不易石膏结垢和堵塞。

4. 除雾器

除雾器是烟气脱硫系统中的关键设备，其性能直接影响着湿法烟气脱硫系统能否连续可靠运行。如果除雾器出现故障，也会造成脱硫系统的停运，因此科学合理地设计、使用除雾器对保证湿法烟气脱硫系统的正常运行有着非常重要的意义。

目前常用的除雾器有平板式除雾器（见图4-7)、屋脊式除雾器（见图4-8)、管式除雾器（通过与屋脊式除雾器配套使用)、管束式除尘除雾一体化装置等。

超低排放改造的脱硫系统，为了进一步降低出口污染物排放浓度，减少烟气携带的细水雾滴，一般采用三级高效除雾器。烟气穿过浆液喷淋层后，再连续流经三级除雾器除去所含浆液的雾滴，其烟气携带水滴含量要求低于75mg/m^3（标准状况下）。为避免除雾器堵塞，配套有除雾器冲洗水系统。

图 4－7　平板式除雾器

图 4－8　屋脊式除雾器

5. 旋汇耦合器

旋汇耦合器（也称湍流器）是旋汇耦合脱硫技术的核心设备。它的外形类似于一般的圆形吸收塔。吸收液从上注入，烟气从下部进入，通过旋汇耦合器时，烟气产生高速旋流并带动上部注入的吸收液共同高速旋转，经过充分混合、搅动，形成乳化状液体，从而使气液接触的表面积最大化。

其理论依据是：基于多相紊流掺混的强传质机理，利用气体动力学原理，通过特制的旋汇耦合装置，产生气液旋转翻腾的湍流空间，在此空间内气液固三相充分接触，大大降低了气液膜传质阻力，大大提高了传质速率，迅速完成传质过程，从而达到了提高脱硫效率、实现气体净化的目的。该技术与同类脱硫技术相比，除具有空塔喷淋的防堵、维修简单等优点外，由于增加了气体的旋流速度，还具有脱硫效率高和除尘效率高的优点。

（a）

（b）

图 4－9　旋汇耦合器

（a）旋汇耦合器原理图；（b）旋汇耦合器塔内布置图

二、吸收塔本体检修

吸收塔本体多为圆筒形结构，底部为平底。吸收塔壳体一般为碳钢结构材料，内表面通常采用玻璃鳞片树脂作为内衬，也有采用衬胶作为防腐材料的。吸收塔本体是脱硫装置的核心设备，包括预埋件、底部支撑梁、底板、壁板、中间支撑和塔顶。

由于塔体内直接接触弱酸浆液，因此必须采取防腐措施。一般采用橡胶、玻璃鳞片或耐腐钢壁纸进行内衬防腐处理。对于吸收塔塔体部分的检修，主要是检查塔体防腐内衬的磨损、变形和外壁及相关管道的腐蚀情况。

1. 吸收塔衬里材料

常见的吸收塔衬里材料有丁基橡胶、玻璃鳞片树脂、高镍合金等。目前我国脱硫现场一般采用丁基橡胶衬里、玻璃鳞片树脂衬里这两种材料。

橡胶衬里的突出优点是与钢铁的结合力强，衬里致密、无针孔和气沟，抗渗性强且具有一定的弹性，抗机械冲击和热冲击性能好，在烟气脱硫中抗磨性也较好。

将一定片径（0.4~2.4mm）和一定厚度（6~40μm）的玻璃鳞片与树脂混合制成的胶泥，涂覆于金属表面即成为防腐涂层。它具有优良的抗渗透性、较高的机械强度、良好的耐腐蚀性能，同时耐高温性能也很好。特别是酚醛类乙烯酯树脂玻璃鳞片涂层，在180℃环境下长时间运行及在220℃环境下短时间运行时仍具有良好的耐温性能。

2. 吸收塔衬里损坏的原因分析

橡胶和玻璃鳞片树脂都属于具有半渗透性的防护层，衬里最终失效的主要原因有两个：一是水分渗透至衬层与钢板基体之间造成的脱层；二是材料的老化。橡胶衬层的老化速度比玻璃鳞片要快一些。橡胶和玻璃鳞片的局部隆起，鼓泡中充满了气体和液体，都能证明渗透的存在。橡胶衬里失去了原有的弹性、变硬甚至发脆或龟裂是老化的特征。影响鼓泡产生时间的主要因素有材料抗水分渗透性、衬里的厚度及透过衬层的温度梯度。温度梯度的影响被称为“冷壁效应”。此外，树脂衬层的含树脂量、树脂对增强材料的黏结性也会影响鼓泡产生的时间。

3. 吸收塔塔壁的常见缺陷

（1）塔体受到浆液长时间的喷淋冲刷，导致塔壁在运行中漏浆（见图4－10）。

(2) 运行中塔内参数调整不好，导致塔壁、塔底大面积结晶结垢。

(3) 运行期间或事故期间浆液中的较大垢块和机械异物对塔壁机械撞击和磨损，检修期间的机械损坏，导致塔壁防腐的失效，防腐层脱落。

图 4 – 10　浆液喷淋冲刷塔壁

4. 塔体常见缺陷的处理方法

(1) 运行中塔壁漏浆时，可以用木楔子塞到漏点里；机组停运后，对漏点进行打磨、焊接，再外涂防腐层。

(2) 在运行时可以从以下方面来预防结垢的发生：

1) 提高电除尘器的效率和可靠性，使脱硫入口烟气烟尘量在设计范围内。

2) 严格控制橡胶、玻璃鳞片树脂的温度，当出现不正常的工况或温度异常偏高时应有紧急投入事故降温冷却的保护措施，防止橡胶衬里、玻璃鳞片树脂受到高温损坏。

3) 在检修过程中不允许用铁锤等敲打衬里的外壁；在搭设脚手架时架子管下面要铺设胶皮；传递工具及备件时，用工具包上下传递，严禁上下抛掷；清理塔底时，要特别注意防止工器具损坏防腐衬里。

5. 吸收塔塔体检修项目和标准

检查塔体防腐内衬的磨损及变形，具体检修内容和标准如下：

(1) 清除塔内特别是塔底及干湿界面的灰渣及垢物，各部位应清洁无异物。

(2) 用目测或电火花仪检查防腐内衬有无损坏，内衬应无针孔、裂纹、鼓包和剥离，磨损厚度不得小于原厚度的 2/3，损坏的内衬要及时修复。

(3) 检查塔壁变形及开焊情况，塔壁应平直，焊缝无裂纹。

(4) 检查、清理溢流孔、液位取样口、排空管口等，检查人孔门，应干净、无堵塞。

(5) 检查塔体外壁及相关管道的腐蚀情况，并做相应处理。

第二节　喷淋层系统设备检修

一、喷淋层系统简介

喷淋层系统包括喷淋管组件及喷嘴。一个喷淋层由带连接支管的母管制浆液分布管道和喷嘴组成，喷淋管组件及喷嘴的布置设计成均匀覆盖吸收塔的横截面，并达到要求的喷淋浆液覆盖率，使吸收浆液与烟气充分接触（见图4－11）。

图4－11　吸收塔内浆液喷淋层布置图

（一）喷淋管道

喷淋管道用于把浆液均匀地分布在各喷嘴中，使喷出的液滴完全、均匀地覆盖吸收塔的整个截面，而且尽可能减少沿塔壁流淌的浆液量和降低喷射浆液对塔壁的直接冲刷磨损。喷淋管道最重要的设计是管道层数（高度）及母管之间的垂直距离，这些因素影响塔的总高度，而塔高是投资成本中的关键组成部分。在吸收塔外，喷淋管道与循环浆液管道通常采用橡胶膨胀节连接。

对于石灰石工艺，喷淋空塔典型设计是3～6层喷淋层交错布置，覆盖率达170%～250%。通常每层布置一个喷淋管网，每层应装有足够多的喷嘴，并尽量减少连接喷嘴的管道长度。第一层（或称最下层）喷管及多孔托盘距入口烟道顶部必须有足够的高度，一般是2～3m。这样可以使得喷出的浆液能有效地接触进入塔内的烟气，并避免将过多的浆液带进入口烟道。每层喷管及最下层喷管与多孔托盘之间应相隔1.5～2.0m。最上层的喷淋管网与除雾器底部至少应有2m的距离。当烟气流量和SO_2浓度高时可取上述范围值上限。

确保喷淋管道具有高雾化效果的条件有：各层的喷嘴布置完全一样；重叠部分高达200%～300%；各层喷嘴是交错布置的；避免冲击吸收塔墙壁及邻近的喷嘴。

喷淋支管道与母管通常采用法兰连接方式，但如果法兰螺栓紧力不匀或密封垫圈破损，有可能造成支管与母管法兰接合面冲刷磨损问题（见图4－12）。

（二）喷嘴及分类

喷嘴的作用是将浆液循环泵供上来的浆液进行雾化，在烟气反应区形成雾柱，最大限度地捕捉 SO_2。喷嘴是一个方向朝下或上下两个方向的喷淋锥体。根据喷嘴的喷射形式可分为单偏心喷嘴、双偏心喷嘴和螺旋喷嘴，如图 4－13所示；根据喷嘴进口方向的不同，又可分为切向喷嘴、轴向喷嘴和螺旋喷嘴，如图 4－14 所示。

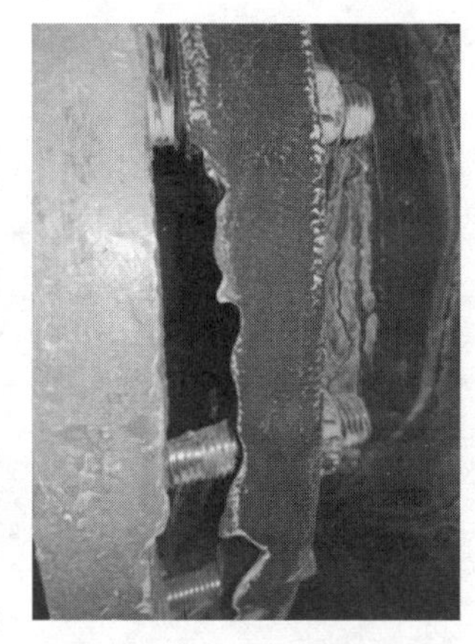

图 4－12　喷淋支管与母管法兰接合面冲刷磨损

烟气脱硫系统在不同的位置都会用到喷嘴，如吸收塔浆液喷淋喷嘴、除雾器冲洗喷嘴、石膏饼冲洗喷嘴、烟气事故冷却喷嘴等。

（三）喷嘴的固定方法

通常有三种方法将喷嘴固定在喷嘴座上，即螺纹连接、法兰连接、黏结固定。

1. 螺纹连接

螺纹连接通常用在除雾器冲洗、石膏饼冲洗和烟气事故冷却等小喷嘴上，很少用在较大的吸收塔循环浆液喷嘴上。采用螺纹连接时，通常喷嘴上是公螺纹，喷嘴座是母螺纹。

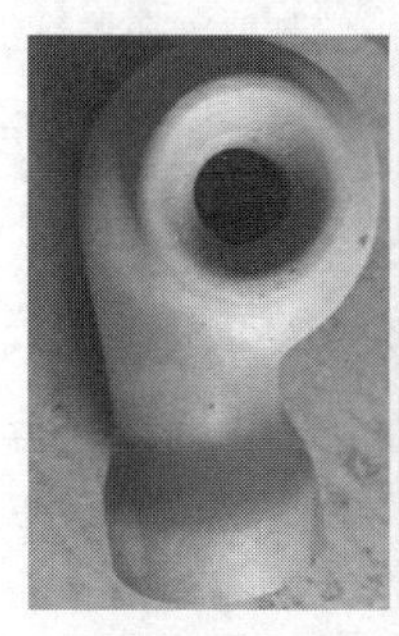

(a)

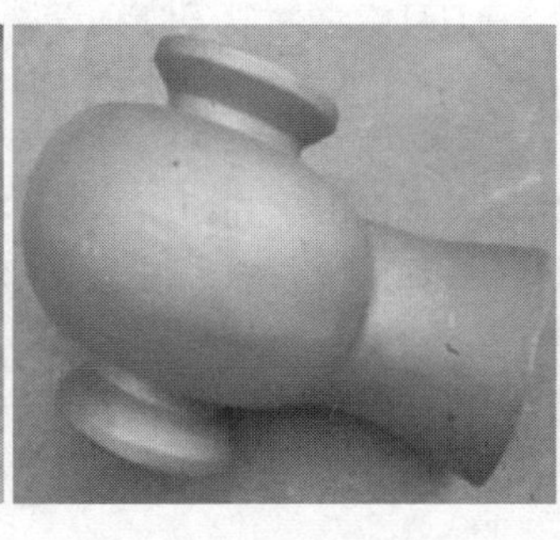

(b)

(c)

图 4－13　脱硫系统常用的喷嘴类型

(a) 单偏心喷嘴；(b) 双偏心喷嘴；(c) 螺旋喷嘴

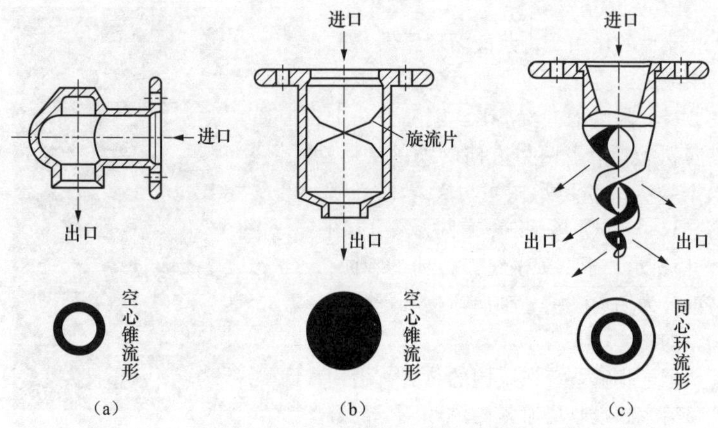

图4-14 脱硫系统常用喷嘴形式

(a) 切向喷嘴；(b) 轴向喷嘴；(c) 螺旋形喷嘴

2. 法兰连接

采用螺纹将喷嘴和喷嘴座上的法兰连接起来，它是吸收塔循环浆液喷嘴较常用的连接方法。通常每对法兰用四个螺栓连接，由于吸收塔内的环境腐蚀性很强，所以需要采用镍基合金螺栓、垫圈和螺母。

这种连接方法存在的主要问题是：喷嘴在安装时，螺栓上得过紧可能损坏陶瓷喷嘴，这是喷嘴损坏最常见的原因；如果喷嘴的螺栓上得不均匀，会出现法兰接合面的泄漏，这种研磨性很强、高速喷射的泄漏浆液，不仅会很快磨损法兰面，而且可能冲刷损坏附近的设备，这种泄漏在运行前是很难查出来的。

3. 黏结固定

采用黏结方式将喷嘴永久固定在喷淋管上，这是目前烟气脱硫系统使用最广的喷嘴连接方式。虽然在更换喷嘴过程中有些麻烦，需要从喷管与喷嘴的接合面锯开喷嘴，打磨平喷管的外缠绕黏合层，再重新黏结新喷嘴，但黏结固定的总价远远低于其他方法。黏结材料可采用添加耐磨填料的乙烯基酯鳞片树脂，并用玻璃纤维布增强。

(四) 喷嘴的材料

喷嘴中局部流速特别高，磨损非常严重，有些喷嘴所处的环境腐蚀性很强。因此，应根据不同的工作环境和工作特点采用不同材料的喷嘴。喷嘴最常用的材料有陶瓷、合金钢及其他非金属材料。

1. 合金钢

合金钢喷嘴一般适用于喷水，如滤布冲洗水、滤饼冲洗水和吸收塔入口事故冷却喷水。喷嘴合金钢的防腐性能至少应与安装喷嘴位置的其他金属材料相同。300 系列不锈钢一般适合除雾器冲洗喷嘴，吸收塔入口事故冷却喷嘴则需要采用防腐镍基合金。个别也有把合金钢用于浆液喷嘴的，但是经验表明，随着浆液颗粒物尺寸和浓度的增加，合金钢喷嘴的使用寿命迅速降低。例如，石灰石粒度从 90% 小于 44μm（325 目）增加到 90% 小于 149μm（100 目），会使喷嘴的寿命降低 90%。

2. 陶瓷

烧结碳化硅或者烧结氧化铝陶瓷喷嘴特别能承受脱硫浆液的冲刷磨损和腐蚀，是目前吸收塔喷嘴最常用的材料。然而，这种喷嘴很脆，在清除堵塞时易破碎。陶瓷喷嘴不应采用螺栓连接，因为这种连接方法在拆除过程中很容易损坏喷嘴。黏结固定具有损坏量小和造价低的优点，所以在很多脱硫机组中都采用黏结固定。

3. 其他非金属材料

用作喷嘴的非金属材料还有聚氨酯、聚四氟乙烯、聚丙烯和玻璃钢（FRP）。有些脱硫系统中曾采用聚氨酯作为吸收塔循环浆液喷嘴，这种喷嘴与陶瓷喷嘴相比不容易破碎，但是耐磨性较差，所以不能用于吸收塔循环浆液喷嘴，它们常用作除雾器冲洗喷嘴。

（五）喷嘴的雾化

根据喷嘴的雾化形状，喷嘴有空心锥、实心锥、扇面三种喷射模式，吸收塔一般采用空心锥形喷嘴，其运行效果见图 4-15。

图 4-15　空心锥形喷嘴运行效果

喷嘴的雾化效果是根据雾化颗粒的直径确定的，细小颗粒占的比例越大，雾化效果越好，捕捉 SO_2 的效率越高。喷嘴设计应保证产生符合要求的液滴尺寸，液滴尺寸分布应尽可能均匀。

在工作压力相同时，通常较小口径的喷嘴产生的液滴较细。但是喷嘴必须大到足以让垢片这类碎块通过喷嘴而不至于发生堵塞。喷嘴布置的间距应合理，要使喷嘴喷出的锥形水雾相互搭接，不留空隙，否则烟气可能不接触到液滴就从这些空隙中“溜走”。喷雾重叠度越高，脱硫效率也就越高，但阻力也会增加，一般喷雾重叠度为200%～300%。

喷嘴选用时需要考虑如下因素：

(1) 切向喷嘴、轴向喷嘴和螺旋喷嘴都可以用作吸收塔循环浆液喷嘴。切向空心锥形喷嘴自由通径大，没有内部部件，不容易堵塞。轴向和螺旋喷嘴在同样的运行压力下雾化粒径小。

(2) 吸收塔循环浆液喷嘴流量为0.01～0.25m^3/s（10～25L/s）时，压力应为48～140kPa，体表面积应为2.0～2.8mm，雾化角应为90°～120°。应尽量减少粒径小于1.0mm的液滴，因为这些液滴易被烟气带入除雾器。

(3) 吸收塔循环浆液喷嘴和除雾器冲洗喷嘴的喷淋覆盖率至少为200%。对于吸收塔循环浆液高压喷嘴，覆盖率应在距喷嘴出口1m处计算。对于除雾器冲洗喷嘴，覆盖率应在除雾器表面处计算。

(4) 除雾器冲洗和吸收塔入口事故喷淋系统可以采用90°雾化角、实心锥喷嘴，喷嘴压降可以高达275kPa。

(5) 若要形成均匀的石膏饼冲洗水覆盖率，石膏饼冲洗水喷嘴雾化角可以为120°或者更大。

(六) 喷淋层及喷嘴故障

常见的喷淋层及喷嘴的故障主要有喷淋层喷嘴堵塞［见图4－16(a)］、喷淋层喷嘴脱落［见图4－16（b）］或损坏、喷淋层冲刷。

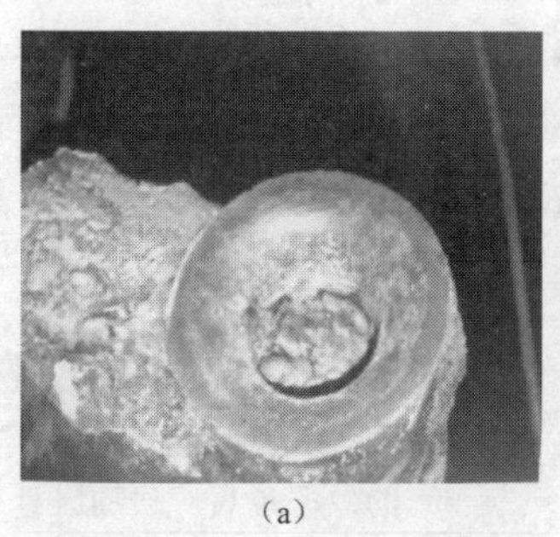

(a)

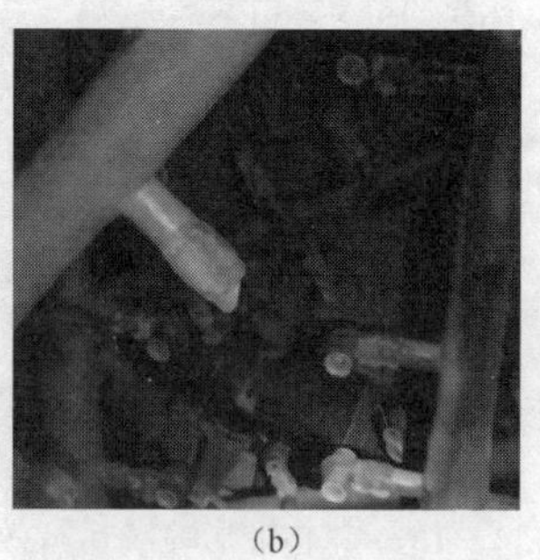

(b)

图4－16 喷淋层及喷嘴故障

(a) 喷淋层喷嘴堵塞；(b) 喷淋层喷嘴脱落

如果喷嘴被固体颗粒堵塞，喷淋覆盖率将减少。因此应采用自由通径较大的喷嘴，以减少堵塞的可能性。尽管多数浆液中的固体颗粒小于100μm，但是在脱硫系统中可能有较大的颗粒物。例如，当吸收塔或者循环管道中出现亚硫酸钙或者硫酸钙结垢时，脱落的垢块可通过管道带入喷嘴，从而造成喷嘴堵塞。另外，吸收塔、管道和浆泵等衬胶破损形成的碎片也可能堵塞喷淋管。在安装和检修过程中留在吸收塔中的杂物，如工具、焊条、螺母、螺栓和其他杂物也会造成喷嘴的堵塞。对于流量一定的喷嘴，切向喷嘴自由通径最大，轴向喷嘴最小，所以轴向喷嘴容易堵塞，切向喷嘴和螺旋喷嘴不容易堵塞。

脱硫吸收塔内喷淋管采用双面衬胶管道时，最下层喷淋管（特别是塔内布置有旋汇耦合器，且最下层喷淋管与旋汇耦合器间距小于 2m 时）容易出现钢管外侧包胶冲刷破损问题，其原因为进塔烟气通过旋汇耦合器后形成高速旋转涡流，携带浆液（浆液中含有细小的石灰石或石膏颗粒）长时间连续冲击喷淋管底部，从而造成衬胶或钢管磨损、腐蚀现象（见图 4－17）。

图 4－17　塔内喷淋管衬胶及钢管破损

出现此问题后，除对衬胶破损部位进行修复外，还可以采用在喷淋管下部半周范围内安装半圆形合金板的方案进行必要的防护。

二、支撑梁

1. 吸收塔支撑梁的作用和材质

吸收塔支撑梁用来支撑固定吸收塔喷淋管道、气流均布装置、除雾器等。吸收塔支撑梁的材质主要有普通碳钢外加玻璃树脂鳞片或是橡胶衬里等。

2. 喷淋冲刷支撑梁腐蚀的原因

（1）喷淋层设计不合理。支撑梁附近的喷嘴连接管道布置未能使喷嘴的喷淋角躲避支撑梁，导致喷射并覆盖支撑梁，使浆液冲刷支撑梁表面的防腐层，防腐层冲刷掉后开始冲刷和腐蚀金属基体，金属基体很快被腐蚀损坏。

（2）喷嘴安装调试不合格。喷嘴安装时要根据布置情况进行角度调整，如果喷淋角度调整不当，喷淋面会覆盖支撑梁，造成冲刷腐蚀。

（3）喷嘴局部堵塞。喷嘴局部堵塞后，造成喷淋面变形扭曲，扭曲的喷淋面形成局部浆液喷柱，有可能正好冲刷到支撑梁，引起支撑梁冲刷腐蚀。

（4）喷嘴连接管断裂。喷嘴在浆液循环泵系统的振动下或其他应力作用下断裂，断口形成较大的浆液喷柱冲刷支撑梁和吸收塔塔体，致使支撑梁或塔体长时间被冲刷而损坏，甚至造成塔体漏浆。

3. 对喷淋冲刷支撑梁腐蚀采取的措施

（1）对被喷淋层冲刷损坏的支撑梁进行打磨补焊处理，补焊完毕后再重新进行防腐；防腐层可以适当地加厚，有条件的可以加装 PP 板或是 FRP 板当作防护板，从而减少对支撑梁的冲刷。

（2）对喷淋角度不当的喷嘴进行角度调整，使喷淋角躲过支撑梁或塔壁，将调整过的喷嘴进行记录，待下次停运检修时，校对调整过的喷嘴角度是否合适，是否还有冲刷支撑梁或塔壁的现象，如果还有则重新进行调整，必要时可更换喷嘴（见图 4－18）。

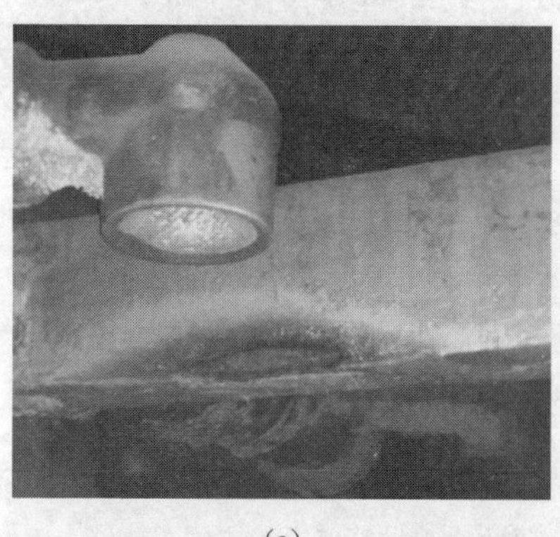

（a）

（b）

图 4－18　喷淋浆液冲刷支撑梁及塔壁

（a）冲刷支撑梁；（b）冲刷塔壁

（3）如果喷嘴调整受到布置的限制，无法调整或调整困难，必须进行喷嘴布置的改造，将喷嘴下移，下移时一定要注意下移量不能过大，以躲过支撑梁为宜，否则会减少烟气滞留的时间，降低脱硫效率；同时要考虑各喷嘴间的重叠度，不能形成烟气走廊。改造的喷嘴不宜过多，只考虑改造支撑梁附近、有冲刷支撑梁痕迹的喷嘴为宜。

（4）检修堵塞的喷嘴，将堵塞的喷嘴进行清堵，恢复喷嘴的性能。检查喷淋层的强度，固定的支撑梁是否有松动、晃动的现象，并进行处理，对强度不够的管路进行加强处理或者更换，对断裂的管道进行更换处理。

4. 吸收塔支撑梁的检修项目及质量标准

吸收塔支撑梁的检修项目及质量标准见表4－1。

表4－1　吸收塔支撑梁的检修项目及质量标准

序号	检修项目	质量标准
1	清理支撑梁上沉积的石膏	清理干净沉积的石膏
2	检查修复支撑梁防腐情况	防腐无损坏，修复完毕后的部位，用电火花仪测量合格
3	检查支撑梁的弯曲度、水平度	弯曲度、水平度符合技术标准

第三节　除雾器检修

一、除雾器简介

经吸收塔处理后的烟气夹带了大量的浆液液滴，如果不除去这些液滴，其会沉积在吸收塔下游侧设备表面，形成酸性腐蚀，加速设备的损坏。对于采用湿法的脱硫工艺，则会造成烟囱“石膏雨”现象，污染电厂周围的环境。因此，在吸收塔出口处必须安装除雾器。除雾器的性能不仅直接影响吸收塔烟气流速的确定，而且影响湿法烟气脱硫系统的可靠性，甚至经常有因为除雾器造成烟气脱硫系统停运的事故发生。所以，科学合理地设计、检修除雾器，了解除雾器的一些重要参数，正确操作和管理除雾器对保证湿法烟气脱硫整个系统的可靠性有着非常重要的意义。

二、除雾器工作原理

除雾器是以重力作用和惯性作用为工作原理的（见图4－19）。除雾器的结构中设有弯曲的烟气通道，当烟

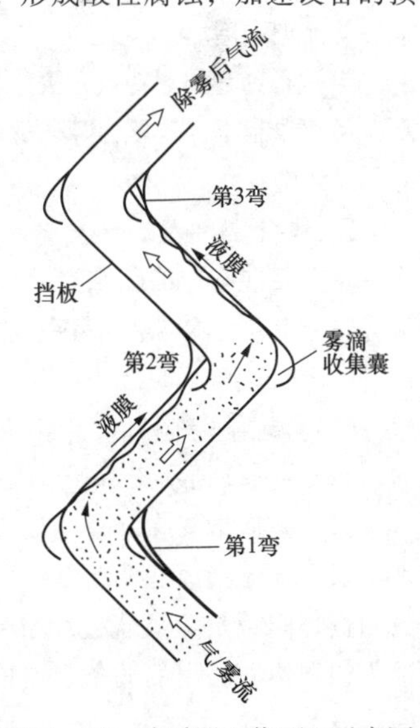

图4－19　除雾器工作原理示意图

气以一定的速度通过弯曲通道部分时，烟气会被迫快速、连续地改变运行方向，烟气中的雾滴会在惯性和离心力的作用下，被甩到除雾器的叶片上。

除雾器叶片上的雾滴聚集量随着烟气的通过不断增加，最后雾滴汇集成雾滴流，在重力的作用下向下运动，下落到浆液池内，而气体则顺着通道运动出除雾器，这样就完成了雾滴和气体的分离。

除雾器的工作效率和气体的流动速度相关，随着气流的速度增加，雾滴的惯性作用加大，除雾器的除雾效率会提高。但是除雾器内的气流运动过快，会导致气体二次带水，反而降低除雾器的工作效率。

吸收塔一般设两至三级除雾器，布置于吸收塔顶部最后一个喷淋组件的上部。烟气穿过循环浆液喷淋层后，由除雾器除去所含浆液的雾滴。

三、除雾器作用

除雾器在湿法脱硫系统中负责对吸收塔产生的烟气进行处理。除雾器起到了将水分与硫酸、硫酸盐与二氧化硫分离的作用。除雾器的应用能减少酸性物质对风机、热交换器、烟道的腐蚀与损坏，对周围环境也起到了重要的保护作用。

除雾器具有如下特点：去除烟气夹带雾滴（尤其对细小雾滴）、雾滴颗粒尺寸限制小、低压力降、低沾污性能、低硬结垢性能、高化学防腐性能、易清洗。

四、除雾器种类

（1）目前常用的除雾器大致有平板式除雾器、屋脊式除雾器、管式除雾器+屋脊式除雾器、管束式除尘除雾一体化装置等（见图4－20、图4－21）。

（2）根据除雾器叶片的几何形状可分为折线型除雾器和流线型除雾器，如图4－22所示。

（3）根据烟气在板片间流过时折拐的次数，可分为2～4通道的除雾器。烟气流向改变90°为一个折拐，也称为一个通道。通道的结构数和板片间距是除雾器板片的两个重要参数。有些板片上有特殊的设计，如倒钩、凸出的肋条、沟槽和狭缝，以便捕捉液滴和排走板片上的液体。

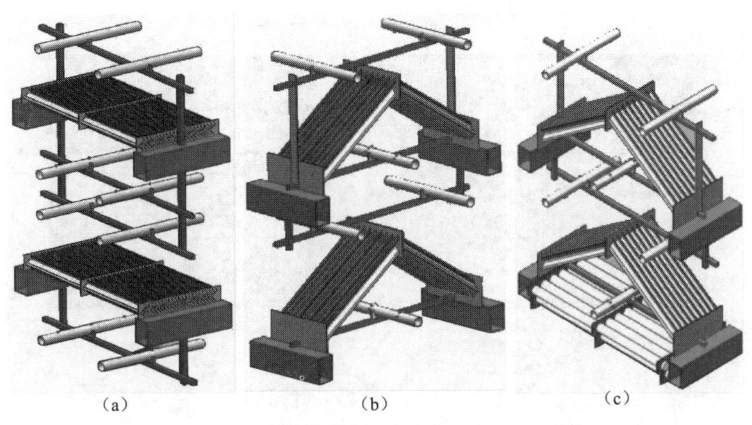

(a)　　(b)　　(c)

图 4-20　脱硫系统常用除雾器类型及布置方式

(a) 平板式；(b) 屋脊式；(c) 管式+屋脊式

(a)　　(b)

(c)　　(d)

图 4-21　管束式除尘除雾一体化装置

(a) 模块组织安装图；(b) 冲洗运行情况；(c) 模块单元部件；(d) 模块内部结构

(a)

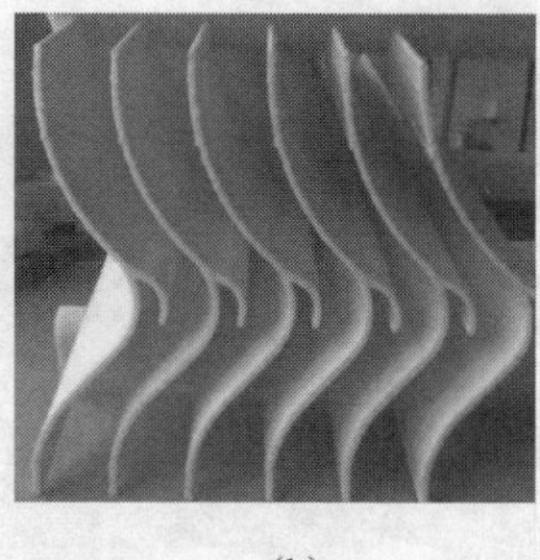

(b)

图4－22　除雾器叶片形状

(a) 折线型；(b) 流线型

五、除雾器安装布置方向及优缺点比较

除雾器安装布置方向分为垂直和水平两种。水平除雾器可以在较高的烟气流速下达到很好的除雾效果，它在烟气流速高达8.5m/s和入口烟气含液量明显高于设计的含液量时，通过除雾器的烟气夹带液体量非常少。在水平除雾器中，从烟气中去除的液滴沿板片凹槽垂直于烟气流向向下流，而垂直除雾器捕获的液滴是沿除雾器板片较宽的一边逆着气流方向向下流。因此，水平除雾器降低了气流剥离板片上液流形成的二次带水的可能性。而垂直除雾器的情况正好相反，特别当离开板片的液滴较小时，即使烟气流速比较低，也易于被再次雾化进入烟气中。因此，在较高烟气的流速下，水平除雾器表现出来的性能比垂直除雾器更好。

将垂直除雾器改为人字形、V形、菱形、X形，水平除雾器能较好地排放捕获液体的优点就可以在垂直除雾器上体现出来。这种布置方式改进了液体的排放路径，提高了水雾除去的表面积，但是压损和占用的空间比水平放置的大，且增加了吸收塔的高度和设备费用，冲洗系统也较复杂。

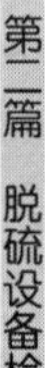

由于水平除雾器能处理较高流速的烟气，因此所需要的材料和占据的空间比垂直除雾器少，但是垂直除雾器可以布置在吸收塔出口水平烟道中，这也使得水平除雾器的部件可以采用除雾器烟道顶部的固定吊具吊装，组件可以做得比较大，拆装、更换方便。而垂直除雾器组件的拆装需要靠人力搬运，劳动强度大，组件不宜太重，通常为34～45kg。水平除雾器的缺点是，由于烟气流速较高，烟气通过除雾器的压损较大，一个二级水平除雾器在鉴定设计的烟气流速为6m/s的情况下，压损大约为250Pa。而设计烟气流速为3.4m/s的二级垂直除雾器的压损大约为250Pa（600MW机组烟气脱硫装置）。

六、除雾器常见缺陷

1. 冲洗管断裂

冲洗水管材质目前主要为聚丙烯塑料，冲洗水管断裂后会造成冲洗水从断口处流出，水压降低，断裂管路上的喷头全部失效，所覆盖的冲洗水范围内很快就会形成结垢堵塞。

另外，管束式除尘除雾一体化装置相对于屋脊式除雾器而言，其冲洗水系统相对复杂，支管部件较多。初期，管束式除尘除雾一体化装置的冲洗水系统多布置于模块下方，运行过程中受烟气冲击，逐渐暴露出部件易老化、开裂、脱落以及不便于检修等问题（见图4－23）。目前，脱硫系统在采用管束式除尘除雾一体化装置时，通常将其冲洗水系统布置于管束式除尘除雾一体化装置模块上方。

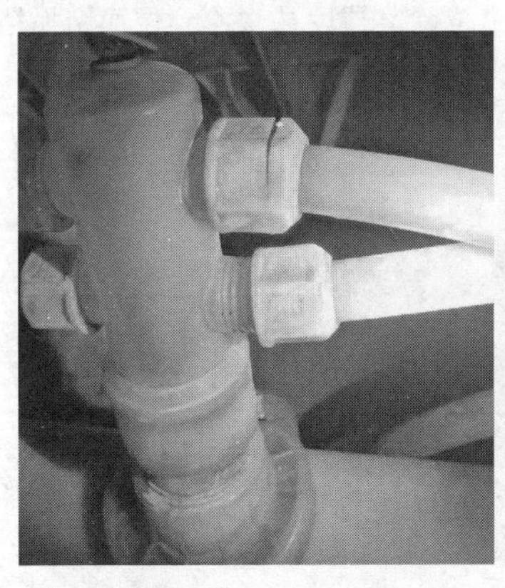

（a）

（b）

图4－23　管束式除尘除雾一体化装置冲水系统故障

（a）管除冲洗水支管连接件损坏；（b）管除冲洗水管分水器损坏脱落

2. 冲洗管变形

由于温度变化的原因，冲洗水管会热胀产生变形，如果没有考虑此因素的话，会造成冲洗水管变形和脱落，造成喷头到除雾器叶片的距离变化，冲洗不到除雾器或冲洗覆盖面积变小，冲洗力量变弱，从而造成局部堵塞。

3. 除雾器掉落

一是由于除雾器上部压板松动或脱落、除雾器上下压差波动而造成除雾器掉落；二是由于除雾器梁间距尺寸大小不一造成的掉落。因为除雾器梁间距尺寸大小不一，造成除雾器叶片一侧搭搁得多，另一侧搭搁得少，从而导致搭搁少的一侧因变形而脱落。

图4－24　除雾器堵塞

4. 除雾器堵塞（见图4－24）

吸收塔设计流速太大，造成气液夹带，大量浆液被带入除雾器造成除雾器大面积堵塞，除雾器因受到压力变形掉落；吸收塔除雾器与喷淋层层间距过小（<1.5m），容易造成烟气携带浆液堵塞除雾器；除雾器冲洗水系统故障（冲洗水管断裂、喷嘴堵塞等），容易造成除雾器因冲洗不到位而结垢堵塞；吸收塔浆液 pH 值过高，容易造成除雾器 $CaCO_3$ 结垢堵塞；吸收塔浆液氧化不足，容易造成除雾器亚硫酸钙结垢堵塞。以上原因均需要在脱硫系统运行和检修过程中多加注意。

5. 除雾器冲洗水管卡子损坏

除雾器冲洗水管在启动瞬间压力较大，导致管内冲洗水振荡，从而导致冲洗水管卡断裂。安装过程中，施工质量不过关，偷工减料，均会导致除雾器冲洗水管卡子损坏（见图4－25）。

七、除雾器检修技术要求和标准

（1）机组停运后，吸收塔排除浆液，检修人员开始打开吸收塔上半部分人孔门，用冲洗水冲洗除雾器模块，冲洗的要求是模块干净，无石膏。

（2）开启冲洗水阀门进行冲洗，检查冲洗水阀门的内漏和压力，阀门无内漏现象，开关灵活，动作迅速。

（3）除雾器冲洗水管的检查。冲洗水管无断裂现象；冲洗水管管箍固定紧固；冲洗水管断裂的用塑料焊枪把塑料焊条进行加热，焊接冲洗水管。

（4）除雾器冲洗水管喷嘴的检查。喷嘴应无缺损，若缺损，更换损坏的喷嘴；调整喷嘴角度，使喷嘴雾化角度正确。

(a)

(b)

图4－25　除雾器冲洗水管安装及损失

(a) 除雾器冲洗水管布置图；(b) 除雾器冲洗水管卡损坏

(5) 除雾器模块的检查。模块应无损坏、坍塌现象；模块本体连接卡子牢固；更换局部损坏严重、坍塌的模块。

除雾器的具体检修工艺及质量标准见表4－2。

表4－2　　除雾器的具体检修工艺及质量标准

序号	检修项目	检修工艺	质量标准
1	除雾器冲洗清垢	投运除雾器冲洗水系统或人工高压水冲洗除雾器	模块冲洗干净，表面清洁，无结垢、堵塞，无沾覆石膏，碎片清理干净
2	除雾器模块检查	更换损坏、坍塌的模块；紧固连接卡子	模块无损坏、坍塌现象；除雾器元件安装完好；模块本体连接卡子牢固；支撑件完好，无腐蚀磨损
3	除雾器冲洗水管检查	断裂开焊的冲洗水管采用塑料焊枪进行焊接，紧固冲洗水管管箍	冲洗水管无断裂现象，冲洗水管管箍固定紧固；泄漏时需进行更换或修补，堵塞后应及时处理

续表

序号	检修项目	检修工艺	质量标准
4	除雾器冲洗水喷嘴检查	更换缺损喷嘴；调整喷嘴雾化角度	喷嘴无损坏；所有喷嘴雾化角度正确，雾化良好

第四节　吸收塔搅拌器检修

一、吸收塔搅拌器的作用

搅拌器是用来搅拌浆液，防止浆液沉淀的搅拌设备。吸收塔搅拌器还有将氧化空气破碎成气沫并将其浆液充分混合的作用，从而使亚硫酸钙向硫酸钙的氧化过程进行得更快、更充分。

二、吸收塔搅拌器的分类

根据搅拌器安装位置的不同可分为侧进式和顶进式搅拌器，多数吸收塔均采用侧进式搅拌器。常用的吸收塔侧进式搅拌器主要有皮带传动和减速机传动两种方式，如图 4 – 26 所示。

(a)

(b)

图 4 – 26　吸收塔侧进式搅拌器类型及布置方式

(a) 皮带传动式；(b) 减速机传动式

以皮带传动搅拌器为例，其结构及主要部件组成如图 4 – 27 所示。

三、吸收塔搅拌器的常见故障、原因及处理方法

吸收塔搅拌器的常见故障、原因及处理方法见表 4 – 3。

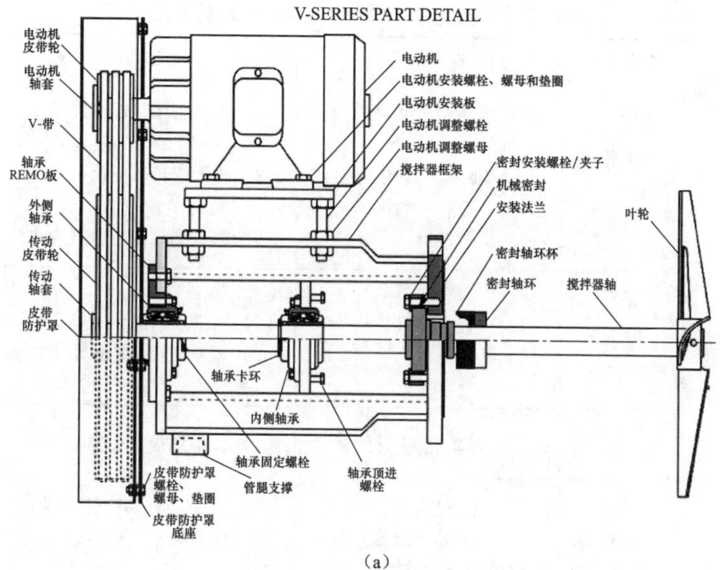

（a）

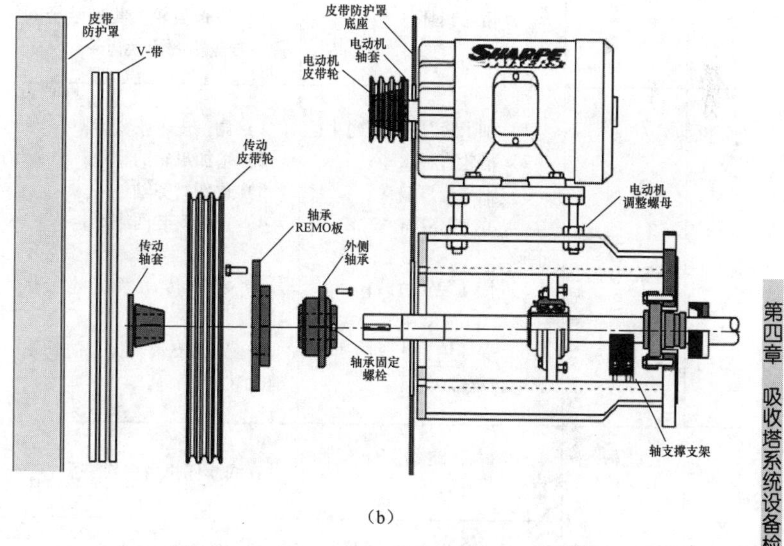

（b）

图 4－27　皮带传动搅拌器结构及主要部件

（a）皮带传动搅拌器结构图；（b）皮带传动搅拌器主要部件图

表 4-3　吸收塔搅拌器的常见故障、原因及处理方法

序号	故障现象	故障原因	处理方法
1	搅拌器异音	1）齿轮箱中润滑油液位不正确； 2）轴承、齿轮磨损或损坏； 3）V带打滑	1）加油到适当的高度； 2）视磨损情况更换； 3）调整到规定的张紧力
2	电动机转动，搅拌器不动	1）叶轮处堵转； 2）V带打滑；	1）清洗、清除卡堵物质； 2）调整到规定的张紧力
3	齿轮箱工作温度高	1）齿轮箱里面的油位过高； 2）润滑油变质； 3）齿轮箱的风扇空气入口或箱体严重污染； 4）轴承损坏； 5）齿轮损坏	1）调整到规定油位； 2）检查油质，并进行更换； 3）清理风扇、箱体； 4）更换轴承； 5）检查齿轮，测量啮合间隙，根据需要更换齿轮
4	V带运行噪声过大	1）轴张紧力过大或过小； 2）滑轮直径太小； 3）轴平行度错误； 4）凸缘滑轮安装不正确； 5）传动装置过载； 6）受环境、化学物质等影响，皮带老化	1）调整皮带张紧力； 2）增加滑轮的直径； 3）重新对齐轴； 4）正确安装凸缘滑轮； 5）检查传动系统的工作状况； 6）更换皮带，检查防护罩有无破损
5	机械密封漏浆	密封副破损、O型圈磨损	在线或停机后更换
6	机械振动大	1）叶轮损坏； 2）搅拌器轴弯曲	1）修理或更换叶轮； 2）修理或更换轴

续表

序号	故障现象	故障原因	处理方法
7	轴承过热	1）轴承润滑油脂太多或太少； 2）润滑油脂内有杂质； 3）轴承损坏； 4）联轴器不对中； 5）轴弯曲	1）加润滑油脂要适当； 2）换新润滑油脂； 3）更换轴承； 4）重新找正； 5）更换新轴
8	轴承寿命短	1）机械部分有摩擦或叶轮失去平衡； 2）轴承内进入异物或润滑油不当； 3）轴承装配不合理	1）消除摩擦、换新叶轮； 2）清洗轴承，更换润滑油； 3）更换轴承或重新装配轴承

四、搅拌器的检修

（一）搅拌器检修项目及质量标准

搅拌器的检修项目及质量标准见表4－4。

表4－4　搅拌器的检修项目及质量标准

序号	检修项目	质量标准
1	轴承	无锈蚀、磨损及卡涩、晃动现象，测量游隙，如果超标则更换
2	机械密封	机械密封应完好且动静环密封唇口应无杂质且光滑、严密
3	轴、叶轮	轴、叶轮无明显可见腐蚀、磨损斑痕，无明显弯曲变形
4	减速机	不能出现磨损、齿轮断裂及齿轮间隙和齿轮不均现象

（二）搅拌器检修工艺要点和质量要求

（1）检查皮带、皮带槽的磨损，更换损坏的皮带，测量皮带轮平行度，调整中心距；皮带轮无缺损，轮槽厚度磨损量不得超过其厚度的2/3；测量平行度，调整中心距，中心距偏差不大于0.5mm/m，且总偏差不大于100mm；皮带张紧适中，无打滑现象；皮带无撕裂、老化现象。

（2）检查减速机齿轮的磨损、锈蚀情况，测量齿侧间隙；检查减速机，更换损坏的轴承；齿面无锈蚀斑点，齿面磨损不超过1/10；齿面间隙为0.51～0.80mm，齿面接触大于65%；轴承无过热、麻点、裂纹，磨损量符合轴承标准的规定；测量大轴直线度，检查叶片是否腐蚀磨损，检查叶片变形及连接情况；轴无弯曲，直线度偏差不大于1‰；叶片无弯曲变形，连接牢固。

（三）搅拌器检修技术标准

搅拌器的检修技术标准见表4－5。

表4－5　搅拌器的检修技术标准

序号	检修项目	检修工艺	质量标准
1	机架	检查机架的外表	机架无变形，焊口饱满充实，无裂纹、夹渣、气孔等现象；水平接合面无损伤，螺栓紧固，局部间隙小于0.05mm
2	皮带轮	检查皮带轮槽的磨损	皮带轮无缺损，轮槽厚度磨损量不超过2/3
		测量平行度，调整中心距	中心偏差不大于0.5mm/m，且不大于100mm
		检查皮带，更换损坏的皮带	皮带张紧力适中，且无打滑现象；皮带无撕裂及老化
3	减速机	检查齿轮的磨损、锈蚀，测量齿侧间隙	齿面无锈蚀斑点，齿面磨损不超过1/10；齿面间隙为0.51～0.8mm，齿面接触大于65%；大小齿轮端面小于或等于0.5mm，大齿轮端面晃度小于或等于0.5mm；齿侧间隙为0.25～0.40mm
		检查更换轴承	轴承外观清洁、无锈蚀、无损伤；检查轴承游隙应小于0.2mm；轴承内、外圈配合表面无磨损；滚道表面无金属剥落，未发生塑性变形；轴承座圈无裂纹，保持架无碎裂，否则更换新轴承；内外圈转动灵活，不晃动

续表

序号	检修项目	检修工艺	质量标准
4	检查轴及叶片	测量大轴直线度	搅拌器轴无磨损、明显的伤痕，直线度偏差不大于1‰；搅拌器轴跳动量不应超过1mm，轴的弯曲度应小于0.03mm
		叶轮检查	叶轮无裂纹、磨损、腐蚀现象
5	机械密封	检查机械密封是否损坏	动静环接合面完好无损；轴套、O型圈完好；动静环密封唇口应无杂质，且光滑、严密；机械密封安装时，不能用硬物敲击
6	冲洗水阀门	检查阀门开关是否灵活	阀门开关灵活，关闭严密、无泄漏

（四）搅拌器检修工序

1. 搅拌器解体

（1）脱开连在机械密封上的冲洗、冷却水胶管（若有），拆掉搅拌器护罩。

（2）松开电动机地脚螺母，让电动机下落至皮带松弛能取下。松螺母前应测量尺寸并做记录，皮带不能使用蛮力，以免变形或划伤。

（3）手动盘车，在塔内测量搅拌器轴和叶轮的晃度。

（4）松开大齿轮固定螺栓，卸下内套三条内六角螺栓。用螺栓旋入顶出大齿轮，将内套和大齿轮取下。拆前测量大齿轮轴孔内轴端深度。

（5）松开护罩背板螺栓，把背板上翻移位固定，露出固定端机架。

（6）放好拉轴垫套，使用螺栓将搅拌轴头与中心轴孔连接并拉紧。

（7）塔内搅拌器座与轴之间垫上垫木，托住搅拌轴，并设专人看护，防止下步工序中搅拌轴滑落。

（8）松开机械密封卡盘及轴套顶丝，拆卸机械密封四条螺栓，将机械密封用螺栓拉出脱离机座，然后将拉轴工具卸掉，将机械密封从大齿轮端取出，不得使用蛮力以防机械密封受损。

（9）搅拌轴拆卸。与塔内人员联系，托住搅拌轴的同时，旋松拉轴螺栓，缓慢进行，直到轴脱离机架。

(10) 轴与搅拌器叶轮一体，运至检修场地，取下叶轮。

2. 搅拌器检查、检修

(1) 主轴检查。轴窜动不大于0.5mm；轴水平度不大于0.02mm/m；轴弯曲度颈处不大于0.02mm，轴中部不大于0.1mm；轴颈无毛刺，无磨损、腐蚀现象，轴肩无锈斑、麻点、蚀坑、划痕、裂纹；轴径向晃度不大于0.5mm。

(2) 键槽检查。外观无变形，端面光洁，无毛刺，尺寸符合要求。叶轮与轴的紧力为0.01~0.03mm；轴上密封盘打磨除垢，检查无裂纹、变形，与轴固定可靠。

(3) 大齿轮轴端滚动轴承检查。外观清洁，无锈蚀、损伤现象，内外圈转动灵活，不松动；轴承与轴承座间隙：固定端为-0.03~0.01mm，膨胀端为-0.01~0.03mm；轴承游隙、珠架、滚道无麻点、严重划痕、磨损、犯卡现象，滚珠转动灵活，声音正常；轴承与顶部间隙为0.15~0.30mm；轴承间隙不大于0.1mm。

(4) 叶轮检查。叶片无磨损、腐蚀现象，边缘齐整，如需更换，必须成套更换；轮毂部位键槽外观无变形，端面光洁，无毛刺，尺寸符合要求；轮毂与轴的紧力为0.01~0.05mm。

(5) 轴承座检查。轴承座无裂纹、夹渣、气孔等，油漆清理干净(耐油漆可不清理)；轴套无裂纹、磨损现象，无砂眼；轴承箱内轴承座表面整洁无毛刺；机架无裂纹，接合面平整。

(6) 机械密封检查。弹簧压缩量符合要求；密封箱内端面磨损超过原厚度的1/2则更换；检查机械密封面，有划痕、裂纹则更换。

(7) 搅拌器的回装。搅拌器的回装顺序基本上按照其解体顺序的反向进行：

1) 搅拌轴安装。轴从塔内穿过机架，按拆前标记稳固套入机械密封，安装轴承。回装机械密封时一定要小心，装前要把轴清洗干净，尤其过键槽时更应注意，不要损坏机械密封环。

2) 机械密封回装。将机械密封装到位后紧固好螺栓，紧固机械密封卡盘螺栓和轴承顶丝。

3) 大皮带轮安装。回装大皮带轮和传动皮带，调整电动机地脚螺栓，同时调整皮带松紧度，单手按单侧皮带至8~10mm为宜。

4) 大、小皮带轮找平。调整大皮带轮3条紧固螺栓紧力，保证大、小皮带轮外端面差小于或等于0.5mm，端面晃度小于或等于0.5mm。

5) 叶轮安装。为了便于安装，叶轮与轴可分开安装（也可与轴一体安装)。叶轮装到位，紧固与轴的顶丝，安装轴端螺母。

6）手动盘车 2 ~3 圈，确认无异常，将护罩回装。

7）回装机械密封冲洗、冷却水管道（若有)。

（8）搅拌器的综合检查。机架轴承加注润滑脂，润滑脂为标准的 3 号锂基润滑脂。检查电动机的转动方向是否正确，严禁反转。

（9）搅拌器试运转。搅拌器（机架）的推力侧的水平、垂直振动幅度均应不大于 0.05mm；搅拌器轴承运行温度应小于 65℃。

第五章

浆液循环泵检修

一、浆液循环泵的作用

浆液循环泵的作用是将吸收塔浆液池内的浆液循环送至塔内喷嘴，经雾化后向下喷淋，使之与烟气逆向接触发生化学反应，从而除去烟气中的SO_2，达到净化烟气的目的。

二、浆液循环泵的分类及特点

（一）浆液循环泵的分类

根据防腐工艺的不同，浆液循环泵分为衬胶泵和防腐金属泵两种。

1. 衬胶泵

（1）结构。通常为单级、悬臂、单吸式离心泵，双泵壳带橡胶衬里，垂直中开的球铁泵壳，由螺栓将其左右两半连接，同时也将管路与进出口连接。在进出口处采用调节伸缩式接头，以减轻管路供给泵进出口的压力。采用后拆式结构，可以在不拆卸进出口管的前提下完成对叶轮、机械密封、轴承等零部件的检修与更换。

（2）橡胶衬里。橡胶是烟气脱硫用泵的理想材料，因为它具有良好的耐磨、耐腐蚀性，还能有效地减轻水力冲击引起的噪声。橡胶衬里泵的每一半泵壳均衬有易于更换的、内装螺栓的、组合式的橡胶衬里。

橡胶衬里泵比金属内衬式泵便宜、轻便，因此可以降低成本，且在维修时易于搬运。烟气脱硫工艺浆液中各种化学物对橡胶一般不起作用，而对金属衬里和所有的金属泵而言，均有一定的腐蚀破坏作用。

（3）金属叶轮和前护板。叶轮通过螺纹与轴连接，螺纹方向与泵转向相反，从而使其在运转时始终紧固在轴上，这一上紧力形成了一种压力，从叶轮经轴套传到轴承端盖上。对于叶轮直径大于26m的泵，若已知所产生的扭矩大小，较好的办法是装置“拆卸环”。这种“拆卸环”是一种可以调节的装置，可以用来释放上述压力，便于叶轮的拆卸。

目前，叶轮和前护板大多数采用金属材料制成，原因是吸收塔内壁剥落的结垢碎片及其他异物容易划破橡胶叶轮，而采用金属护板则是防止在气蚀状态下对橡胶的破坏。金属材料的优越性是可以通过叶轮和前护板几何形状的改变，进行泵水力效率的最优化设计。通常情况下，尽量采用较大直径的叶轮，目的是使泵的转速最低，从而提高使用寿命，降低由于气蚀而引起的损坏。通常金属叶轮的材料采用双相不锈钢（CD－4MCu）或者高铬马氏体白口铸铁（A49），后者的铬含量为27%～28%，材料的化学成分中含有2%的碳，其作用是提高对于pH值大于3、氯化物含量大于或等于75000mg/kg的浆液的耐腐蚀性。耐磨性与金属材料的硬度有关，而耐腐蚀性则取决于冶炼手段。双相不锈钢可以适用于pH值范围较宽、氯化物含量不同的杂质，其热处理后的最大硬度可达325～340BHN，而A49的硬度可达450～600BHN，这主要取决于它的含碳量和热处理技术。

实际中往往优先选用白口铸铁，因为其成本低于双相不锈钢，且耐磨性能远优于双相不锈钢，添加少量其他合金元素或增加铬含量，并采用最新热处理技术，可大大提高白口铸铁的耐腐蚀性能。

（4）机械密封。目前，脱硫系统大多采用集装式双端面机械密封，由双动静环构成两级双端面密封。工作时，在介质压力和弹性元件的弹力双重作用下，在密封环的端面上产生一个适当的压紧力，使两个动静环端面相互紧密贴合，并在两端面间极小的间隙中维持一层极薄的液膜，从而达到密封的目的。一般双端面密封都需要外供密封液（一般为工艺水）系统，向密封腔内引入密封液进行堵封、润滑和冷却，且多为循环冷却使用。密封液不仅可以冲洗摩擦副，改善机械密封工作环境，还可以作为一级密封面是否失效的重要检测手段。

（5）轴承组件。循环泵采用重型轴和轴承组件，安装于筒式托架中。采用圆柱滚子轴承以承受水力径向力和叶轮的重量，双列圆锥滚子轴承用于承受水力推力。根据轴承的尺寸和寿命要求，以最大限度地减少因热不均匀而引起的轴偏移来布置这些轴承，以求最佳设计效果。通常循环泵轴承的设计寿命为100000h。

2. 防腐金属泵

防腐金属泵的结构与普通泥浆泵相同，只是介质接触部分的选材不同。下面为一股选材：泵壳材质2605N，叶轮材质Cr30A，机械密封动静环材料为SiC，颈套、轴水套采用全合金，轴为45号钢，其造价比衬胶泵高10%～30%。

3. 减速机及电动机部分

图5－1所示为脱硫浆液循环泵连接传动方式。每台吸收塔的浆液循环泵流量相同、压头不同。为此，一般采取改变叶轮大小的方式实现，也可在泵头相同的情况下，通过减速机改变转速的方式实现，或者采用变频电动机实

现。通过改变叶轮大小来改变压头的方法，无法使泵体及叶轮的互换性问题得到解决，作为易损部件的叶轮等备品量大。由于减速机不易损坏，即使故障也容易修复。所以，吸收塔的浆液循环泵被设计成相同的，然后通过选择不同速比的减速机来改变传递转速，进而达到产生不同压头的要求。一般每套烟气脱硫浆液循环泵只备一套备品就能满足运行维护的要求。

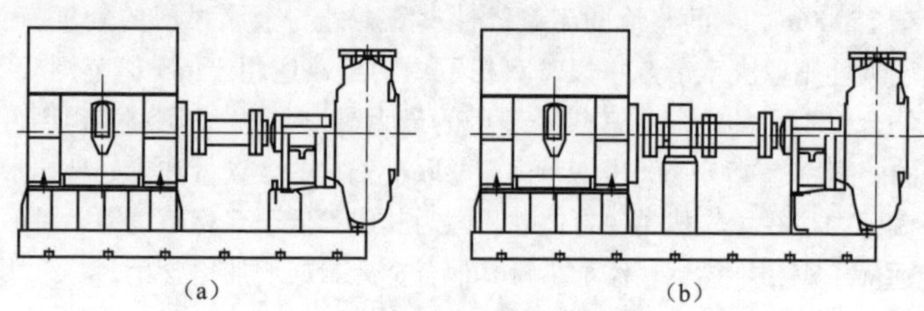

图 5-1　脱硫浆液循环泵连接传动方式

(a) 直连式；(b) 减速器降速式

(二) 浆液循环泵的特点

(1) 泵头防腐耐磨。由于泵送的浆体含有 10% ~20% 的石灰石、石膏和灰料，是 pH 值为 4 ~6 的腐蚀性介质，所以对泵的要求非常苛刻，选用的材料要求耐磨、耐腐蚀，并且至少要适应高达 20000mg/kg 的氯离子浓度。如此高含量的氯化物在 pH 值较低的介质环境中会导致金属的严重腐蚀和点蚀。

对于磨损、腐蚀、气蚀严重的过流部件（水轮、护板）可以采用陶瓷材料进行耐磨修复，目前这种修复工艺也得到很多电厂的应用，在提高过流部件耐磨性能的同时，可以降低因更换新部件而产生的维护费用（见图 5-2）。

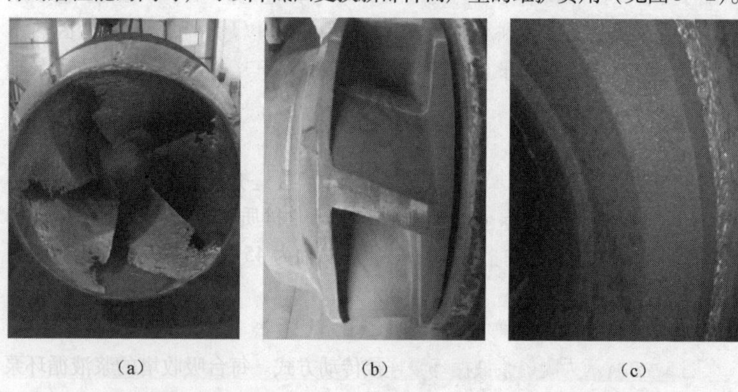

图 5-2　脱硫浆液循环泵水轮腐蚀磨损及过流部件陶瓷耐磨修复

(a) 水轮磨损腐蚀现场图；(b) 水轮陶瓷修复效果图；(c) 入口短管陶瓷修复效果图

（2）低压头、大流量。在目前的制造能力下，浆液循环泵的流量已达到10000m^3/h，扬程为16～30m，还要适应停机及非高峰供电情况下的非正常运行的要求。泵的水力性能必须充分有效，其“流量－扬程特性”必须适应并联运行。尽管泵的进口压力较高，通常为10～15m水柱，可以充分地满足泵必需的气蚀裕量的要求，但是为保证石灰石浆液完全被氧化成硫酸盐，还必须考虑到部分空气或氧气可能引入循环泵内，当夹杂在浆体中的空气超过3%（体积百分比）时，就会降低泵的流量－扬程特性。在室温下饱含空气的水，其有效汽化压力高于正常水的汽化压力，所以会影响泵的气蚀裕量。

有时从吸收塔壁面上结垢落下来的石膏碎片，会严重损坏泵的衬里或者堵塞泵的吸入管路，干扰泵内浆体的流动，并降低装置气蚀裕量。

（3）性能可靠，连续运行。泵必须经久耐用，能在规定的工况条件下24h连续运转。在循环泵选型时，可靠性是关键因素。另外，如果泵需要维修时，泵的结构设计必须保证易于拆卸和重新装配。

三、浆液循环泵的结构（以DT系列循环泵为例）

DT系列大型脱硫循环泵的泵壳（蜗壳）为单层壳体结构，如图5－3所示。叶轮与轴采用螺纹联结，轴封采用机械密封。悬架部分采用稀油润滑形式。过流部件叶轮、蜗壳、后护板、入口短管均采用自行研制的抗磨耐腐高铬合金材料制造。

（1）叶轮。前盖板叶片的设计，可防止大的颗粒进入叶轮与入口短管间的间隙中；后盖板背叶片的设计，可减小轴向力，阻挡大颗粒进入机械密封的腔体；叶轮上排气孔的设计，可以使机械密封的腔体内介质形成流动，带走气体，防止机械密封干摩擦。

（2）蜗壳。蜗壳壁厚能够承受足够的压力和磨损。

（3）后护板。后护板通过螺栓固定在悬架上，便于拆装；装单端面机械密封的后护板设计成锥形口，便于浆液及时从机械密封室中排出，防止泵停车后长时间不用，浆液附着在机械密封上进而损坏机械密封。

（4）入口短管。入口短管具有很强的抗磨损能力，以保证流道长时间的平滑和完整。

（5）轴承体组件。它由两部分组成，即悬架和轴承体。轴承体可通过压紧螺栓及调整螺栓调节，在悬架内水平移动。其主要优点是：轴承体可在悬架内移动，调整间隙方便；合理的油室设计，可降低润滑油用量，散热效果好，轴承使用寿命长。

（6）支架。支架拆卸时，较低部分保留在底座上，便于拆卸，位置

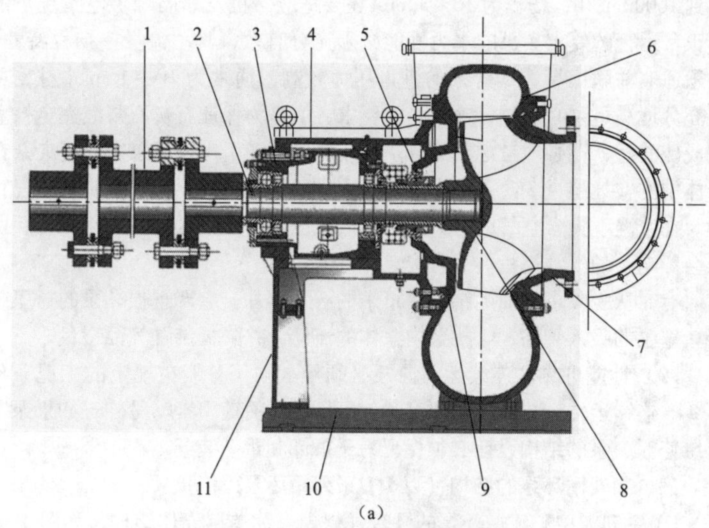

(a)

(b)

图 5-3　脱硫浆液循环泵

(a) 剖面结构；(b) 基本组成结构

1—膜片式联轴器；2—轴；3—轴承体；4—悬架；5—机械密封；6—蜗壳；7—进口短管；8—叶轮；9—后护板；10—底座；11—支架

准确。

（7）机械密封（见图5－4）。按照有无冲洗水可分为无冲洗水机械密封和有冲洗水机械密封；按照密封副的数量又可分为单端面机械密封和双端面机械密封；按照机械密封组装方式可分为散装式机械密封和集装式机械密封。目前，大多数脱硫系统采用的是带有冲洗水的集装式双端面机械密封。

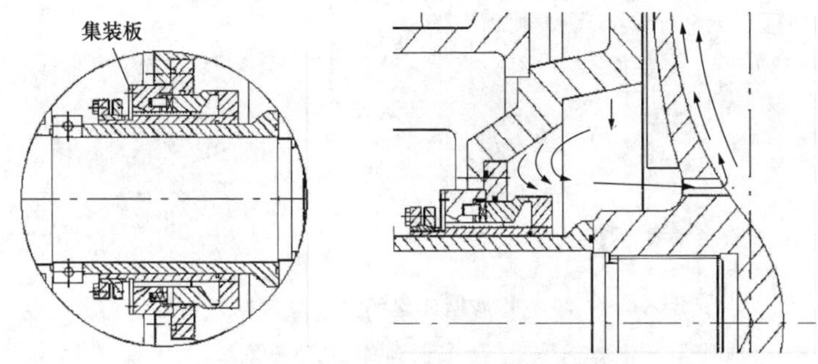

图5－4　脱硫浆液循环泵机械密封剖面图

双端面机械密封动静环材料均采用SiC。在泵启动前，须先接通冲洗水；停泵3～5min后方可关闭冲洗水。冲洗水的作用：一是封堵和平衡泵内浆体的压力，二是冷却机械密封部件。

四、浆液循环泵的调整

泵在安装找正后应进行检查与调整。

1. 泵的前间隙调整

为保证泵的高效运行，使用一定时期后，在运行条件不变的情况下，泵的流量及效率下降，电流有较大变化时，必须定期对脱硫循环泵的前间隙进行调整，如图5－5所示。泵的前间隙调整的具体步骤如下：

（1）装单端面机械密封的泵，将机械密封集装板旋入集装槽并固定，松开机械密封轴套与泵轴套锁紧螺栓（两个法兰盘连接螺栓）。

（2）松开压紧螺栓。

（3）松开调整螺栓上的电动机侧螺母。

（4）均匀拧紧调整螺栓上的中间压紧螺母，使转子向泵头方向移动，边拧紧边盘车，直到盘不动为止。注意盘车的方向应按泵的工作转向。

（5）用深度尺测量后轴承压盖端面与悬架端面的间隙 $L=a$；此时，叶轮与入口短管的法向间隙 $\delta=0$。

（6）松开调整螺栓上的中间压紧螺母。

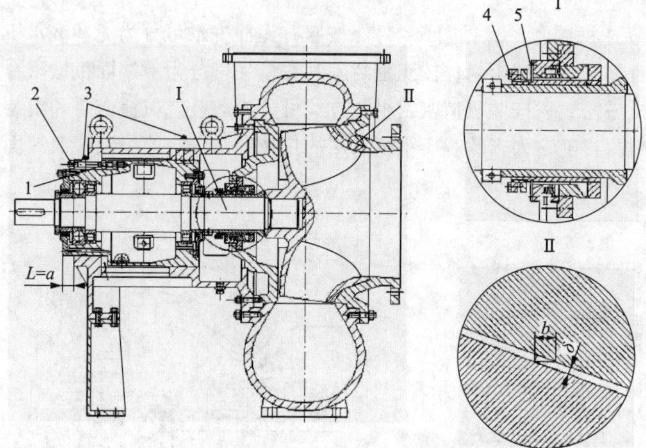

图5－5　脱硫浆液循环泵的前间隙调整示意图

1—调整螺栓中间压紧螺母；2—调整螺栓电动机侧螺母；3—压紧螺栓；
4—机械密封锁紧螺栓；5—机械密封集装板

（7）均匀拧紧调整螺栓上的电动机侧螺母，使转子向电动机方向移动，用深度尺检查间隙 L，直到 $L=a+b$ 为止（b 值见下表，此时法向间隙 $\delta=0.9\sim1.0$mm），注意间隙应均匀一致。

（8）拧紧调整螺栓上的中间压紧螺母、悬架盖压紧螺栓，使转子的轴向位置完全固定。

（9）拧紧机械密封两轴套锁紧螺栓，集装板旋出集装槽固定。

浆液循环泵型及其前间隙调整参数见表5－1。

表5－1　　浆液循环泵型及其前间隙调整参数

泵型	b（mm）	泵型	b（mm）
300DT－A60	0.75～1.00	700DT－A80	4.33～4.81
350DT－A78	0.75～1.00	700DT－A83	4.33～4.81
500DT－A85	2.63～2.92	700DT－A90	5.18～5.76
600DT－A82	2.63～2.92	800DT－A90	2.91～3.24
700DT－F78	2.63～2.92	800DT－A96	2.63～2.92

2. 电动机转向的确认

电动机的转向应确保泵的转向与规定方向一致，不得反向旋转，否则会损坏其他部件。电动机转向调整时，应在与泵完全脱开的状态下进行（即不上联轴器的中间节部分），在确认电动机转向符合要求后方能安装中间节部分，绝不允许盲目启动电动机。

3. 传动装置调整

采用弹性套柱销联轴器传动的，应上好柱销及防护罩；采用膜片联轴器传动的，应上好中间节部分及防护罩；采用减速机传动的，应按减速机使用说明书的要求调整好。

五、浆液循环泵的常见故障及处理方法

浆液循环泵的常见故障及处理方法见表5－2。

表5－2　浆液循环泵的常见故障及处理方法

序号	故障现象	故障原因	处理方法
1	泵不出水，压力表显示有压力	出水管路阻力太大	检查调整出水管路
		叶轮堵塞	清理叶轮
		转速不够	提高泵转速
2	泵不转	蜗壳内被固硬沉积物堵塞	清除堵塞物
3	流量不足	叶轮或进出水管路阻塞	清洗叶轮或管路
		叶轮磨损严重	更换叶轮
		转速低于规定值	调整转速
		泵的安装不合理或进水管路接头漏气	重新安装或堵塞漏气
		输送高度过高，管内阻力损失过大	降低输送高度或减小阻力
		进水阀开得过小	适当开大阀门
		泵的选型不合理	重新选型
4	电动机超载	泵扬程大于工况需要扬程，运行工况点向大流量偏移	切割叶轮或降低转速
5	泵内部声音反常，泵不出水	吸入管阻力过大	清理吸入管路及闸阀
		吸入口有空气进入	堵塞漏气处
		所抽送液体温度过高	降低液体温度

续表

序号	故障现象	故障原因	处理方法
6	泵振动	叶轮单叶道堵塞	清理叶轮
		泵轴与电动机轴不同心	重新找正
		紧固件或地基松动	拧紧螺栓，加固地基
7	轴承发热	润滑不好	按说明书调整油量
		润滑油不清洁	清洗轴承，换油
		推力轴承方向不对	针对进口压力情况，应将推力轴承调方向
		轴承有问题	更换轴承
8	机械密封泄漏	摩擦副损坏	更换机械密封
9	泵漏油	油位太高	降低油位
		胶件失效	更换胶件
		装配有问题	调整装配
10	泵头漏水	胶件没有压好	重新装配或压紧

六、泵的维护保养

（1）保持设备清洁、干燥、无油污、不泄漏。

（2）每日检点轴承体内油位是否合适，正确的油位在油位线位置附近，不得超过 ±2mm。

（3）经常检点泵运行是否有声音异常、振动及泄漏情况，发现问题及时处理。

（4）泵内严禁进入金属物体和超过泵允许通过的大块固体，且严禁放入胶皮、棉丝、塑料布之类的柔性物质，以免破坏过流部件及堵塞叶轮流道，使泵不能正常工作。

（5）严禁泵在抽空状态下运行，因泵在抽空状态下运行不但振动剧烈，还会影响泵的寿命，损坏机械密封，一定要特别注意。

（6）为保证泵的高效运行（泵在使用一个时期后，在运行条件不变的情况下，电流有较大变化时），必须定期调整前间隙，该间隙一般出厂前已调好。若发现此间隙不符合要求，应进行调整；运转中发现问题也应停机调整。

（7）经常检测轴承温度，最高不得超过75℃，对于SKF轴承最高温度不得超过120℃。

（8）泵开始连续运行800h后应彻底更换润滑油一次，以后每半年换一次润滑油。

（9）脱硫循环泵的轴承体内在开泵前按游标线位置加N32（冬季）或N46（夏季）机械润滑油。

（10）备用泵应每周转动1/4圈，以使轴均匀地承受静载荷及外部振动。

（11）若停机时间较长，再次启动前应使用反冲水冲洗泵内沉积物。

（12）经常检查进出水管路系统支撑机构松动情况，确保支撑牢靠，泵体不应承受管道及附件压力。

（13）经常检查泵在基础上的紧固情况，连接应牢固可靠。

（14）装有冲洗水的机械密封的泵，在开泵之前应先开冲洗水，然后再开泵；停泵3～5min后方可关闭冲洗水。

七、泵的装配与拆检

（一）泵的装配

1. 轴承组件的安装

脱硫浆液循环泵的轴承组件如图5－6所示，轴承组件的安装步骤如下：

（1）对于后轴承装圆柱滚子轴承和深沟球轴承的泵，将后轴承5内圈、4内半圈和前轴承7的内圈装在轴上（热装）；对于后轴承装两个圆锥滚子轴承的泵，将后轴承5、4内圈和前轴承7的内圈装在轴上（热装）。

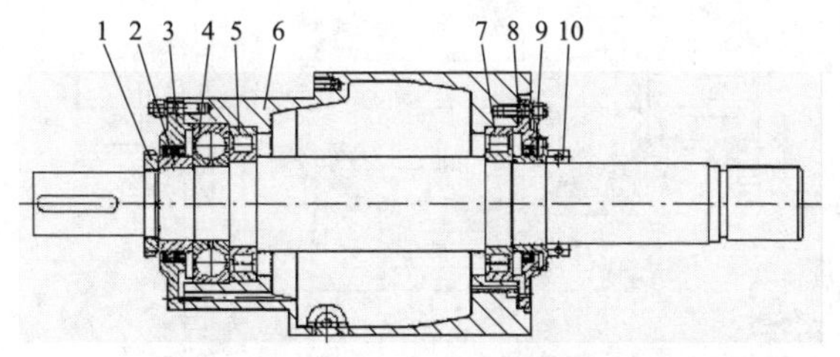

图5－6 脱硫浆液循环泵轴承组件示意图

1—圆螺母；2—轴封内套；3—后轴承压盖；4—后轴承；5—后轴承；6—轴承体；7—前轴承；8—前轴承压盖；9—挡水盘；10—拆卸环

（2）将后轴承5、4的外圈装在轴承体6上。

（3）将轴装在轴承体6上。

（4）将后轴承压盖3（装上油封）、圆螺母1装上并压紧轴承。检查轴承与轴肩是否靠紧，转动应灵活平稳。

（5）装前轴承7的外圈，垫平铁轻轻打入。

（6）将前轴承压盖8（装上油封）装上并压紧轴承。

（7）装轴承体上的密封圈。

（8）装上挡水盘9和拆卸环10，装拆卸环时，螺栓孔内须加入少量润滑脂，拆卸环要压紧挡水盘。

（9）轴部分的其他部件，待主轴组件与悬架装好后，再按装配图依次安装。

2. 悬架的安装

图5－7为脱硫浆液循环泵悬架安装示意图，具体步骤如下：

（1）将轴承体组件4装进悬架5的配合孔内。

（2）装调整螺栓2及压紧螺栓3，装油池六角螺塞及油标。

（3）轴上装磁力百分表，检测悬架与后护板联结定位孔及端面与轴回转中心的同轴度及垂直度，均不能大于0.3mm。

（4）试运转，试运转时应注意检测轴承体的渗漏情况、振动情况、温升情况等。

（5）装泵联轴器1。

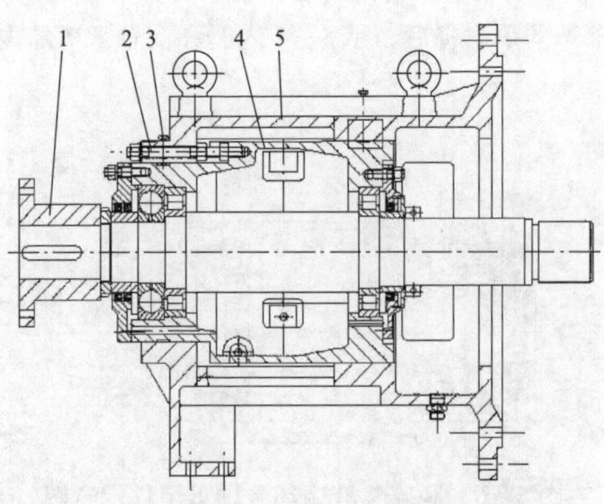

图5－7　脱硫浆液循环泵悬架安装示意图

1—泵联轴器；2—调整螺栓；3—压紧螺栓；4—轴承体组件；5—悬架

3. 机械密封的安装

（1）将机械密封组件装入后护板腔体，装上机械密封压盖螺栓，均匀拧紧。

（2）将装入机械密封组件的后护板装在悬架上。

（3）三通、压力表、冲洗水管按原位置安装。

（4）拆卸、安装机械密封时应注意以下几点：

1）拆卸机械密封过程应小心仔细，不许用手锤、扁铲等硬件拆卸，以免破坏动静环及密封圈。

2）拆卸时如因有污垢拆不下来，不能勉强进行，而应清洗干净后再进行拆卸，以免破坏机械密封的各部件。

3）装配过程中应保持密封腔内及轴套表面的干净与光洁，不允许有灰尘等附在表面，否则应用煤油清洗干净，并用干净而柔软的纱布、脱脂棉之类的软物擦洗动静环的端面。

4）动静环端面绝不能划伤、碰破，装配时其密封面上应涂一层清洁的机油或透平油等。

5）机械密封上的固定螺栓必须拧紧，如松动则会破坏机械密封的正常工作。

6）固定密封端盖的螺栓需均匀拧紧，使端盖、端面不产生偏斜。

7）装配时注意弹簧的压缩量和弹簧的旋向，泵运转时应使弹簧越转越紧。

4. 泵头部分的安装

（1）将叶轮装在轴上，拧紧，压实轴套。

（2）装后护板密封圈。

（3）将装有后护板、叶轮的悬架吊起，装入蜗壳，连接好螺栓。

（4）装入口短管。

（5）调整叶轮与入口短管密封面的间隙。

5. 其他零件的安装

（1）电动机、减速机与泵找正后，检验电动机转向与蜗壳上箭头指向一致后，安装膜片联轴器的中间节部分。

（2）装好联轴器罩。

（二）泵的拆检

1. 总体介绍

（1）拆卸前，确保泵设备不会因意外情况接通电源，吸入管路和出口管路的阀门必须关闭。

(2) 泵体温度必须被降低至环境温度。

(3) 对泵设备的维护工作只能由受过专业训练的人员利用正确的零配件进行。

(4) 任何对电动机进行的维修维护工作应遵循各电动机的说明和规定。

(5) 在设备损坏的情况下，应及时与设备厂家技术部门联系。

2. 拆卸前的准备

(1) 将轴承体内的油料排空。

(2) 如果泵装的是单端面机械密封，则将集装板旋入集装槽中并固定好。

3. 泵的拆卸

(1) 泵在拆卸时先将膜片联轴器的中间节部分拆下，以方便检修。

(2) 将蜗壳与悬架的连接螺栓、支架与悬架的连接螺栓拆下。

(3) 拆卸悬架组件，连同叶轮一起抽出蜗壳。

(4) 装单端面机械密封的泵，松开机械密封轴套与泵轴套锁紧螺栓（两个法兰盘连接螺栓）。

(5) 松开拆卸环的连接螺栓，并将拆卸环拆下。

(6) 拆下叶轮。

(7) 将机械密封拆下。

(8) 拆下后护板。

(9) 装双端面机械密封的泵，将带有机械密封的后护板一同拆下。

(10) 拆下调整螺栓，松开悬架盖上的压紧螺栓。拆下轴承体组件，再依次拆下各部件。

第六章

氧化空气系统检修

第一节　氧化风机检修

一、氧化风机简述

电厂脱硫常用的氧化风机有罗茨鼓风机（双叶、三叶）和离心鼓风机（多级离心、单级离心）两类。

1. 罗茨鼓风机

罗茨鼓风机属于容积式气体压缩机，其工作原理是：由两个叶轮（或三叶轮）在箱体内互为反方向匀速旋转，使箱体和叶轮所包围着的一定量的气体由吸入的一侧输送到排出的一侧。其特点是：气体脉动变大，负荷变化大；强制流量，在设计压力范围内，管网阻力变化时其流量变化很小；适用于在流量要求稳定而阻力变化幅度较大的工作场合。对于脱硫系统来说，在吸收塔运行液位上下波动的情况下可以提供稳定的氧化风量。但其缺点是噪声大，振动高，效率低，本体漏风率高（约10%），润滑油易渗漏等。

2. 离心鼓风机

离心鼓风机又分为多级低速和单级高速两种，单级和多级离心鼓风机的原理都是工作轮在旋转的过程中，由于旋转离心力的作用及工作轮中的扩压流动，使气体的速度得到提高，随后在扩压器中把速度能转化为压力能。不同的是单级离心鼓风机只有一组叶轮，空气的压缩是一次压缩完成的，而多级离心鼓风机在一根主轴上有多组叶轮，空气的压缩是在多组叶轮间逐步完成的。由于离心鼓风机是依靠提高空气的流动速度即空气动能来压缩空气提高压力的，所以要获得同样的压力，单级离心鼓风机的叶轮就必须要比多级鼓风机的转速高数十倍，通常情况下多级离心鼓风机的转速只有数千转，而单级离心鼓风机的转速可以高达数万转。

离心鼓风机较罗茨鼓风机而言具有供气连续、运行平衡、效率高、结构简单、噪声低、外形尺寸及质量小、易损件少等优点。但离心鼓风机也有随吸收塔液位变化流量波动较大等特点，需配备相应的风量调节装置。

单级高速风机较多级低速风机而言流道短，减少了多级间的流道损失，并采用进风导叶片调节风量方式，使得风机效率较高。但由于其压力的提供很大程度上依靠转速的提高，而转速的提供受到平衡、润滑及材料性能等多方面的限制，所以单级离心鼓风机的控制和维护保养特别重要；同时由于高转速带来诸多部件如叶片等磨损较大，对风机轴承要求较高。正因如此，单级离心鼓风机叶片材料需选用合金钢，并且采用整体铣制工艺，因此价格较昂贵；而多级离心鼓风机叶片全部为焊接工艺，风机运行可靠性较低。

3. 风机的性能对比

（1）使用性能方面。由于脱硫氧化鼓风机的功率大，通常 24h 连续运转，所以提高鼓风机的机械效率所带来的节能效应也是可观的。目前国内电厂整改燃用高硫煤普遍用单级高速离心鼓风机来替代原罗茨鼓风机、多级鼓风机。下面对常用的两种风机的性能特点进行比较。

罗茨鼓风机由于周期性的吸、排气和瞬时等容压缩造成气流速度和压力的脉动，因而会产生较大的气体动力噪声。此外，转子之间和转子与气缸之间的间隙会造成气体泄漏，从而使效率降低，其效率在 68% 左右；罗茨鼓风机出口需要喷淋降温设备，避免氧化空气进口处浆液与高温、干燥的氧化空气接触后，浆液由于快速干燥而导致出现结晶的结垢现象。罗茨鼓风机在运行中的噪声高达 110dB 以上，且为低频段噪声，因此需对风机进行特别处理，普遍采用隔音房来降低噪声。但是这就提高了隔音房里电动机的运行温度，影响电动机的安全运行。因此实际运行中各厂基本上会拆除隔音罩，从而造成噪声无法控制。

单级高速离心鼓风机利用三元流理论，定速通过入口挡板调节，效率不会随着时间而变化，这是流体的损失最小、效率最高的一种节能离心鼓风机，其通过高速电动机或齿轮箱增速，使鼓风机转速在 8000～30000r/min 间工作，效率可达 83% 以上，比其他风机节能 10%～20%，具有明显的节能效果。单级高速离心鼓风机可调节范围为 45%～100%，自动化控制程度非常高，在定速的条件下能够适应变液面高度工况要求。

（2）使用寿命方面。由于运行转速非常高，单级高速离心鼓风机用于氧化系统的叶轮采用锻不锈钢材料，以应对气体冲击磨损，提高使用寿命；罗茨鼓风机一般是铸造灰铁制成，加工精度低（叶轮仅工作表面加工），剩余不平衡量大，风机振动大、易磨损，而磨损后风机性能降低很大。总体来说离心鼓风机的使用寿命和检修周期都比罗茨鼓风机长，自动化程度高，故障率低。

(3) 传动部分。罗茨鼓风机采用直连式传动或皮带传动，总体运行比较稳定，安装或维护不当时，皮带易打滑。离心鼓风机采用齿轮箱 + 联轴器传动，轴承采用滑动轴承，低速端采用圆柱瓦，高速端采用可倾瓦结构，确保了高速旋转时轴承的运转稳定。同时齿轮箱采用水平剖分结构易于拆卸与维护，同时采用油泵强制润滑的循环方式，使风机在运转过程中避免主轴与轴瓦接触磨损。整套系统较为复杂，故障点多，可能增加风机运行的危险点，对保护系统要求较高。

(4) 风机出口风温。罗茨鼓风机采用压缩气体的方式做功，风机出口风温一般在 120℃左右，通过减温水可以保证进入吸收塔的气温满足要求，但风温传热到轴承，易导致轴承温度升高，风机运行风险增大。离心鼓风机出口风温也会达到 100℃左右，但对风机本体运行影响不大。

(5) 后期的维护量和维护成本。罗茨鼓风机智能化程度低，巡检人员的工作量较大，同时罗茨鼓风机叶轮不平衡量大，风机振动大、易磨损，后期的维护成本较大；而单级高速离心鼓风机智能化程度高，平时几乎无维护量，使用寿命长，维护成本很小，是罗茨鼓风机所不可比拟的。

基于以上两种氧化风机的对比，考虑到离心鼓风机日常基本无须检修维护，故本节内容主要介绍罗茨鼓风机的检修。

二、罗茨鼓风机结构与工作原理

罗茨鼓风机是一种旋转容积式气体压缩机，机壳与两墙板围成一整体气缸，气缸机壳上有进气口和出气口，一对彼此以一定间隙相互啮合的叶轮通过同步齿轮做等速反向旋转，借助两叶轮的啮合，使进气口与出气口隔开，在旋转中将气缸容积的气体从进气口推移到出气口。

工作间隙是保证罗茨鼓风机良好安全运行的一个重要参数。工作间隙不能随意改变，间隙过大则压缩气体通过间隙回流量增加，影响风机的效率；间隙过小，则由于产生热膨胀，可能导致此叶轮与壳体间发生摩擦、碰撞。

1. 罗茨鼓风机的结构（见图 6 – 1）

(1) 气缸。气缸由整体式铸铁机壳和两块带侧板的（前、后）墙板合围而成，机壳上开有进气口；侧板主要起定位作用；叶轮型线采用三叶摆线结构，转子应按 G2.5 ~ G6.3 级精度进行动平衡。

(2) 叶轮。叶轮是罗茨鼓风机最主要的零件之一，叶轮型线为渐开线，它不仅要传递功率，而且要确保二转子的同步和间隙分配。

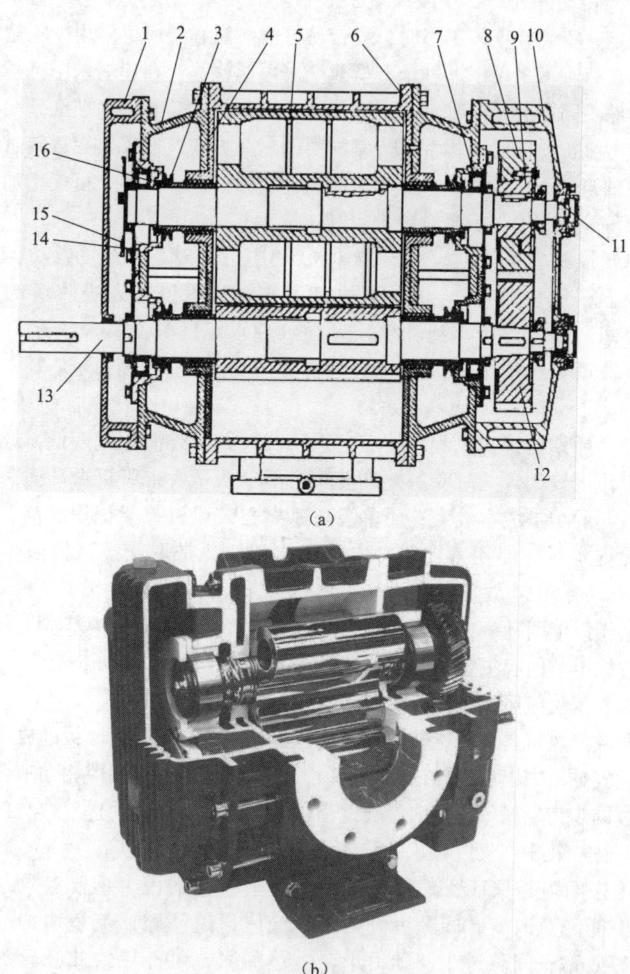

（a）

（b）

图 6-1　罗茨鼓风机

（a）罗茨鼓风机示意图；（b）罗茨鼓风机内部结构图

1—副油箱（1个）；2—墙板（2个）；3—V型密封圈（4个）；4—侧板（4个）；5—从动叶轮部（1个）；6—机壳（1个）；7—轴承（4个）；8—从动齿轮圈（1个）；9—从动齿轮毂（1个）；10—齿轮箱（1个）；11—轴承（1个）；12—主动齿轮（1个）；13—主动齿轮部（1个）；14—轴承座（4个）；15—甩油盘（1个）；16—密封衬套（4个）

(3) 轴。主、从轴采用45号钢制造，主、从轴两端均用滚动轴承支撑在墙板上。

(4) 轴密封。轴密封采用浅齿迷宫轴向气密封和V型橡胶油密封，在主轴驱动侧贯通部，配置一组骨架式橡胶油封，既防止副油箱中润滑油的泄漏，又防止灰尘的渗入。

(5) 齿轮箱、副油箱。齿轮箱、副油箱由高强度铸铁制成，并根据压升高低分别采用水冷结构，确保箱内润滑油温度不至于过高。

(6) 过滤器。能对进入主机前的气体进行过滤，从而保证干净的气体进入鼓风机。

(7) 进口消声器。进口消声器采用阻性消声器，主要用以消除鼓风机进口气流噪声，由外筒、内筒、法兰等件组成，采用优质钢板焊接结构，内外筒之间填入玻璃纤维吸声材料。

(8) 出口消声器。出口消声器采用优质钢板焊接结构，内填玻璃纤维（低压）或金属丝网（高压）吸声材料。

(9) 安全阀。安全阀是系统的一个保险装置，采用紧凑型全启式安全阀。其作用是当负载压力异常上升并超载时，自动开启降压，以保证电动机和主机不被损坏。

(10) 止回阀。止回阀用于防止停机时系统高压气体倒流，使鼓风机转子反转，导致管网失控，进而发生故障，同时防止系统灰尘倒流。

(11) 挠性接头。挠性接头由橡胶钢骨架压合而成，作用是防止管路与机组之间传递振动，以及因对中不良而引起的附加载荷，具有良好的减振和隔音效果。

2. 罗茨鼓风机的工作原理（见图6-2）

罗茨鼓风机是一种容积式鼓风机，它由一个类似椭圆形的机壳与两块墙板包容成一个气缸（机壳上有进气口和出气口），一对彼此相互“啮合”（因有间隙，实际上并不接触）的叶轮，通过定时齿轮传动以等速反向旋转，借助两个叶轮的“啮合”，使进气口与出气口相互隔开，在旋转过程中无内压地将气缸内的气体从进气口推移到出气口，气体在到达排气口的瞬间，因排气侧高压气体的回流而被加压及输送。两叶轮之间，均保持一定的间隙，以保证鼓风机的正常运转。

三、氧化风机常见故障及处理方法

氧化风机的常见故障及处理方法见表6-1。

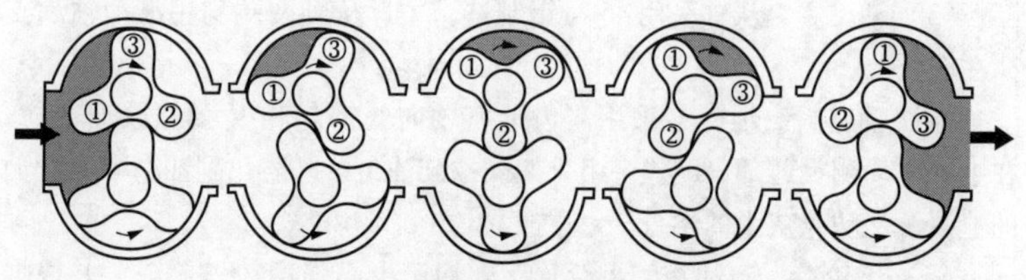

图 6－2　罗茨鼓风机工作原理示意图

表 6－1　　　　氧化风机的常见故障及处理方法

序号	故障现象	故障原因	处理方法
1	叶轮间摩擦	齿轴键松动	换键
2	碰撞	叶轮毂键松动	换键
		齿轮圈与齿轮廓配合松动	定位销、螺母拧紧
		齿轮廓与轴颈配合不良	止动垫圈拧紧，修理碰伤、毛刺
		叶轮间隙不正常	调整
		齿轮摩擦，使啮合侧间隙超过允许值	调整，不能满足则更换
		气缸内混入异物或有输送介质异物	清除异物
		主、从轴弯曲变形	更换新轴
		轴承磨损	更换新轴承
3	叶轮外径下机壳内壁磨损	叶轮与机壳间隙不正常	调整间隙，检查后墙板与机壳接合定位销
		轴承磨损，径向间隙过大	更换轴承
		主、从轴弯曲变形	调整校轴或更换新轴

续表

序号	故障现象	故障原因	处理方法
4	温度异常高	齿轮副啮合不良或侧隙过小	调整间隙
		润滑油脏	更换新油
		润滑油质劣化	更换新油
		系统阻力大，进气温度高	清理滤网，降低进气温度
5	振动大	地角螺栓或其他紧固件松动	紧固
		轴承磨损	更换轴承
		管道无支撑	增加支撑
6	不出风	转速过低	用转速表测转速并与订货单比较
		转向错误	检查转向，如果不对，改电动机转向
		管路堵塞	检查管路、防护网、阀门、消声器，以确认气路通畅
		过滤器堵塞	清洗滤芯
7	风量低	转速过低	用转速表测转速并与订货单比较，并检查皮带的张紧力
		超压	检查进风口真空及出风口压力，并把这些资料与设计值所列相应工作条件下的资料进行比较
		管路堵塞	检查管路、防护网、阀门、消声器，以确认气路通畅
		过滤器堵塞	清洗滤芯
		泄漏过大	检查机壳内部是否有表面磨损或锈蚀造成的过大间隙

续表

序号	故障现象	故障原因	处理方法
8	过载	转速过高	检查转速，并与设计值比较
		压力过高	检查进风口真空及出风口压力，并把这些资料与设计值所列相应工作条件下的资料进行比较
		转子摩擦	检查机壳和端板外部是否有发热区域，转子可能在这里接触，改善风机的安装和轴的对中
9	齿轮或轴承过热	润滑油不足	恢复齿轮油箱的正确油位，加装正确的润滑油
		润滑油过量	检查油箱油位，如果不正确，排净油并换上推荐等级新油
		超压	检查进风口真空及出风口压力，并把这些资料与设计值所列相应工作条件下的资料进行比较
		联轴器不对中	仔细检查，并进行找正
		皮带过紧	重新调整皮带张紧力
		转速过低	转速低于推荐的最低转速，会使整个风机过热，调整转速
10	振动大	不对中	仔细检查，并进行找正
		转子摩擦	检查机壳和端板外部是否有发热区域，转子可能在这里接触，改善风机的安装和轴的对中
		轴承齿轮磨损	检查齿轮啮合间隙及轴承情况
		转子不平衡或摩擦	锈皮或工作介质中杂质会附着在机壳和转子表面及转子内部，除去这些杂质以恢复原有间隙及转子平衡
		电动机或风机松动	拧紧安装螺栓
		管道共振	确定管道中压力是否形成驻波

续表

序号	故障现象	故障原因	处理方法
11	安全阀频繁起跳	管路堵塞	检查管路、防护网、阀门、消声器，以确认气路通畅
		下游系统异常	检查下游系统是否有堵塞
12	隔声罩内过热	隔声罩换气扇停转	检查隔声罩换气扇电动机和电动机线路

四、检修方法及质量标准

1. 拆卸与检查内容

解体注意事项：拆卸时，应在所有连接部分和嵌合件上刻上配合标记，特别是齿轮；拆开的零件要注意清洁，摆放整齐，精密零件不要碰伤划伤；从动齿轮部在不需要调整叶轮间隙时不应分离、拆卸；所有连接部位的垫片在拆卸时应测定并记录其厚度，以便意外损坏时作为更换的依据；安全阀除非特别情况下，不要拆卸。检查内容包括：

（1）拆卸检查联轴器。

（2）检查风机与电动机对中情况。

（3）拆卸齿轮箱盖。

（4）拆卸检查叶轮有无磨损情况。

（5）检查叶轮轴向密封。

（6）拆卸检查定子和端板。

（7）检查轴承和齿轮。

（8）检查主、从动齿轮轴的平行度和中心距。

（9）检查齿轮箱水平度，清洗箱体。

（10）清洗、检查各零部件。

（11）清扫冷却水、消声器系统。

（12）清扫、检查润滑油系统（包括油冷却器、油箱、管线及附件等）。

2. 检修质量标准

（1）转子。转子应无严重磨损、腐蚀、变形、损伤及裂纹等缺陷，必要时应对转子进行全面无损探伤检查；轴颈、轴封、止推盘应无损伤；叶轮流道内应无积垢，叶片无缺损；叶轮工作间隙应符合表6－2的要求。

表6－2　叶轮工作间隙要求　单位：mm

叶轮—机壳	叶轮—叶轮	叶轮—前墙板	叶轮—后墙板
0.30～0.40	0.35～0.55	0.30～0.55	0.40～0.60

注　叶轮工作间隙调整方法：

1）叶轮—机壳间隙的调整。是通过机壳与侧板精密配合的定位来保证的，一般不需要调整。

2）叶轮—叶轮间隙的调整。同步齿轮是由齿轮毂和齿圈组合而成的，调整间隙时，拆下定位销，拧松螺栓，转动联轴器（或皮带轮）即可，间隙调整好以后，拧紧螺栓，重新修正定位销孔，并打好定位销。

3）叶轮—前后墙板轴向间隙的调整。在主、从轴前墙板轴承座上有紧固螺栓和调节螺栓，当先拧松紧固螺栓再旋紧调节螺栓时，叶轮就会向前墙板移动，使叶轮与前墙板间隙减小，而与后墙板的间隙增大，反之则叶轮与前墙板的间隙增大，而与后墙板的间隙减小。在调整时须保持轴承座上的法兰边和前墙板的轴承座孔法兰平面之间的四周空隙基本一致，以保证轴承座与墙板的轴承座孔的同轴度，在轴向间隙调整后，在轴承座法兰后面与墙板之间加入适当的调整垫以防间隙窜动。

检修前转子振动值明显增大或超标准以及对转子进行修复或更换零件后应对转子进行动平衡校正。

（2）轴承。轴承表面应光洁，轴承合金与轴承衬结合良好，合金表面无气孔、夹渣、划痕、剥落和裂纹等缺陷，轴承标记清晰，水平剖分面自由间隙不大于0.04mm，合金表面粗糙度为0.8。

（3）支撑轴承。轴承与轴接触均匀，接触角60°～90°，接触面积70%以上，接触与非接触部位不得有明显分界线；轴承体与轴承窝径向接触要均匀，接触面积不得小于70%。

（4）止推轴承。止推轴承与止推盘接触应均匀，接触面积不得小于70%；各油孔应畅通。

（5）密封。密封表面应平整、无积垢、变形及裂纹。

（6）齿轮箱。齿轮箱体、箱盖、端板等应清洁、无损伤、变形和裂纹，水平剖分面应平整、无划痕，自由间隙应不大于0.05mm；主动大齿轮与低速轴和高速轴的中心距偏差不大于0.05mm；主动大齿轮与低速轴和高速轴间的水平、垂直两个方向的平行度公差值见表6－3。

表 6-3　主动大齿轮与低速轴和高速轴间的水平、垂直两个方向的平行度公差值

水平方向平行度公差值	垂直方向平行度公差值
≤0.03mm	≤0.02mm

(7) 齿轮。齿轮表面应无积垢、缺损、点蚀、剥落及裂纹等缺陷。齿轮啮合的齿侧间隙和齿面接触见表 6-4。

表 6-4　齿轮啮合的齿侧间隙和齿面接触

齿侧间隙	静齿面接触	齿宽接触	齿高接触
0.51~0.80mm	≥65%	—	—

(8) 定子。蜗壳与扩压器应无积垢，蜗壳与机体的接触表面应平整、无伤痕，其自由间隙不大于 0.05mm；密封调整垫应安装牢固。

(9) 入口挡板（蝶阀）。挡板无积垢；传动部件无严重磨损及腐蚀，转动灵活，无卡涩现象；阀板应无变形和裂纹，开度为 0°时应达到关闭状态，开度为 90°时应达到全开状态；开度指针与控制臂定位标记正确，开度指示准确。

(10) 进、排气管。进、排气管无积垢，连接法兰平面无划痕、变形；伸缩节应安装正确，保证管路自由伸缩，无卡涩现象。

(11) 对中找正。机组对中找正时，对中误差不应超过以下极限范围：偏移不大于 0.10mm；连接各面平行度在 0.05mm 内。

(12) 排气消声器。排气消声器应清扫干净，无积垢，无阻塞，必要时更换消声材料。

(13) 润滑油系统。润滑油管路及附属设备应清洁干净，无杂质、锈蚀及水分等；油过滤器应清洗干净，清洗、更换滤芯或滤网。

(14) 其他。基础坚固完整，地脚螺栓和各部连接螺栓满扣、整齐、紧固。

3. 组装

(1) 清洗各零部件，修复或更换损坏的零部件。

(2) 将驱动侧墙板（带侧板）安装于机壳上。

(3) 将转子组从另一侧推入机壳中。

(4) 组装齿轮侧墙板（带侧板），并通过选配机壳密封垫保证轴向总间隙值为 0.6~0.7mm。

(5) 组装两侧轴承座、轴承，并通过选配轴承垫片控制两个轴向间隙的分配。

(6) 组装齿轮部，检查叶轮间隙是否符合标准要求。

(7) 组装齿轮箱及副油箱，如有必要，重新铰制副油箱与墙板定位销孔。

(8) 装带轮或联轴器及其附件。

第二节　氧化空气管检修

一、氧化空气管的作用

氧化空气管的作用是向吸收塔底部浆池鼓入空气，为浆池中的亚硫酸钙氧化成石膏提供氧气。

二、氧化空气管的布置形式

将氧化空气导入罐体氧化区并使之分散的方法很多，同时也有多种强制氧化装置，但是目前采用最普遍的方法有两种：一是管网喷雾式，又称固定式空气喷雾器（Fixed Air Sparger，FAS），由于其在吸收塔下半部分均匀布置，又称“面式布置”；二是搅拌器与空气喷枪组合式（Agitater Air Lance，ALS），由于其在吸收塔搅拌器桨叶前布置，又称“点式布置”。

三、氧化空气管的材质

目前，吸收塔氧化空气管材质一般选用不锈钢（C－276 或 1.4529），部分电厂曾经使用玻璃钢管，但其抗压、抗振动性能较差，容易断裂，后逐步更换成不锈钢材质。

四、氧化空气管检修项目及质量标准

氧化空气管检修项目及质量标准见表 6－5。

表 6－5　　氧化空气管检修项目及质量标准

序号	检修项目	质量标准
1	检查氧化空气管是否断裂、损坏	氧化空气管无断裂、损坏
2	检查氧化空气管结垢堵塞情况	清理疏通干净氧化空气管
3	检查氧化空气管固定情况	氧化空气管固定牢固

第七章

吸收剂制备、储存和输送系统设备检修

第一节　吸收剂制备、储存和输送系统简介

吸收剂制备、储存和输送系统的作用在于制备并为吸收塔提供满足要求的石灰石浆液。石灰石浆液制备系统主要包括石灰石储存系统、石灰石浆液制备系统、石灰石供浆系统。吸收剂制备系统又分为湿法和干法两种。

以湿法石灰石浆液制备系统为例，其工艺流程如图 7－1 所示。粒度小于 50mm 左右的石灰石，经立轴反击锤式破碎机预破碎成小于 10mm 的石料，经斗提机及埋刮板输送机送至石灰石仓。经石灰石仓下的一台封闭

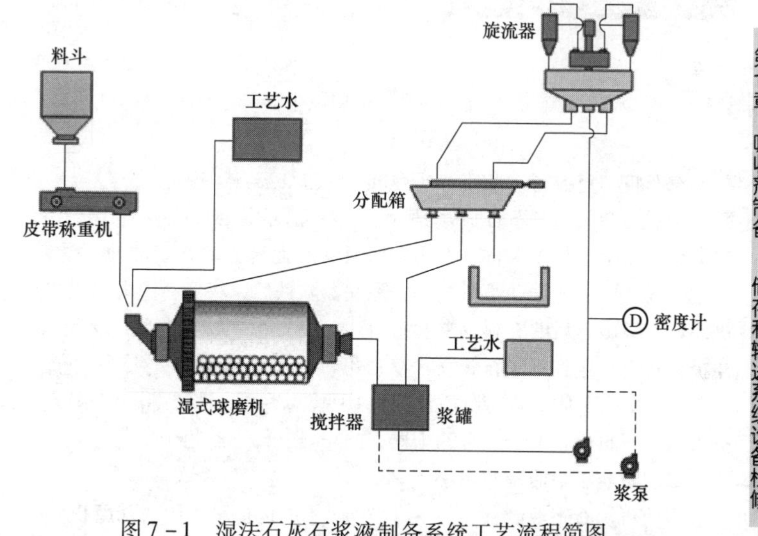

图 7－1　湿法石灰石浆液制备系统工艺流程简图

式皮带称重机给料机，将石灰石粒料送至湿式球磨机，并加入合适比例的工业水磨制成石灰石浆液，流入球磨机浆液箱。由球磨机浆液泵输送至石灰石浆液旋流器，经水力旋流循环分选，不合格的返回球磨机重磨，合格的石灰石浆液送至石灰石浆液箱储存，再根据需要由石灰石浆液箱配备的浆液泵输送至吸收塔。为了防止石灰石在浆液箱中沉淀，设有浆液循环系统和搅拌器。

一、石灰石储存系统

一般每台烟气脱硫系统设两套石灰石储存系统，由卸料斗、振动给料机、除铁器、立轴破碎机、斗提机、埋刮板输送机和石灰石料仓、布袋除尘器（见图7－2）组成。

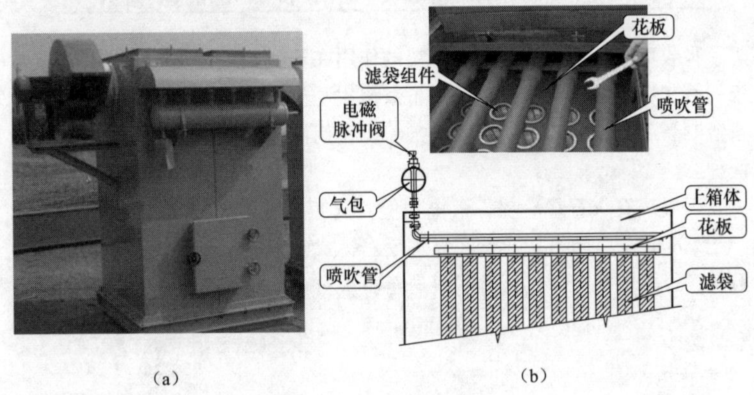

图7－2　布袋除尘器

（a）外形图；（b）内部结构图

汽车将一定粒径（粒度小于50mm）的石灰石运输进厂，经电厂汽车衡计量后，卸入石灰石堆放场地，储料一般可供烟气脱硫使用3～7天。根据烟气脱硫运行需求量，由斗车将石灰石运至破碎系统的地下受料斗，通过受料斗底部的振动给料机，经除铁器除铁后，将石料送入环锤式破碎机，经一级破碎后的石料（粒度小于10mm）由螺旋给料机送入斗提机，斗提机将石料送到石灰石储仓，存料可供烟气脱硫使用2～3天。石灰石仓下口设2台封闭式皮带称重给料机（见图7－3），将石料给入湿式球磨机入口。石料储仓上设布袋除尘器，防止石料卸下时粉尘飞扬。

二、石灰石浆液制备系统

所谓石灰石浆液制备系统（见图7－4）是指采用湿式球磨机将一定比例的石灰石和过滤水加入湿式球磨机内的辊筒里，直接磨制出合格的石

图 7－3　皮带称重给料机

灰石浆液，浆液的细度为 P80 $<23\mu m$，浓度为 25%。

一般每台烟气脱硫系统设置两套石灰石浆液制备系统，主要设备包括称重给料机，湿式球磨机，一、二级再循环箱，搅拌器，一、二级再循环泵，一、二级石灰石浆液旋流器，调节阀及相应的辅助设备。

图 7－4　石灰石浆液制备系统

来自预破碎的石灰石（颗粒尺度不大于 10mm）通过称重式给料机，给入湿式球磨机，并根据给料量的大小加入合适比例的工业水。

在球磨机钢球的作用下，石灰石和水被磨制成含固量为 50% 的石灰石浆液，进入一级再循环箱，经一级再循环泵送至一级旋流器进行分离，底流浓缩部分石灰石粒径较大，含固量为 60% 左右，再返回球磨机，同新加入的石灰石一起重新磨制，溢流部分含固量为 35% 左右，一路进入二级再循环箱，另一路通过调节阀返回一级再循环箱，用以调节二级再循环箱液位。

二级再循环箱的石灰石浆液通过二级再循环泵送至二级旋流器进行分离，底流部分含固量为 55% 左右，返回球磨机重新磨制；溢流部分含固量为 25% 左右的合格石灰石浆液，通过再循环调节阀控制进入石灰石浆液箱。

石灰石浆液制备系统必须设有水冲洗系统，在其停运时，为不使存留浆液沉淀板结，必须用水冲洗干净。

三、石灰石供浆系统

石灰石供浆系统用于向吸收塔提供适量的石灰石浆液，浆液量由烟气中 SO_2 总量和吸收塔 pH 值决定。该系统由石灰石浆液输送泵、石灰石浆液箱、密度计、调节阀等设备组成。

把石灰石制成浓度为 25% 左右的石灰石浆液，并将其作为吸收剂送入石灰石浆液箱，再经石灰石浆液泵送入吸收塔。一般每台烟气脱硫系统装备两台石灰石浆液泵，一用一备。在供浆管道上装有密度计，用以检测石灰石浆液密度，作为球磨机一级再循环箱过滤水调节阀的主调量信号，来调节石灰石浆液的浓度。

石灰石浆液箱设有一台顶进式搅拌器，以保证浆液的浓度均匀。

第二节　湿式球磨机的检修

一、湿式球磨机的工作原理

湿式球磨机由 6kV 异步电动机通过减速器与小齿轮连接，直接带动周围大齿轮减速转动，驱动回转部旋转，筒体内部装有适量的磨矿介质——不同直径对应不同比例的钢球，钢球在旋转筒体离心力和摩擦力的作用下，被提升到一定高度，呈抛物线落下，欲磨制的一定尺寸的石灰石与一定比例的水连续不断地进入筒体，被运动着的钢球粉碎，通过溢流和连续给料的作用将浆液排出机外，流入一级循环浆液箱（见图 7－5）。

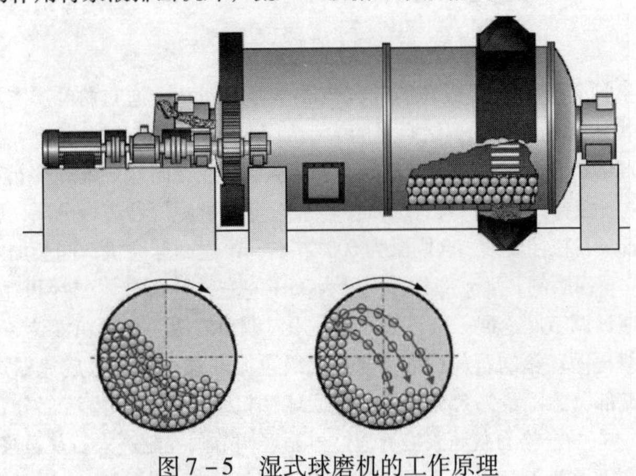

图 7－5　湿式球磨机的工作原理

二、湿式球磨机的组成及结构特点

湿式球磨机主要由主电动机、主减速器、传动部、回转部、主轴承、慢速传动部、起重装置、给料管、下料管、出料装置、环形密封、地基部、高低润滑站、喷射润滑油系统、轴承冷却水系统等组成，如图 7－6 所示。

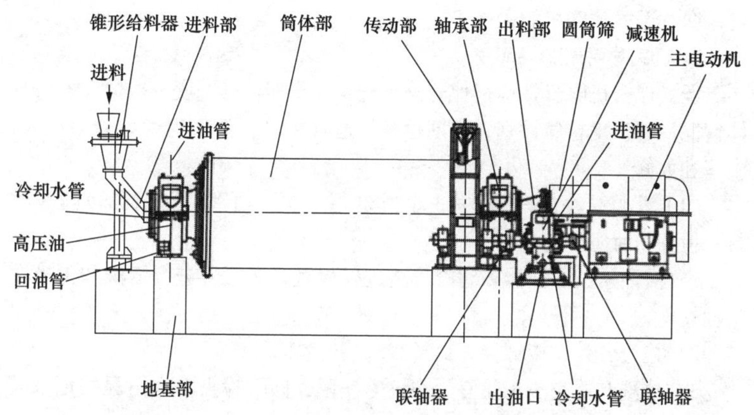

图 7－6　湿式球磨机结构简图

传动部采用双列向心球面滚子轴承，周边大齿轮采用大模数铸钢齿轮，从而使湿式球磨机传动稳，噪声小，寿命长。大齿轮上设有径向密封齿轮罩，可进行有效的密封。大齿轮的润滑采用喷雾装置，周期性地喷射定量的润滑油到齿轮工作表面，实现润滑。

回转部主要包括进料部、筒体部、出料部。筒体内壁、进料端盖和出料端盖装有橡胶衬板，并在内壁衬 4mm 厚胶。筒体采用整体式结构，与进料端盖、出料端盖连接，采用外接型法兰。筒体上开有外盖式磨门两个，以便检修筒体内部的各种损坏部件，装卸钢球，以及对筒内物料采样。

三、湿式球磨机子系统

1. 高低润滑油站

高低润滑油站采用同一油箱、不同压力等级油泵的方式。在球磨机启动前，高压润滑油泵用以顶起球磨机转动部分，在主轴与轴瓦之间建立起油膜，保护球磨机的启动和运行，防止干磨烧坏轴瓦。低压润滑油泵用以润滑、冷却主轴承，使轴承、轴瓦在一定温度范围内运行。

2. 喷射润滑装置

喷射润滑装置用于大小齿轮润滑，该装置与主电动机联动，自动周期性喷油，一般推荐使用黏度大于680的工业润滑油。

3. 冷却水

冷却水取自工业水系统，有两个作用：一是冷却主轴瓦，二是冷却润滑油。

四、湿式球磨机的检修

1. 湿式球磨机的检修分类

湿式球磨机除日常巡视保养外，应实行定期检修制度，根据设备的具体情况，制订出检修计划，定期检修。通常按设备损伤程度可分为小修、中修和大修。

（1）小修。小修一般2~3个月进行一次，遇到特殊情况可随时进行，检修项目主要包括：

1）对油泵、滤油器和润滑管路进行检查，必要时进行清洗和更换润滑油；

2）检查各处连接螺栓，更换有缺陷的紧固件；

3）清洗和检查小齿轮有无裂纹等缺陷，同时检查啮合情况并记录其磨损深度，检查大齿轮把合螺栓是否有松动现象；

4）检查联轴器和离合器并更换易损件；

5）检查和维修进料部的易磨损部分；

6）更换部分磨机筒体衬板；

7）检查冷却水系统，检查管道是否堵塞或渗漏，更换老化的耐油橡胶管（在主轴承箱中）。

（2）中修。中修周期一般为12个月，检修项目主要包括：

1）包括小修项目；

2）更换衬板；

3）检查修复或更换小齿轮，检查和调整筒体的水平位置，检查传动轴和电动机的同轴度；

4）清理大齿轮罩内的油污；

5）检查、标定各种仪器仪表；

6）其他需要进行修理的项目。

（3）大修。大修周期一般为4年，视设备损坏情况而定，检修项目主要包括：

1）包括小修及中修项目；

2）更换主轴瓦和大小齿轮。

2. 湿式球磨机检修过程中的基准值

（1）两轴承底板轴向距离偏差不大于0.5mm。

（2）两轴承底板相对标高不得相差0.5mm以上，并保证出料端不高于进料端。

（3）轴承座与轴承底板应均匀接触，局部间隙不得大于0.1mm，连续长度不得超过侧面长度的1/4，深度不得超过100mm，否则应进行刮研处理。清洁鞍形座表面和轴承衬，涂上润滑剂，将轴承衬落入鞍形座，轴承衬工作面必须进行刮研，接触角为70°～90°，接触斑点在10mm×10mm面积上不少于1点。

（4）大齿轮接合面的间隙小于0.1mm，大齿轮的径向跳动在每米节圆小于等于0.25mm；端面跳动在每米节圆小于等于0.35mm。

（5）传动轴、减速机轴、电动机轴同轴度误差不大于0.2mm，水平度每米不大于0.1mm，并与磨机筒体的偏差方向一致。

（6）大小齿轮的齿侧间隙为1.40～2.18mm；两齿啮合时，齿顶与齿根间隙为0.2～0.3倍的模数。

（7）大小齿轮啮合的接触斑点沿齿高不应小于45%，沿齿长方向接触斑点不应小于60%。

（8）小齿轮轴承、减速机轴承温升小于45℃，轴承座振动值小于0.1mm。

3. 湿式球磨机的检修内容

（1）球磨机修前测量。主要内容包括：

1）测量小齿轮、减速机、电动机、主轴承和基础台面的振动；

2）测量记录轴承出、入口油温和轴瓦温度，以及运行中的异常情况；

3）检查球磨机各部位的泄漏情况。

（2）湿式球磨机出、入口料管检修。主要内容包括：

1）拆掉入口混料箱料管及有关螺栓，拉出入口进料管；

2）检查入口料管的磨损情况，进行处理；

3）拆掉出口料管、滤网并吊至检修场地；

4）检查出口料管、滤网，清除杂物。

（3）湿式球磨机清理钢球。主要内容包括：

1）在球磨机罐体处放置好盛接钢球的设备及运输设备；

2）卸出钢球。

（4）拆对轮螺栓。主要内容包括：

1）拆下对轮保护罩，在两对轮的连接部位打上对正记号；

2）拆下对轮螺栓，将螺母拧到螺栓上妥善保存；

3）测量对轮轴向间隙和径向偏差。

（5）检查衬板。主要内容包括：

1）检查衬板磨损情况；

2）检查螺栓的紧固情况，有无松动、漏水及漏浆现象。

（6）检查大罐、端盖及其连接螺栓。主要内容包括：

1）检查罐体、端盖是否有裂纹，必要时进行修复。端盖若有穿透性裂纹，超过 1/3 螺栓孔数时需更换，并重新测量端盖的变形程度；

2）检查球磨机密封情况。

（7）拆卸主轴承上座。主要内容包括：

1）拆卸主轴承润滑油管及轴承座两端接合面螺栓，吊下轴承座上盖，放在指定地点的道木上。

2）拆卸高压油管，冷却水软管及热工测量接点连线，拆下的油管、水管应用破布缠住两端管口，以防落入杂物。拆卸主轴承内部油管，水管用的扳手应用绳子系牢，以防扳手落入主轴承油箱。

3）测量记录轴承大瓦与空心轴颈的各部间隙，并在球面接合处打上印记。

（8）顶罐体。主要内容包括：

1）球磨机出、入口大瓦检查或修理时，必须顶起大罐，完成顶大罐工作需要使用专用工具；

2）把 4 个千斤顶放在千斤顶支座上，然后 4 个千斤顶同步将支撑弧框顶起约 100mm；

3）用道木把被顶起的球磨机大罐垫牢。

（9）大瓦检修。主要内容包括：

1）用一对葫芦将大瓦沿空心轴颈翻转至轴颈上部，稳固地放在道木上，注意不要碰伤大瓦表面钨金；

2）将大瓦冷却水接头拆下妥善保存，把空心轴颈、轴承座用聚乙烯薄膜盖好；

3）将大瓦清洗干净，检查钨金有无裂纹、砂眼、烧损现象，用锤击法或浸油法检查大瓦脱胎情况，损坏严重的重新浇铸钨金，局部损坏严重的进行局部熔补；

4）按质量标准要求沿中心线两侧等分地画出接触角的位置线；

5）将空心轴颈和大瓦瓦面清洗干净，在轴颈或大瓦上涂上一层薄薄的红丹油；

6）将大瓦吊起扣在空心轴颈上相互研磨，检查其接触角内的接触情况；

7）如不符合要求，可将高起的接触点用锋利的刮刀或铲刀刮去，重复刮研数次直至符合标准为止；

8）以接触角的位置线为界向接触角以外刮削，使空心轴颈接触角外形成由小到大的楔形间隙；

9）刮刀应随时研磨保持锋利，刮削方向应交叉进行，以保证同一部位不重复刮削，大瓦中间顶轴油槽不许刮削；

10）大瓦球面与大瓦座之间应清洁，无毛刺、锈斑、伤痕等缺陷；

11）在大瓦球面上均匀地涂上一层红丹油（大瓦座弧面涂上红丹油也可以），将大瓦平稳地放在大瓦座上进行研磨，在接触区域内检查接触印痕是否符合要求，如不符合要求，可将高点用锋利的铲刀削去，重复数次，直到符合质量标准；

12）大瓦球面与大瓦弧面座装配要光滑灵活，不得有不同心的晃动。

（10）球磨机空心轴颈检查。主要内容包括：

1）用外卡规测量空心轴颈的椭圆度、圆锥度、同心度；

2）轴颈表面的小面积伤痕可用研磨法消除，过大或过深的伤痕应堆焊修复；

3）球磨机在运行中如有严重振动、烧瓦或摆动，则应在检修时测量空心轴颈与筒体的同心度；

4）空心轴颈检查。

（11）大瓦、罐体安装。主要内容包括：

1）大瓦刮研合格后，将大瓦、球面座、空心轴、油室的油污、红丹油、钨金碎屑等清理干净，然后在球面座上涂黄油或黑铅粉；

2）安装大瓦顶轴油管，将大瓦用两个葫芦吊住，沿空心轴颈翻至空心轴下部，按拆除时的印记就位，工作前可在瓦面上浇点机油以保持润滑；

3）拆除大罐下枕木后，由专人指挥落大罐，在落大罐过程中四个千斤顶的下落速度应同步，每落10mm应检查四角的下落高度是否相等，当空心轴颈接近轴瓦时其下落速度更要缓慢，以使大罐两端轴颈水平、柔和地同时落在大瓦上；

4）检查主轴承各部间隙，测量并做好记录；

5）安装大瓦两边定位压板，恢复大瓦冷却水软管、润滑油喷嘴及高压顶轴油管；

6）检查清理大瓦冷却水系统、润滑油系统的腐蚀和污垢，然后进行压力试验，要求在工作压力下法兰、阀门严密不漏；

7）更换轴颈处的密封毛毡，然后在轴颈上部加适量润滑油，将轴承座上盖扣上，拧紧接合面螺栓；

8）大瓦间隙验收。

（12）传动齿轮的检修与更换。主要内容包括：

1）拆开对轮保护罩；

2）拆开对轮螺栓，妥善保存，更换有缺陷的对轮螺栓；

3）将固定在大齿轮罩上的干油喷射装置上的油管、空气管活节拆掉，对大齿轮密封罩进行编号，然后拆除固定螺栓，把齿轮罩清洗干净后放在合适地点；

4）检查齿轮有无裂纹、掉齿、重皮、毛刺、斑痕、凹凸不平等缺陷，检查齿轮的磨损情况；

5）用塞尺测量大小齿轮顶部间隙和背部间隙；

6）修整齿面棱脊和压挤变形处；

7）用锤击法检查大齿轮（两半）接合面及大齿与大罐法兰接合面的紧固螺栓是否牢靠，有裂纹及缺失的螺栓要补齐；

8）将新齿轮各扇在地面上预装，用齿轮样板或卡尺校验新齿轮各部尺寸，检查螺栓孔销位置是否与原齿轮相同；

9）清理新齿轮上面的防锈漆，修理工作面毛刺，用红丹油检查新齿轮两半扇接触情况；

10）将大齿轮的接合面转至水平位置，用起重工具吊好上半扇，拆卸上半扇紧固螺栓，吊出大齿轮上半扇，牢固放置在指定地点；

11）将新齿轮的一半吊起装到大罐上（旧齿翻面，即把齿轮的非工作面翻转到工作面），并初步固定在大罐上；

12）转动大罐，将下半部未更换或翻面的半齿轮转到上部，依照上述步骤将新齿轮另一半更换；

13）在拆装过程中，齿轮与法兰接合面上的油污、锈皮、毛刺应清理干净；

14）用塞尺检查大齿轮两半扇对口接合面的接触情况并做好记录；

15）穿入两半扇齿轮接合面的定位销（大齿轮与大罐法兰接合面的

定位销暂不穿），然后装入大齿轮对口接合面及大罐法兰接合面的连接螺栓并紧固；

16）利用两个千分表测量齿轮的轴向及径向晃动，将大齿轮分成10等分，启动慢速驱动盘车转动大罐，逐个测量10等分处的轴向及径向晃动数值（共做2~3次测量，以便核对结果），并做好记录；

17）调整大齿轮轴向和径向晃动符合要求后，安装大齿轮与大罐接合面定位销，如销孔不合，可重新铰孔；

18）大齿圈定位销螺栓装配好后，紧固所有接合面螺栓并锁紧螺母；

19）拆卸传动轮轴承座上盖螺栓、端盖螺栓，拆卸传动轮齿轮罩，拆掉的零部件要妥善保管，以免丢失；

20）拆开小齿轮联轴器，做好对轮中心原始测量记录，用起吊工具将小齿轮吊出放在指定地点；

21）用汽油清洗传动轮轴承、轮齿和轴颈，清洗轴承上盖、轴承端盖上的油泥污垢；

22）传动轮未吊出之前要测量轴承间隙；

23）检查轴承及其磨损情况；

24）检查轴承径向间隙和轴向间隙；

25）检查传动轮磨损情况；

26）修整齿面棱脊和挤压变形处，检查小齿轮硬度；

27）检查轮轴有无裂纹、断裂，如运行中有异常情况，则应测量轴的弯曲度和轴颈椭圆度、圆锥度；

28）小齿轮轴承验收。

（13）湿式球磨机减速机检修。主要内容包括：

1）停止球磨机运行，停止球磨机减速机油泵运行，办理好检修工作票；

2）拆卸减速机箱体接合面及轴承压盖螺栓并检查；

3）吊下减速机上盖放到准备好的道木上；

4）检查减速机箱体和箱体接合面；

5）检查大、小齿轮；

6）减速机上盖吊起后，应测量箱体接合面垫子和轴承端盖接合面垫子，做好原始记录；

7）清洗大小齿轮并逐个进行检查；

8）用齿轮卡尺测量轮齿的磨损情况；

9）用磨光机修整齿面棱脊和挤压变形处；

10）检查齿轮的啮合情况，啮合面不符合标准时应检修或更换；

11）检查大齿轮的平衡重量，大齿轮上的平衡重量不得有松动和脱落，紧固螺栓应点焊牢固；

12）吊起大、小齿轮，放在指定位置；

13）检查对轮；

14）检查对轮螺栓是否有裂纹和丝扣损坏现象；

15）把拆卸工具（拉马）安装到对轮上固定牢固，用火焰将对轮加热到200~300℃，旋转拉马将对轮快速拆下，对轮拆下后不许浇水冷却，应待其自然冷却；

16）检查新对轮有无缺陷，并校验尺寸；

17）弹性对轮要求螺栓孔与胶皮孔的同心度偏差不大于0.1~0.2mm；

18）用细砂布或油石打掉轴颈上和对轮轴孔的锈垢、凸棱、毛刺；

19）检查对轮公差配合符合要求后，用乙炔火焰将对轮加热到200~300℃；

20）将加热的对轮迅速装在轴上，待其自然冷却，冷却过程中，应安排专人盘动对轮轴以防止轴弯曲，对轮的楔形键必须打紧，以防松动；

21）检查轴承内的润滑油；

22）用煤油清洗轴承，检查轴承内、外圈及滚珠有无锈蚀、裂纹和起皮现象；

23）检查轴承保持架；

24）检查轴承的旋转情况；

25）用百分表或压铅丝法测量轴承的径向间隙和轴向间隙；

26）检查轴承内圈与轴的紧固情况，轴承内圈与轴配合不得松动，如果有松动必须用涂镀的方法对轴进行再加工，而不许采用冲子打点或滚花的方法消除；

27）检查轴承外圈与轴承座有无相对滑动痕迹，若有相对滑动应在压间隙时特别注意其径向间隙，轴承外套的径向间隙为0~0.05mm，如果超出标准可在轴承外套上垫铜皮；

28）减速机轴承验收。

（14）减速机组装。主要内容包括：

1）将减速机箱体接合面涂料清除干净，试扣减速机上盖一次，检查接合面在未紧固螺栓时的接触情况，接触情况达不到此要求时，应对上下接合面着色对研后进行刮削；

2）安装齿轮下润滑喷嘴，依次吊起大、小齿轮就位，吊装应缓慢，不能碰伤齿轮和轴承；

3）用压铅丝法测量大小齿轮的啮合间隙；

4）在齿轮工作面涂上红丹油检查齿轮啮合情况；

5）将减速机轴承端盖装好，用塞尺或压铅丝法测量滚动轴承的轴向间隙；

6）扣上盖前，用压铅丝法测量各轴承的径向膨胀间隙，以确定结合面垫子的厚度，如个别轴承径向间隙不符合规定，可以在轴承上部垫铜皮；

7）在齿轮和轴承上淋上适量机油，以保持齿轮、轴承润滑，防止生锈，最后扣上减速机上盖；

8）装定位销，校正上盖位置，然后对角上紧接合面螺栓及各端盖螺栓。

（15）联轴器中心找正。主要内容包括：

1）采用加热法装配轮毂，上好螺母防松锁片，锁紧轮毂，锁紧螺母；

2）按标记对正联轴器；

3）打表找正电动机；

4）中心找正验收。

（16）球磨机油站检修。主要内容包括：

1）齿轮油泵检修，将油泵解体，检查油泵外壳及螺栓；

2）用塞尺测量各部配合间隙及齿轮啮合间隙；

3）检查齿轮磨损情况；

4）检查齿轮啮合的齿顶间隙和齿侧间隙；

5）检查齿轮啮合面积，超标时应进行检修更换；

6）检查齿轮与轴、联轴器与轴的配合应无松动；

7）油泵外壳与端盖应严密，加装密封垫片以保证不漏油；

8）油泵与电动机连接的联轴器螺栓应修理完好，联轴器校正合格后上紧各部螺栓；

9）油泵检修完后用手盘动油泵应转动灵活无杂音。

（17）齿套间隙检查。

（18）冷却器、滤油器检修。主要内容包括：

1）油侧清洗，即将芯子放在盛有3%～5%磷酸三钠溶液的铁箱内，加热至沸腾，保持2～4h，再吊出芯子用凝结水冲洗干净，用化学试剂检验应无碱性反应；

2）水侧清洗可以采用刷子刷洗；

3）冷油器芯子清洗完毕后，即可进行回装，此时要仔细检查冷油器内部是否有杂物，然后装好法兰接合面垫子，对正法兰印记，对称拧紧接合面螺栓；

4）水压试验，即冷油器安装完毕后必须进行水压试验，试验时打开入口冷却水门加压至0.4MPa，保持15min，然后打开冷油器筒体堵头仔细检查油侧是否有积水；

5）滤油器内的滤芯取出后可以用热水冲洗，并用压缩空气吹净，实在无法清洗时应及时进行更换；

6）对滤油器的工作状态应时刻进行监视，如进出口压差超过0.05MPa，应立刻解体进行清洗。

（19）油箱及油箱附属设施检修。主要内容包括：

1）打开油箱人孔盖，用油泵将油箱内的机油全部打出，然后打开底部放油门，用大约100℃的热水把沉淀的油垢杂质冲洗干净；

2）工作人员穿上耐油胶鞋和专用工作服，从人孔下去，用磷酸三钠或清洗剂擦洗，直到污垢全部清除后，再用干净无棉毛的白布擦洗，为了除去油箱内部杂物，还要用面团将内壁仔细粘一遍。

五、湿式球磨机减速机的检修

湿式球磨机减速机的检修见表7－1。

表7－1　湿式球磨机减速机的检修

检修项目	检修工艺	质量标准
减速机箱体的拆卸	1）停止球磨机运行，停止球磨机减速机油泵运行，办理好检修工作票； 2）拆卸减速机箱体接合面及轴承压盖螺栓并检查； 3）吊下减速机上盖放到准备好的道木上； 4）检查减速机箱体和箱体接合面； 5）检查大、小齿轮； 6）减速机上盖吊起后，应测量箱体接合面垫子和轴承端盖接合面垫子，做好原始记录	1）螺栓应无裂纹、丝扣损坏； 2）箱体应无裂纹，箱体接合面应平整，无裂纹和横向沟道

续表

检修项目	检修工艺	质量标准
减速机齿轮的检查与检修	1）清洗大小齿轮并逐个进行检查； 2）用齿轮卡尺测量轮齿的磨损情况； 3）用磨光机修整齿面棱脊和挤压变形处； 4）检查齿轮的啮合情况，啮合面不符合标准时应检修或更换； 5）检查大齿轮的平衡重量，大齿轮上的平衡重量不得有松动和脱落，紧固螺栓应点焊牢固； 6）吊起大、小齿轮，放在指定位置	1）轮齿应无裂纹、砂眼、毛刺、痕坑等缺陷； 2）轮齿节圆处齿厚磨损不得超过20%原厚度； 3）轮齿啮合长度和高度方向均不小于75%
减速机对轮的检查	1）检查对轮； 2）检查对轮螺栓是否有裂纹和丝扣损坏现象	1）对轮不得有裂纹等缺陷，轮键不得有裂纹和松动； 2）螺栓不得有裂纹和丝扣损坏现象
拆装减速机对轮	1）把拆卸工具（拉马）安装到对轮上固定牢固，用火焰将对轮加热到200～300℃，旋转拉马将对轮快速拆下，对轮拆下后不许浇水冷却，应待其自然冷却； 2）检查新对轮有无缺陷，并校验尺寸； 3）弹性对轮要求螺栓孔与胶皮孔的同心度偏差不大于0.1～0.2mm； 4）用细砂布或油石打掉轴颈上和对轮轴孔的锈垢、凸棱、毛刺； 5）检查对轮公差配合符合要求后，用乙炔火焰将对轮加热到200～300℃； 6）将加热的对轮迅速装在轴上，待其自然冷却，冷却过程中应安排专人盘动对轮轴以防止轴弯曲，对轮的楔形键必须打紧，以防松动	1）对轮必须成套更换，对轮孔与轴颈的椭圆度不大于0.03mm，圆锥度不大于0.15mm； 2）对轮轴与孔轴颈的配合紧力为0.01～0.05mm（钢），0.01～0.02mm（铸铁）； 3）键配合两侧不许有间隙，上部应有0.1～0.4mm的间隙

续表

检修项目	检修工艺	质量标准
减速机轴承的检查	1）检查轴承内的润滑油； 2）用汽油清洗轴承，检查轴承内、外圈及滚珠有无锈蚀、裂纹和起皮现象； 3）检查轴承保持架； 4）检查轴承的旋转情况； 5）用百分表或压铅丝法测量轴承的径向间隙和轴向间隙； 6）检查轴承内圈与轴的紧固情况，轴承内圈与轴配合不得松动，如果有松动必须用涂镀的方法对轴进行再加工，而不许采用冲子打点或滚花的方法消除； 7）检查轴承外圈与轴承座有无相对滑动痕迹，若有相对滑动应在压间隙时特别注意其径向间隙，轴承外套的径向间隙为0～0.05mm，如果超出标准可在轴承外套上垫铜皮	1）润滑油中不得有硬性杂质； 2）轴承内外圈及滚珠应无锈蚀、裂纹和起皮现象，严重时要更换轴承； 3）保持架应完整、位置正确、活动自如； 4）轴承旋转时应转动平稳，有轻微的响声但无振动，停止时逐渐减速，停止后无倒退； 5）径向间隙和轴向间隙不超过0.2～0.3mm
减速机轴承的更换	1）用专用拉马将旧轴承从轴上取出（对轮侧的轴承需要先把对轮拉掉），然后用细砂布将轴承装配部位的毛刺打掉； 2）检查轴颈的椭圆度和圆锥度； 3）检查更换轴承端盖密封填料； 4）将新密封填料、橡皮圈、弹簧圈牢固地套在轴承端盖内，以防止漏油； 5）测量新轴承径向、轴向间隙并做好记录，检查轴承内圈与轴的配合情况； 6）用机油或轴承加热器将轴承加热至100～120℃，然后吊起轴承迅速套在轴承装配部位，使无型号一端紧靠轴肩，待其自然冷却	1）轴径椭圆度不得大于0.012mm，圆锥度不得大于0.025mm； 2）填料皮圈应无裂口或老化现象，填料弹簧应完好并有足够的弹性

续表

检修项目	检修工艺	质量标准
减速机箱体清理、油管检修	1）将减速机箱体积存的油抽尽，再用干净无棉毛白布将油污擦拭干净，然后用汽油进行清洗，最后用面团将油箱内的细小杂物粘一遍； 2）减速机各油管畅通	1）减速机油管路应畅通； 2）减速机箱体内应清洁
减速机组装	1）将减速机箱体接合面涂料清除干净，试扣减速机上盖一次，检查接合面在未紧固螺栓时的接触情况，接触情况达不到此要求时，应对上下接合面着色对研后进行刮削（此步骤在更换新箱体时进行）； 2）安装齿轮下润滑喷嘴，依次吊起大、小齿轮就位，吊装应缓慢，不能碰伤齿轮和轴承； 3）用压铅丝法测量大小齿轮的啮合间隙； 4）在齿轮工作面涂上红丹油检查齿轮啮合情况； 5）将减速机轴承端盖装好，用塞尺或压铅丝法测量滚动轴承的轴向间隙； 6）扣上盖前，用压铅丝法测量各轴承的径向膨胀间隙，以确定接合面垫子的厚度，如个别轴承径向间隙不符合规定，可以在轴承上部垫铜皮； 7）在齿轮和轴承上淋上适量机油以保持齿轮、轴承润滑，防止生锈，最后扣上减速机上盖； 8）装定位销，校正上盖位置，然后对角上紧接合面螺栓及各端盖螺栓	1）减速机上盖与机箱接结合面应严密，每100mm长度内应有10点印迹，在未紧固螺栓时0.03mm塞尺塞不进； 2）大小齿轮顶隙2.0～2.5mm，两端之差不大于0.10mm，新齿轮背隙0.3～1.0mm，两端测量之差不大于0.15mm； 3）齿轮啮合面积沿齿长及齿高方向均不少于75%

六、湿式球磨机油站的检修

湿式球磨机油站的检修见表7－2。

表7－2　　湿式球磨机油站的检修

检修项目	检修工艺	质量标准
齿轮油泵检修	1）将油泵解体，检查油泵外壳及螺栓； 2）用塞尺测量各部配合间隙及齿轮啮合间隙； 3）检查齿轮磨损情况； 4）检查齿轮啮合的齿顶间隙和齿侧间隙； 5）检查齿轮啮合面积，超标时应进行检修更换； 6）检查齿轮与轴、联轴器与轴的配合应无松动； 7）油泵外壳与端盖应严密，加装密封垫片以保证不漏油； 8）油泵与电动机连接的联轴器螺栓应修理完好，联轴器校正合格后上紧各部螺栓； 9）油泵检修完后用手盘动油泵应转动灵活无杂音	1）油泵外壳无裂纹、砂眼等缺陷； 2）齿轮与轴套间隙不得大于0.1～0.5mm，齿轮与壳体径向间隙不得大于0.25mm，轴套与轴的间隙不大于0.05～0.20mm，轴套与壳体紧力应为0.01～0.02mm； 3）节圆处齿厚磨损超过0.70～0.75mm时需更换齿轮； 4）齿轮啮合顶隙与侧隙均不得大于0.5mm； 5）齿轮啮合面积沿齿长和齿高均不少于80%； 6）油泵外壳与端盖每平方厘米应有2～4个接触点，不得漏油； 7）联轴器的轴向与径向偏差不得超过0.08mm
顶轴油泵检修	1）检查泵运行正常，出口油压能够达到规定值； 2）泵体无裂纹、漏油现象； 3）更换新油泵	
冷却器检修	1）油侧清洗，即将芯子放在盛有3%～5%磷酸三钠溶液的铁箱内，加热至沸腾，保持2～4h，再吊出芯子用凝结水冲洗干净，用化学试剂检验应无碱性反应； 2）水侧清洗可以采用刷子刷洗； 3）冷油器芯子清洗完毕后，即可进行回装，此时要仔细检查冷油器内部是否有杂物，然后装好法兰接合面垫子，对正法兰印记，对称拧紧接合面螺栓；	1）油侧清洁无油污； 2）水侧无污垢堵塞； 3）冷油器壳体清洁无杂物； 4）冷油器芯子腐蚀不得超过其厚度的50%； 5）打压检查冷油器应无泄漏，堵管数量不得超过10%

续表

检修项目	检修工艺	质量标准
冷却器检修	4）进行水压试验，即冷油器安装完毕后必须进行水压试验，实验时打开入口冷却水门加压至0.4MPa保持15min，然后打开冷油器筒体堵头仔细检查油侧是否有积水	
滤油器检修	1）滤油器内的滤芯取出后可以用热水冲洗，并用压缩空气吹净，实在无法清洗时应及时进行更换； 2）滤油器的工作状态应时刻进行监视，如进出口压差超过0.05MPa，应立刻解体进行清洗	1）滤芯应清洁无堵塞，滤网不得压扁及破裂； 2）滤油器前后压差不大于0.05MPa
润滑油管道检修	1）为了消除油管道渗漏，在检修前必须记录运行中渗漏的地方，以便在检修中消除缺陷； 2）油系统所用的垫料多采用隔电纸垫、耐油橡胶石棉垫，使用隔电纸垫时应涂以漆片，用耐油橡胶石棉垫时两侧要涂少量机油，以便今后拆除，高压油管道的垫子厚度不要超过0.8mm，低压油管道不要超过2mm； 3）油管道可以用中温中压蒸汽进行冲洗，冲洗时将蒸汽管与油管固定牢，打开蒸汽阀门吹2～3min，然后再调头冲洗一次即可； 4）油管吹洗干净后，应在油管内喷上干净的机油，用干净的塑料布或牛皮纸将管口封好	1）润滑油管道清洗后应无油垢等杂物； 2）润滑油管道检修后无漏油

续表

检修项目	检修工艺	质量标准
油箱及其附属设施的检修	油箱在每次大修或油质恶化更换新油时，都应把油箱内的油全部放出，进行彻底清扫，其清扫方法如下： 1）打开油箱人孔盖，用油泵将油箱内的机油全部打出，然后打开底部放油门，用大约100℃的热水把沉淀的油垢杂质冲洗干净； 2）工作人员穿上耐油胶鞋和专用工作服，从人孔下去，用磷酸三钠或清洗剂擦洗，直到污垢全部清除后，再用干净无棉毛的白布擦洗，为了除去油箱内部杂物，还要用面团将内壁仔细粘一遍； 3）检查油箱内防锈漆是否完好，如发现脱落严重，应重新涂上防锈漆，以防油加速氧化； 4）拆除油箱表面油位计，用磷酸三钠将油位计清洗干净； 5）油位浮球应认真清洗，确保动作灵活，浮球不漏气	1）油箱清洗严格按照上述步骤进行； 2）油箱清洗后无污垢等杂物； 3）油箱内壁防锈漆完整； 4）油位浮球动作灵活

第三节 斗提机检修

一、斗提机的结构组成

以NB系列斗提机为例，NB系列斗提机由机头、驱动装置、逆止装置、普通机身段、检修机身段、机座、链条、料斗等组成，如图7－7所示。

1. 机头

机头由机头底座、机头上盖、主轴、头部牵引链轮、轴承座等组成。机头底座上设有观察门，用以观察物料运行情况和链轮磨损情况。在机头主轴上设有两个牵引链轮，用以牵引链条和料斗；牵引链轮有两种形式，可以根据不同的情况和要求选用。其中一种形式为整体结构，材料采用

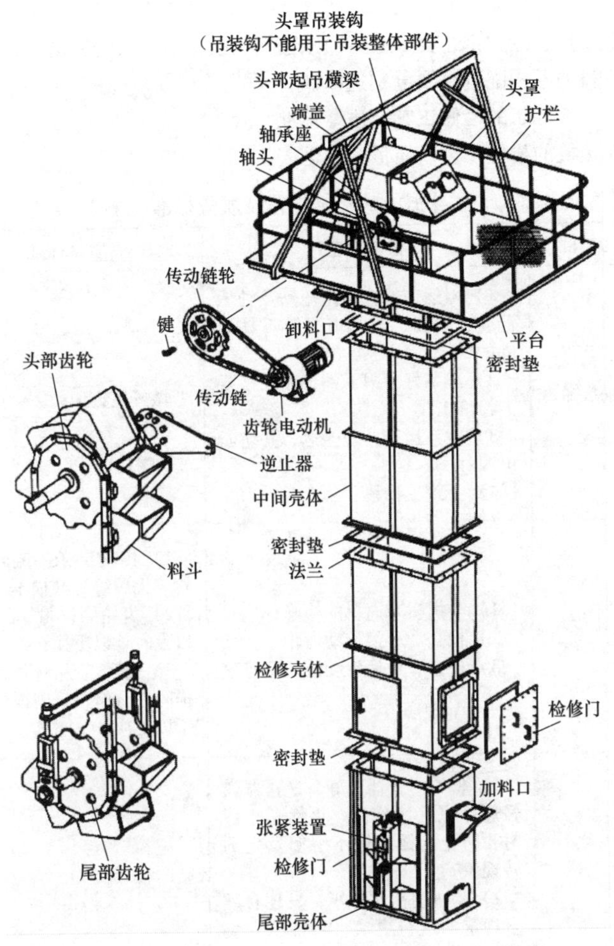

图 7－7　斗提机结构图

ZG40Cr 合金铸钢，齿面经过高频淬火处理；另一种形式为分瓣齿圈结构，轮齿采用 ZG40Cr 合金铸钢制作，轮毂采用 ZG310～570 铸钢制作，齿面经过高频淬火处理，分瓣后的齿圈用高强度螺栓通过铰制孔与轮毂连接。牵引链轮通过平键与传动轴连接，传动轴由两盘单列向心短圆柱滚子轴承（或调心滚子轴承）支撑。

2. 驱动装置

驱动装置有两种驱动方式：一种是采用三相异步电动机、液力耦合器、硬齿面减速器、套筒滚子链传动的链式驱动方式；另一种是采用三相异步电动机、液力耦合器、硬齿面减速器、联轴器直联的驱动方式，可根据斗提机的不同配置需要分别选取。

二、斗提机的检修工艺及质量标准

斗提机的检修工艺及质量标准见表7－3。

表7－3　　斗提机的检修工艺及质量标准

检修项目	检修工艺	质量标准
修前准备	1）停运前检查机组振动及轴承温度、漏油、泄漏情况及不易消除的缺陷； 2）准备好易损零件备品及必要的检修工具； 3）联系运行办理停运，并切断电源； 4）办理工作票	做好检查记录
斗提机传动部分的检修	1）斗提机减速机的检修； 2）检查、更换传动齿轮； 3）检查、更换传动链条、链轮	1）传动链条、链轮、齿轮应无裂纹，磨损不大； 2）齿轮磨损量达到2mm以上时予以更换； 3）链节与齿侧面接触磨损时进行修正，磨损严重时予以更换
斗提机机头部件检修	1）检查逆止器完好，逆止器弹簧连接完好（检修、更换逆止器时要防止斗链重量不平衡发生倒转现象）； 2）检查机头部轴承，发现有不合规定的进行更换，新轴承安装好后注意涂抹润滑脂； 3）检查斗提机驱动端斗链链轮，链轮轮齿磨损严重时应进行更换：①需要更换链轮时，首先应拆掉斗提机机头部壳体；②拆掉传动链轮罩、传动链轮；③将斗链由起重人员用钢丝绳挂好；④松开逆止器；⑤拆开斗链轮轴承座，将斗链轮抽出，运至合适的检修场所进行斗链轮的更换	1）逆止器磨损不大，能够满足要求； 2）斗链轮齿齿厚磨损达到2mm以上时予以更换

续表

检修项目	检修工艺	质量标准
斗提机机体、自动张紧装置的检修	1）打开斗提机机壳各部检查孔； 2）检查各部斗链、料斗，发现有裂纹、严重变形、缺损现象的应采取措施后进行更换； 3）若需要更换斗链、料斗等零部件时，应采取可靠的起重安全措施，避免发生事故； 4）更换斗链、料斗数量较多时，应先调试好，使斗链转动灵活再进行组装，组装料斗时还要注意斗链的运动方向，不能装反； 5）检查、更换斗提机尾部轴承，轴承应填充润滑脂； 6）检查重锤杠杆式自动张紧装置，重锤安装牢固，张紧力合适； 7）校核斗链在机壳中的相对位置，如果过于偏斜，应进行校正； 8）检查各部壳体完整，螺栓齐全牢靠	1）斗链应无严重变形，配件无裂纹，且磨损不大； 2）料斗磨损不大，无严重变形及缺损现象； 3）若更换新的斗链时，斗链关节应能灵活转动 4）料斗大小应一致，安装好后，复查两个料斗之间的相对位置应合适

第四节　旋流器的检修

一、旋流器的检修工艺及质量标准

旋流器的检修工艺及质量标准见表7－4。

表7－4　旋流器的检修工艺及质量标准

检修项目	检修工艺	质量标准
检修前的准备	1）查阅上次检修记录； 2）准备检修所需备品、材料和工具； 3）正确执行工作票程序	

续表

检修项目	检修工艺	质量标准
检查旋流器内部各个部件的磨损情况	1）取下溢流弯管并用软管冲洗； 2）取下法兰连接并冲洗； 3）取下螺栓并清洗（清洗时应抓好法兰底盘，以免清洗时滑落）； 4）取下分离式的法兰盘并用软管清洗部件； 5）检查部件的磨损情况； 6）更换磨损严重的部件	部件应清洗干净
检查溢流嘴	1）取下溢流嘴（冲洗旋流子后拆取）； 2）取下溢流嘴并清洗； 3）检查溢流嘴的磨损情况； 4）更换磨损严重的部件	部件应清洗干净
检查沉砂嘴	1）取下沉砂嘴：①松开螺栓卡套，②取出沉砂嘴，③清洗锥体延长体（延长体没有清洗干净会加速延长体及沉砂嘴的磨损）； 2）检查沉砂嘴的磨损情况，磨损严重时应更换（注意沉砂嘴的方向应安装正确）； 3）冲洗掉卡套螺栓里的沙子和碎片等（若螺栓在重新安装前未被冲洗干净，将导致卡套里螺纹的脱落）； 4）重新安装并拧紧螺栓卡套	1）部件清洗干净； 2）卡套安装紧固牢靠
检查桶体、锥体、锥体延长体	1）拆卸桶体、锥体和锥体延长体的外形夹连接：①清洗旋流子，②取下外形夹，③清洗外形夹和螺栓，④取下桶体、锥体和锥体延长体； 2）清洗桶体、锥体和锥体延长体并检查磨损情况； 3）更换磨损严重的部件	1）部件清洗干净； 2）磨损严重时更换新部件

续表

检修项目	检修工艺	质量标准
检查进料头部	1）检查、清洗进料头部； 2）检查磨损情况，磨损严重的进行更换	1）部件清洗干净； 2）磨损严重时更换新部件

二、旋流器常见故障及处理方法

旋流器常见故障及处理方法见表7－5。

表7－5　　旋流器常见故障及处理方法

常见故障	故障原因	处理方法
旋流子不能进料	泵没有接通电源	检查泵的供电情况
	旋流子脱离了进料槽	检查阀门是否打开
	浆料槽堵塞	人工清洗浆料槽
	泵的抽气管堵塞	冲洗
	泵的浆料运输管道堵塞	冲洗
	泵不能正常工作	检查并维修浆料泵
浆料槽溢出	进料的体积流量过大	1）若浆料的增加是短期的，可以忽略； 2）若浆料增加问题长期存在，要鉴别原因，如果有必要，可提高泵的转数； 3）若泵的转数超过了设计规范，旋流子会被损坏并且运行受到严重影响，如果不能确定如何解决，则应向厂家征求意见
	泵的转数太低	提高泵的转速
	浆料运输管部分堵塞	冲洗，如果依然堵塞，检查管道的内衬是否松弛
浆料槽溢出	浆料泵的内衬损坏	更换
	浆料泵的叶片损坏	更换
	相对于自身的负荷，旋流子的设计尺寸太小	核查设计参数的准确性，如果不正确，联系厂家，应重新计算旋流子规格

续表

常见故障	故障原因	处理方法
浆料槽抽空	进料的体积太小	如果浆料体积的减少是短期的可以忽略，如果问题持续，要鉴别原因，如果有必要，还可以减少浆料泵的转数
	泵的转数太高	减少泵的转数
	相对于自身的负荷，旋流子的设计尺寸太大	核查设计参数的准确性，如果不正确，应联系厂家
	旋流器的溢流嘴太大	更换一个尺寸稍小的溢流嘴
	压力表的错误	更换压力表
压力值的上下波动	由于浆料槽设计上的不合理，固料在浆料槽里逐渐减少	修正浆料槽在设计上的错误
	浆料槽的液位控制仪不能正确工作	检查并调整
	进入浆料槽的浆料变动幅度较大	如果波动是短期的可以忽略，如果问题持续，要鉴别原因，可对进料做适当调整
沉砂嘴呈喷雾状放射	沉砂嘴尺寸太大	更换一个尺寸稍小的沉砂嘴
	沉砂嘴磨坏	更换沉砂嘴
沉砂嘴呈绳状放射	沉砂嘴尺寸太小	更换一个尺寸稍大的沉砂嘴
	沉砂嘴部分堵塞	终止旋流子，清理堵塞现象
	旋流器浆料密度太低或旋流器进料吨数太高	如果绳状现象是短期的可以忽略，如果问题持续存在，要鉴别原因后解决
旋流器溢流浓度太高	浆料中的含水量太小	1）向浆料槽/顶部水箱中加水，直到符合设计上的浓度标准； 2）如果浓度的升高是短期的可以忽略，如果问题持续存在，要鉴别原因后消除

续表

常见故障	故障原因	处理方法
旋流器溢流浓度太低	浆料中的含水量太大	减少浆料槽/顶部水箱中的注水量
旋流器底流浓度太高	沉砂嘴尺寸太小	增大沉砂嘴的尺寸
旋流器底流浓度太低	沉砂嘴磨坏	更换沉砂嘴
	沉砂嘴尺寸太大	更换一个尺寸稍小的沉砂嘴
旋流器溢流颗粒过大	沉砂嘴负荷超载	增大沉砂嘴的尺寸
	溢流嘴太大	更换一个尺寸稍小的溢流嘴
	旋流器的进料密度太高	减少进料的密度，通过加水降低浆料中的固含量
	运行压力太低	增大工作压力
旋流器溢流颗粒过小	溢流嘴尺寸太小	更换一个尺寸稍大的溢流嘴
	旋流器浆料密度太小	增大进料密度，通过减少水量增加浆料中的固含量
	工作压力太高	减少水的增加量，减少泵的转数
旋流器底流颗粒过小	沉砂嘴尺寸太大	减小沉砂嘴尺寸
	沉砂嘴磨坏	更换沉砂嘴
	溢流嘴尺寸太小	更换一个尺寸稍大的溢流嘴
	工作压力太高	减小工作压力，通过减少加水量、减少泵的转数等方式来调整
旋流器底流颗粒太大	溢流嘴太大	更换一个尺寸稍小的溢流嘴
	工作压力太低	提高工作压力

第五节　湿式球磨机再循环浆液泵检修

一、设备解体

(1) 拆下湿式球磨机再循环浆液泵联轴器。

(2) 拆下泵壳各部位紧固螺栓，吊下泵壳，将轴用链子钳固定，旋下叶轮，取下后护板。

（3）吊出轴承体。

（4）取下轴套及机械密封。

（5）取下靠背轮，抽出轴。

（6）拆下转子两端轴承。

二、轴承体、叶轮、护板等部件检查、检修

（1）检查轴承，轴承滚珠不应有起皮、裂纹、毛刺、锈蚀，轴承用手转动时不应有倒转现象，保持架应完好，测量轴承间隙，应符合滚动轴承的质量标准要求（0.08~0.20mm）。

（2）检查叶轮无气蚀、穿孔、裂纹、破损等缺陷，磨损量小于等于原厚度的1/3，否则应修补或更换。

（3）检查后护板，磨损厚度不得超过原厚度的1/2。

（4）检查轴承体及轴套，轴承体无裂纹、缺损、毛刺，轴套无严重磨损、腐蚀，表面光滑无凹陷，密封面良好，轴套的磨损量小于1mm。

三、机械密封检修

（1）将机械密封拆下后，检查机械密封与浆液接触面，无严重腐蚀、磨损，拆下紧固螺栓检查弹簧无变形，弹力符合要求。

（2）检查机械密封动静环，密封接触面严密，无裂纹、损伤、冲刷等痕迹，做动静密封面接触后，转动灵活，在分离时有一定的吸力。

（3）检查各部位螺栓，无缺失、滑丝、腐蚀、断裂等。

四、设备组装

1. 组装前的准备

（1）用煤油将各零部件及轴承箱内部进行清洗，以备组装。

（2）将各种密封垫做好待装，清点装配时的螺栓齐全，安装灵活。

（3）将预备更换的零部件放在待装位置，将换下的零部件放在废品区，以防错装。

2. 组装轴承体

（1）安装轴承时，轴承加热温度不得超过120℃，轴承装到位冷却后，用铜棒及大链击打轴承内圈，使其到位，然后对轴承清洗。

（2）组装轴承组件时，轴承压盖加1mm密封垫，将压盖螺栓紧固，转动转子，应无卡涩、异音。

3. 组装机械密封

（1）将轴用砂纸打磨光滑，轴表面应无毛刺、锈蚀等缺陷。

（2）将机械密封动环组件压入静环组件内，组装时应保证动环受力均匀，动静组件配合不得偏斜，且不得使用硬物敲击机械密封。

（3）在轴上涂抹润滑油，将机械密封组件推上泵轴，组装时不得用硬物敲击机械密封组件。

4. 泵体安装

（1）吊装前安装叶轮并旋紧叶轮紧固螺母。

（2）检查泵体各部件安装完成后，进行吊装。

（3）泵体就位后，调整叶轮与泵壳间隙为1~2mm。

（4）转动转子时无异音、卡涩现象。

5. 联轴器找正

（1）使用两块百分表在联轴器两端同时测量，记录上下左右四个点的数值并计算。

（2）对轮平面间隙2~5mm，同心度小于0.06mm，对轮圆周差小于0.08mm，最大振幅为0.1mm。

（3）联轴器安装完成，装防护罩并固定。

6. 整体检查

（1）检查轴承箱无异物后，加入符合要求的机械油，加至油镜2/3处，检查轴承体无渗油现象。

（2）检查机械密封冲洗水管路及阀门，管路畅通无泄漏，阀门开关灵活无内漏。

五、附属管道、阀门的检查、检修

（1）管道衬胶无脱落、破损、腐蚀、磨损严重等缺陷，防腐良好，否则应更换并做好防腐。

（2）阀门开关灵活，无卡涩，密封良好，无内漏，否则应更换。

六、试运行

（1）将现场打扫干净，将换下的废品放到预定位置，做到“工完、料尽、场地清”，对旋流器及湿式球磨机进行全面检查，安装部件无遗漏，箱体无杂物，阀门开关灵活；如有异常，应立即处理。

（2）工作负责人押工作票，配合运行人员检查，恢复系统检修安全措施，设备、系统及现场应无异常，达到设备、系统启动条件。

（3）启动设备、系统，检查设备、系统无异常状况，测量、记录的各项参数应达到设计和预期值；如有异常，应立即停运设备、系统，对缺陷处理后重新启动设备、系统。

第六节　称重给料机的检修

称重给料机（俗称定量皮带给料机）是一种连续称量给料设备，用于固体物料的定量输送。它能自动按照预定的程序，依据设定给料量，自动调节皮带转速，使物料流量等于设定值，以恒定的给料速率连续不断地输送散状物料。

一、称重给料机的基本结构

称重给料机主要由机械部分、传感器、电气仪表部分组成，如图7-8所示。

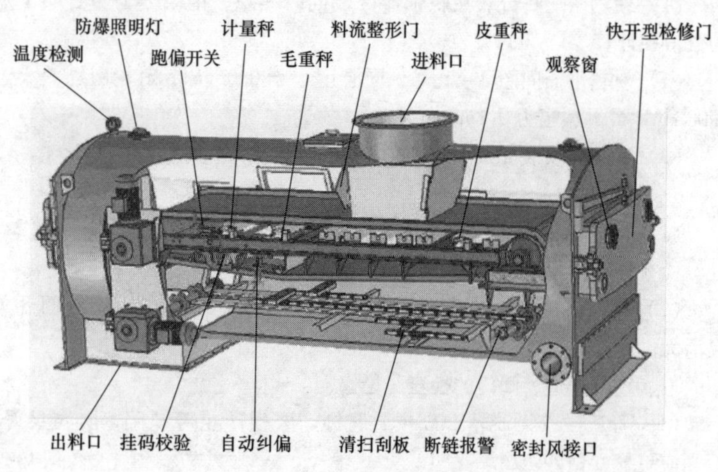

图7-8　称重给料机结构图

（1）机械部分。机械部分由机架、传动装置、传动辊筒、称量装置、防偏纠偏装置、犁式清扫器、头部清扫器、托辊、皮带、卸料罩、料斗、底座等组合而成，它是定量称重物料的承载及输送机构。

（2）传感器。称重给料机有称重、测速两种传感器。

1）称重传感器。称重传感器将称重辊承受的负荷转换为电信号，提供给称重仪表做进一步处理；

2）测速传感器。测速传感器将物料的运作速度转换成脉冲信号，从而控制称重仪表的采样频率。

（3）电气仪表部分。电气仪表部分对传感器或变送器输出信号进行处理，显示被称物料物体的计量结果，并可输出模拟或数字电信号，从而实现所需的自动控制，如图7－9所示。

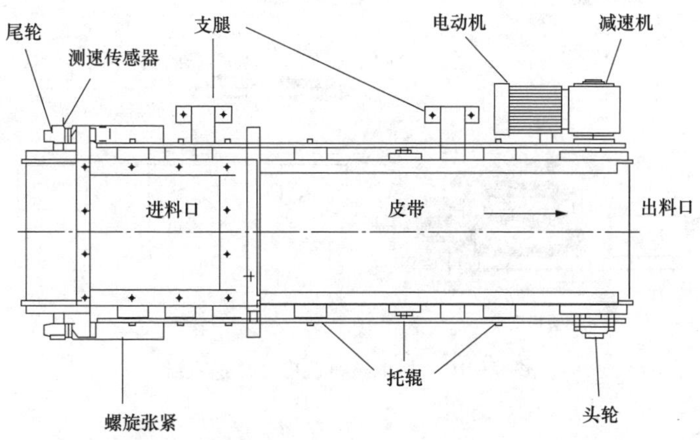

图7－9　称重给料机电控及传感系统简图

二、称重给料机的工作原理

通过称重传感器测量出输送皮带上物料的质量信号，以及测速传感器发出的与皮带速度成固定比例的脉冲信号，然后将以上两信号通过称重仪表转换成数字信号并输送给微处理器，通过微处理器计算处理得出实际给料量，并将实际给料量不断与设定给料量对比，通过不断改变变频器频率，不断调整皮带的输送速度使实际给料量符合设定给料量，从而保证称重给料机按设定的给料流量运行（见图7－10）。

三、称重给料机的功能特点

图7－11为称重给料机的功能部件简图，具体来说称重给料机有以下功能特点：

（1）独特的裙边胶带，可防止物料向两侧溢出，同时避免物料在头部和尾部辊筒处累积，使称重达到最佳状态。出料口处皮带下部设有刮板，以利于称重控制系统清除皮带上的附着物，提高称量精度。

（2）防偏装置（限位开关），皮带跟随转动，产生严重跑偏时主动保护跳闸，保护皮带，防止皮带变形、隆起、撕裂。

（3）料门整形器，控制物料在皮带上的高度（厚度）、物料不同的堆积剖面，并有挡料板和配套的卸料溜子。

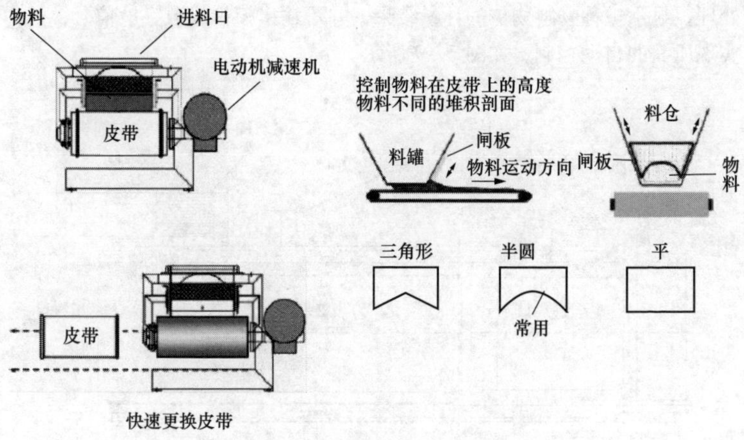

图 7－10　称重给料机皮带传送系统

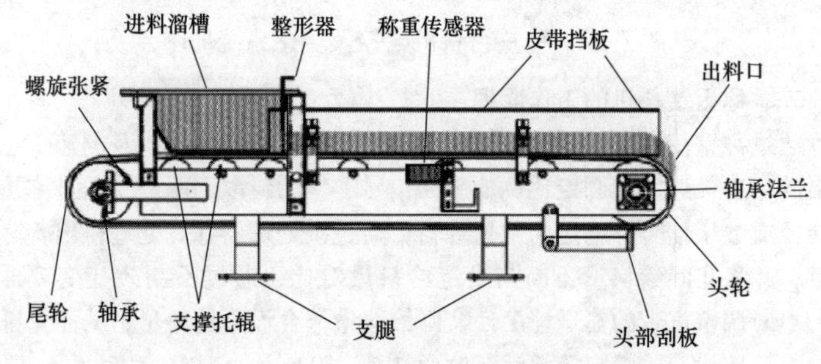

图 7－11　称重给料机功能部件简图

（4）犁式清扫器、胶带清扫器及时清除附着物，皮带不会因黏附物料而引起皮重变化，影响称量精度，同时可避免皮带损伤。

四、检修工序与质量标准

（1）系统外观检查。设备（包括各种标识牌）完好整洁，保温及外护板、隔音罩完好。

（2）打开人孔门，清理石料。主要内容包括：

1）确认系统已隔离，进料闸板关闭，皮带称重给料机电源已隔离；

2）打开皮带称重给料机所有检修人孔门；

3）清理进料管、皮带、清扫链及其他部件上的积料。

（3）初步检查。主要内容包括：

1）检查皮带张紧力，看皮带有无断层、撕裂；

2）检查皮带定位凸筋有无磨损；

3）确定是否需要更换皮带。

（4）皮带更换。主要内容包括：

1）拆卸。①在张紧轮臂下面插入木棒，并支撑其重量；②从电动机驱动端侧门上拆下皮带传感器；③拆开张紧轮上润滑软管；④拆下张紧轮支撑杆销子，拆下两侧称重轮连杆；⑤拆下支撑杆和称重轮与轴承座的接头；⑥从张紧轮侧门拆去座板和连杆，然后拆下称重器；⑦松开从动轮调节螺栓，使皮带完全放松，注意必须两边螺栓同时进行，不能使用敲击扳手；⑧在张紧轮下面插入专用轮拆卸座，并用螺栓固定在门上、法兰上；⑨从张紧轮的支撑臂上拆开与轴承室的接头，从动轮会落在拆卸座上，移出张紧轮及拆卸座；⑩松开轴承座螺栓，并拆去轴承组件；⑪在出料口门孔上安装皮带提升杆，并使它支撑其皮带驱动端皮带轮的质量；⑫打开驱动皮带轮固定端轴承盖，轴承仍要留在皮带轮轴上；⑬把皮带轮拆卸座的非法兰端插入轴承盖上，再把拆卸座推进，直到非法兰端轴承在皮带驱动端的孔上，然后用螺栓把拆卸座法兰端上紧到皮带称重给料机体上；⑭拆下驱动端皮带轮、皮带轮提升杆和拆卸座；⑮拆除进料端围罩板，拆除皮带支撑板上螺栓和紧固上、下导轨与张紧轮调节螺栓座上的螺栓；⑯用专用工具尾部伸延导轨，拆下从动皮带轮，然后拉出皮带。

2）零部件的清理、检查。①各轴承、螺栓、轴承座等部件已清洗干净，无损坏；②检查新皮带无异常。

3）组装（步骤与上述拆卸步骤相反）。①皮带就位，装上从动皮带轮；②装上连接在张紧轮上的润滑油盖，紧固上、下导轨与张紧轮调节螺栓座上的螺栓和皮带支撑板上螺栓；③装上进料端围罩板；④装上驱动端皮带轮，注意必须使驱动轮与联轴器之间有一定的间隙；⑤装上驱动皮带轮轴承；⑥装上张紧轮；⑦旋转张紧螺栓，使皮带逐渐张紧；⑧装上其他部件。

（5）轴承、减速机及清扫链检修。主要内容包括：

1）轴承检修。①清洗各轴承及加油管件；②检查各轴承有无磨损；③各轴承更换润滑油。

2）皮带驱动减速机及清扫链减速机检修。①拆下减速机外壳。②检查各齿轮啮合面是否正常，有无磨损、裂纹及麻点。③检查减速机保险销有无被剪断，若有应更换。更换步骤如下：拆下锥形轮毂中心的六角螺栓，拆下轮毂；取下保险销的六角头部分；用磁铁把保险销的另一半从蜗杆轴上取出；检查清扫链过载的原因并修复；拆下轮毂上的止推环和弹簧挡圈，复装新保险销；装上弹簧及其止推垫圈，并用六角螺栓压紧弹簧；安装止推环，并调整六角螺栓与轮毂端面的间隙为9.5mm，以便当保险销被剪断时，轮毂接触开关报警。④检查并调整六角螺栓与轮毂端面的间隙。⑤清洗减速机各部件，更换润滑油。⑥复装减速机各部件、减速机外壳。

3）清扫链检修。①检查清扫链链节有无磨损、松脱、卡死；②检查清扫刮板有无磨损、断裂；③检查驱动轮齿有无损坏。

（6）试运转及调整（配合热工人员进行以下工作）。主要内容包括：

1）皮带称重给料机所有工作已完成；

2）皮带称重给料机送电试运转；

3）皮带称重给料机皮带张紧力调整，张力适中；

4）称重辊、称重跨托辊对中调节，应水平排成一直线，误差在0.05mm内；

5）皮带导向适当，皮带不跑偏、不跳动；

6）封闭所有检修人孔门；

7）清理现场，结束工作。

（7）终结工作票。

第七节　变频旋转给料机的检修

一、设备概述

对于干法（不设湿磨系统）石灰石浆液制备系统，通常采用直接外购品质合格的石灰石粉进行浆液制备，石灰石粉首先由密闭罐车加压输送至石灰石粉仓内，然后通过粉仓下部的变频旋转给料机来控制进入石灰石浆液箱的石粉量，以达到控制制浆浓度的目的。

二、基本结构

变频旋转给料机主体由外壳、叶轮、主轴、端盖等零部件装配而成，其传动方式通常有链条传动和减速机传动两种，如图7-12所示。图7-13为变频旋转给料机的结构示意图，图7-14为变频旋转给料机的部件组装简图。

(a)

(b)

图 7－12　变频旋转给料机

（a）链条传动；（b）减速机传动

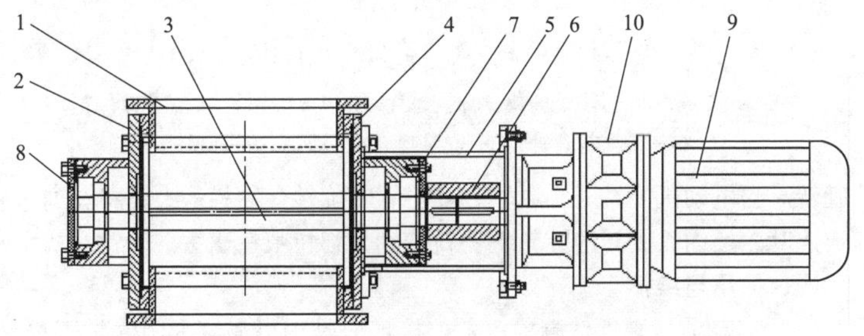

图 7－13　变频旋转给料机结构示意图

1—机壳；2—左端盖；3—喂料轴；4—右端盖；5—连接套；
6—轴连接套；7—透盖；8—盲盖；9—电动机；10—减速机

（1）上部体。上部体是一个上方下圆的铸铁件，在它的中部水平装一根两端有正旋螺纹的丝杠，通过它带动两块插板，作为停机检修或投入运行时启闭粉路之用。

（2）下部体。通过法兰盘与上部体用螺栓拧紧连接在一起，其刮板、叶轮、衬板、叶轮壳都装在下部体内。两端盖板设有填料密封结构，可以添加盘根以防止粉料沿轴泄漏，带叶轮的转子末端由轴承支撑，驱动端通过减速机与电动机连接。

（3）衬板和叶轮壳在相反方向上有缺口，是控制石灰粉和防止自流的机件。

三、工作原理

以 DN 型星形卸料机为例，它是一种定量给料设备，配用 BLY 系列摆线针轮减速机，通过减速机出轴直接与主轴刚性连接，从而带动主轴和叶

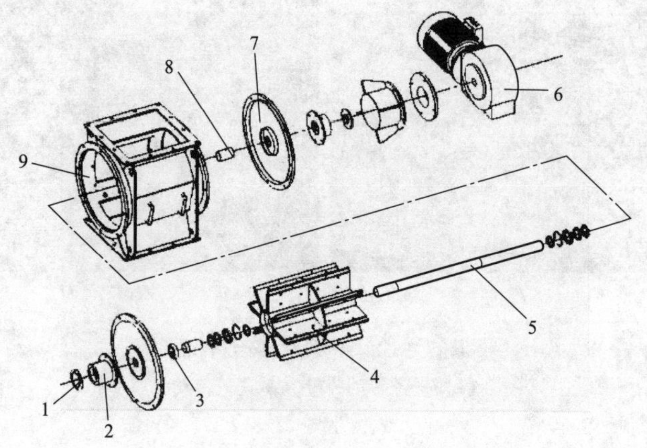

图7－14　变频旋转给料机的部件组装简图

1—端盖；2—支撑座；3—深沟球轴承；4—叶轮；5—旋转轴；
6—减速电动机；7—安装座；8—轴套；9—阀体

轮旋转。当电动机旋转时，主轴、叶轮同时旋转，物料从上部料仓通过料口进入叶轮槽内，旋转的叶轮把物料带到出料口喂送出去。

四、使用与维护

(1) 启动前，必须认真检查各连接部分是否可靠，紧固件是否拧紧，密封部位是否严密，各润滑部位是否有足够的润滑油。

(2) 给料机上部装有闸门时，应先启动给料机，运转正常后，方可将闸门打开，进行给料。停车时，先应关闭闸门，待机内物料卸空后，才停车。如果停机时间较长，要涂油防锈防腐。

(3) 运转时，要保持轴承良好的润滑状态，定期检修轴承运行状况，是否有异音及卡涩现象。

(4) 运转时，如发现电动机负荷突然增大或减小，给料量不均匀或机械系统有异常现象时，必须立即停机检查，分清原因，排除故障。

(5) 物料内不允许有大块硬质物料（如铁块等）进入机内，以免损坏设备。

(6) 定时检查减速机的非正常杂音、非正常过热、漏油等。

(7) 上部和下部料罐的漏料检查，发现漏粉应拧紧螺栓或更换衬垫。

(8) 发现下粉不匀和不下粉，应停机打开检查孔，清理叶轮，正常情况也应每月检查一次。

五、检修周期及项目

1. 检修周期

大修为每 12 个月一次；小修为每 6 个月一次。

2. 小修项目

（1）检查给料阀外壳完好情况。

（2）检查外壳，检查孔密封情况。

（3）检查各部螺栓紧固情况。

（4）清洗检查轴承，换润滑脂。

（5）更换盘根。

3. 大修项目

（1）包括小修项目。

（2）检修手动插板阀。

（3）检查修理或更换轴及叶片。

（4）检查修理或更换轴承。

（5）检修供料箱（罐）。

4. 检修方法及质量标准

（1）轴承的检修。检查轴承的裂纹、伤痕及磨损情况，如发现裂纹和伤痕及不规则磨损应更换轴承。

（2）油密封的检修。检查密封件的伤痕及磨损情况，如密封件有伤痕及磨损时应更换。

（3）粉料密封的检修。检查 O 型圈和密封垫的磨损情况，O 型圈无不规则磨损及密封垫无破损，损坏时更换。

（4）供料箱（罐）的检修。检查箱体是否有损坏，箱体内侧是否有附着物（积粉），如发现裂纹、磨穿等应进行补焊、堵漏，清除箱体内附着物。

（5）叶片的检修。检查叶片是否有弯曲、破裂或磨损，要求叶片无弯曲和破裂，如磨损达 1/3 就应更换叶片。

第八章

石膏脱水系统检修

石膏脱水系统主要组成设备包括：真空皮带脱水机、石膏旋流器、真空泵、滤布冲洗水泵、滤液泵、滤液箱（带搅拌器）、废水旋流给料箱（带搅拌器）、废水旋流给料泵、废水箱（带搅拌器）、废水输送泵等。

第一节　真空皮带脱水机检修

一、真空皮带脱水机的结构

图 8 -1 为真空皮带脱水机的结构示意图。

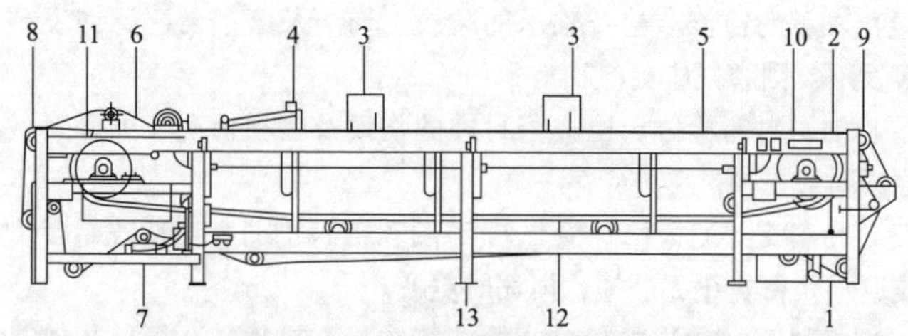

图 8 -1　真空皮带脱水机结构示意图

1—滤布洗涤装置；2—橡胶皮带洗涤装置；3—滤饼洗涤箱；4—给料箱；5—橡胶皮带；6—滤布；7—滤布纠偏装置；8—滤布张紧装置；9—卸料辊筒；10—驱动辊筒；11—从动辊筒；12—真空箱；13—框架

1. 橡胶皮带

橡胶皮带（见图 8 -2）一般采用优质橡胶原料加工制成。橡胶皮带横断面为槽形，上部用于支撑滤布，下部形成真空室。过滤排液通道必须具有良好的气密性，从而获得较高的真空力。滤液通过橡胶带上沟槽，经橡胶带槽形底部中央的出液孔进入真空箱。胶带两侧各设置一条采用凸缘波形结构的裙边，当胶带经过辊筒处转弯时，外缘波形伸展，避免裙边绷裂。设备安装时，务必使皮带脱水机呈水平状态。如果皮带脱水机横向不水平，会导致滤饼厚薄不均匀，从而降低过滤洗涤和抽干的效率，甚至会影响滤饼的卸料。

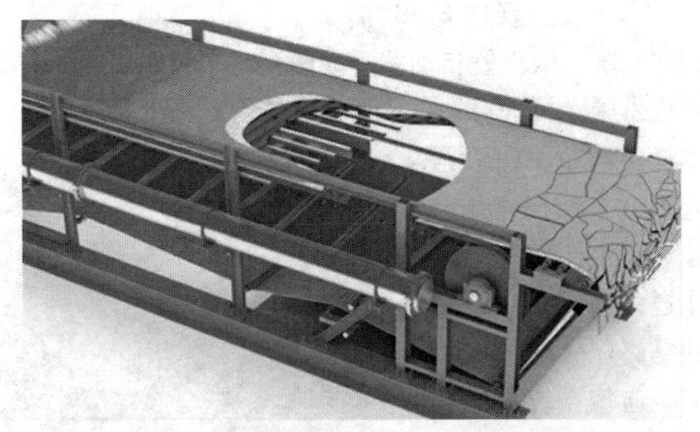

图8－2　橡胶皮带及真空箱示意图

2. 真空箱

真空箱（见图8－2）一般采用聚丙烯材料。橡胶皮带底部中央的出液孔和真空箱上的集液孔处于对接位置，滤液经橡胶皮带进入真空箱后，再经真空箱下部的真空软管排液孔排出。真空箱上部耐磨和摩擦系数很小的摩擦块和橡胶皮带之间有摩擦带，摩擦带采用耐磨和摩擦系数较小的材料制作，并且使摩擦带的两面摩擦系数不同，保证摩擦带随橡胶皮带一起运行，确保磨损只发生在摩擦带，而橡胶皮带不受磨损。为了便于摩擦带的更换，设有真空箱升降装置。

3. 进料装置

进料装置一般由不锈钢材料制成，它被安装在一个可移动的不锈钢滑动架上。进料装置为均布结构设置，保证浆料在沿整个皮带脱水机的横向方向上分布均匀。进料装置的位置和角度应是可调的。进料装置的位置不宜过高，避免加料时料浆飞溅；安装时，应加装阀门以控制加料速度。加料方向应向后，充分利用进料端橡胶皮带与滤布压辊之间的自然沉降区，优化滤饼内的颗粒分布，从而提高过滤的速度和质量。

4. 滤饼淋洗分布器（滤饼洗涤箱）

滤饼淋洗分布器由聚丙烯湿润部件和涂漆的碳钢支撑钢架组成（也有脱水机采用喷嘴形式的洗涤装置）。它采用具有溢流堰的锯齿栅式淋水装置，确保洗涤水流均匀地分布在滤饼表面。滤饼淋洗分布器安装时必须保证与滤带横向方向水平，以各锯齿中能均匀地溢流淋水为准，确保滤饼得到均匀洗涤。安装位置不宜过高，以免淋水冲坏滤饼从而影响洗涤效果。

5. 滤布纠偏装置（见图8-3）

石膏脱水系统一般设置自动和手动两套滤布纠偏装置。手动滤布纠偏装置设置在皮带脱水机进料端机架处，在皮带脱水机空载运行时通过手动调节细调螺杆使滤布两边松紧基本一致，起到滤布纠偏作用。自动滤布纠偏装置由纠偏气缸和纠偏气缸动作通信系统组成，纠偏气缸采用的是终端带缓冲装置的双作用气缸，通信系统传感器置于滤布的两边。当滤布跑偏碰到某边通信系统传感器的拨杆时，信号通过放大驱动器传给纠偏气缸，使纠偏气缸活塞杆伸出或缩进，气缸带动纠偏辊向前或向后移动（或摆动），从而达到纠偏目的。

图8-3　滤布纠偏装置

6. 滤布张紧装置

滤布在张紧状态下随橡胶皮带一起向前正常移动，实现过滤、洗涤、真空抽干和滤布再生。滤布张紧装置利用张紧气缸的伸缩来推动滤布张紧轮前后移动，从而实现滤布的张紧和松弛；滤布张紧装置的换向由气控箱中的手动二位三通推拉式换向阀来控制。张紧气缸的操作压力不宜过高，因为滤布承受的拉力过大会导致滤布过度伸长而损坏。停机时，滤布应处于松弛状态。当滤布的延伸长度超出张紧气缸的张紧范围时，可以调整滤布张紧轮的位置，以保持滤布合适的张力。

7. 橡胶皮带驱动轮与张紧装置

橡胶皮带驱动轮及张紧轮由钢质材料外包耐酸橡胶制成。外包橡胶表面加工有凹菱形槽，防止橡胶皮带与驱动轮之间打滑。橡胶皮带驱动轮由驱动装置驱动，经伞形斜齿轮和斜齿轮减速器二级减速后做低速转动，由超声波滤饼测厚仪输出的滤饼厚度信号经变频器对驱动电动机做无级调速。橡胶皮带呈环状绕在驱动轮和从动轮上，通过转动手轮来改变驱动轮和从动轮间的距离，达到张紧胶带的目的。

8. 滤布洗涤装置

滤布洗涤装置用来清洗卸料后的滤布，通常采用压力水流冲洗滤布，使滤布卸渣后得到彻底的清洗、再生，从而减少堵塞，获得较高的过滤速度，延长滤布的使用寿命。

9. 扩布装置

有的真空皮带脱水机还设置有扩布装置，利用展平辊上的导向槽使滤布向两侧扩展，避免了滤布起皱，确保滤布平整，延长滤布的使用寿命。

10. 卸料装置

当滤布连同它上面已经滤干的滤饼移动到卸料端与橡胶皮带时，在滤布托辊处一是根据其曲率变化进行滤饼剥离，二是设置薄片型刮刀将滤饼剥离，进行卸料。薄片型刮刀由工程塑料制成，具有一定的耐磨性和弹性。

11. 气控箱

气控箱主要由电控气阀、节流阀及气动三大件组成，为滤布张紧和纠偏气缸提供气源。

二、真空皮带脱水机的设备检修

1. 设备检查项目和维护

（1）检查滤布磨损、损坏情况，必要时修复或更换。

（2）检查滤布、皮带冲洗水装置是否压力正常、无堵塞；保证滤布底面干净，滤布、皮带各辊轮上无碎渣、异物。

（3）检查托架润滑系统和真空盘液体润滑系统是否正常。

（4）检查皮带脱水机腹部，确保排泄口排水顺畅，滤布干净，需要时对滤布及槽道进行冲洗。

（5）检查脱水皮带、滤布的跑偏情况。

（6）检查滤布纠偏装置压缩空气压力是否正常。

（7）检查耐磨带转动情况是否正常，检查张紧和纠偏装置是否正常。

（8）检查进料装置是否堵塞，配料是否均匀。

（9）检查脱水机尾部石膏落料口是否堵塞。

（10）检查各辊轮轴承是否存在卡死现象。

（11）检查滤布纠偏及张紧装置是否正常。

（12）检查脱水皮带支撑辊轮石膏的堆积情况，需要时进行清理。

（13）清洁脱水皮带润滑系统的排水口。

（14）检查滤布辊轮、滤布纠偏装置、脱水皮带支撑辊轮和止推轮的磨损情况，并对其辊筒轴承及张紧螺栓等部位进行润滑（滤布纠偏装置不需润滑）。

（15）检查限位开关、拉线开关的灵敏度。

（16）检查真空盘滑动块，如需要，将滑动块刨平或更换。

2. 设备主要部件检修方法

（1）滤布的修补。主要包括如下内容：

1）手工缝合空洞周围区域以阻止脱线现象，随后修剪孔周围脱落的线；

2）剪一块相同质地的滤布，布的面积应能覆盖住孔后每边有至少25mm 的余量；

3）将补丁缝在滤布外表面，针脚的间距不能大于6mm；

4）为防止补丁被撕下，在设备运行后的2～3h 内定期检查补丁是否处于原位。

（2）滤布的更换。主要包括以下内容：

1）用千斤顶或绳索将加重张紧轮提起。在滤布安装过程中，用位于导向支撑架中的长螺栓支撑滑轮滑块。

2）在滤布外表面标记一箭头，箭头指向脱水皮带旋转方向。在滤布安装时，这一边必须面向外面。滤布安装后，带有连接件的挡板必须反向面对运转方向，检查滤布的标记情况，然后将其置于真空过滤器给料端。安装时应使箭头在外面，箭头指向出料方向。

3）展开足够的滤布铺过脱水皮带，最后滤布的位置应超过给料箱。将一重物放在滤布末端，开启脱水机（最低速度），抓住滤布边缘沿脱水皮带方向拖动。向下拖至真空过滤器张紧轮端并返回出发点，将滤布两端在张紧轮附近连接。

4）用结扎接头连接滤布末端，操作方法如下：①从中间接头开始，将绳的一端弄尖，手持滤布的一端，将结扎眼按在脱水皮带的光滑表面上，加衬里进行缝合，当绳穿过时，结扎接头的标记应匹配，应保证滤布末端对齐并保证结扎眼配合正确，结扎绳没有打弯，否则将会引起接头卷曲；②结扎完毕后，应将绳一端弯曲在结扎接头处重叠缝合1m 左右，在接头的两侧拉动滤布，使其宽度达到最大以去除接头的褶皱，剪去绳的另一端，这样绳可在滤布上伸长1m，连接其他接头；③采用尼龙搭扣连接挡板，将搭扣按压牢靠，安装滤布时，应使挡板背对旋转方向，这样清洗喷嘴就挂不到挡板的端部；④取下位于张紧滑块下面的长螺栓，滤布旋转1～2 圈后，将长螺栓安装在辊轮滑块的上部和下部。

（3）滤布试车调试。试车调试应重点检查接头有无开裂或滤布有无褶皱。如果滤布过度收缩或膨胀，则重新固定导向架中用以移动加重张紧轮的长螺栓位置。

（4）脱水皮带的检修。脱水皮带的更换方法如下：

1）清洗过滤装置和滤布，然后拆掉滤布。

2）在支撑辊轮和脱水皮带间塞入胶合板（或类似物体）。

3）沿真空皮带脱水机中心方向移动驱动轮和从动轮，消除脱水皮带的张紧力。

4）拆去蒸汽罩和给料箱装置，洗涤挡板、皮带下方的清洗管路和真空软管等部件。

5）将立式千斤顶放在主框架下。如需要，松开支撑腿连接件并略微抬起主框架。

6）将脱水皮带取下放在更换架上。从辊筒开始，将脱水皮带提离真空盘的带槽，将脱水皮带沿辊轮缓慢拖至非驱动侧，直至其从辊轮上整体取下并悬挂在更换架上。

7）更换支撑脚并紧固连接件。

8）将脱水皮带从更换架上取下。

9）检查平台：检查真空盘滑动带，若过度磨损则将其更换，检查真空盘盖是否变形或有裂缝，必要时进行修理；滑动带更换后检查真空盘高度，必要时进行调整；进行必要的清洁；检查所有连接件有无松动；检查辊轮有无过度磨损，尤其是是否已磨至金属层，必要时对辊轮进行修补或更换。

（5）新脱水皮带的安装。安装步骤如下：

1）保证工作区域洁净，区域内不允许有表面锐利的物体。

2）沿过滤器中心方向移动驱动辊筒和从动辊筒，使脱水皮带在安装时张紧力最小并保持松弛状态。

3）安装更换架、顶部脱水皮带支撑和框架支撑。

4）将新脱水皮带放在更换架上，将 50mm × 100mm 和 50mm × 200mm 的木材放在更换架顶部以支撑脱水皮带。用锯好的搁架和胶合板支撑脱水皮带，保证脱水皮带平坦放置。脱水皮带安装前应用支撑除去所有的松弛。

5）除去真空过滤器上的支撑脚。

6）按照与拆除脱水皮带相反的步骤，从驱动轮端开始安装脱水皮带。

7）当脱水皮带安装到位后，重新组装框架，并拆去更换架和过滤器内外所有的木头及工具。

8）重新张紧脱水皮带。

9）将所有拆除脱水皮带时拆掉的部件重新安装。

（6）耐磨带的调整。在返回支撑架和辊轮间的耐磨带开始下垂时应增大耐磨带上的张紧力，使用张紧调整杆和螺母来张紧脱水皮带。脱水皮带应足够张紧，使其在绕过张紧块到达真空盘时不偏离轨迹。耐磨带在张紧或沿真空盘运行时，如果偏离轨迹或从导架上脱落，应尽快关闭设备并重新张紧耐磨带，必要时可降低真空盘。脱水皮带损坏后应及时更换。

（7）耐磨带的更换。主要包括以下几个方面：

1）用降低装置将真空盘位置降低至中间位置。

2）用张紧轮去掉耐磨带上的张紧力。

3）让耐磨带在起重索上静止。

4）将真空盘完全降低至支持位置。

5）去掉起重索（起重索与真空盘支撑架的手臂连接），起重索用球接头与这些点连接。

6）去掉现有的耐磨带。

7）将新的耐磨带放在合适位置。

8）将起重索穿过新脱水皮带。

9）重新将起重索与降低升降臂上的孔连接。

10）将真空盘升至原位，重新连接真空盘支撑架与真空过滤器框架。

11）重新调整耐磨带张紧力。使用张紧调整杆和螺母来张紧脱水皮带，确保耐磨带在张紧的情况下处于正确的位置。耐磨带应处于耐磨带张紧轮和真空盘耐磨块的引导下，正确张紧后，耐磨带应在返回支撑架间略微下垂。

（8）真空盘装置的检查及调整。主要包括以下内容：

1）检查磨损情况；

2）利用测量结果判断是否满足检修标准要求，决定是否需要维护；

3）检查耐磨带，不合格则需更换，更换时需检查真空盘；

4）检查真空盘滑动块，如需要，将滑动块刨平；

5）检查真空盘滑动块磨损情况，必要时调整或更换。

（9）真空盘滑动块的更换。更新方法如下：

1）用升降装置将真空盘降低。

2）断开润滑液软管。

3）从T形螺栓上取下螺母，取下旧滑动块，保留T形螺栓并在其原位置做上标记，留下一块滑动块以确定真空盘垫片的高度。

4）彻底清洗掉真空盘旧的密封剂。

5）将真空盘内表面的一节用硅酮密封胶进行涂抹，一节的长度大约与所安装的滑动块的长度相等。

6）理顺滑动块准备重新安装，使它们的朝向与真空盘的边缘及进料口、出料口一致。将原有的T形条按照做好的标记安装到滑动块上（临时装置），在滑动块安装之前，将T形条滑到滑动块的沟槽里。在接合处涂抹硅酮密封剂。当所有滑动块都到位后，用T形条固定它们，注意要确保两个螺母要扣紧到一起，以防止松动。

7）连接到张紧块装置的进料口和出料口密封（滑动块的延伸）最后安装，其安装方法与滑动块相同，松开张紧块，再安装密封件。

8）真空盘冲洗掉所有残余的密封剂。

9）用旧的滑动块来确定真空盘恢复到原来的位置所需的垫片。在真空盘两侧的升降臂处加垫片要相同，这可以使得滑动块的顶端向下移动以弥补新滑动块高度的不足。

10）按照前面所述的真空盘装置调整的步骤来调整真空盘到纠偏状态。

11）重新安装润滑液软管，将真空盘升到原来位置。

（10）真空盘的更换。更换方法如下：

1）从真空盘上断开滤液连接管和润滑液软管；

2）去除真空盘的加固帽螺栓；

3）降低真空盘，去掉起重绳；

4）用绳子和钢缆固定住真空盘；

5）拧开将真空盘固定到升降臂上的螺栓，若想拆下真空盘就慢慢放开绳子让真空盘沿升降装置滑下，如果真空盘正在加垫片就不要移动绳子；

6）在绳子的拉力下，拆下旧的真空盘并换上新的真空盘，此时不必加垫片；

7）将新安装的真空盘升至预定的正确位置；

8）调整真空盘，必要时使用垫片使真空盘到达合适位置。

3. 真空皮带脱水机的一般检修项目及质量标准

真空皮带脱水机的一般检修项目及质量标准见表8－1。

表8-1　真空皮带脱水机的一般检修项目及质量标准

检修项目	检修工艺	质量标准
滤布的检查检修	1）检查滤布有无撕裂、孔洞，有则及时进行修补； 2）用水均匀冲洗滤布，清除堵塞； 3）滤布破损或收缩到极限时，应更换滤布； 4）注意消除造成滤布损坏的原因，即老化、刮刀调整不当、辊子损坏等	1）发现滤布表面损坏应更换； 2）滤布通气良好，无堵塞； 3）滤布行走中无锐利物损坏的可能
滤布的更换	1）特别注意施工现场严禁动火作业； 2）拆除需要更换的旧滤布； 3）检查脱水机的机械传动和气控系统能够正常运行； 4）将滤布张紧调到最松位置； 5）将滤布光面向外，对准压辊，沿进料槽方向穿过挡板； 6）启动驱动装置，调到最低速度，使滤布在胶带上移动； 7）滤布通过驱动辊筒后，小心地穿过清洗管和滤布托辊，再通过从动辊筒； 8）拉紧滤布将两头迭合在一起，准确对接，确保滤布平直和平整； 9）搭界线缝处表面用树脂填充，以防漏浆	1）新滤布应与旧滤布行走轨迹一致，行走中不跑偏； 2）滤布光滑面向上； 3）安装与搭接滤布不得有皱褶，搭接方向以刮刀顺向卸饼为准，不得反向搭接； 4）应注意确保新的滤布是沿着原来的滤布路径安装的
滤布导向装置检修	1）检查导向器定位应准确，部件应完好； 2）人工控制支撑臂，左右调整滤布走向，注意采用微调	1）定位器挡板偏移角为16%； 2）控制臂与滤布调整比为10/40，即当控制臂移动10mm时，滤布移动40mm，或满足厂家设备运行标准

续表

检修项目	检修工艺	质量标准
驱动轮、从动轮及托辊检修	1）检查驱动轮； 2）检查从动轮； 3）检查托辊及压辊磨损； 4）检查支撑轴承应无损坏，润滑油是否充足	1）托辊、压辊应无沟槽； 2）定期补充、更换润滑油； 3）辊轮和转子上应清洁，无石膏等固体颗粒物； 4）驱动轮的橡胶外皮磨损超过原厚度1/3或表面菱形磨平时需更换，其他辊轮、辊筒橡胶外皮磨损超过1/3时应更换
真空箱及软管系统检修	1）检查真空箱及连接软管的损坏情况； 2）更换安装有损坏的真空软管，安装时预先在真空箱和真空总管上的连接管上涂上润滑剂，将真空软管两端分别套装在真空箱和真空总管上的连接管上，并用不锈钢箍紧固； 3）检查真空室入口处的皮带及皮带的滑动区域； 4）检查真空管道； 5）检查真空室与真空密封水管升降装置	1）各真空管道严密无泄漏，连接件完好、牢固； 2）真空室入口处的皮带及皮带的滑动区域应清洁； 3）真空室与真空密封水管升降灵活，无卡涩，气动气缸无泄漏； 4）真空室的调整螺栓定位正确无松动
各部轴承检修	1）检查各部转动体上的轴承，有明显缺陷或不符合标准的应进行更换； 2）各部轴承添加润滑脂	1）轴承工作表面应光洁，无暗斑、凹陷、擦伤、裂痕、锈蚀、脱皮等缺陷； 2）安装应符合相关标准要求
冲洗水系统检修	1）检查滤布冲洗水泵； 2）检查滤饼冲洗水泵； 3）检查冲洗水管道、阀门； 4）检查冲洗水喷头； 5）检查滤布冲洗毛刷	1）水泵转动无异常，机械密封无泄漏，能够达到铭牌出力，供水稳定； 2）冲洗水管道阀门无泄漏，阀门开关灵活，标志齐全； 3）冲洗喷头应无阻塞，喷头的角度应是朝向滤布和皮带方向85°~90°

续表

检修项目	检修工艺	质量标准
机架、导轮检修	1）检查各部机架表面护漆； 2）检查机架有无变形、弯曲和腐蚀，变形、弯曲严重的应进行校直，腐蚀严重的应进行更换； 3）检查真空皮带脱水机有无下沉及凹凸不平现象，机架支撑腿应垂直于建筑物地面； 4）检查各部导轮，更换工作状况不佳的导轮	1）机架表面护漆应无翘皮、脱落； 2）机架无弯曲变形和严重腐蚀； 3）真空皮带脱水机不应有下沉及凹凸不平现象； 4）导轮应无磨损、卡死现象
给料装置检修	1）检查给料浆液箱； 2）检查给料管路及挡板	1）给料管路严密无泄漏，安装牢固； 2）石膏浆液给料机及片状挡板位置正确且无阻挡

第二节　圆盘脱水机检修

一、圆盘脱水机概述

陶瓷过滤是当今世界最先进的固液分离技术，因其节能降耗、清洁环保、可实现资源再利用等优势，在国民经济各领域得到日益广泛的应用。陶瓷过滤机是陶瓷过滤技术成功应用的一个典范，近年来在国内大规模的推广已产生了良好的经济效益和社会效益。20世纪80年代初，芬兰奥托昆普公司研制成功可用作过滤介质的陶瓷盘片板，其孔径通常为1~5μm（最常用的为1.5~2.0μm），这样的微孔能产生强烈的毛细作用。陶瓷过滤机工作时，在真空泵的作用下，只有液体通过微孔成为滤液，而固体和气体被阻隔在滤板表面成为滤饼，从而实现了固液分离。

新型过滤介质的诞生对于固液分离技术的发展具有划时代的意义，陶瓷盘片板能够产生毛细作用并且具有优异的机械性能，这使得陶瓷过滤机与其他以滤布为过滤介质的过滤机相比具有许多优势，从而得到了较为广泛的应用。

近年来由于电力行业脱硫项目的高速发展，水平带式脱水机大量应用，但由于水平带式脱水机在工作过程中消耗水、气量大，会产生较大的噪声，废水排放又易加剧环境污染，且水平带式脱水机故障率一直较高，维护工作量较大，因此迫切需要更为成熟和先进的脱水设备，而圆盘脱水机的出现则一举解决了上述诸多难题。

二、主要部件结构及作用

圆盘脱水机由主机部分（机架和浆液槽、主驱动轴、分配阀、卸料装置、盘片板），搅拌系统，清洗系统（自动清洗装置、反冲洗装置、化学清洗装置），真空系统及控制系统等组成，如图 8－4 所示。

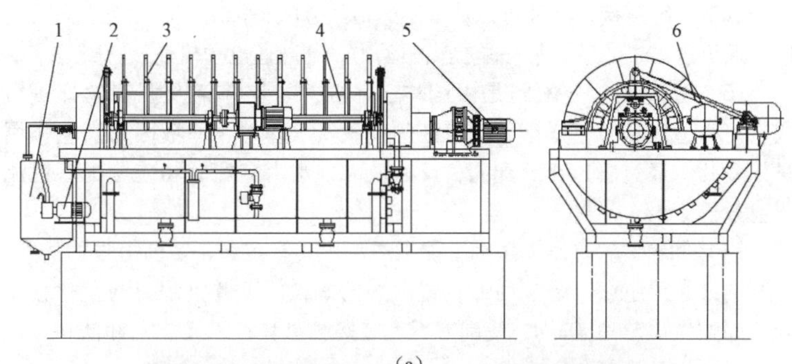

（a）

（b）

图 8－4　圆盘脱水机

（a）圆盘脱水机结构简图；（b）圆盘脱水机实物图；
1—真空罐；2—真空泵；3—陶瓷过滤板；4—主轴；5—主轴电动机；
6—搅拌器连杆

1. 主机部分

（1）机架和浆液槽。机架由碳钢方管焊接而成，主要对浆液槽、转子及主轴电动机、分配阀装置、搅拌装置等起连接和支撑作用。浆液槽由不锈钢板或其他材质卷焊而成，主要起储存料浆作用，槽体内有溢流管口、底部有放料管口，自动清洗装置水过滤系统也安装在槽体后侧。

(2) 主驱动轴。该部件是圆盘脱水机的核心部件，其间有十二个通道，每个滤室均与一个通道相通，盘片板固定其上。轴的一端安装了分配阀与真空系统连接，滤液可以从轴中通道经分配头排出，而冲洗水则可反向经通道进入过滤室；另一端提供驱动力，与减速电动机连接。

(3) 分配阀。分配阀是由阀体、摩擦片、支撑架及调整丝杆等组成，可以适当调节干燥区、吸浆区等位置。工作时，滤液因为真空作用进入盘片，通过管道至分配阀，反冲洗时，水由分配阀相应分配管道流入盘片。

(4) 卸料装置。刮刀用刚玉加工成型，具有耐磨、切削力强的优点。安装刮刀必须注意：调节刮刀装置两边的螺栓，可调整刮刀与盘片板间隙，间隙为0.5～1.0mm，使刮刀不直接接触盘片板，又能刮卸滤饼，这样可以延长盘片寿命。

(5) 盘片板。圆盘脱水机采用新型微孔陶瓷作为过滤介质，盘片微孔直径约为2.9μm、5.0μm、10.0μm，反吹的耐压值为50～100kPa，结构为两片盘片板黏结后烧制成中空的扇面，中间空隙即形成液体流过的通道（见图8－5）。陶瓷微孔适当时，由于毛细作用的缘故，微孔中始终保持充液状态，空气不能全部透盘片板，具有耐腐蚀、耐高温、机械强度高、无有害物溶出，不会产生二次污染，在流体压力作用下微孔不变形，易清洗再生，使用寿命长等特点。

图8－5　圆盘脱水机陶瓷盘片板

2. 搅拌系统

搅拌系统位于浆液槽内，对浆液进行搅拌，使之均匀地被盘片吸附脱水。

3. 清洗系统

圆盘脱水机盘片的清洗系统如图 8－6 所示，其清洗方式通常有自动清洗、反冲洗和化学清洗三种。

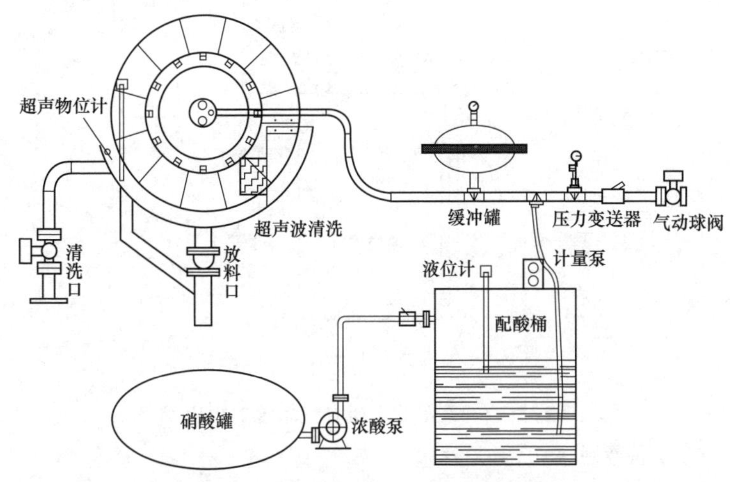

图 8－6　圆盘脱水机盘片的清洗系统

(1) 自动清洗装置。其利用每秒上万次到几十万次的超声波振动[超声波在液体中传播，在能量大于 0.1W/cm^2 时把液体分子拉裂成空洞（空化核），此现象称为空化效应]，把物体上的杂质剥离下来，达到清洗的目的。由于超声波在液体中衰减很小，所以物体的表面、内部、微孔内均有很好的清洗效果，可解决盘片板的清洗问题。

(2) 反冲洗装置。其连接一个管道泵、过滤器和缓冲罐，反吹时间略大于 1s，反冲洗水压力为 50～80kPa，清洗时间为 3～5s。过滤阶段使用干净的水（可使用过滤液），清洗阶段使用计量泵打入 1%（质量比）化学清洗剂来进行反洗。

(3) 化学清洗装置。设备清洗利用反冲洗管路系统，将 40%（质量比）左右浓度的稀硝酸由计量泵送入反冲洗管路中，与水混合成 1%（质量比）的酸液，对盘片的结钙现象进行消除，为保证盘片使用效率，需对每一个循环的盘片进行由内向外冲洗。

4. 真空系统

真空系统由真空泵、排液罐、滤液泵排水装置或自动排液装置组成

（见图 8 - 7），主要起抽滤和排液的作用。真空泵采用单级液环式真空泵，无须单独加润滑油，工作时必须保持提供冷却水。

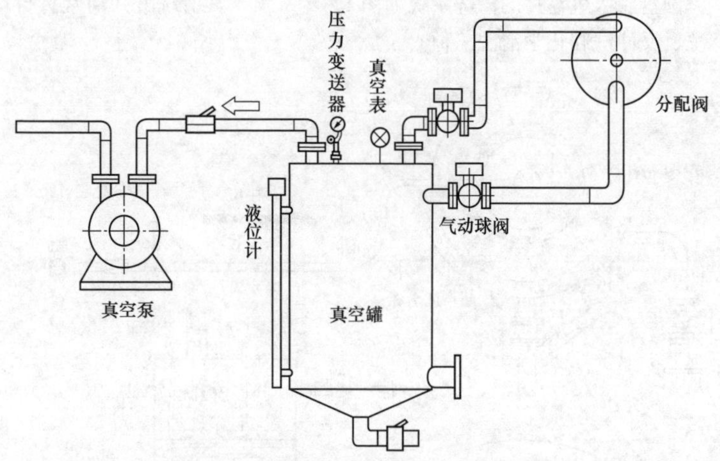

图 8 - 7　圆盘脱水机真空系统的组成

三、圆盘脱水机工作原理

圆盘脱水机的工作流程见图 8 - 8，具体如下：

圆盘脱水机转子带动陶瓷盘片板及分配头匀速旋转；分配头连接真空泵完成抽吸，连接冲洗过滤系统进行反冲洗过程；盘片板在石膏浆液槽中完成吸附功能，在空气中完成脱水干燥功能；过滤板经过刮刀区域时滤饼被刮落；搅拌器在石膏浆液槽底部持续搅拌防止浆液沉淀；当过滤机运行较长时间后，可采用超声及化学药品进行清洗，以保持脱水机的高效运行。

圆盘脱水机与其他的固液分离设备的不同之处在于其过滤介质为陶瓷盘片板。通过圆盘脱水机的转子转动，在陶瓷盘片板组成的圆盘转动一周的过程中，完成滤饼吸附、滤饼清洗、滤饼干燥、滤饼卸料、滤板反冲洗等一系列过程。

在圆盘脱水机系统中，石膏浆液旋流器底流 50% 浓相石膏浆液进入圆盘脱水机的石膏浆液槽中，缓缓转动的盘片板进入浆液环境中通过真空抽吸浆液（即吸浆区）。浆液中的颗粒物随水流被吸附并聚集在盘片板面上形成滤饼，浆液中的水分被抽吸形成滤液进入真空罐中。

清洗后的滤饼随后进入干燥区中继续脱水，当旋转到刮板区域（即卸料区）时再被刮落进入石膏库。卸料完成后陶瓷板进入反冲洗区，通过盘片板内部冲洗形成与真空抽吸相反的水流，清除陶瓷盘片板微孔中

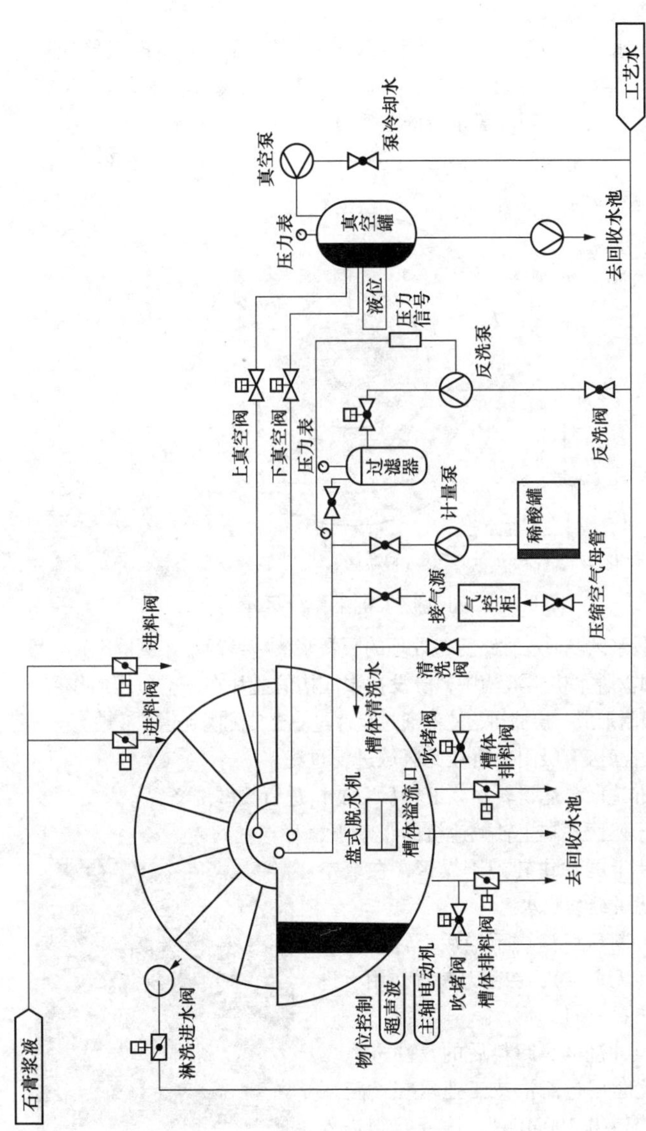

图8-8 圆盘脱水机工作流程

可能存在的颗粒物，通过外表冲洗减少板面上残余的颗粒物，有利于陶瓷盘片板更有效地进入下一个工作周期。

圆盘脱水机运用毛细微孔盘片的毛细作用，在抽真空时只能让水通过，空气和矿物质颗粒无法通过，其保证无真空损失的原理，极大地降低了能耗和物料水分。圆盘脱水机的工作过程分为六个区域，即吸浆区、过滤区、淋洗区、干燥区、卸料区、反冲洗区，反复循环，如图 8－9 所示。

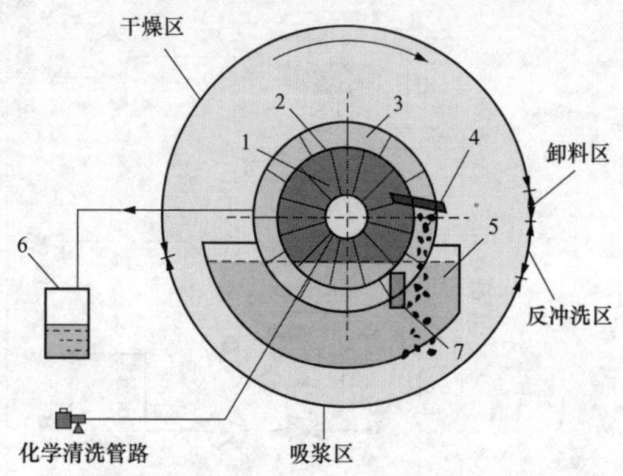

图 8－9　圆盘脱水机工作分区示意图

(1) 吸浆区。通过管路将待处理的石膏浆液［≥20%（质量比）浓度］连续输入圆盘脱水机浆液槽中，浸没在浆液槽的盘片在真空负压的作用下，盘片表面吸附形成一层滤饼，滤液通过盘片过滤至分配阀到达排液罐。

(2) 过滤区。吸附滤饼在此区域进行过滤。

(3) 淋洗区。滤饼转出浆液槽后对滤饼进行喷淋洗涤。

(4) 干燥区。在主轴减速机的带动下，吸附在盘片上的滤饼转到干燥区，在真空的作用下滤饼继续脱水。

(5) 卸料区。滤饼干燥后，转子转动到卸料区（无真空），在刮刀装置作用下进行卸料，如图 8－10 所示。

(6) 反冲洗区。卸料后的盘片进入反冲洗区，此时用过滤液或工业水在一定压力下（0.075～0.100MPa），从分配阀进入盘片内腔，由内而外清洗盘片的微孔，同时将残留在盘片表面的残余矿物冲洗下来。

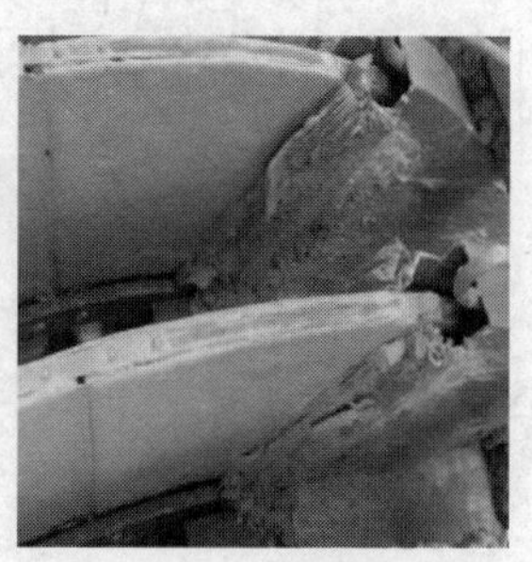

图 8－10　圆盘脱水机卸料示意图

盘片经过一定的工作时间后（一般为7～12h），盘片微孔因逐渐被堵塞而降低过滤效率，为保证盘片微孔通畅，启用混合清洗系统，使自动清洗、化学清洗和反冲洗相互作用，达到最佳清洗效果。清洗时间一般为45～60min，通过混合清洗使盘片的微孔进一步疏通，这样就可保证后续过滤的高效率。

四、圆盘脱水机的特点

（1）节能高效。处理能力大，节电效果明显。处理能力 $>1100kg/(m^2 \cdot h)$，用电 $<0.5kWh/(t \cdot h)$，与传统圆盘、外滤过滤机比较，节约能耗80%以上。

（2）自动控制。采用程序自动控制、自动进料、自动清洗，降低了操作人员的劳动强度，可减少操作人员数量。

（3）完善的自动保护功能。具有故障自动报警系统、故障的屏幕显示功能、高低液位报警显示功能，并能自动排除或关机人工处理。

（4）结构牢固、经久耐用。采用微机优化设计，结构合理，工作可靠，主要传动部件采用免维护设计，故障停机率低，槽体内搅拌系统采用不锈钢结构，从而可保证其使用寿命达10年以上。

（5）提高产品质量，降低运输成本。由于过滤处理后的精矿水分很低，可大大提高产品的市场竞争能力，并降低运输过程中的运输成本及损耗。

（6）环保效果明显。由于滤液清澈，可反复利用、减少排放，符合当前清洁生产的环保大趋势。

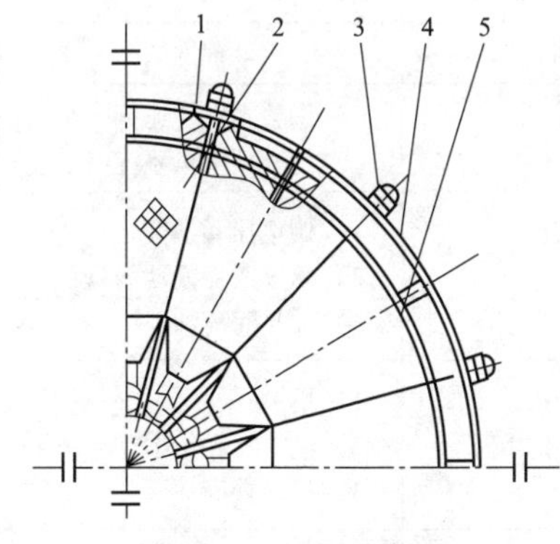

图8－11　盘片板结构图

1—盘片板支撑；2—复合滤层；3—固定装置（螺杆、螺母）；4—压板；5—胶条

五、圆盘脱水机的检修维护

（1）设备维护前。应确保设备处于停机或维修状态，检修前按照相关安全规定办理工作票。

（2）盘片板的结构（见图8－11）。盘片板支撑1上分布有复合滤层2，通过螺杆、螺母3和压板4将盘片板固定在主轴的滤液管上，构成圆形滤盘。盘片板由高强度工程复合材料制成，表面平整，滤液通过能力大。

（3）盘片板的更换与调整。主要内容包括：

1）将设备设定在维护状态，

此时用手动控制辊筒正反转；

2）用水将要拆除的过滤板及其四周冲洗干净；

3）根据盘片板使用情况，进行更换。

（4）日常维护及注意事项。运行人员应随时注意 DCS 监视信号，如发现异常情况应及时采取相应措施。注意事项如下：

1）经常检查各部件的紧固情况，不允许有松动现象；

2）经常检查真空管路有无漏气现象，真空表指示是否正常；

3）经常检查各电动机、各轴承温度是否正常；

4）经常检查盘片板运转是否平稳，是否完好无损，刮刀工作是否正常；

5）检查主轴运转是否平稳，开式齿轮副接触面是否均匀，并保持齿面有油脂；

6）经常检查搅拌轴盘根处密封情况，并保证水封供水正常，如果盘根处漏水严重应及时压紧盘根或添加盘根；

7）经常检查液位是否处于预定位置，必要时应加以调整；

8）观察入料、排料是否正常，滤饼的厚度和水分有无异常；

9）气液分配单元上的四个弹簧必须均匀压紧；

10）经常检查各润滑点的润滑情况，及时补充油脂。

六、圆盘脱水机常见故障、原因及处理方法

圆盘脱水机常见故障、原因及处理方法见表 8－2。

表 8－2　　圆盘脱水机常见故障、原因及处理方法

序号	常见故障	故障原因	处理方法
1	滤饼脱落率降低	1）滤饼太薄； 2）反吹风压力太低	1）调整主轴转速； 2）检查反吹风系统
2	分配盘与摩擦盘之间漏气	1）两盘没有贴紧； 2）配合面磨损； 3）配合面润滑不良	1）调整压紧弹簧； 2）修复或更换动静盘； 3）加足润滑油
3	过滤盘漏气	1）过滤板局部破损； 2）滤扇与插座处密封不严； 3）液面太低	1）更换； 2）调整或更换 O 型密封圈； 3）提高液面
4	真空度太低	1）真空泵工作不正常； 2）真空管路漏气或堵塞； 3）过滤盘漏气； 4）液位太低	1）检修； 2）修补管路； 3）检修； 4）加大进浆量

续表

序号	常见故障	故障原因	处理方法
5	搅拌轴盘根密封处漏水、漏浆	1）盘根没有压紧； 2）盘根损坏； 3）水封失效	1）压紧盘根； 2）更换盘根； 3）检修
6	不能形成滤饼，滤饼太薄	1）浆液浓度太低； 2）主轴转速不合适； 3）过滤盘漏气； 4）真空度太低； 5）搅拌转速太高	1）增加浓度； 2）调整转速； 3）检修； 4）检修； 5）适当调整搅拌转速
7	润滑点供油不足	1）油嘴堵塞； 2）干油泵工作不正常； 3）管接头连接不当	1）清除堵塞物； 2）检修； 3）紧固
8	给料不正常	给料管堵塞	检修管路并清洗

第三节　石膏浆液旋流装置检修

一、石膏浆液旋流装置的原理与组成

1. 石膏浆液旋流装置的工作原理

石膏浆液旋流器及其结构见图 8－12。在石膏浆液旋流器内，石膏浆液通过进料口切向进入各个旋流子。由于石膏浆液具有一定的初始进入速度，在各旋流子内就形成了旋流。石膏脱水系统正是利用这种旋流离心力和重力的作用进行石膏浆液的分选和浓缩的。石膏旋流器的底流进入真空皮带脱水机脱水过滤为石膏，顶流部分进入废水处理系统，部分返回吸收塔。

2. 石膏浆液旋流装置的组成结构

石膏浆液旋流器主要由进料口，溢流口，旋流子（包括分料室、沉降室）和底流装置组成，一般采用聚氨酯、碳钢衬胶及陶瓷材料制造。

二、石膏浆液旋流装置的检修维护

1. 石膏浆液旋流器的检查项目及维护

（1）检查各旋流子是否堵塞并疏通。

（2）检查系统是否存在泄漏并处理。

（3）检查各橡胶软管是否存在变形、老化，更换老化的橡胶软管。

（4）检查冲洗旋流器漏斗底部，防止堵塞，否则检修疏通。

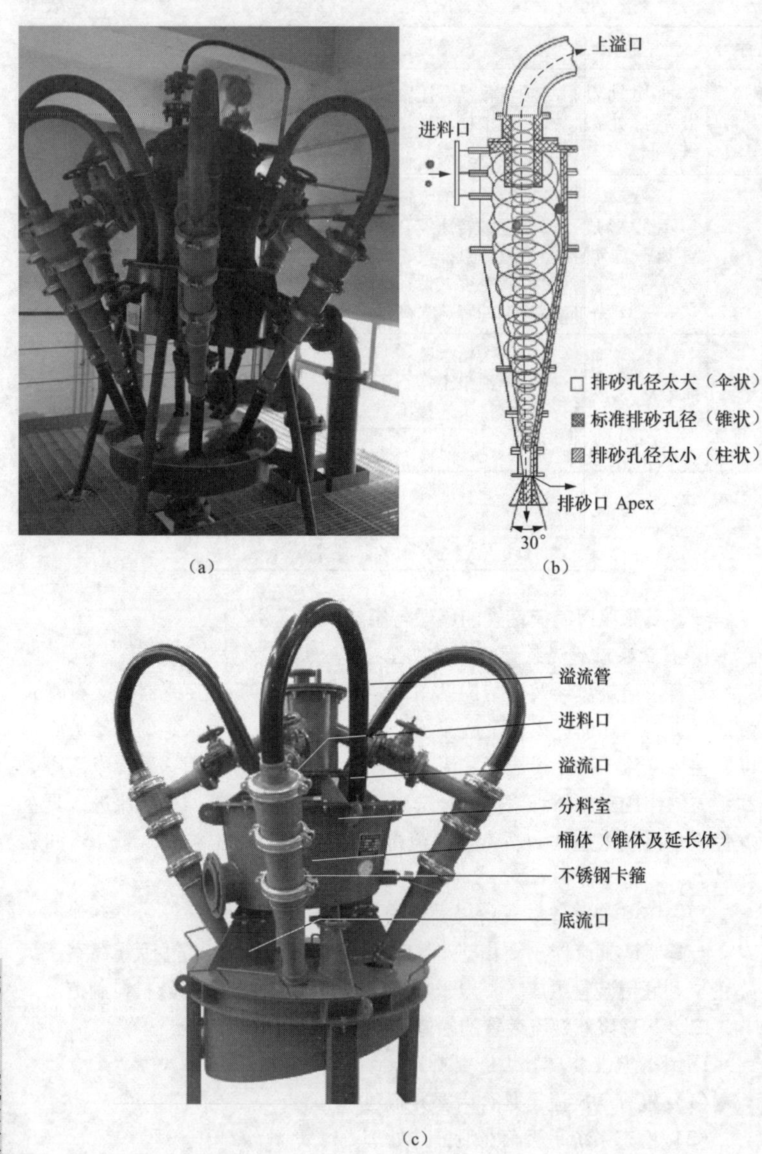

图 8－12　石膏浆液旋流器

（a）石膏旋流器布置图；（b）石膏旋流器工作原理简图；（c）石膏旋流器结构简图

（5）检查各旋流子的锥体及沉砂嘴磨损情况，严重的更换。

（6）检查各进/出阀门及压力表附件，出现异常的进行修复或更换。

2. 石膏浆液旋流器的检修工艺和质量标准

石膏浆液旋流器的检修工艺和质量标准见表8－3。

表8－3　石膏浆液旋流器的检修工艺和质量标准

检修项目	检修工艺	质量标准
检查各部件磨损情况	1）取下溢流弯管并用软管冲洗； 2）取下法兰连接并冲洗； 3）取下螺栓并清洗（清洗时应抓好法兰底盘，以免清洗时滑落）； 4）取下分离式的法兰盘并用软管清洗部件； 5）检查部件的磨损情况； 6）更换磨损严重的部件	部件应清洗干净
检查溢流嘴	1）取下溢流嘴（冲洗旋流子后拆取）； 2）取下溢流嘴并清洗； 3）检查溢流嘴的磨损情况； 4）更换磨损严重的部件	部件应清洗干净
检查沉砂嘴	1）取下沉砂嘴：①松开螺栓卡套，②取出沉砂嘴，③清洗锥体延长体（延长体没有清洗干净会加速延长体及沉砂嘴的磨损）； 2）检查沉砂嘴的磨损情况，磨损严重时应更换（注意沉砂嘴的方向应安装正确）； 3）冲洗掉卡套螺栓里的沙子和碎片等(若螺栓在重新安装前未被冲洗干净，将导致卡套里螺纹的脱落)； 4）重新安装并拧紧卡套螺栓	部件应清洗干净
检查桶体、锥体、锥体延长体	1）拆卸桶体、锥体和锥体延长体的外形夹连接：①清洗旋流子，②取下外形夹，③清洗外形夹和螺栓，④取下桶体、锥体和锥体延长体； 2）清洗桶体、锥体和锥体延长体并检查磨损情况； 3）更换磨损严重的部件	
检查进料头部	1）检查、清洗进料头部； 2）检查磨损情况，磨损严重的进行更换	

第四节 真空泵检修

一、水环式真空泵工作原理

水环式真空泵是用来抽吸空气或其他无腐蚀性、不溶于水、不含固体颗粒的气体，以使被抽的密闭容器形成一定的真空。

水环式真空泵的工作原理见图 8－13，具体如下：

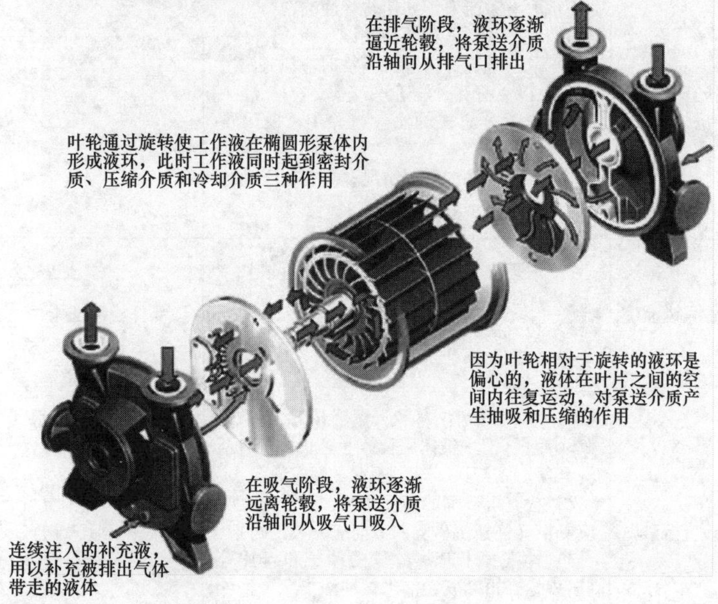

图 8－13　水环式真空泵工作原理图

在泵体中装有适量的水作为工作液。当叶轮按顺时针方向旋转时，水被叶轮抛向四周，由于离心力的作用，水形成了一个决定于泵腔形状的近似于等厚度的封闭圆环。水环的上部分内表面恰好与叶轮轮毂相切，水环的下部内表面刚好与叶片顶端接触（实际上叶片在水环内有一定的插入深度）。此时叶轮轮毂与水环之间形成一个月牙形空间，而这一空间又被叶轮分成和叶片数目相等的若干个小腔。如果以叶轮的上部 0°为起点，那么叶轮在旋转前 180°时小腔的容积由小变大，且与端面上的吸气口相通，此时气体被吸入，当吸气终了时小腔则与吸气口隔绝；当叶轮继续旋转时，小腔由大变小，使气体被压缩；当小腔与排气口相通时，气体便被排出泵外。在泵的连续运转过程中，不断地进行着吸气、压缩、排气的过程，从而达到连续抽气的目的。真空泵的吸入口与真空皮带脱水机真空箱连接，以实现真空皮带机真空箱具有一定负压。

综上所述，水环式真空泵是靠泵腔容积的变化来实现吸气、压缩和排气的，因此它属于变容式真空泵。

二、水环式真空泵的结构

水环式真空泵的主要由叶轮、壳体和吸、排气盘，叶轮由叶片和轮毂等部件构成，见图 8 – 14。它是在壳体内形成一个圆柱体空间，叶轮偏心地装在其中，同时在壳体的适当位置上开设吸气口和排气口，吸气口和排气口开设在叶轮侧面壳体的气体分配器上。壳体不仅为叶轮提供工作空间，更重要的作用是直接影响泵内工作介质（水）的运动，从而影响泵内能量的转换过程。水环式真空泵在工作前，需要向泵内灌注一定量的水，它起着传递能量的媒介作用。

三、真空泵的检修维护

1. 真空泵的检查与维护

（1）定期打开排泄管路阀门进行冲洗，防止液体环圈杂质积蓄。

（2）真空泵如停止运行时间较长，应该打开端罩底部的旋塞排水，待排尽积水后重新旋紧旋塞。

（3）为防止泵长时间停运后发生卡涩现象，应至少每两周将泵手动盘车一次。

（4）密封水流线在最低限以上。

（5）定期检查填料函，防止泄漏或填料函过热，必要时添加或更换盘根。

（6）检查皮带的松动情况并进行对中、松紧度调整；检查传动皮带的磨损情况，不合格则更换。

（7）检查轴承振动、温度、声音是否异常，必要时更换油或者更换轴承。

（8）检查自动排泄阀是否异常并恢复。

（9）检查各紧固螺栓是否松动。

（10）拆卸泵防护罩，检查盖，检查泵内沉积物并冲洗干净。

（11）必要时对泵体进行解体检修维护：解体泵，检查轴、叶轮、配流盘是否异常；检查并处理泵内的沉积物；检查各水管是否堵塞；检查吸、排气管和分离器是否异常；更换所有密封、轴承。

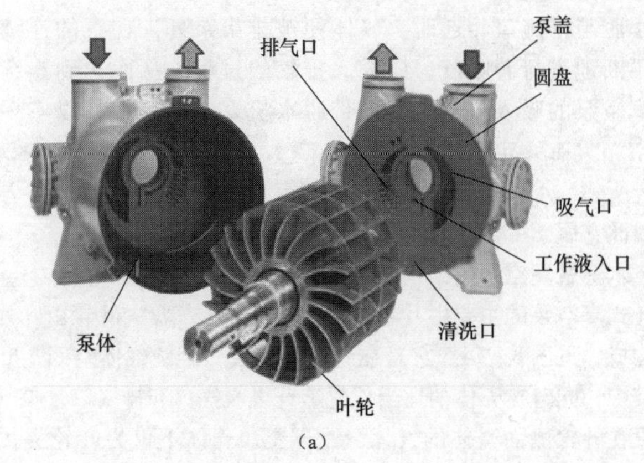

（a）

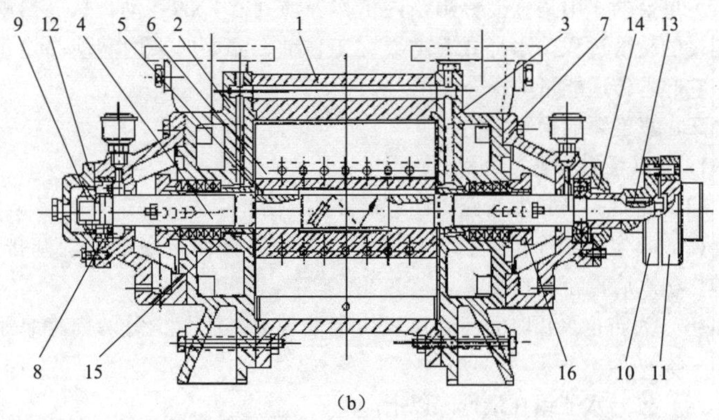

（b）

图 8-14　水环式真空泵

（a）水环式真空泵主要部件及其结构图；（b）水环式真空泵结构简图

1—泵体；2—后盖；3—前盖；4—泵轴；5—平键；6—叶轮；7—轴承瓦架；8—滚珠轴承；9—圆螺母；10—泵联轴器；11—电动机联轴器；12—轴承盖；13—键；14—定位圈；15—轴套；16—填料压盖

2. 真空泵主要检修项目

（1）拆卸皮带轮安全罩，检查皮带轮的对中情况及间距。

（2）拆卸密封水、工作液管道，检查阀门。

（3）拆卸入口裤衩管和分离器进行检查。

（4）拆卸外内轴承盖，检查轴承，同时测量转子的窜动。

（5）拆卸端部防护罩，检查盖，检查和测量叶轮与配流盘的间隙。

（6）拆卸轴封装置。

（7）拆卸端罩，检查叶轮与泵内罩的间隙，检查叶轮是否存在磨损、腐蚀、结垢现象。

（8）检查主轴的径向跳动是否合格。

3. 真空泵检修工艺与质量标准

真空泵的检修工艺与质量标准见表8－4。

表8－4　　真空泵的检修工艺与质量标准

检修项目	检修工艺	质量标准
真空泵的解体	1）拆掉对轮罩； 2）在对轮上做好记号，拆开对轮螺栓，注意保存，拆掉对轮； 3）拆开进气连通管、分离器、进水管等部件管道； 4）松开真空泵地脚螺栓（根据现场情况将泵吊出进行整体检修或在现场检修）； 5）拆开各部检查孔盖； 6）解体驱动端和非驱动端轴承，注意零件的保存； 7）松开泵体拉紧螺栓，打出泵体两端弹性圆柱销； 8）挂好钢丝绳，松开驱动端或非驱动端填料函压盖螺栓； 9）分离驱动端或非驱动端泵壳和圆盘（注意转子轴向移动不能过大）； 10）吊走拆开的泵壳及圆盘； 11）松开另一侧填料函压盖螺栓； 12）小心地抽出叶轮、壳体等设备	1）在抽出叶轮前，应注意做好转子的支吊工作； 2）对所有拆开的零部件及垫子进行测量，并做好记录； 3）所有拆开的零部件应做好记号，并注意保存
各部件的清洗与测量	1）对泵体及所有零部件分别用煤油或汽油进行清洗； 2）检查轴表面是否有裂纹、磨损等情况，轴是否弯曲，不符合要求应更换； 3）检查叶轮是否有裂纹、磨损、腐蚀、掉块等情况，严重的应更换； 4）检查填料函压盖、轴承座、端盖是否有裂纹和损伤，严重的进行更换； 5）检查泵体磨损情况； 6）检查螺栓、螺母的螺纹是否有断扣等损坏现象，若有则应及时修理或更换； 7）检查驱动端、非驱动端圆盘	1）轴表面无裂纹、磨损等情况，轴弯曲应小于相关规定； 2）叶轮应无裂纹、掉块现象，磨损腐蚀不严重； 3）泵体及两端圆盘磨损、腐蚀不严重

续表

检修项目	检修工艺	质量标准
轴承的清洗和检查	1）用煤油或汽油清洗轴承； 2）检查轴承情况，并用滚铅丝的方法或用塞尺测量滚珠间隙，要求在允许的范围内	1）轴承清洗干净，应无裂纹、腐蚀现象； 2）滚道无麻点，径向间隙不超过0.25mm，保持器完好、转动灵活
泵体的组装	1）按拆卸的反顺序进行泵体的组装； 2）装配部件的接合面应注意涂抹装配密封胶； 3）内部螺栓涂中强度螺纹紧固胶； 4）泵体各接合面涂泵体密封胶； 5）注意泵内各部间隙参照原始间隙进行调整	1）轴承加热温度80～100℃，轴承紧靠轴肩，转动平稳灵活； 2）润滑油要适量，端盖密封要严密
泵体外部管件连接、恢复	1）泵轴承安装好后，盘转泵转子，转动无异常； 2）恢复填料函，填料函压盖松紧应合适； 3）恢复各部检查孔盖； 4）恢复进气连通管、分离器、进水管等部件管道	
找中心、试运转	1）对轮找中心； 2）拧紧地脚螺栓； 3）连接泵对轮，恢复对轮防护罩； 4）检查泵各部无异常，联系运行人员，水泵试运转	1）记录找中心数据； 2）记录泵试运转数据

第九章

废水处理系统设备检修

第一节　脱硫废水处理系统简介

一、系统概述

脱硫废水处理系统包括废水处理系统、化学加药系统和污泥处理系统，如图9-1所示。

由于脱硫吸收塔内的浆液在不断循环的过程中会富集重金属元素和Cl^-等，从而一方面加速脱硫设备的腐蚀，另一方面也影响石膏的品质，因此脱硫装置要排出一定量的废水，进入脱硫废水处理系统，经中和、反应、絮凝、沉淀和脱水处理过程，达标后排放至工业废水调节池。脱硫废水的水质与脱硫工艺、烟气成分、灰及吸附剂等多种因素有关。

1. 废水处理系统

将来自脱硫系统吸收塔的废浆液通过废水给料泵送至废水处理系统的反应槽中和箱，同时中和箱内加入定量的NaOH，将废水的pH值调升至9.0~9.7，使水中大部分重金属以氢氧化物的形式沉淀出来。

在沉降系统中，通过升高pH值和加入聚铁、有机硫进一步除去水中的重金属，通过pH值控制NaOH加药量。聚铁和有机硫的加药量通过调试确定，根据废水量按比例加入。在沉淀系统中，加入絮凝剂以便使沉淀颗粒长大从而更易沉降，悬浮物从澄清器中分离出来后，一部分稀污泥通过污泥循环泵返回中和箱，另一部分澄清水排入清水箱回收。澄清器底污泥输送到压滤机，制成饼状，用卡车运到灰场。

废水处理系统包括中和箱、沉降箱、絮凝箱，它们彼此是一个大的反应槽，加装隔板分开，但又不完全分开。向反应槽分别加入NaOH、有机硫、聚铁、絮凝剂，使沉淀颗粒长大更易沉降，在后续的处理中容易除去，以达到混凝处理的目的。

2. 化学加药系统

化学药品必须根据其性质（如可燃性、氧化剂、腐蚀性或有毒物质等）分别存放。可燃性化学物储放室应有特殊电力设施、适当的通风和

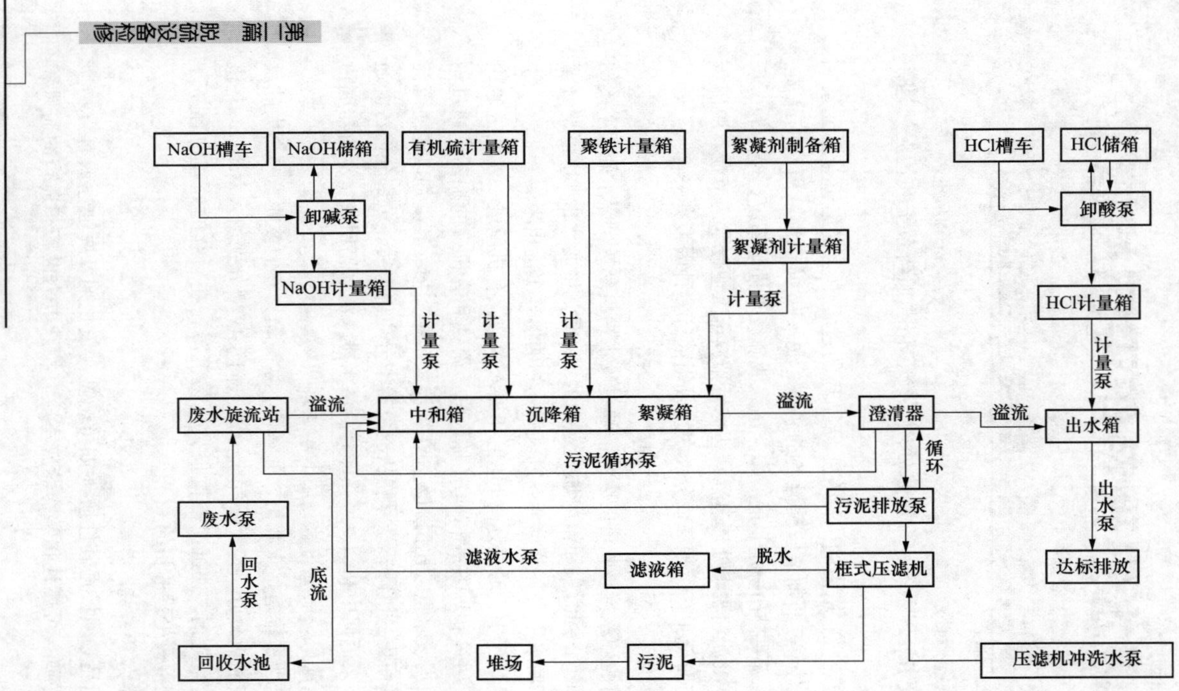

图 9－1 脱硫废水处理系统

火警系统，以及其他防火设备，在化学药品储放室附近应有安全淋浴及洗眼设备，挥发性化学物储存于通风柜中。

该系统包括 NaOH 卸药、加药系统，聚铁加药系统，絮凝剂加药系统，有机硫化物加药系统及盐酸卸药、加药系统。

（1）NaOH 卸药、加药系统。整个系统包括 NaOH 储箱、NaOH 计量箱、计量泵、卸碱泵等。NaOH 由槽车通过卸碱泵卸至 NaOH 储箱内，再通过计量泵将碱液卸到 NaOH 计量箱，通过计量泵来控制向反应箱中加药的量。

（2）聚铁加药系统。聚铁储存箱和加药计量泵及管道、阀门组合在一小单元成套装置内。为防止污染，溶液箱地面敷设耐腐蚀地砖，周围设有围堰。

（3）絮凝剂加药系统。絮凝剂储存箱和加药计量泵及管道、阀门组合在一小单元成套装置内。为防止污染，溶液箱地面敷设耐腐蚀地砖，周围设有围堰。絮凝剂溶液由隔膜计量泵（一用一备）进行添加。具体添加量根据絮凝箱中液体的浊度及排出液体的具体控制指标来定。

（4）有机硫化物加药系统。为进一步去除重金属元素需要使用有机硫化物，有机硫化物溶液储存箱和加药计量泵及管道、阀门组合在一小单元成套装置内。为防止污染，溶液箱地面敷设耐腐蚀地砖，周围设有围堰。有机硫在制备箱中配成溶液后进入计量箱，有机硫化物溶液由可调节的隔膜计量泵添加，并设一台备用计量泵。

（5）盐酸卸药、加药系统。设置两台盐酸计量箱和两台盐酸计量泵组成一卸药、加药系统。为防止污染，溶液箱地面敷设耐腐蚀地砖，周围设置围堰。盐酸来料由槽车提供，酸雾由酸雾吸收器吸收。

3. 污泥处理系统

沉淀物在圆形澄清器中进行浓缩，其中一定量的污泥保留在系统内部作为种泥，一部分污泥由污泥循环泵进行循环，剩余污泥送至板框式压滤机进行脱水。

用污泥输送泵将浓缩污泥从澄清池送至间断运行的压滤机。板框式压滤机的给料程序由污泥输送泵启动开始，经过一段时间的加料后，由于滤框内的“滤饼堆积”，滤板上的压力降增加，压力增加导致压滤机的流量减少，当压力达到上限值或压滤机的流量降低到最低值时，过滤过程即停止。

当给料和压饼阶段完成后，液压液体密封装置开启，滤框的板张开，滤饼经泥斗掉入储泥斗中，此容器位于压滤机下方。干污泥从此处运走，并倒入指定堆放的场地。

压滤机配备有滤布冲洗系统，以实现定期对滤布进行冲洗。在给料和挤压中产生的滤液自流进入滤液箱，用滤液泵将滤液送回中和箱。

二、系统主要设备

1. 压滤机

压滤机用于固体和液体的分离，固液分离的基本原理是：混合液流经过滤介质（滤布），固体停留在滤布上，并逐渐在滤布上堆积形成过滤泥饼，而滤液部分则渗透过滤布，成为不含固体的清液。与其他固液分离设备相比，压滤机过滤后的泥饼有更高的含固率和优良的分离效果。目前电厂脱硫废水处理系统多用板框式压滤机。

板框式压滤机的结构主要由止推板（固定滤板）、压紧板（活动滤板）、滤板和滤框、横梁（扁铁架）、过滤介质（滤布或滤纸等）、压紧装置、集液槽等组成，如图 9－2 所示。

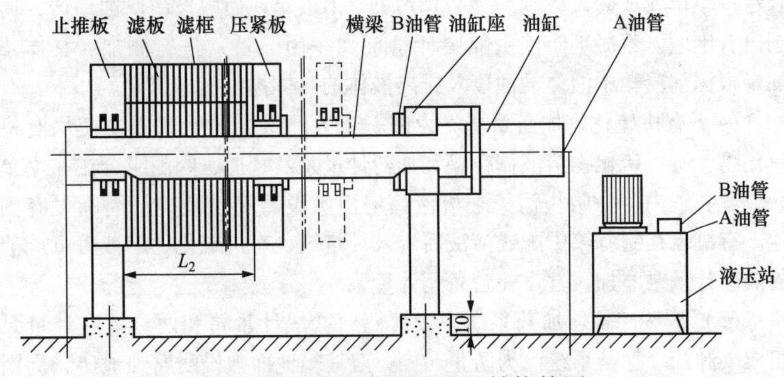

图 9－2　板框式压滤机的结构简图

板框式压滤机由交替排列的滤板和滤框构成一组滤室。滤板的表面有沟槽，其凸出部位用以支撑滤布。滤框和滤板的边角上有通孔，组装后构成完整的通道，能通入悬浮液、洗涤水和引出滤液。滤板、滤框两侧各有把手支托在横梁上，由压紧装置压紧滤板、滤框。滤板、滤框之间的滤布起密封垫片的作用。由供料泵将悬浮液压入滤室，在滤布上形成滤渣，直至充满滤室。滤液穿过滤布并沿滤板沟槽流至板框边角通道，集中排出。过滤完毕，可通入清洗涤水洗涤滤渣。洗涤后，有时还通入压缩空气，除去剩余的洗涤液。随后打开压滤机卸除滤渣，清洗滤布，重新压紧滤板、滤框，开始下一个工作循环。

板框式压滤机有手动压紧、机械压紧和液压压紧三种形式。手动压紧是螺旋千斤顶推动压紧板压紧；机械压紧是电动机配 H 型减速箱，经机架传动部件推动压紧板压紧；液压压紧是由液压站经机架上的液压缸部件推动压紧板压紧。两横梁把止推板和压紧装置连在一起构成机架，机架上压紧板与压紧装置铰接，在止推板和压紧板之间依次交替排列着滤板和滤框，滤板和滤框之间夹着过滤介质；压紧装置推动压紧板，将所有滤板和滤框压紧。在机架中，达到额定压紧力后，即可进行过滤。悬浮液从止推板上的进料孔进入各滤室（滤框与相邻滤板构成滤室），固体颗粒被过滤介质截留在滤室内，滤液则透过介质，由出液孔排出机外。

板框式压滤机对于滤渣压缩性大或近于不可压缩的悬浮液都能适用。适合的悬浮液的固体颗粒浓度一般在10%以下，操作压力一般为0.3～0.6MPa，特殊的可达3MPa或更高。过滤面积可以随所用的板框数目增减。

2. 加药计量泵

加药计量泵是一种可以满足各种严格的工艺流程需要，流量可以在0～100%内无级调节，用来输送液体（特别是腐蚀性液体）的一种特殊容积泵。该泵的传动箱部件由凸轮机构、行程调节机构和速比蜗轮机构组成。它通过旋转调节手轮来实行调节挺杆行程，从而改变膜片伸缩距离来达到改变流量的目的。该泵的缸体部件由泵头、吸入阀组、排出阀组、膜片及膜片底座等组成。

加药计量泵的工作原理为：其由三相交流电动机驱动，电动机经联轴器带动蜗杆并通过蜗轮减速使主轴和偏心轮做回转运动，由偏心轮带动挺杆在导筒内做往复运动。泵腔内设有连通膜片，膜片向后移动时，通过单向阀的作用使泵腔内逐渐形成真空，吸入阀打开，吸入液体；当膜片向前死点移动时，吸入阀关闭，排出阀打开，液体在膜片的推动下排出，通过往复工作形成连续有压力、定量的排放液体。

泵的流量调节是靠旋转调节手轮带动调节螺杆转动，从而改变挺杆间的间距、改变膜片在泵腔内的移动行程来决定流量的大小。调节手轮的刻度决定膜片行程，精确率为95%。加药计量泵整机运转平稳、噪声小，采用的材料和结构设计保证了高达1.5%的计量精度和极长的使用寿命。

加药计量泵按驱动方式可分为电动机式和电磁式。电动机式计量泵的流量调节，可采用变频器改变电动机转速或采用改变活塞冲程来实现。而电磁式计量泵的流量调节则是用改变隔膜的往复频率来实现，它可以接受流量表的脉冲频率或4～20mA的模拟信号，也可以接受水质仪表的模拟量4～20mA信号，由控制器调节加药。加药计量泵可以用手动按钮调节流量，也可用控制器（PID）控制加药量。

3. 澄清池

澄清池是一种将絮凝反应过程与澄清分离过程综合于一体的构筑物。在澄清池中，沉泥被提升起来并使之处于均匀分布的悬浮状态，在池中形成高浓度的稳定活性泥渣层，该层悬浮物浓度为3～10g/L。原水在澄清池中由下向上流动，泥渣层由于重力作用可在上升水流中处于动态平衡状态。当原水通过活性泥渣层时，利用接触絮凝原理，原水中的悬浮物便被活性泥渣层阻留下来，使水获得澄清。清水在澄清池上部被收集。

澄清池的工作效率取决于泥渣悬浮层的活性与稳定性。泥渣悬浮层是在澄清池中加入较多的混凝剂，经过一定时间运行后逐级形成的。为使泥渣悬浮层始终保持絮凝活性，必须让泥渣层处于新陈代谢的状态，即一方面形成新的活性泥渣，另一方面排除老化了的泥渣。澄清池基本上可分为泥渣悬浮型澄清池（悬浮澄清池、脉冲澄清池）、泥渣循环型澄清池（机械搅拌澄清池、水力循环澄清池）两类。目前废水处理工艺多用机械搅拌澄清池。

机械搅拌澄清池（见图9－3）是将混合、絮凝反应及沉淀工艺综合在一个池内，池中心有一个转动叶轮，将原水和加入药剂同澄清区沉降下来的回流泥浆混合，促进较大絮体的形成。泥浆回流量为进水量的3～5倍，可通过调节叶轮开启度来控制。为保持池内浓度稳定，要排除多余的污泥，所以在池内设有1～3个泥渣浓缩斗。当池径较大或进水含砂量较高时，需装设机械刮泥机。该池的优点是：①效率较高且比较稳定；②对

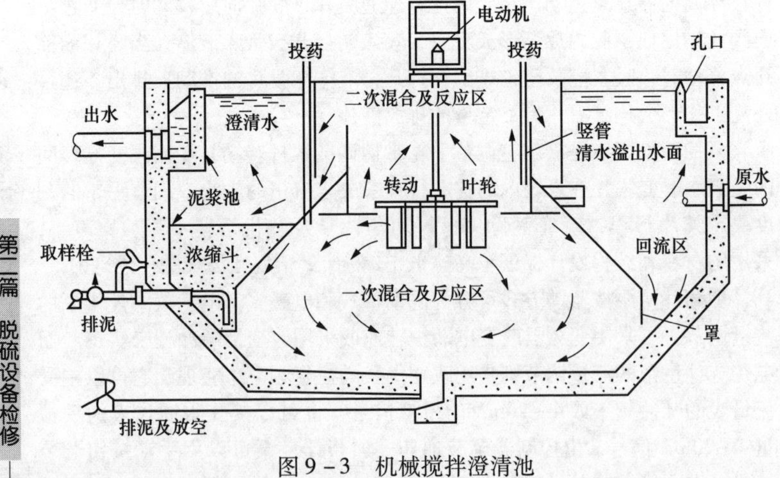

图9－3　机械搅拌澄清池

原水水质（如浊度、温度）和处理水量的变化适应性较强；③操作运行较方便；④应用较广泛。

脱硫废水处理系统的机械搅拌澄清池主要由驱动装置、搅拌机主轴、提升叶轮及搅拌桨叶等部件组成；刮泥机主要由驱动装置、传动轴及刮泥耙等部件组成。搅拌机起着搅拌和提升的作用，刮泥机起着刮集污泥的作用，最终使清水上升由集水管引出，泥渣通过池底泥阀控制排出，达到分离效果。

第二节　板框式压滤机检修

一、检修项目

1. 小修项目

（1）对已损坏的板框、把手等进行修理或更新。

（2）检查各连接螺栓的紧固状况。

（3）检查修理液压系统、压滤机入口等处是否漏油，检查阀门、管件、压力表的完好情况。

（4）检查机械拉爪的动作情况，并加油。

（5）检查减速齿轮的磨损及工作情况。

（6）检查各部位轴承润滑情况。

（7）检查并调整各动作部位的连接件。

（8）检查清理驱动链轮与链条。

（9）清洗液压油箱及过滤网，更换润滑油。

（10）检查电气设备及防护装置的完好情况。

（11）处理运行中出现的问题。

2. 大修项目

（1）包括小修项目。

（2）解体检查过滤机活动头、辊轮等滑动部件。

（3）检查滤板移动器和驱动装置。

（4）检查清洗液压系统。

（5）检查更换液压软管。

（6）解体检查修理液压装置的活塞推杆。

（7）整修机架、底座及基础。

（8）检查大梁和滤板。

（9）检查修理滴液盘。

（10）解体检查修理压紧装置的压紧丝杠、丝杆螺母、导向架、止推螺母及止推架。

二、检修与质量标准

1. 拆卸前准备

（1）掌握过滤机运行情况，备齐必要的图纸和资料。

（2）备齐检修工具、量具、起重机具、配件及材料。

（3）将过滤机吹扫干净，切断液压泵电源，关闭过滤机进出料阀门，符合安全检修条件。

2. 拆卸与检查

（1）拆卸过滤机活动头部分。

（2）检查活动头支撑辊轮轴承磨损情况。

（3）检查测量油缸、活塞、活塞杆及活塞密封圈的磨损情况。

（4）检查油缸密封情况。

（5）检查大梁和滤板。主要包括：

1）检查大梁和滤板的接触情况；

2）测量大梁导轨的纵、横方向水平度、平行度和直线度；

3）检查大梁的固定螺栓；

4）检查滤板、滤框并测量其平面度；

5）检查滤板支耳滑块；

6）检查滤板丝网固定螺栓情况。

（6）拆卸液压系统。主要包括：

1）检查、清洗液压油泵，测量各部位间隙；

2）检查、清洗组合阀、止回阀、泄压阀、电磁换向阀；

3）检查、清洗、顶紧活塞油压缸；

4）清洗过滤器及油箱；

5）检查液压软管。

（7）拆卸滴液盘部分。主要包括：

1）检查、清洗手摇器；

2）检查蜗轮、蜗杆的磨损情况；

3）检查、清洗各部位轴承；

4）检查滴液盘销轴、轴套、垫片、螺栓等磨损情况；

5）检查滴液盘表面腐蚀、磨损、变形情况。

（8）检查滤板移动器和驱动装置。主要包括：

1）检查滤板移动器弹簧、拉爪、导向块的磨损情况；

2）检查滤板移动器轴承、销轴磨损情况；

3）检查驱动齿轮磨损情况，并测量各部位间隙；

4）检查、测量蜗轮、蜗杆啮合间隙；

5）检查花键轴、六方轴磨损情况，测量直线度；

6）检查驱动链条、链轮及轴承的磨损情况；

7）检查六方轴与绕鼓的六方孔配合间隙；

8）检查六方轴与减速齿轮轴的对中情况。

3. 检修质量标准

（1）板框。主要包括：

1）滤板、滤框表面需平整、光滑，不准有气孔、毛刺、裂纹及其他缺陷；

2）滤板与滤框密封面接触良好，无明显缝隙，最大间隙为 0.15mm，滤板平面度公差为 0.10mm；

3）滤板、压紧板和止推板的压紧表面粗糙度为 0.8；

4）铸铁板框允许变形范围为 0.5～1.5mm；

5）活动板活动小轮应转动灵活，磨损或腐蚀大于 3mm 时需更换。

（2）机架、基础。主要包括：

1）机架与底座严重腐蚀造成整机晃动、扭斜变形时，应予以校正或更换；

2）整机安装水平度公差为 1mm/m；

3）用对角线法校正扭斜变形，使机架中心孔在整机中心线上，误差 <2mm；

4）基础和地脚螺栓严重腐蚀后应重新浇灌，并在四周做好防腐层。

（3）主梁。主要包括：

1）主梁腐蚀或磨损超过 3mm 时，需补强或调向使用，超过 5mm 时必须更换；

2）主梁导轨纵向和横向水平度为 0.2mm/m；

3）两个主梁相对侧面的平行度在总长度上 <2mm；

4）两个主梁导轨在总长度上的直线度 <3mm。

（4）机械传动压紧装置。主要包括：

1）丝杠直线度公差为 2mm，螺纹工作部位不准有裂纹等缺陷；

2）螺纹旋转灵活，当磨损或腐蚀导致松动过大时需更换；

3）止推架腐蚀变形严重时应予以更换；

4）丝杠中心线和压紧板中心线同轴度公差为 2mm。

（5）液压压紧装置。主要包括：

1）拆洗油缸，更换O型密封圈；

2）液压缸装配后，以1.25倍的工作压力进行试压，保持5min以上，压力不得下降，无任何泄漏现象；

3）油缸内表面光滑，无沟痕和裂纹等缺陷，活塞在油缸内活动自如；

4）活塞推杆无裂纹和沟痕等缺陷；

5）柱塞、缸的表面无划痕，其表面粗糙度为0.4，圆柱度公差值为0.005mm；

6）柱塞泵的柱塞与缸的配合间隙为0.02~0.05mm；

7）活塞杆的轴线和压紧板中心吻合，允许偏差≤1.5mm。

（6）滴液盘系统。主要包括：

1）滴液盘表面无腐蚀、磨损现象，防腐漆完好；

2）滴液盘表面不扭曲、变形；

3）滴液盘关闭时接触面良好，无明显缝隙；

4）蜗轮、蜗杆啮合顶间隙为（0.2~0.3）m（m为模数）；

5）滚动轴承如有滚道剥落、裂纹，滚动体磨损、点蚀等缺陷时必须更换，轴承的游隙应符合标准。

三、维护与故障处理

1. 日常维护

（1）定时巡检，做好记录。

（2）定时检查润滑情况，及时做好润滑油（脂）的补充或更换工作。

（3）定时检查滤板压紧时的油压。

（4）定时检查各轴承温度。

（5）定时检查驱动装置传动部件的啮合与润滑情况及机械爪工作情况。

（6）定时检查各密封部位有无泄漏，各连接部件有无松动。

（7）定时检查液压泵的运行情况。

（8）检查滤布有无破损和折叠现象，各条管路是否畅通。

（9）定时检查过滤器是否完好。

（10）定时检查滤板、活动头支撑轮转动是否正常。

（11）每班定期做好设备的清扫、保养、润滑。

（12）及时做好设备的运行记录和缺陷、隐患、维修记录。

（13）定时检查压滤机运行中出现的问题，发现异常要立即采取措施处理。

2. 常见故障与处理

板框式压滤机的常见故障、原因及处理方法见表9-1。

表9-1　板框式压滤机的常见故障、原因及处理方法

序号	故障现象	故障原因	处理方法
1	过滤液泄漏	1）板框变形； 2）板框密封面有积物； 3）顶紧油压低； 4）滤布起皱或损坏	1）校平或更换滤板； 2）清理积物； 3）调整油压； 4）更换滤布
2	顶紧压力低	1）节流阀或泄压阀定压太低； 2）节流阀密封损坏； 3）节流阀弹簧损坏； 4）安全阀失灵； 5）阀内漏； 6）液压泵入口节流； 7）泵本身损坏； 8）油品黏度太低； 9）板框不符合要求； 10）电动机功率选得过小； 11）液压管路有内漏现象	1）重新设置阀门压； 2）更换节流阀密封； 3）更换节流阀弹簧； 4）检查修理； 5）修理研磨各部件； 6）检查清理泵入口过滤器及入口管线； 7）修泵； 8）更换油品黏度； 9）更换板框； 10）重新选用； 11）检查电磁阀分配器及油路中各阀门密封等机械磨损情况
3	液压推杆不动	1）过滤网堵塞，使油缸无油； 2）油泵损坏	1）清洗滤网，重新检查油路系统； 2）检修或更换油泵
4	液压泵杂音大	1）吸入管堵塞； 2）进入空气； 3）泵内部磨损； 4）油品黏度太高； 5）紧固件松动	1）清理入口管线及过滤器； 2）通过放气阀排尽空气； 3）检查泵内件； 4）降低油品黏度； 5）紧固
5	丝杠弯曲	1）顶杆中心不正； 2）导向架装配不正	1）更换丝杠，校正中心； 2）调整导向架

续表

序号	故障现象	故障原因	处理方法
6	液压系统压力下降大	1）液压件或液压回路外漏； 2）液控节流阀失灵； 3）油缸外漏； 4）油缸内漏	1）调整或更换紧固管接头； 2）更换节流阀； 3）更换密封圈； 4）更换活塞密封
7	拉爪不动作	1）拉爪未复位，卡在板框吊架中； 2）电动机接线错误或电动机损坏； 3）电控柜故障； 4）拉爪弹簧失灵	1）松开板框，进行调整； 2）检查电动机接线或更换电动机； 3）检修电控柜及检查电控柜线路； 4）更换
8	液压泵高限不停（或低限不启动）	1）压力开关高限（或低限）与指针间边线接触不良； 2）输入端子有虚接、松动； 3）指针间接触不良	1）检查连线将其接牢； 2）将端子重新连接； 3）将表盖打开用水砂纸打磨

第十章

小型脱硫泵检修

第一节　卧式离心泵检修

脱硫系统中石灰石浆液泵、石膏排出泵、滤液泵、废水泵等通常采用单级单吸卧式离心泵。单级单吸卧式离心泵简称脱硫泵，其结构类似于前面介绍的浆液循环泵，是专为输送含有细颗粒的腐蚀性介质（如石灰石浆液、石膏浆液、脱硫废液等）而设计的。脱硫泵按照材质可分为衬塑泵（如尼龙 PA66、聚四氟乙烯 PTFE、钢衬超高分子量聚乙烯 UHMW－PE）和金属泵（如 Cr30、A49、2507 等两类），泵的过流部件材质要求具有良好的耐磨、耐腐蚀性能。

另外，脱硫系统中工艺水泵、除雾器冲洗水泵也多采用卧式离心泵，但由于其输送介质为工业水，故对过流部件耐磨耐腐性能要求不高。

一、小型脱硫泵（DT 系列）结构

DT 系列小型卧式脱硫泵为轴向吸入、单级、单吸、离心式结构，主要由泵头和托架两部分构成，泵头与托架用螺栓连接。图 10－1、图 10－2 分别为小型卧式脱硫塑料泵和金属泵的结构简图。

1. 泵头部分

（1）泵头部分包括叶轮、蜗壳、后盖板、尾盖、衬板和轴封装置。

（2）叶轮采用抗磨耐腐的高铬合金制作。叶轮排气孔的设计，可排除机械密封室中的内含气体，防止机械密封干摩擦进而烧毁机械密封。叶轮与轴采用螺纹连接。

（3）泵壳（蜗壳）为单层壳体结构，采用抗磨耐腐的高铬合金制作。

（4）后护板采用抗磨耐腐的高铬合金制作。单端面机械密封后护板设计成锥形口以便于浆液及时从机械密封室中排出，防止泵停车后长时间不用，浆液附着在机械密封上损坏机械密封。

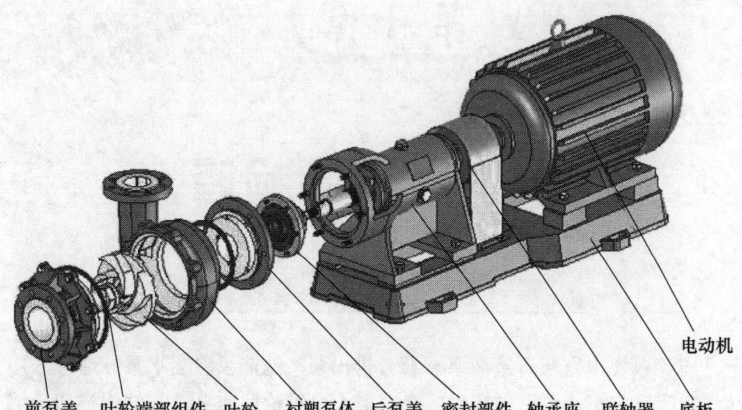

图 10－1　小型卧式脱硫衬塑泵结构简图

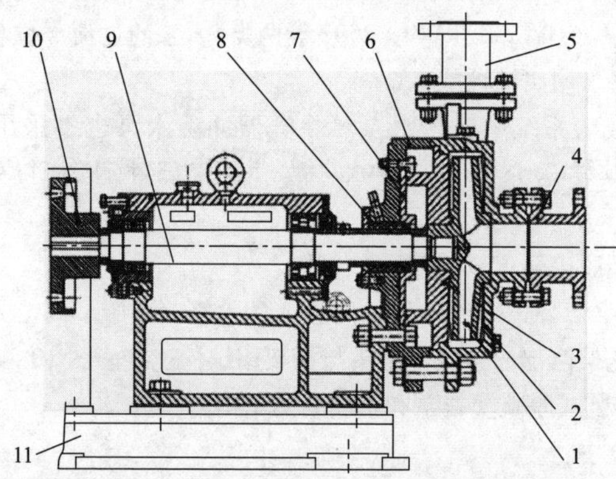

图 10－2 小型卧式脱硫金属泵结构简图

1—叶轮；2—蜗壳；3—后护板；4—入口短管；5—出口短管；6—填料箱；7—衬板；8—机械密封；9—托架；10—联轴器；11—底座

（5）DT 系列脱硫泵的轴封采用机械密封。机械密封具有无泄漏、寿命长、消耗功率少、泵可靠性高等特点。脱硫泵选用的机械密封摩擦副材料为 SiC。

2. 托架部分

托架部分采用稀油润滑式托架，主要由托架体、托架盖、轴、轴承箱、轴承、轴承压盖、挡套、螺母、油封、挡水盘等零件组成。

二、工作原理

卧式离心泵的工作原理为：当泵叶轮被电动机带动旋转时，充满于叶片之间的介质随同叶轮一起转动，在离心泵作用下，介质从叶片间的横道甩出，而介质外流导致叶轮入口处形成真空，介质在大气压作用下被自动吸进叶轮补充。由于离心泵不停地工作，将介质吸进压出，便形成了连续流动，不停地将介质输送出去。

三、泵的调整

1. 泵的前间隙调整

为保证泵的高效运行，必须定期（使用一个时期后，在运行条件不变的情况下，泵的流量及效率下降，电流有较大变化时）调整脱硫泵叶轮与蜗壳的前间隙。具体调整步骤如下：

（1）松开托架盖压紧螺母。

（2）松开轴承箱调节螺栓。

（3）均匀拧动轴承箱压紧螺母，使转子向泵头方向移动，边拧紧边盘车，直到盘不动为止。注意盘车的方向应按泵的工作转向。

（4）用塞尺测量轴承箱法兰与托架端面的间隙 $L=a$；此时，叶轮与蜗壳的轴向间隙 $\delta=0$。

（5）松开轴承箱压紧螺母。

（6）均匀拧紧轴承箱调节螺栓，使转子向电动机方向移动，用塞尺检查间隙 L，直到 $L=a+(0.75\sim1.00)$mm 为止（大泵取大值），注意间隙应均匀一致。

（7）拧紧轴承箱压紧螺母、托架盖压紧螺母，使转子的轴向位置完全固定。

2. 电动机转向的调整

电动机的转向应确保泵的转向与规定方向一致，不得反向旋转，否则会损坏其他部件。电动机的转向调整时，应在与泵完全脱开的状态下进行（即不上联轴器柱销或皮带），在确认电动机转向符合要求后方能安装柱销或皮带，绝不允许盲目启动电动机。

3. 传动装置调整

采用弹性套柱销联轴器传动的，应上好柱销及防护罩；采用皮带传动的，应上好皮带，调整张紧力，使每根皮带张紧一致，上好防护罩；采用调速装置传动的，应按相应使用说明书的要求调整好。

脱硫泵前间隙、电动机转向、传动装置都按上述要求调整完毕后，所有紧固件用扳手跟紧一遍。清理机组上放置的工具及杂物，以防泵运行中造成事故。

四、泵的试运行

泵机组在安装调整好之后，即可进行试运行。

1. 启动

（1）启动泵前，必须按规定转向手动盘车，确认转动灵活方可启动。

（2）开启轴封水，将压力调整到规定值（对于不需加轴封水的泵，该项省略）。尤其是装有双端面机械密封的泵，如果没有轴封水，动静环会形成干摩擦，导致瞬间烧毁机械密封。

（3）待进口阀门全开后再延时1～3min（确保泵内机械密封周围充满浆体），方可启动泵。

（4）泵启动后，通常会联锁开启出口阀。

2. 运转

泵正常运转后，应观察以下几项内容：

（1）供给机械密封的轴封水是否正常，机械密封温升≤35℃，最高温度≤75℃。

（2）泵的流量、扬程（出、入口压力）是否稳定并符合工艺要求。

（3）电流是否稳定。

（4）机组是否有异常响声，噪声是否过大。

（5）轴封泄漏是否正常（滴渗）。机械密封规格尺寸≤50mm，泄漏量≤3mL/h；机械密封规格尺寸>50mm，泄漏量≤5mL/h。

（6）轴承温升≤35℃，最高温度≤75℃。如安装SKF轴承，最高持续运行温度≤120℃。

（7）振动值应保持在JB/T 8097—1999《泵的振动测量与评价方法》中规定范围之内。

3. 停泵

（1）停机。

（2）关闭泵进口阀门。

（3）开启反冲洗系统。冲洗时间应确保冲洗干净泵内浆体沉积物，以防其凝固，影响泵下次启动和运行。

（4）冲洗完毕后关闭轴封水。

五、泵的常见故障、原因及处理方法

泵的常见故障、原因及处理方法见表10－1。

表 10－1　　　泵的常见故障、原因及处理方法

序号	常见故障	故障原因	处理方法
1	泵不出水，压力表及真空表的指针剧烈跳动	吸水管路内没有注满水	向泵内注满水
		吸水管路堵塞或阀门开启不足	开启进口阀门，清理堵塞部位
		泵的进水管路、仪表处严重漏气	堵塞漏气部位
2	泵不出水，真空表显示高度真空	进口阀门没有打开或已淤塞	开启阀门或清淤
		吸水管路阻力太大或已淤塞	改进设计吸水管路或清淤
		吸水高度太高	降低安装高度
3	泵不出水，压力表显示有压力	出水管路阻力太大	检查调整出水管路
		叶轮堵塞	清理叶轮
		转速不够	提高泵转速
4	泵不转	蜗壳内被固硬沉积物淤塞	清除淤塞物
		泵出口阀门关闭不严，泵腔漏入浆液并沉淀	检修或更换出口阀门，清除沉积物
5	流量不足	叶轮或进、出水管路阻塞	清洗叶轮或管路
		叶轮磨损严重	更换叶轮
		转速低于规定值	调整转速
		泵的安装不合理或进水管路接头漏气	重新安装或堵塞漏气
		输送高度过高，管内阻力损失过大	降低输送高度或减小阻力
		进水阀开得过小	适当开大阀门
		泵的选型不合理	重新选型

续表

序号	常见故障	故障原因	处理方法
6	泵的电动机超负荷	泵扬程大于工况需要扬程，运行工况点向大流量偏移	关小出水阀门，切割叶轮或降低转速
		介质比重偏大	重新选配电动机
7	泵内部声音反常，泵不出水	吸入管阻力过大	清理吸入管路及闸阀
		吸上高度过高	降低吸上高度
		发生气蚀	调节出水阀门，降低安装高度，减少进口阻力
		吸入口有空气进入	堵塞漏气处
		所抽送液体温度过高	降低液体温度
8	泵振动	泵发生气蚀	调出水阀门，降低安装高度，减少进口阻力
		叶轮单叶道堵塞	清理叶轮
		泵轴与电动机轴不同心	重新找正
		紧固件或地基松动	拧紧螺栓，加固地基
9	轴承发热	未开启冷却水	开启冷却水
		润滑不好	按说明书调整油量
		润滑油不清洁	清洗轴承，换油
		推力轴承方向不对	针对进口压力情况，应将推力轴承调方向
		轴承有问题	更换轴承
10	机械密封泄漏	摩擦副损坏	更换机械密封
11	泵漏油	油位太高	降低油位
		胶件失效	更换胶件
		装配有问题	调整装配
12	泵头漏水	胶件没有压好	重新装配或压紧

六、泵的维护保养

（1）保持设备清洁、干燥、无油污、不泄漏。

（2）每日检点轴承体内油位是否合适，正确的油位在油位线位置附近，不得超过 ±2mm。

（3）经常检点泵运行是否存在声音异常、振动及泄漏情况，发现问题及时处理。

（4）泵内严禁进入金属物体和超过泵允许通过的大块固体，且严禁放入胶皮、棉丝、塑料布之类柔性物质，以免破坏过流部件及堵塞叶轮流道，使泵不能正常工作。

（5）严禁泵在抽空状态下运行，因泵在抽空状态下运行不但振动剧烈，且还会影响泵的寿命，一定要特别注意。

（6）为保证泵的高效运行，必须定期（泵在使用一个时期后，在运行条件不变的情况下，电流有较大变化时）调整叶轮与蜗壳的前间隙，该间隙一般出厂前已调好。若发现此间隙不符合要求，应进行调整；运转中发现问题也应停机调整。

（7）经常检测轴承温度，最高不得超过 75℃，对于 SKF 轴承最高温度不得超过 120℃。

（8）泵开始连续运行 800h 后应彻底更换润滑油一次，以后每半年换一次润滑油。

（9）备用泵应每周转动 1/4 圈，以使轴均匀地承受静载荷及外部振动。

（10）若停机时间较长，再次启动前应使用反冲水冲洗泵内沉积物。

（11）经常检查进出水管路系统支撑机构松动情况，确保支撑牢靠，泵体不应承受支撑力。

（12）经常检查泵在基础上的紧固情况，连接应牢固可靠。

特别注意：新安装及检修后的泵，一定要先试好电动机转向后，再安装联轴器柱销、螺母、垫圈、弹性圈。用皮带传动的，应试好电动机转向后，再装传动带，且不可使电动机带动泵反转。但允许在电动机断电情况下，管内液体倒流使泵反转，不过要注意高差特别大（≥80m）时亦应防止回水倒流导致泵突然反转。

（13）装双端面机械密封或单端面带冲洗水机械密封的泵，在开泵之前应先开启轴封水或冲洗水，然后再开启泵；停泵 3～5min 后方可关闭轴封水或冲洗水。

七、泵的装配与拆检

1. 轴的装配

（1）装配后轴承，然后将挡套压紧轴承，用圆螺母锁紧。

（2）装轴承箱。

（3）装前轴承。

（4）装轴承箱上的密封圈。

（5）装轴部分的其他部件，待主轴组件与托架装好后，再按装配图依次安装。

2. 托架的装配

（1）将托架体油池内的污物清除干净，将轴承孔擦干净。

（2）将托架体与托架盖的结合表面清理干净后，测量轴承孔尺寸应符合图纸要求，且允许在 ±0.015mm 范围内，确定所加纸垫厚度（调整纸垫厚度时，最多不超过三层）。

（3）装油池六角螺塞及游标，并在油标盘上通过圆心划一条 0.2 ~ 0.5mm 水平线并涂上红漆，以示油位。

（4）吊起主轴两端，将主轴组件装进托架的配合孔内。吊起托架盖，在托架接合面的青壳纸上涂上耐油密封胶后，合上托架盖。轴承箱法兰内侧端面与托架端面的间隙 δ 先预留成 3mm。打进锥销，顶紧螺栓。

（5）前轴承压盖装油封，垫青壳纸，装在轴上用螺栓与托架连接起来。

（6）后轴承压盖装油封，垫青壳纸，装在轴上用螺栓与轴承箱连接起来。

（7）装上挡水盘和拆卸环。装拆卸环时，螺栓孔内须加入少量润滑脂，拆卸环要压紧挡水盘。

（8）装轴承箱上的调节螺栓和紧固螺栓。

（9）轴上装磁力百分表，检测托架与后泵壳连接的半圆定位孔及端面与轴回转中心的同轴度及垂直度，均不能大于 0.25mm。

（10）装泵联轴器或泵用皮带轮。为保护机械密封不致因冲击力受损，必须先打入泵联轴器或皮带轮后，才能装入机械密封。若已装成的泵内装有机械密封，应先将泵头部分和机械密封拆下，再打入泵联轴器或皮带轮，最后恢复机械密封和泵头部分，否则锤击力有可能导致机械密封动静环破裂。

3. 机械密封组件装配

安装前应检查机械密封的型号、规格是否正确，将相关附件准备齐全。安装机械密封前应先将泵联轴器装好。下面分别介绍单端面机械密封和双端面机械密封组件的装配：

（1）单端面机械密封为集装式结构，装到泵上不需要进行调整，一般允许的轴向位移为3～5mm。

（2）双端面机械密封出厂时一般分为三部分：机械密封压盖部分（内有静环）、动环组件（包括动环、弹簧、弹簧座等）、静环部分。安装时，先将机械密封压盖部分固定在尾盖上，拧紧机械密封压盖螺栓，将静环装到衬板中。

机械密封装好后，按泵的旋转方向手动盘车，视其转动是否灵活。若有异常，应及时进行检查、调整。

具体安装方法与使用注意事项详见机械密封的安装说明书。

4. 泵头的安装

（1）先将机械密封尾盖与托架用螺栓连接。

（2）装后护板。

（3）装机械密封组件（也可将机械密封先装到后护板上，然后一起装到轴上）。

（4）叶轮装在轴上，拧紧，压实轴套。

（5）装后护板与蜗壳处的密封圈。

（6）将蜗壳吊起，装配在后护板上，连接好螺栓。

（7）装出、入短管。

（8）调整叶轮与蜗壳的轴向间隙为0.75～1.00mm（水平方向）。

5. 其他零件的安装

（1）电动机与泵找正后，检验电动机转向与蜗壳上箭头指向一致后，安装联轴器柱销组件或皮带（联轴器的柱销、螺母、垫圈、弹性圈或皮带，待泵发往现场后，现场安装）。

（2）装好联轴器罩或皮带轮罩。

第二节　立式液下泵检修

脱硫系统立式液下泵主要包括吸收塔区排水坑泵、制浆区排水坑泵、滤液池排水坑泵等，其为轴向吸入、单级、单吸、离心式结构。

一、泵的结构特点

（1）主要部件。TL系列立式液下泵主要由叶轮、蜗壳、后护板、后泵壳、机械密封、支架、支撑板、轴、轴承、轴承体、电动机支座、出水管等部件组成，如图10－3所示。叶轮、蜗壳、后护板、后泵壳用抗磨耐腐的高铬合金制作。

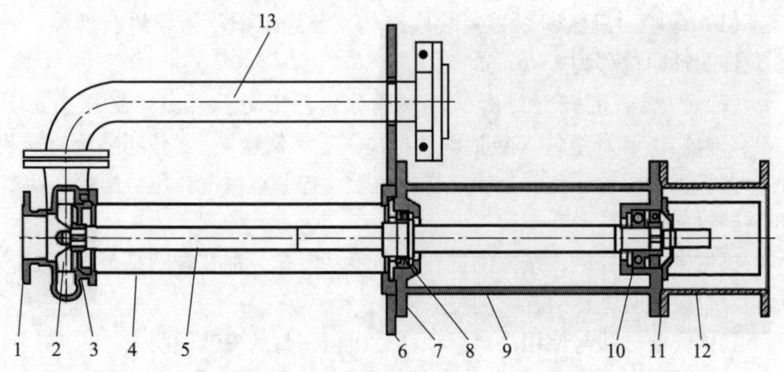

图 10－3　TL 系列立式液下泵结构简图

1—泵体；2—叶轮；3—泵盖；4—支撑管；5—轴；6—底座；7—下轴承盖；8—下轴承；9—泵架；10—上轴承；11—上轴承盖；12—电动机架；13—出液管

（2）轴承润滑。TL 系列立式液下泵轴承采用二硫化钼锂基脂 2 号或 3 号。

（3）液下连接件。TL 系列立式液下泵的液下连接件（包括螺栓、平垫、弹垫、螺母等）均采用不锈钢材质。

二、泵的常见故障、原因及处理方法

泵的常见故障、原因及处理方法见表 10－2。

表 10－2　　泵的常见故障、原因及处理方法

序号	常见故障	故障原因	处理方法
1	泵不出水，压力表及真空表的指针剧烈跳动	吸水管路内没有注满水	向泵内注满水
		吸水管路堵塞或阀门开启不足	开启进口阀门，清理堵塞部位
		泵的进水管路、仪表处严重漏气	堵塞漏气部位
2	泵不出水，真空表显示高度真空	进口阀门没有打开或已淤塞	开启阀门或清淤
		吸水管路阻力太大或已淤塞	改进设计吸水管路或清淤
		吸水高度太高	降低安装高度
3	泵不出水，压力表显示有压力	出水管路阻力太大	检查调整出水管路
		叶轮堵塞	清理叶轮
		转速不够	提高泵转速

续表

序号	常见故障	故障原因	处理方法
4	泵不转	蜗壳内被固硬沉积物淤塞	清除淤塞物
		泵出口阀门关闭不严，泵腔漏入浆液并沉淀	检修或更换出口阀门，清除沉积物
5	流量不足	叶轮或进、出水管路阻塞	清洗叶轮或管路
		叶轮磨损严重	更换叶轮
		转速低于规定值	调整转速
		泵的安装不合理或进水管路接头漏气	重新安装或堵塞漏气
		输送高度过高，管内阻力损失过大	降低输送高度或减小阻力
		进水阀开得过小	适当开大阀门
		泵的选型不合理	重新选型
6	泵的电动机超负荷	泵扬程大于工况需要扬程，运行工况点向大流量偏移	关小出水阀门，切割叶轮或降低转速
		介质比重偏大	重新选配电动机
7	泵内部声音反常，泵不出水	吸入管阻力过大	清理吸入管路及闸阀
		吸上高度过高	降低吸上高度
		发生气蚀	调节出水阀门，降低安装高度，减少进口阻力
		吸入口有空气进入	堵塞漏气处
		所抽送液体温度过高	降低液体温度
8	泵振动	泵发生气蚀	调出水阀门，降低安装高度，减少进口阻力
		叶轮单叶道堵塞	清理叶轮
		泵轴与电动机轴不同心	重新找正
		紧固件或地基松动	拧紧螺栓，加固地基
9	轴承发热	未开启冷却水	开启冷却水
		润滑不好	按说明书调整油量
		润滑油不清洁	清洗轴承，换油
		推力轴承方向不对	针对进口压力情况，应将推力轴承调方向
		轴承有问题	更换轴承

续表

序号	常见故障	故障原因	处理方法
10	泵漏油	胶件失效	更换胶件
		装配有问题	调整装配
11	泵头漏水	胶件没有压好	重新装配或压紧

三、泵的维护保养

（1）保持设备清洁、干燥、无油污、不泄漏。

（2）经常检查泵运行是否存在声音异常、振动及泄漏情况，发现问题及时处理。

（3）泵内严禁进入金属物体和超过泵允许通过的大块固体，且严禁放入胶皮、棉丝、塑料布之类柔性物质，以免破坏过流部件及堵塞叶轮流道，使泵不能正常工作。

（4）严禁泵在抽空状态下运行，因泵在抽空状态下运行不但振动剧烈，且还会影响泵的寿命。

（5）经常检测轴承温度，最高不得超过75℃，对于SKF轴承最高温度不得超过120℃。

（6）立式液下泵应定期加注二硫化钼锂基润滑脂2号或3号。添加润滑脂的数量为轴承和轴承体空腔的1/3～2/3为宜。加入润滑脂的量太少则不能保证润滑，而加入量太多会造成摩擦转矩增大，轴承磨损加快，散热不良，温升提高。

（7）若停机时间较长，再次启动前应使用反冲水冲洗泵内沉积物。

（8）经常检查进出水管路系统支撑机构松动情况，确保支撑牢靠，泵体不应承受支撑力。

（9）经常检查泵在基础上的紧固情况，连接应牢固可靠。

特别注意：新安装及检修后的泵，一定要先试好电动机转向后，再安装联轴器柱销、螺母、垫圈、弹性圈。用皮带传动的，应试好电动机转向后，再装传动带，且不可使电动机带动泵反转。但允许在电动机断电情况下，管内液体倒流使泵反转，不过要注意高差特别大（≥80m）时亦应防止回水倒流导致泵突然反转。

四、泵的装配与拆卸

1. 泵的装配

泵在装配前应对各零件做全面的检查，并清洗和擦拭干净，检查零件是否符合使用要求。

（1）支架组件的装配。装配顺序及基本要求如下：

1）必须使用经检验认定合格的轴承；

2）检查轴承内径、外径、宽度、滚道两端的平行度及有无锈蚀、斑点等缺陷，转动是否灵活；

3）为避免与配合面发生咬住现象，装配前应预先在安装面上涂一层润滑油，保护轴、孔不受损伤；

4）轴承采用热装法，并严格控制加热温度不超过100℃，热装后轴承应自然冷却，不许骤冷以免造成零件损坏或变形；

5）装上轴承，上轴承为两盘角接触球轴承串联安装，受力面在下，对于角接触轴承要分析检查轴承游隙，找出滚道中心，并根据内圈相对外圈的高低决定是否加垫，加垫厚度按保证轴承标准游隙来确定；

6）检查轴承与轴肩是否靠紧，转动应灵活平稳；

7）装骨架油封于上轴承体内，将上轴承体套在轴上，安装到位，检查轴承游隙，加纸垫，加润滑脂，将上轴承压盖装于上轴承体上，拧紧螺栓；

8）将上述组件装于支架内，用螺栓将上轴承体固定在支架上，装骨架油封于下轴承体内，将下轴承体用内六角螺栓固定在支架上；

9）装下轴承（轴承上注有字样的端面朝外）；

10）检查轴承游隙，加纸垫，加润滑脂，将骨架油封装在下轴承压盖内，装下轴承压盖；

11）装轴承处的轴承挡套及圆螺母、键、泵联轴器。

（2）安装后泵壳于后护板（见图10－4）。主要包括：

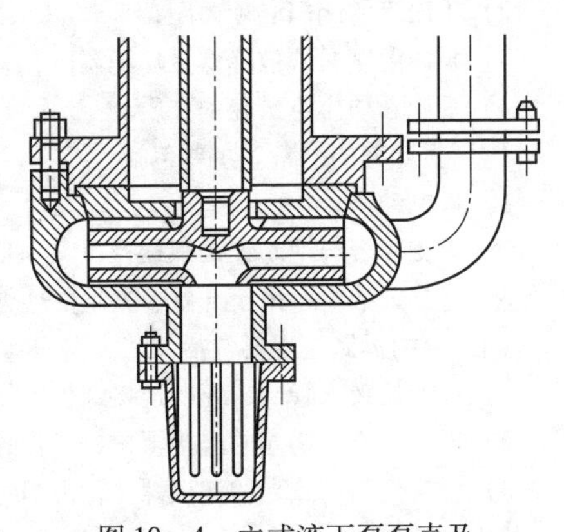

图10－4　立式液下泵泵壳及过流件结构简图

1）装后泵壳与轴上，拧紧后泵壳与支架的连接螺栓；

2）将后护板装在后泵壳上。

（3）安装叶轮。主要包括：

1）在叶轮梯形螺纹上涂润滑脂，装叶轮于轴上，旋紧；

2）叶轮外圆的跳动应不大于0.35mm，测量叶轮前端面到后护板配合止口面的距离L_1，并留记录。

（4）安装蜗壳。主要包括：

1）校对蜗壳尺寸；测量后护板配合止口面到底面的距离L_2，L_2要比L_1大1.5~3.1mm；

2）装后护板O型圈；

3）装蜗壳于后泵壳上，装连接螺栓，拧紧。

（5）其余部件的装配。主要包括：

1）装入口短管与蜗壳，拧紧连接螺栓；

2）校对出水管位置，装电动机支座、支撑板，并紧固螺栓；

3）垫胶垫，装出水管，拧紧出水管与蜗壳的连接螺栓；

4）将一半卡箍焊在右支撑板上，装另一半并拧紧螺栓；

5）装电动机联轴器及弹性柱销组件；

6）装电动机及电动机联轴器于电动机支座上，拧紧连接螺栓。

2. 泵的拆卸

（1）总体介绍。主要包括：

1）拆卸前，务必切断电源，确保泵设备不会因意外情况接通电源；

2）排出管的阀门必须关闭；

3）泵体温度必须被降低至环境温度；

4）事先必须排空泵腔内介质。

（2）拆卸前的准备。主要包括：

1）拆电动机；

2）拆支撑板与地基连接螺栓；

3）将立式液下泵吊至开阔、平坦的地方。

（3）泵的拆卸。主要包括：

1）拆加长吸入管与蜗壳的连接螺栓，将加长吸入管拆下；

2）拆出水管与蜗壳的连接螺栓、卡箍的连接螺栓，将出水管拆下；

3）拆蜗壳与后泵壳的连接螺栓，拆蜗壳；

4）拆叶轮；

5）拆后护板；

6）拆后泵壳与支架的连接螺栓；

7）拆支架与电动机支座连接螺栓，拆下电动机支座；

8）拆泵联轴器；

9）拆圆螺母、轴承挡套、轴承压盖，可添加二硫化钼锂基润滑脂 2 号或 3 号；

10）拆上、下轴承体，可更换轴承。

第十一章

立式搅拌器检修

脱硫系统立式搅拌器包括吸收塔区排水坑搅拌器、制浆区排水坑搅拌器、废水旋流给料箱搅拌器、废水箱搅拌器等，其主要作用是防止地坑及箱罐内部发生沉淀。

一、立式搅拌器结构组成

立式搅拌器将搅拌装置安装在立式设备筒体的中心线上，驱动方式一般为皮带传动和齿轮传动，用普通电动机直接连接或与减速机直接连接。

立式搅拌器主要由电动机、减速装置、搅拌轴和桨叶等组成，如图11－1所示。搅拌器桨叶的形式多种多样，但无论何种桨叶形式，搅拌器在操作时，其轴功率消耗都产生两部分作用，一部分是桨叶产生的排液量，另一部分是桨叶产生的压头。桨叶产生的压头又可分成两部分，即静

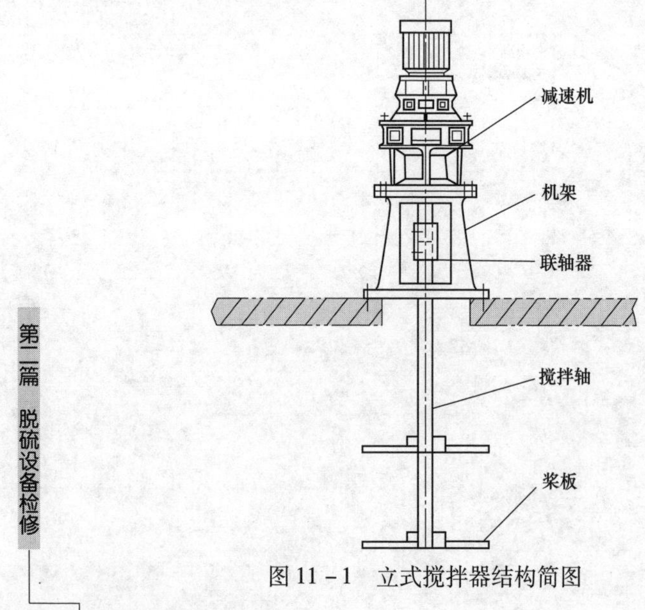

图11－1　立式搅拌器结构简图

压头和剪切力。搅拌器桨叶在操作时，必须克服静压头，而剪切力则使得物料分散、混合。因此，根据桨叶产生的排液量，克服静压头和产生剪切力能力的大小，可将所有桨叶分成三种基本类型，即流动型、压头型和剪切型。每一种桨叶在提供某种基本作用的同时（如流动型桨叶的基本作用是产生排液量），也提供另外两种作用（产生剪切力和克服静压头）。

二、检修工艺及质量标准

1. 准备工作

（1）办理工作票，电动机停电。

（2）拆开皮带防护罩，卸下电动机及泵间连接皮带。

（3）拆下齿轮箱放油堵，放尽齿轮箱内旧油。

（4）拆下电动机支架地角固定螺栓，移走电动机。

（5）拆开变速箱联轴器防护罩，拆开联轴器连接螺栓。

（6）拆开支撑架和变速箱连接螺栓，拆开变速箱和搅拌器框架连接螺栓。

（7）用专用工具塞进变速箱和搅拌器框架缝隙，将两部分撬开并从搅拌轴端抽出齿轮箱整体。

（8）松开后轴承室和变速箱连接螺柱，拆下后轴承室轴套、齿轮及前轴承。

（9）拆下高速旋转齿轮、皮带轮及键，松开变速箱上盖。

（10）拆下轴承压盖及垫片，松开轴承锁母及垫片。

（11）认真检查高速齿轮、冲击垫及短轴装量。

（12）清理变速箱内积油，用煤油清洗箱体及齿轮轴承部件，再用面粘擦干净，并检查齿轮啮合情况。

（13）检查齿轮接合面是否完好，有无磨损、齿轮断裂及齿轮间隙不合理和齿轮不均现象，并检查齿轮啮合情况，齿轮侧间隙0.25～0.40mm。

（14）检查轴承有无锈蚀、磨损及卡涩、晃动现象并测量游隙，如果超标则更换。

（15）检查轴套、动静环及O型圈是否完好；动静环密封唇口应无杂质且光滑、严密。

（16）检查轴、叶轮、棒胶衬是否完好，有无磨损、泄漏现象；轴弯曲度≤0.05mm/m，椭圆度≤0.05mm/m。

2. 装配

立式搅拌器装配前一定要进行基础找水平，并通过改变垫片的厚度及数量（原则上不超过3片）来调整机体的水平。

（1）搅拌轴和变速箱输出端的装配。把键放进搅拌轴槽内，自变速箱下端穿进变速箱输出轴内部，拧紧搅拌轴固定螺栓。

（2）搅拌器桨叶的装配。将桨叶固定套短距离侧朝里穿进搅拌轴，把键放进桨叶固定部位的键槽内。把固定套置于键上方，拧紧固定螺栓；再装上桨叶，拧紧桨叶固定螺栓。

3. 变速箱拆卸

（1）当需要检修变速箱时，分离电动机，拆开变速箱放油堵头放尽旧油，拆下搅拌轴，松开变速箱和支撑装置连接螺栓，卸下变速箱体。拆开电动机和变速箱对轮连接螺栓，抬起电动机，使其和变速箱分离开来，拆开电动机侧三爪靠背轮，松开变速箱的靠背轮轴头帽，取下靠背轮。

（2）拆下铭牌固定螺栓，取下铭牌及垫片。

（3）拆下输出轴固定锁母及锁片。

（4）拆开齿轮箱盖和箱体固定螺栓及内六角螺栓，在盖体三个顶丝孔拧进顶丝，顶起取下齿轮箱盖，取下圆锥滚子轴承。

（5）拆下高速齿轮和轴、中间齿轮和轴。

（6）取下低速齿轮锁片，卸下齿轮。

（7）拆下轴承，检查轴承、齿轮及小齿轮，必要时予以更换。

4. 变速箱的装配

装配前，必须对各部件及箱体进行检查、清洗。在装配输出齿轮轴承锁母时，旋转锁母直到输出轴固定死。锁母周围有四个槽，锁片周围有19个齿，在锁死锁母时，使锁片齿和锁母槽对齐并弯曲，锁片齿压进锁母槽内。

三、检修中的注意事项

（1）拆卸变速箱过程中，变速箱禁止用锤头或其他硬金属敲打。

（2）拆卸下来的轴承、轴及齿轮一定要进行仔细检查，看有无损坏、磨损等现象，并测量间隙是否符合要求，必要时更换。

（3）箱体及部件在装配前必须用煤油清洗，擦干净。

（4）检修过程中对各密封面垫的厚度进行测量，并做好记录。

（5）对电动机和变速箱体靠背轮连接，必须进行找正，使其径向偏差≤0.05mm，端面偏差≤0.04mm。

（6）检修完毕后，一定要加注润滑油到指定油位。

（7）变速箱齿轮装配好后，用手盘动靠背轮，观察齿轮的啮合情况，压铅丝或涂抹红丹粉测其齿轮配合情况。

四、常见故障及处理方法

立式搅拌器常见故障及处理方法见表 11－1。

表 11－1　　　立式搅拌器常见故障及处理方法

序号	故障类别	故障现象	处理方法
1	声音异常	风扇轮内进入异物	去除异物
		轴承缺油干磨	更换轴承
		电动机齿轮箱缺油	注油到正常油位
		油质量差，油号不对	清洗，注入规定油品
		部件磨损	检查轴承和齿轮是否磨损，若出现过度磨损，查找原因并更换
		容器内部件如叶轮、螺栓松动	检查紧固
2	振动	叶轮定位不正确	重新定位
		轴承损坏	更换轴承
		叶轮、轴结垢	除垢
		部件松动	紧固螺栓、螺母
3	电动机超载掉闸	产品数据改变	咨询厂家
		叶轮安装不正确	重新安装调试
		介质颗粒过大	加强系统设备调整控制
		工艺水流量低，稀释不够	检查保护配比，调整工艺水量，使介质能够携带充分
4	齿轮过热	齿轮箱缺油	注油到正常油位
		齿轮间隙低于要求值	重新调整间隙
		齿轮轴承损坏	更换轴承
		油质不当	更换合格油品
5	机械密封泄漏	动静环密封损坏	更换动静环
		O 型圈损坏	更换 O 型圈
		管件连接松动	紧固连接或修理

续表

序号	故障类别	故障现象	处理方法
6	电动机械不转	联轴器损坏	修理联轴器及棒销
		齿轮损坏	修理更换齿轮
		齿轮箱轴承损坏	修理更换齿轮箱轴承
		叶轮碰到硬物	清理硬物并检查叶轮及轴损伤
		部件（水平行键）安装时遗漏	重新安装

第三篇

脱硝设备检修

第十二章

烟气脱硝技术概述

第一节　NO_x的生成机理

燃煤电厂烟气中的氮氧化合物主要成分为 NO 和 NO_2，其次是 N_2O_3、N_2O、N_2O_4和 N_2O_5，这些统称为氮氧化物，即 NO_x。按形成途径，氮氧化物主要可分为以下三个类型：热力型 NO_x、快速型 NO_x和燃料型 NO_x。

以上三种类型的 NO_x按生成比例而言燃料型 NO_x是最主要的，其占 NO_x总量的65% ~85%；热力型 NO_x次之，约占 20%；快速型 NO_x的产生量最少。这三种氮氧化物的生成量受到燃烧程度的影响，温度不同，生成量也不一样。

一、热力型 NO_x

热力型 NO_x是指空气中的氧气和氮气在燃料燃烧时所形成的高温环境下生成的 NO 和 NO_2的总和，其总反应式为：

$$N_2 + O_2 \longrightarrow 2NO$$

$$NO + O_2 \longrightarrow NO_2$$

热力型 NO_x生成速度与燃烧温度关系很大，故又称为温度型 NO_x。当燃烧区域的温度小于 1300℃时，NO_x的生成量很小；当温度高于 1300℃时，NO 的生成反应才逐渐明显，NO_x生成量逐渐增大。因此在一般的煤粉炉固态排渣燃烧方式下，热力型 NO_x所占比例极小。氧气浓度的增加和在高温区停留时间的延长，都会促进热力型 NO_x的生成。在典型的煤粉火焰中，热力型 NO_x占总排放量的20%左右。若降低燃烧温度，避免产生局部高温区，就能有效降低热力型 NO_x的生成。

二、燃料型 NO_x

燃料中的 N 通常以原子状态与各种碳氢化合物结合，形成环状化合物或链状化合物。燃料被送入炉膛燃烧，在较高温度的炉膛中，燃料中的氮有机化合物在燃烧前首先被加热分解成氰（HCN）、氨气（NH_3）等中间产物，同时煤粉中的挥发分一并析出，这部分统称为挥发分 N，剩余部分称为焦炭 N，这两者的比例会受到炉膛温度和煤粉细度的影响。炉膛温度越低，挥发分N的比例越小，焦炭N的比例越大。煤粉细度越细，挥发分N的比例越大，焦炭N的比例越小。挥发分N的主要反应过程为：HCN被氧化成NCO，NCO继续被氧化成NO。如果NCO所处的环境为还原性气氛，就会被还原成NH_3。而此时产生的NH_3会和氧气发生反应，生成NO和H_2O，NH_3和NO还会发生氧化还原反应，生成N_2。燃料型NO_x是总的NO_x的主要部分，占65%~85%。

三、快速型NO_x

快速型NO_x只有在较富燃的情况下，即在碳氢化合物较多，氧气浓度相对较低时才能产生。燃料产生的CH原子团撞击N_2分子，生成HCN类化合物，再进一步与火焰中大量的O与OH等原子团反应生成NO，这个反应很快，所以称为快速型NO_x。在燃煤锅炉中，其生成量很小，一般在5%以下，往往可以忽略不计。

综上所述，对常规燃煤锅炉而言，NO_x主要是通过燃料型的生成途径而产生的。因此，控制和减少NO_x在煤燃烧过程中的产生，主要是控制燃料型NO_x的生成。

第二节　脱硝技术分类

一、NO_x控制技术分类

有关NO_x的控制技术可以从燃料生命周期的三个阶段入手，分为燃烧前、燃烧中和燃烧后三类。

（1）燃烧前脱硝技术是指在燃烧前对煤进行脱氮处理，通过降低煤中的含氮率，控制NO_x的排放。但此项技术目前还不是很成熟，而且处理成本较高，处理难度大，所以实用价值偏低，只是作为一种概念被提出。

（2）燃烧中脱硝技术即低NO_x燃烧技术，是通过改进燃料方式和生产工艺，如采用低氮燃烧器、空气分级燃烧、燃料分级燃烧、烟气再循环等技术实现的，主要途径如图12-1所示。

（3）燃烧后脱硝技术即把已生成的NO_x还原为N_2，从而脱除烟气中的NO_x。这种脱硝技术主要包括酸吸收法、碱吸收法、选择性催化还原法、非选择性催化还原法、吸附法、离子体活化法等，国内外还有一些使用微生物来处理含NO_x废气的方法。该技术按治理工艺可分为湿法烟气脱硝和干法烟气脱硝两种。

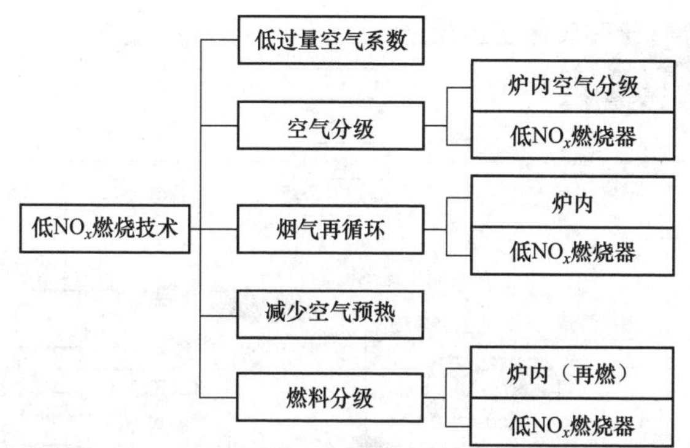

图 12－1　低 NO_x 燃烧技术的主要途径

二、湿法烟气脱硝技术

湿法烟气脱硝技术是利用液体吸收剂将 NO_x 溶解的原理来净化燃煤烟气。因 NO 难溶于水，一般先将 NO 通过 O_3、ClO_2 或 $KMnO_4$ 反应，氧化成 NO_2，然后被水或碱性溶液吸收，实现烟气脱硝。

三、干法烟气脱硝技术

与湿法烟气脱硝技术比较，干法烟气脱硝技术的主要优点是：基本投资低，设备及工艺过程简单，脱除 NO_x 的效率较高，无废水和废弃物处理，不易造成二次污染。干法烟气脱硝技术主要有以下几种：

（1）选择性催化还原脱硝（Selective Catalytic Reduction，SCR）。其原理是利用 NH_3 和催化剂在温度为 200～450℃ 时将 NO_x 还原为 N_2。由于 NH_3 具有选择性，只与 NO_x 发生反应，基本不与 O_2 发生反应，所以称为选择性催化还原脱硝。液氨为吸收剂时的 SCR 工艺流程如图 12－2 所示。

（2）选择性非催化氧化还原脱硝（Selective Non－Catalytic Reduction，SNCR）。其基本原理是把含有 NH_x 基的还原剂（如氨、尿素）喷入温度在 800～1000℃ 这一狭窄温度范围的炉膛，在没有催化剂的情况下，该还原剂（尿素）迅速热分解成 NH_3 并与烟气中的 NO_x 进行反应，使得 NO_x 还原成 N_2 和 H_2O，而且基本上不与 O_2 发生作用。SNCR 法的还原剂可以是 NH_3、尿素或其他氨基元素，其反应机理相当复杂。当尿素为还原剂时的 SNCR 工艺流程如图 12－3 所示。

其反应方程式可表示为：

$$H_2NCONH_2 + 2NO + 1/2O_2 = 2N_2 + CO_2 + 2H_2O$$

同 SCR 工艺类似，SNCR 工艺的 NO_x 脱除率主要取决于反应温度、

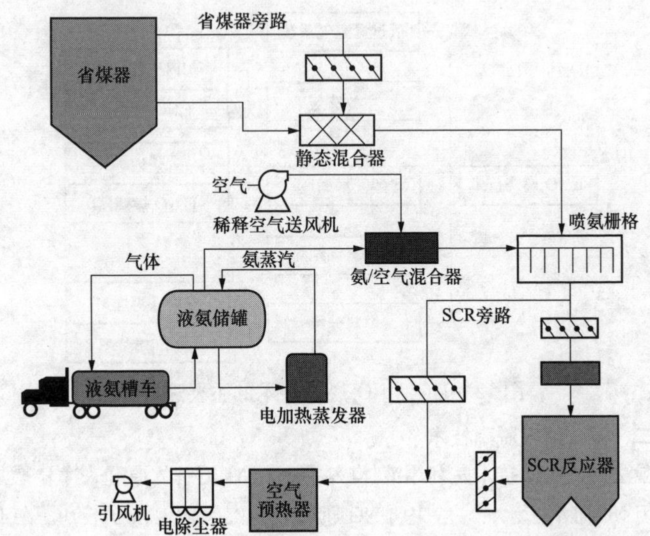

图 12 - 2　液氨为吸收剂时的 SCR 工艺流程

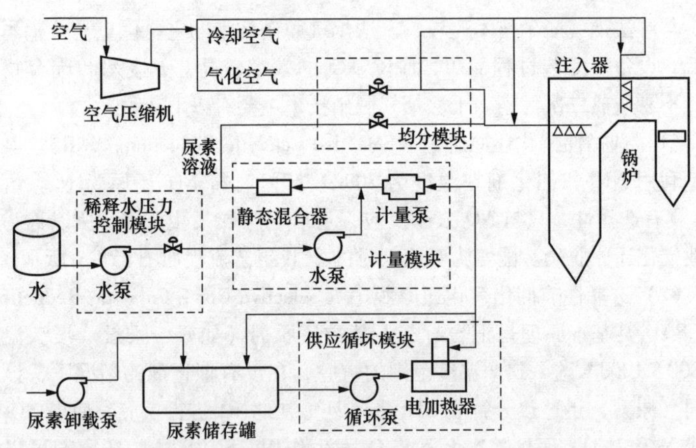

图 12 - 3　尿素为还原剂时的 SNCR 工艺流程

NH_3与 NO_x的化学计量比、混合程度和反应时间等。SNCR 工艺的温度控制至关重要。若温度过低，NH_3的反应不完全，容易造成 NH_3泄漏；而温度过高，NH_3则容易被氧化为 NO，抵消了 NH_3的脱除效果。温度过高或过低都会导致还原剂损失和 NO_x脱除率下降。通常，设计合理的 SNCR 工艺能达到高达30%～50%的脱除率。该法的优点是不需要催化剂，投资较SCR法小，比较适合于环保要求不高的改造机组；缺点是效率不高，反应剂和运载介质的消耗量大，氨的泄漏量大，生成的（$(NH_4)_2SO_4$）和NH_4HSO_4会腐蚀和堵塞下游的空气预热器等设备。

四、协同脱硫脱硝技术

按其操作特点，烟气协同脱硫脱硝技术的典型工艺有干法和湿法两种，其中干法工艺包括固相吸收法和再生法、气固催化法、敷设法、碱性喷雾干燥法等；湿式工艺主要有氧化/吸收法和铁的螯合物等吸收法等。

第三节　催化剂的种类

SCR催化剂是SCR脱硝系统的核心，直接决定着系统的性能和投资运行成本。SCR催化剂布置在省煤器和空气预热器之间，需要在300～420℃温度范围内运行，催化剂要承受高温、高尘、高SO_2含量和其他毒性成分的烟气条件，这对脱硝催化剂的脱硝效率、运行可靠性、耐高温、耐堵塞、耐磨损、抗中毒性能和低SO_2氧化活性提出了更高的要求。

一、按原材料来分

按原材料来分，目前应用于烟气SCR工艺中的催化剂大致有贵金属类、金属氧化物类和离子交换的沸石分子筛类三种。

（1）贵金属类催化剂。主要是Pt－Rh和Pd等贵金属类催化剂，通常以氧化铝等整体式陶瓷作为载体。早期设计安装的SCR系统中多采用这类催化剂，其对SCR反应有较高的活性且反应温度较低，但缺点是对NH_3有一定的氧化作用。

（2）金属氧化物类催化剂。大多采用钒钛基催化剂，以TiO_2（含量为80%～90%）为载体，以V_2O_5（含量为1%～2%）为活性材料，用以降解NO_x，同时会把SO_2氧化成SO_3，以WO_3或MoO_3（含量占3%～7%）为辅助活性材料，用以提高催化剂的稳定性，防止钒出现高温烧结现象。当采用此类催化剂时，通常以氨或尿素作为还原剂。

（3）沸石分子筛类催化剂。主要是采用离子交换方法制成的金属离子交换沸石，通常采用碳氢化合物作为还原剂。所采用的沸石类型主要包括Y－沸石、ZSM系列、MFI、MOR、Cu－ZSM－5等。这类催化剂的特点是具有活性的温度区间较高，最高可以达到600℃。同时，这类催化剂也是目前国内外学者研究的重点，但是工业应用方面还不多。

二、按外观形状来分

以广泛应用的钒钛基 SCR 催化剂来说，按外观形状可分为蜂窝式、波纹式、平板式三种，如图 12－4 所示。

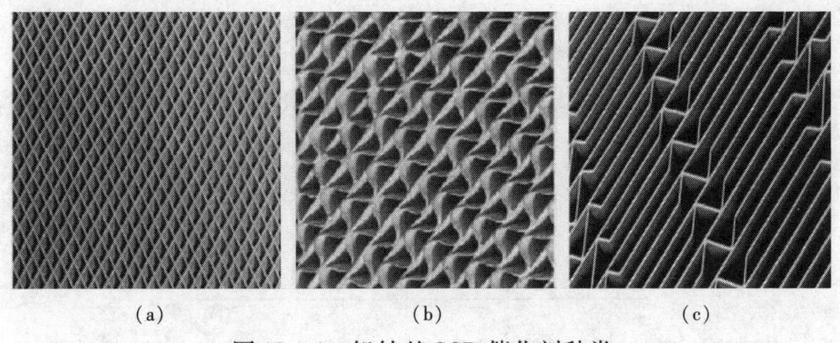

(a)　　(b)　　(c)

图 12－4　钒钛基 SCR 催化剂种类

(a) 蜂窝式；(b) 波纹式；(c) 平板式

(1) 蜂窝式催化剂。它以二氧化钛或二氧化硅等材料作为载体，经与活性液混合并充分搅拌均匀后通过机械压力使催化剂成型，最后通过焙烧将其活化。它具有转化率高、孔隙率高、比表面积大、机械强度好且使用周期长等众多优点。

(2) 波纹式催化剂。它是将陶瓷与金属类筛板制成波纹板，然后通过浸渍法将活性成分负载于筛板两面，最后焙烧活化制成的。与平板式催化剂相比，波纹式催化剂因其表面呈现一定的波纹状，使得其与烟气的接触面积有所增加。

(3) 平板式催化剂。它以平板式钢制筛板为支撑，以加压方式将活性组分覆盖于筛板的两侧，然后经过高温焚烧炉焙烧活化，最后将催化剂单体组装为整体结构的催化剂单元。平板式催化剂与蜂窝式催化剂相比，可有效防止飞灰堵塞，具有耐磨和抗中毒的优势。

催化剂设计选型应满足国家、地方的环保标准要求，遵循脱硝效率高、抗毒性强、运行可靠的原则，并留有一定的设计裕量。要综合考虑机组容量、炉型、负荷、烟气成分、烟气温度、烟尘浓度、烟尘粒度分布特性等因素，确保催化剂对燃料类型和运行条件适应性强，同时保证氨逃逸低、SO_2/SO_3转化率低、抗堵灰和抗磨损能力强。

在运行过程中，催化剂会因各种原因而中毒、老化，活性逐渐降低，催化效果变差。在 SCR 反应器内，催化剂分层布置，一般为 2～4 层。当反应器出口烟气中氨的浓度升高到一定程度时，表明催化剂活性降低，必须逐层替换催化剂。

第四节　还原剂的种类

SCR 还原剂一般有液氨、氨水和尿素三种类型。

一、液氨为还原剂

1. 液氨的特性

无水氨，又名液氨，为无色气体，有刺激性恶臭味，分子式 NH_3，为危险品。液氨通常以加压液化的方式储存，液氨转变为气态时会膨胀 850 倍，并形成氨云。液氨泄漏到空气中时，会与空气中的水形成云状物，不易扩散，会对附近人身安全造成危害。

氨蒸汽与空气混合物爆炸极限为 16% ~25%（最易引燃浓度为 17%），氨和空气混合物达到上述浓度范围时遇明火会燃烧和爆炸，如有油类或其他可燃性物质存在时，危险性更高。液氨泄漏时，会对人身安全造成相当程度的危害。人长期暴露在氨气中，会对肺造成损伤，导致支气管炎；直接与氨接触会刺激皮肤，灼伤眼睛，造成暂时或永久失明，并导致头痛、恶心、呕吐等，严重时会导致死亡。

2. 液氨为还原剂的 SCR 脱硝工艺

利用液氨为还原剂的 SCR 脱硝系统由催化剂反应器、氨储存和供应系统、氨喷射系统及相关的测试控制系统等组成，如图 12 -5 所示。

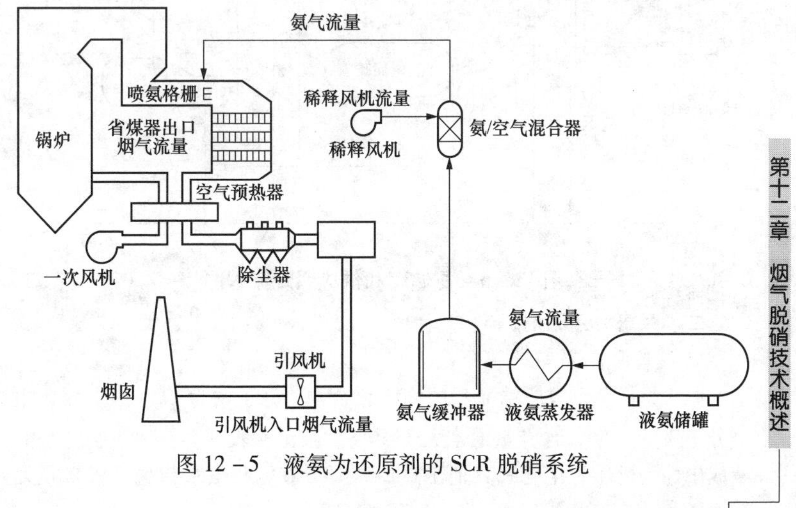

图 12 -5　液氨为还原剂的 SCR 脱硝系统

液氨由液氨槽车运送至液氨储罐，液氨储罐输出的液氨在氨蒸发器内蒸发为氨气，氨气经加热至常温后送至氨缓冲罐备用。氨缓冲罐中的氨气经调压阀减压后，与稀释风机的空气混合成氨气含量为5%（体积分数）的混合气体，通过喷氨格栅的喷嘴喷入烟气，然后氨气与 NO_x 在催化剂的作用下发生氧化还原反应，生成 N_2 和 H_2O。

3. 氨储存和供应系统

氨储存和供应系统主要包括液氨卸料压缩机、液氨储罐、液氨蒸发器、氨气缓冲槽及氨气稀释槽、废水泵、废水池等。

液氨的供应由液氨槽车运送，利用液氨卸料压缩机将液氨由槽车输入液氨储罐内，储罐输出的液氨在液氨蒸发器内蒸发为氨气，经氨气缓冲槽送至脱硝系统。若突发事故，系统紧急排放的氨气则导入氨气稀释槽中，经水的吸收排入废水池，再经由废水泵送至废水处理厂处理，如图12-6所示。

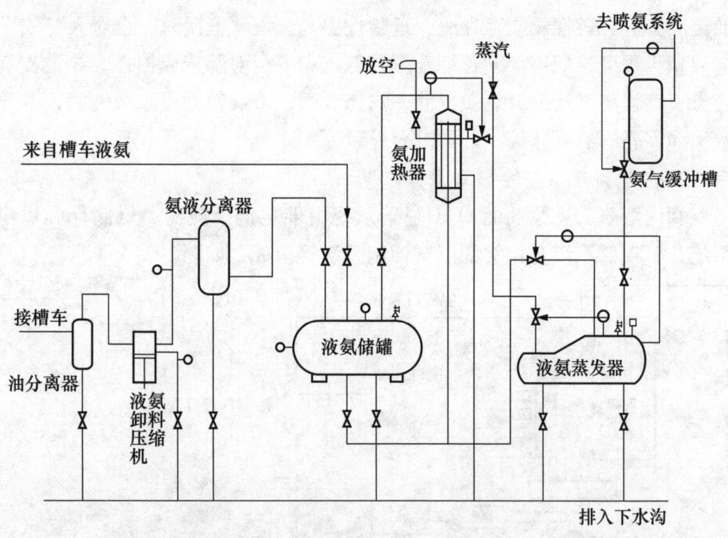

图12-6　氨储存和供应系统流程图

二、尿素为还原剂

1. 尿素的特性

尿素是白色颗粒或结晶状的固体化合物，分子式为 $CO(NH_2)_2$，相对分子质量为56，含氮量通常大于46%，吸湿性较强，易溶于水，水溶液成中性，可作为化肥和其他工业原料。与液氨和氨水相比，尿素是无毒、无害的化学品，便于运输和在储存，可以避免在储存、管路及泄漏时造成危害。

与液氨不同，利用尿素作为脱硝还原剂时需要利用专门的设备将尿素转化为氨，然后输送至 SCR 反应器。尿素制氨方法主要有水解法和热解法两种。

2. 尿素制氨工艺

(1) 尿素水解法制氨工艺。典型的尿素水解制氨系统如图 12－7 所示。尿素水解制氨系统主要设备有尿素溶解罐、尿素溶解泵、尿素溶液储罐、尿素溶液给料泵及尿素水解制氨模块等。尿素颗粒加入溶解罐，用除盐水将其溶解成质量分数约为 50% 的尿素溶液，通过溶解泵输送到储罐。之后尿素溶液经给料泵、计量与分配装置进入尿素水解制氨反应器，把尿素水解成 NH_3、H_2O 和 CO_2，产物经由氨喷射系统进入 SCR 脱硝系统。其化学反应式为：

$$CO(NH_2)_2 + H_2O \longleftrightarrow NH_2-COO-NH_4 \longleftrightarrow 2NH_3\uparrow + CO_2\uparrow$$

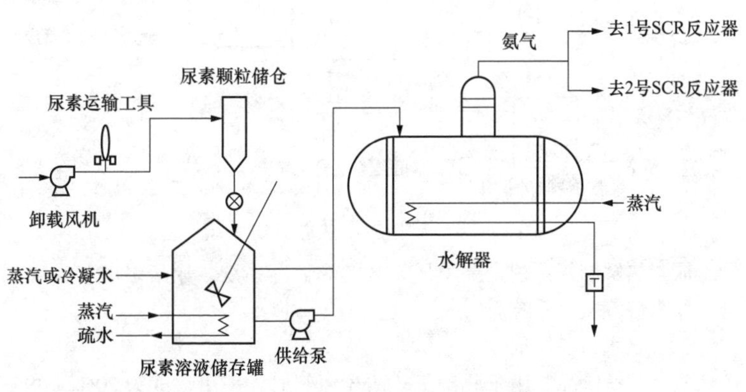

图 12－7　典型尿素水解制氨系统

水解器内的尿素溶液浓度为 40%～50%，气液两相平衡体系的压力约为 0.48～0.60MPa，温度约为 150～170℃。饱和蒸汽通过盘管的方式进入水解器，饱和蒸汽不与尿素溶液混合，通过盘管回流，冷凝水由疏水箱、疏水泵回收。该反应是尿素生产的逆反应，反应速率是温度和浓度的函数，反应所需热量由电厂辅助蒸汽或电加热提供。

(2) 尿素热解法制氨工艺。典型尿素热解制氨系统如图 12－8 所示。储存于储仓的尿素颗粒由螺旋给料机输送到溶解罐，用去离子水溶解成质量分数约为 50% 的尿素溶液，通过给料泵输送到储罐；之后尿素溶液经给料泵、计量与分配装置、雾化喷嘴等进入高温分解室，在350~650℃下分解生成 NH_3、H_2O 和 CO_2，分解产物经氨喷射系统进入 SCR 系统。其化学反应式为：

$$CO(NH_2)_2 \longrightarrow NH_3 + HNCO \qquad (12-1)$$

$$HNCO + H_2O \longrightarrow NH_3 + CO_2 \qquad (12-2)$$

根据化学动力学分析，式（12-2）所示反应需要在催化剂条件下才能发生。但一般热解工艺中，热解炉内没有设置催化剂。因此，在热解室内只进行式（12-1）所示反应，式（12-2）反应会在 SCR 反应器中进行。这会降低 NH_3 产量，增加尿素消耗量。

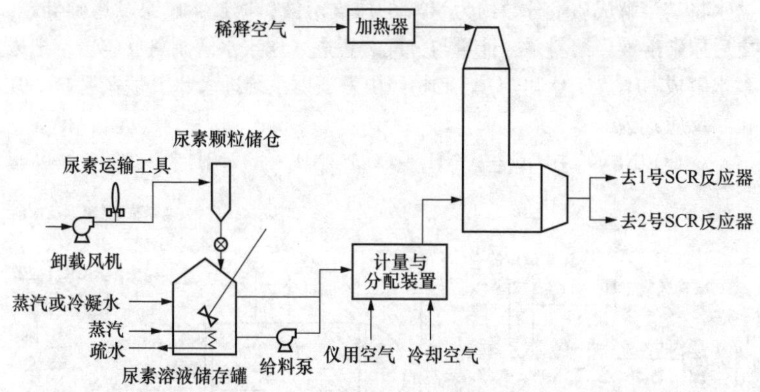

图 12-8 典型尿素热解制氨系统

尿素热解制氨系统主要由尿素装卸和储存系统、尿素溶解和混合系统、尿素溶液储存系统等构成。

三、氨水为还原剂

氨水为危险品，用于脱硝工艺的还原剂通常采用浓度为 20%~29%的氨水，较液氨相对安全。其水溶液呈强碱性和强腐蚀性。当空气中氨气在 15%~28%范围内时会有爆炸危险。其暴露途径与液氨类似，对人体有害。

用氨水作为还原剂时，可以在安全方面较液氨得到较大改善。氨水储罐可以设计成非耐压型的锥顶罐，与液氨的耐压储罐相比，可以节约大量费用。同时由于氨水上方氨蒸汽压力较液氨低很多，因此装运氨水的槽车不会构成像液氨那样的危险。使用氨水的主要问题是供应商提供的氨水是用含盐水稀释而来的，将其喷入烟道后，NaCl、KCl 等盐类会使催化还原反应效率迅速降低。因此，使用氨水作为脱硝还原剂时，需要使用一个氨气提纯塔，将氨蒸汽和水分离开来。氨水提纯工艺流程如图 12－9 所示。

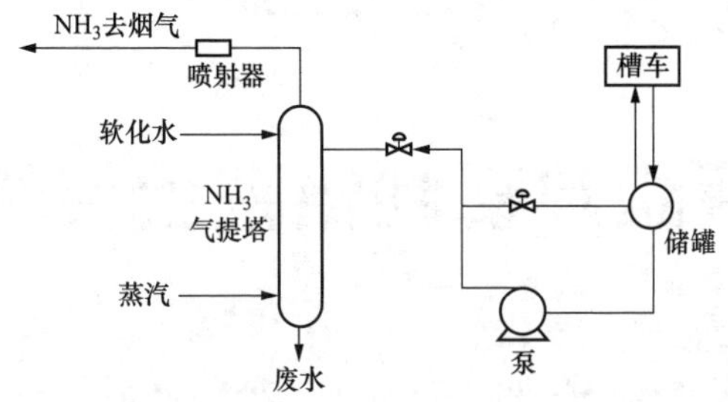

图 12－9　氨水提纯工艺流程

通过改变进入提纯塔的氨水流量，可控制供给烟道的 NH_3 的量。氨气提纯塔得到纯净的氨气后通过喷射器喷入烟气中，在催化剂的作用下，NO_x 与 NH_3 反应，产物为 N_2 和 H_2O。

在经济性方面，使用液氨作为原料的系统，只需将液氨蒸发即可得到氨蒸汽，而使用尿素作为原料的系统需经过热解或水解得到氨蒸汽，并产生 CO_2 和 H_2O 等副产品，反应器出口处 NH_3 约占 22%～28%。使用液氨的电耗和蒸汽耗量均比使用尿素系统的小。因此从能耗和物耗的角度分析，尿素系统的运行费用高于液氨系统。同时因尿素产物中水蒸气的存在，混合蒸汽在进入混合器前，为防止水蒸气的凝结和高腐蚀性的氨基甲酸铵的形成，其管材和阀门均需用不锈钢，且采用伴热措施。而液氨系统中，大部分设备和管道均可使用碳钢。这使得尿素系统的初始成本高于液氨系统。

在安全性方面，从还原剂的输送及储存上考虑，分析管道、储存罐、槽车罐等的泄漏事故或交通事故可知，液氨泄漏出的氨气要比尿素水溶液或氨水危险性大得多，使用液氨安全防范措施多，管理投入大，因此近年来采用尿素作为还原剂的 SCR 比例大大增加。

第十三章

尿素热解制氨系统设备

一、斗提机

TD型斗提机是等同采用国际标准ISO 5050－81的产品，该系列斗提机具有规格齐全、输送量大、提升高度高、运行平稳、寿命长等优点。其适用于输送比重不大于1500kg/m^{3}的块状、粒状、小块状的物料，如煤、水泥、化肥、砂、粮食等。

Zd型（中深斗）斗提机一般适用于输送湿的、易结块的、较难抛出的物料，如湿砂、型砂、化肥、碱粉等。

Sd型（深斗）斗提机一般适用于输送干燥的、松散的、易于抛出的物料，如水泥、熟料、碎石、煤块等。

1. TD型斗提机的技术特点

TD型斗提机的外形如图13－1所示，其技术特点为：

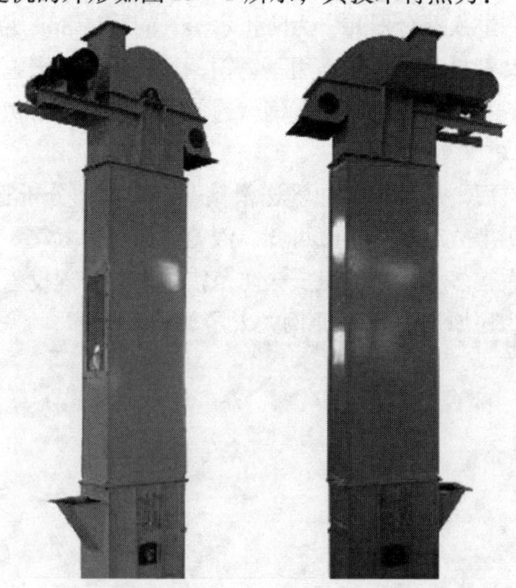

图13－1　TD型斗提机外形图

（1）输送量大。相同斗宽的TD型与D型斗提机相比，输送量增大近一倍。

（2）牵引件采用钢丝绳芯橡胶带，具有较高的抗拉强度，使用寿命长。

（3）配有逆止器，可防止因意外原因而损毁机件。

（4）机壳为双通道、高强度、全密封设计，能有效防止粉尘污染，符合当前环保的要求。

2. TD型斗提机的安装要求

（1）斗提机下部区段的支撑面，必须保证坐落在基础的水平面上。

（2）斗提机的上部驱动轴和下部张紧轴应在同一垂直平面内，并且两轴心线均应与水平面平行。

（3）中间机壳的法兰连接处，不得有显著的错位。法兰间可垫入石棉垫或防水粗帆布，以保证密封性。

（4）斗提机的下部区段、中间机壳和上部区段的中心线应在同一垂直线上，其垂直度偏差在1m长度上不允许超过1mm，总高的累积偏差不允许超过8mm。

（5）料斗在牵引件上的位置应正确，并紧固可靠。在运行中，不应有偏斜和碰撞机壳的现象发生。

（6）螺旋拉紧装置调整好后，应使牵引件具有均匀的、正常运行所必需的张紧力。为了使在运行中有足够的拉紧行程，余下的拉紧行程应不少于全行程的50%。

（7）减速机高速轴的轴线与电动机的轴线应相互平行；低速轴的轴线与斗提机驱动轴的轴线应在同一水平线上，其最大平行偏移量不得超过0.2mm，最大轴线交角不得超过40′。

（8）斗提机应安装起吊设备，起重量不小于2000kg。起重机的轨底与驱动中心线的距离一般为2.0～2.2m。

（9）斗提机的中部应有防止偏移的中间支撑装置，支撑点的间距不大于8m，最上面的支撑点应尽量靠近头部。

3. 斗提机的润滑材料、周期和方法

斗提机的润滑材料、周期和方法见表13－1。

4. 斗提机的使用维修事项

斗提机的使用维修事项见表13－2。

表 13－1　斗提机的润滑材料、周期和方法

润滑部位名称	润滑材料	润滑周期	润滑方法
轴承	耐水润滑脂	200h	用注油器
逆止器	耐水润滑脂	50h	用注油器
拉紧螺栓	耐水润滑脂	500h	涂抹
减速机	按所配置减速机说明书	6 个月	倾注
电动机	耐水润滑脂	6 个月	倾注

表 13－2　斗提机的使用维修事项

常见故障	故障原因	调查装置	处理方法
运送物的退回	后接灰斗装满	排出槽	斗提机停一会儿
	输出物黏在吊斗内	吊斗	定期除去黏附物
	出料口溜槽角度不足	排出槽	槽角增大
逆止器的损坏	旋转方向的错误	输出轴	重新安装
	逆止器安装方向错误	逆止器	重新安装
	给油不足	确定油量	补充
	转矩臂固定部的松弛	固定部	旋紧固定螺栓

二、溶解罐

在溶解罐中，用去离子水（也可使用反渗透水和冷凝水，不可使用软化水）制成 40% ~55% 的尿素溶液。当尿素溶液温度过低时，蒸汽加热系统启动使溶液的温度高于 82℃（确保不结晶）。溶解罐材料采用 1Cr18Ni9Ti 不锈钢，内衬防腐材质。尿素溶液配制采用计量罐方式。溶解罐除设有水流量和温度控制系统外，还采用输送泵将化学药剂从储罐底部向侧部进行循环，使化学药剂更好地混合。

三、尿素溶液混合泵

尿素溶液混合泵为不锈钢本体、碳化硅机械密封的离心泵，每只尿素溶解罐设两台泵，一用一备，并列布置。此外，溶液混合泵还利用溶解罐所配置的循环管道将尿素溶液进行循环，以获得更好的混合。

四、尿素溶液储罐

尿素溶液经由尿素溶液给料泵进入尿素溶液储罐。通常设置两只尿素

溶液储罐，以满足 4 天的系统用量（40% ~55% 尿素溶液）要求。储罐采用 1Cr18Ni9Ti 不锈钢制造。储罐为立式平底结构，装有液面、温度显示仪及人孔、梯子、通风孔及蒸汽加热装置（保证溶液温度高于结晶温度 5℃）等。储罐基础为混凝土结构，储罐露天放置时，四周加隔离防护栏，并应考虑现场其他情况变量，包括地震带、风载荷、雪载荷和温度变化等。尿素溶液储罐设置尿素溶液伴热管道系统，尿素溶液管道由尿素溶解罐及储存罐的加热蒸汽疏水进行伴热。蒸汽管道将从主厂房辅汽联箱或厂区辅助蒸汽母管上引接。

五、高流量循环装置

为 4 台机组设置两套尿素溶液供应与循环装置，每套循环管路为两台锅炉的脱硝装置供应尿素溶液。每套尿素溶液循环装置包含 2 台全流量的多级 SS 离心泵（带变频器）、1 套内嵌双联式过滤器、电加热器、1 只背压阀及用于远程控制和监测循环系统的压力、温度、流量以及浓度等仪表等。

六、计量分配装置

尿素溶液的计量分配装置能精确地测量和控制输送到分解室的尿素溶液流量。每台锅炉设置 1 套计量分配装置，用于控制每只尿素溶液喷射器的流量及雾化和冷却空气的压力和流量。

七、绝热分解室

每台锅炉设 1 套尿素溶液分解室。尿素溶液由 316L 不锈钢制造的喷射器（每台锅炉设 12 支）雾化后喷入分解室，在 350 ~650℃ 的高温热风/烟气条件下，尿素液滴分解成 NH_3、H_2O、CO_2。

尿素热解采用一次高温空气，风量设计值为 8289m^3/hr（标准状况下），最大值为 9000m^3/hr（标准状况下）。用电加热器将高温空气加热到约 650℃，每台锅炉的电加热器额定功率约 1230kW。

热解炉尾部的钢材材质为 16Mn，最高允许温度为 450℃，高于工作温度约 100℃。每台热解炉出口至 SCR 反应器管道要求有流量测量装置并有相应的调节阀门。

八、稀释风电加热器

热解系统的稀释空气由 2 台稀释风机提供，通过 1 台电加热器加热到 450℃ 的高温后进入尿素分解室。

第十四章

尿素水解制氨系统设备

第一节　尿素溶液制备模块

尿素采用罐车或应急输送装置进行上料，在尿素溶液循环泵、溶解罐搅拌器的辅助下加速尿素颗粒在除盐水中的溶解，制成50%的尿素溶液。由于尿素溶解是吸热反应，尿素溶液制备模块在溶解罐内配有蒸汽盘管，蒸汽加热系统启动提供制备50%浓度尿素溶液所需的热量，加热和伴热蒸汽从蒸汽联箱接引，以防止特定浓度下的尿素结晶。加热盘管材料采用316L不锈钢。溶解罐采用尿素溶液溶解泵将尿素溶液从储罐底部向顶部进行循环，使尿素溶液更好地溶解混合，混合泵循环管道上设置密度计。溶解罐由304不锈钢制造，罐体保温。溶解罐除了设有水流量、温度控制系统，以及将尿素溶液从储罐底部向顶部进行循环的输送泵设备，还有顶部排风扇、人孔、尿素溶液进出口、循环回流口、呼吸管、溢流管、排污管、蒸汽管、液位和温度测量设备等。

第二节　尿素溶液储存及输送模块

水解器的尿素溶液储存罐的容量为满足对应机组5~7天（24h）所需尿素溶液用量。每个水解器进料泵模块包含2个100%的冗余泵。储罐采用304不锈钢制造。储罐为立式平底结构，装有液位计、温度显示仪、人孔、梯子、通风孔及蒸汽加热装置（保证溶液温度高于结晶温度8℃）等。储罐基础为混凝土结构，并应考虑电厂所在地区可能出现的最恶劣天气温度及其他情况变量，包括地震带、风载荷、雪载荷和温度变化等情况。加热盘管材料采用316L不锈钢。尿素溶液储罐一般为室外布置，罐体外加保温。溶解罐至储罐的尿素溶液管道设置合理的蒸汽伴热系统，以避免管道结晶。

进料泵模块根据需要在指定的运行条件下向水解器提供尿素溶液。尿素溶液输送泵采用一体式变频离心泵，泵轴及桨叶材质为316L不锈钢，泵体材质为304不锈钢。进料泵模块设计有自动控制隔离阀（由DCS或PLC控制）、冲洗水管和排放管，以便在停机时可以将水泵冲洗干净。水解器进料泵模块（由其他制造商供应）从尿素溶液储存罐中抽吸尿素溶液至水解器。储罐至水解器模块间的尿素溶液管线伴热温度应维持在35～50℃为宜。

第三节　水解器模块

浓度约50%的尿素溶液被输送到尿素水解器内，饱和蒸汽通过盘管进入水解器，饱和蒸汽不与尿素溶液混合，通过盘管回流，冷凝水由疏水箱、疏水泵回收。水解器内的尿素溶液浓度选用50%，气液两相平衡体系的压力为0.4～0.6MPa，温度为130～160℃。水解器中产生的含氨气体与热的稀释风在氨气－空气混合器处稀释，最后进入氨气－烟气混合系统。

水解器材质采用316L不锈钢，水解器不需要额外添加压缩空气等防腐措施即可满足使用需求。

水解器模块上所有尿素溶液和氨气管线均设置有蒸汽伴热系统，其蒸汽伴热系统需要集中显示在伴热控制柜上。水解器模块上重要的阀门及仪表应采用柔性保温套，以便检修拆卸及恢复。

水解器系统正常运行时无贫液返回。水解器模块须设置四级安全保护措施（包括但不限于关断蒸汽输入、泄放水解器内气相压力、泄放水解器内液相溶液、安全阀起跳、爆破片爆破等）。

水解器撬装模块上集成有氨气管道自动清洗吹扫装置，其集成的水解器温度、压力、液位测点需设置冗余，压力、液位测量仪表采用进口品牌。

尿素水解制氨反应器模块可供对应机组SCR 100%的设计最大氨需求量。该水解器的设计温度为190℃，设计压力为2.0MPa。该设备通过气相泄压、液体排放、安全阀、爆破片等措施保护设备不被超压。该模块的尿素溶液、产品气均进行了电伴热防堵。尿素溶液泄压和排污管线的伴热温度维持在70℃，产品气管线和气相泄压管线伴热温度维持在140℃，尿素溶液进料管线伴热温度维持在30℃。

尿素溶液泄压管线、排污管线、气相泄压管线接至吸收装置的管道应有保温、伴热措施。

第四节　氨气流量调节模块

氨气流量调节模块含两列控制单元，每个SCR反应器系统对应一列控制单元。每列控制单元设置有氨气质量流量计和流量控制阀。每个氨气流量调节模块都能针对来自DCS/PLC的控制信号独立控制喷氨速率。

氨气流量调节模块的最大工作温度为190℃，最大工作压力为0.6MPa。

水解器至氨气流量调节模块间的供氨管道伴热温度控制在140～190℃，伴热温度过高会损坏氨气流量调节模块上的阀门仪表，伴热温度过低会导致供氨管道附着结晶物，可能会导致管道流通通道变窄或堵塞，特殊恶劣的情况下可能会导致管道腐蚀加剧。

第五节　事故喷淋系统

为防止氨泄漏造成环境污染事故，当水解反应车间的空气中氨浓度超过规定时，必须向空气中喷水吸收空气中的氨。为节省投资和降低系统的复杂性，将水解反应车间的消防喷淋系统和喷淋吸氨系统合为一个系统，即事故喷淋系统同时兼有吸收空气中的氨气之功能。根据水解反应车间区域设备布置情况设置保护区，每个保护区设一个雨淋阀组及相应的管网和喷头。消防水接口不少于两个。雨淋系统设自动控制启动、手动远控启动和应急启动三种启动方式。由于消防排水和事故喷淋排水中都含有氨，因此用沟道将其收集到废水池中，用废水泵送入厂区废水处理站进行处理。

第六节　水解器的检修

一、从水解器中取出蒸汽管束

从水解器中取出蒸汽管束的程序如下：

（1）拧松连接蒸汽管束处的法兰，在拆除路径上拆下所有管路。

（2）在蒸汽管束头部绕一圈吊索，用起重机逐渐取出蒸汽管束，经过第一和第二管束支撑，将其取出，不要彻底抽出蒸汽管束。

（3）看到第三个蒸汽管束支撑时，在第三节支撑处围着蒸汽管束绕一圈吊索，继续抽出蒸汽管束。

（4）到第四个蒸汽管束支撑时，在第四个支撑处移开第二根吊索，并在第四个支撑处将其移至蒸汽管束。抽出剩余蒸汽管束，在管束顶部和在第六个支撑处的吊索足够支撑蒸汽管束的全负荷。

注：蒸汽管束的抽出视使用情况而定，判断蒸汽管束是否泄漏可以通过对管束的水压实验来确定，但是定期得清洗蒸汽管束及壳体。

二、停机检查项目

1. 整体检查

检查水解器的本体、接口（阀门、管路）部位、焊接接头等是否有裂纹、变形、泄漏、损伤等；保温层有无破损、脱落、潮湿、跑冷；检漏孔、信号孔有无漏液、漏气，检漏孔是否畅通；正常工作时设备与相邻管道或者构件有无异常振动、响声或者相互摩擦；支撑或者支座有无损坏，基础有无下沉、倾斜、开裂，紧固螺栓是否齐全、完好；排放（疏水、排污）装置是否完好。

2. 开罐检查

检查壳体内表面有无腐蚀，为均匀腐蚀还是其他形式的腐蚀，如有则应进行测厚，测量最小厚度；检查壳体内焊缝焊接接头等是否有裂纹、变形、泄漏、损伤等。

（1）抽出管束后的检查。主要内容包括：

1）检查主螺栓是否腐蚀、变形，螺纹部分是否完好等；

2）检查法兰、管板密封面是否腐蚀，有无变形、划伤等缺陷；

3）检查蒸汽管束有无冲刷、腐蚀、破损、划伤、碰伤等；

4）检查管板管子与管板焊缝；

5）检查管束滑道有无变形、泄漏、腐蚀、裂纹、冲刷等缺陷。

（2）安全附件及阀门仪表检查。主要包括：

1）检查安全阀是否完好，调试，且安全阀需定期报检；

2）检查爆破片是否完好，需定期更换；

3）压力表是否完好，检定；

4）液位计是否完好，检定；

5）温度计是否完好，检定；

6）电伴热系统是否完好，检定；

7）止回阀、关断阀、手动阀等阀门检查、检修、维护；

（3）设备管路上电伴热线的检查。若有损坏，建议根据电伴热施工图，将相关电伴热线上的保温小心拆除，进行更换（更换时注意电伴热线长度、型号、品牌要一致，避免造成运行上的故障），最后再恢复保温，恢复保温时须注意铝皮上螺栓固定时不要打穿电伴热表皮。

3. 吹扫清洗

（1）对设备筒体内壁及蒸汽管的内、外部进行清洗，对蒸汽管壁、设备筒体、筒体焊缝的厚度进行检测，若发现腐蚀严重部位即通知水解器厂家，确认后进行焊接处理。

（2）气相泄压、液相回流、安全阀、爆破片等进出口管道内部必须通热水清洗干净，保证管路畅通。

（3）调节阀阀芯上的污垢及阀门污垢需定期进行清洗，避免调节阀调节精度受到影响，特别注意氨气调节模块、氨蒸汽出口调节阀。

（4）对气动阀门（包括调节阀、关断阀）和进气减压阀过滤器进行清洁。

（5）在水解制氨系统投运前，对蒸汽管道、仪表空气管道、尿素溶液管道等进入水解器壳体内部的接口管道进行吹扫清洗，防止杂物进入影响系统正常运行。

（6）整体系统在投运前先用除盐水进行试漏实验，若有泄漏，找到泄漏点，处理完毕方能投运系统。

三、水解器常见故障、原因及处理方法

水解器常见故障、原因及处理方法见表 14－1。

表 14－1　　水解器常见故障、原因及处理方法

故障现象	装置	故障原因	处理方法
水解器液位出现高－高警报		1）填充泵正在运行； 2）液位调节阀故障； 3）液位计故障	1）停止注入泵； 2）检测和修理调节阀； 3）排出过多液体； 4）检查设备，修理，必要时更换
水解器液位高	和上述液位高－高一样	1）填充泵正在运行； 2）压力突然下降和/或气流突然上升带来液体膨胀（由于沸腾）	1）停止运行填充泵并关闭相关模块或供给泵上的自动阀门； 2）确定压力突然下降或气流突然增加的原因（过度倾斜、泄漏和阀门控制失败），并纠正错误和监控系统操作

续表

故障现象	装置	故障原因	处理方法
水解器液位低－低	和上述水解器液位高－高一样	1）阀门出现故障或截断阀被关上； 2）液位调节阀故障	1）检查和修理尿素供给管道中的堵塞问题； 2）检查和修理阀门功能； 3）检查并打开手动阀； 4）检查液位调节阀，如有必要，修理或更换
		供给泵故障，参见供给泵部分	检查并解决供给泵问题
水解器压力高或高－高警报		1）蒸汽疏水压力控制阀门打开或没反应； 2）蒸汽饱和器故障	1）关闭水解器； 2）修理或更换蒸汽疏水压力控制阀门
		仪器故障	关闭水解器，如有必要，修理或再次校准仪器
		氨出口阀故障	修理和再次校准自动阀门
		模块或氨气流量调节模块上流量控制阀故障	检查操作，如有必要进行修理和更换
水解器压力低或低－低警报		设备蒸汽低温或蒸汽品质差	检查蒸汽供应
		蒸汽疏水阀故障	修理蒸汽疏水阀
		仪器故障	关闭水解器，如有必要，修理或重新校准仪器
		氨自动出口阀打开	检查和修理氨出口阀门
		蒸汽疏水管线堵塞，如控制阀门故障，截止阀门被关闭或疏水器、过滤器故障	检查或修理蒸汽疏水管线的堵塞

续表

故障现象	装置	故障原因	处理方法
水解器高温警报		尿素原料浓度低	检查尿素原料浓度并将结果上报
		蒸汽疏水阀故障	修理或更换蒸汽疏水阀
		仪器故障	关闭水解器和修理蒸汽流量控制阀
		水解器运行压力低	暂时增加高于正常操作设定点0.01MPa的压力，并加入除盐水直到温度达到正常运行范围（大约1~1.5h），然后将设定点和系统转至正常操作
		水解器负荷过高	检查整个脱硝系统
		水解器操作超过额定负荷	减少出力，降低其负荷
		检查水解器日常排污是否正常，排污量是否足够	加大排污量，并取样分析原料是否为工业尿素
低或无氨生产		尿素溶液浓度较低	检查尿素浓度，阻塞水解器及重启动，检验溶解罐密度计
		注入水解器热量较	检查蒸汽供应和蒸汽压力
		氨截断阀闭合或出现故障	检查氨截断阀
		氨截断阀闭合或出现故障	检查阀门，修理和更换

第十五章

液氨制氨系统设备

第一节　液氨卸料压缩机（无润滑油）

液氨卸料压缩机用于槽车、槽船运输过程中倒罐、卸车等。压缩机运转时，通过曲轴、连杆及十字头，将回转运动变为活塞在气缸内的往复运动，并由此使工作容积做周期性变化，完成吸气、压缩、排气和膨胀四个工作过程。当活塞由外止点向内止点运动时，进气阀开启，介质进入气缸，吸气开始；当活塞到达内止点时，吸气结束；当活塞由内止点向外止点运动时，介质被压缩，当气缸内压力超过其排气管中背压时，排气阀开启，即排气开始，活塞到达外止点时，排气结束。活塞再从外止点向内止点运动，气缸余隙中的高压气体膨胀，当吸气管中压力大于正在气缸中膨胀的气体压力，并能克服进气阀弹簧力时，进气阀开启，在此瞬时，膨胀结束，压缩机就完成了一个工作循环。

压缩机主要由主机、电动机、底架、气管路系统、气液分离器、罩壳部件及控制部分构成，如图15－1所示。

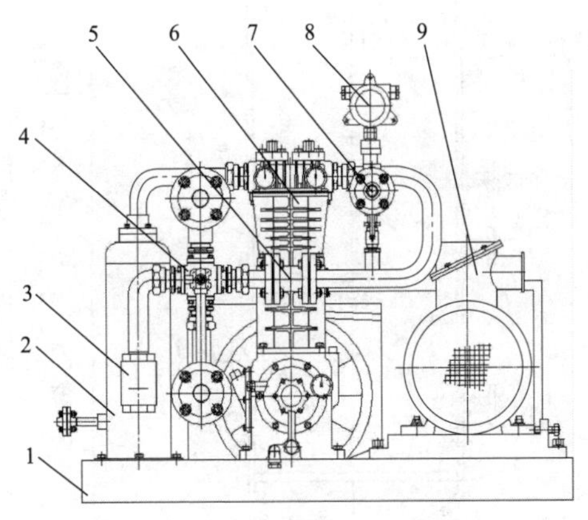

图15－1　压缩机外观图

1—底架部件；2—分离器部件；3—过滤器部件；4—四通阀部件；5—止回阀；6—主机；7—安全阀；8—排气压力控制器；9—电动机

第二节 液氨储存罐/缓冲罐/稀释罐

液氨存储罐是电除尘脱硝系统液氨储存的设备，一般为能够承受一定压力载荷的罐体，液氨卧式存储罐设计温度为-20~50℃，存储罐上安装有安全阀、温度计、压力表、液位计、高液位报警仪和相应的变送器，并将信号送到DCS控制系统。四周安装有工业水喷淋管线及喷嘴，当存储罐罐体压力或温度超高时自动喷淋装置启动，对罐体自动喷淋降温；当检测到有氨气泄漏时，即一旦检测到设备周围空气中的氨气浓度超过设定浓度，消防喷淋装置会自动启动，对氨气进行吸收，以控制氨气污染。同时，液氨存储罐还必须有必要的接地装置。

从液氨蒸发器蒸发出的氨气流进入缓冲罐（见图15-2），通过调压阀控制后，再通过氨气输送管线送到锅炉侧的脱硝系统。液氨缓冲罐能满足为SCR系统供应稳定的氨气，避免受蒸发器操作不稳定所影响。

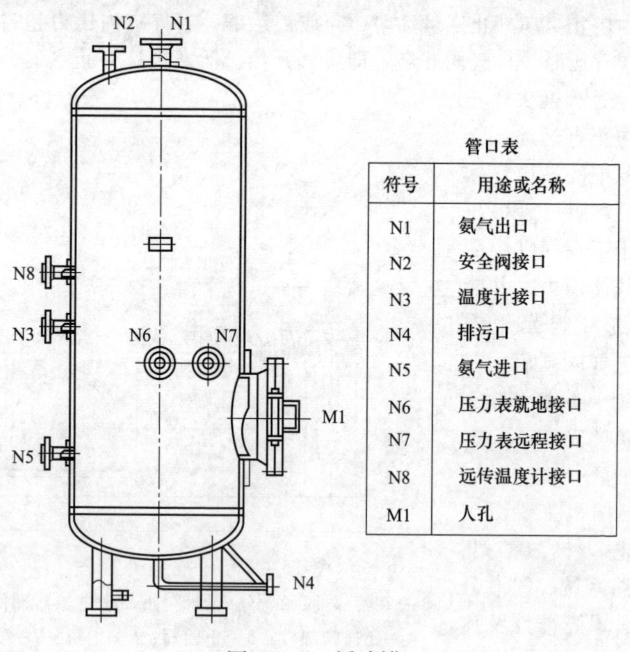

管口表

符号	用途或名称
N1	氨气出口
N2	安全阀接口
N3	温度计接口
N4	排污口
N5	氨气进口
N6	压力表就地接口
N7	压力表远程接口
N8	远传温度计接口
M1	人孔

图15-2 缓冲罐

液氨稀释罐为一定容积的水罐，水罐的液位应由满溢流管线维持。稀释罐设计为由罐顶淋水，液氨系统各排放处所排出的氨气由管线汇集后从稀释槽低部进入，通过分散管将氨气分散到稀释罐水中，利用大量的水来吸收安全排放的氨气。

第三节　液氨蒸发器

液氨蒸发器（见图15－3）的作用是为把液氨加热成氨气提供场所。液氨蒸发器一般为螺旋管式结构，管内为液氨，管外为温水浴，以蒸汽直接喷入水中加热至40℃，再以温水将液氨汽化，并加热至常温。液氨蒸发所需要的热量是由经减压过的蒸汽提供的。蒸发器的入口管线上装有调节阀与蒸发器的出口压力形成联锁。在氨气出口管线上装有温度检测器，当温度低于10℃时切断液氨进料，使氨气至缓冲槽维持适当的温度及压力，蒸汽流量受蒸发槽本身水浴温度控制调节。蒸发槽也安装安全阀，可防止设备压力异常过高。

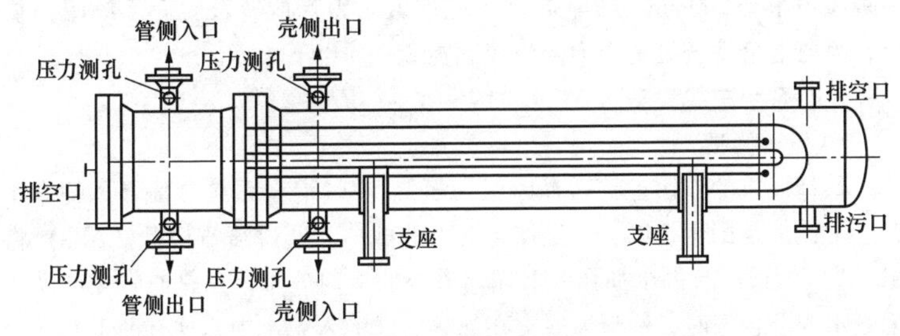

图15－3　液氨蒸发器

第四节　氨气/空气混合系统

一、氨气/空气混合系统简介

氨气/空气混合系统是在SCR反应器进口烟道内将经空气稀释后的氨气喷入并与烟气均匀混合的系统。喷氨混合系统应保证氨气和烟气混合均匀，并符合脱硝系统及脱硝催化剂对NH_3/NO_x摩尔比的要求。喷氨混合系统的控制应根据锅炉负荷、烟气温度、SCR脱硝反应器进出口NO_x浓度以及NH_3/NO_x摩尔比等要求调节控制。当喷氨混合系统采用喷氨格栅时，其布置应与烟气流动方向相垂直，并根据流场模拟试验确定混合距离。现场实际混合距离不足时应设置静态混合器。当喷氨混合系统采用喷氨静态混合器时，其扰流板的数量、安装角度及位置应通过流场模拟试验确定。

氨的爆炸极限浓度为16%～25%。计算喷射氨稀释空气的流量时，喷入的稀释空气量应确保氨气比例远离爆炸极限浓度范围，应取低于氨的爆炸极限浓度下限值15%。因此，根据氨的喷射流量计算稀释空气的流量，喷入的稀释空气量应确保氨气比例小于15%（体积比）。氨与空气的混合器出口氨气浓度应不大于5%（体积比），氨与空气的混合器出口氨气浓度大于7%（体积比）时应报警，氨与空气的混合器出口氨气浓度到10%（体积比）时必须切断还原剂供应系统。

喷氨混合系统应考虑喷入的氨气/空气混合气体与烟气达到良好的混合效果。喷氨混合系统宜按烟道分区域进行调节控制。喷氨混合系统宜设置阀门组站，氨喷射系统各支路都应设置流量调节阀，可根据烟气不同的工况进行调节，喷氨格栅中管道的氨气/空气混合介质的流速宜不大于10m/s，喷嘴处的氨气/空气混合介质的流速宜取所处烟道中烟气速度的1～2倍，且不大于25m/s。为减少喷氨混合系统烟道压力降，喷氨管道的间距应不小于200mm。喷氨混合系统烟道压力降应符合脱硝系统阻力要求，喷氨混合系统烟道压力降应控制在250Pa以下。

二、系统主要设备

1. 稀释风机

稀释风机的作用是将稀释风引入氨气/空气混合系统。稀释风的作用有三个：一是用于控制；二是作为NH_3的载体，通过喷氨格栅（AIG）将NH_3送入烟道，有助于加强NH_3在烟道中的均匀分布；三是通常在产品气为氨水或混合气时，稀释风通常在加热后才混入氨水中，这有助于氨水中水分的汽化，可采用蒸汽加热或电加热的方法实现。

2. 氨气/空气混合器

氨气/空气混合器的作用是使烟气流经混合器时产生两个转向相反的旋流旋涡，通过氨喷嘴将氨喷射在两个旋流旋涡的中央位置，使烟气和氨气均匀混合进入SCR反应器。

3. 喷氨格栅

喷氨格栅的作用是将氨气/空气混合气体均匀地喷入烟道中，以达到和烟气尽可能均匀混合的目的。为尽可能使得烟道截面上的点浓度分布均匀，可根据烟气速度分布与NO_x的分布，采用覆盖整个烟道截面的网格型多组喷嘴设计，用多组阀门单独控制各喷嘴的喷氨量。为使氨与烟气在SCR反应器前有较长的混合区段以保证充分混合，应尽可能使氨在SCR反应器入口处喷入。

烟气脱硝装置中，氨的扩散及氨与氮氧化物的混合、分布效果是影响烟气脱硝效率的关键因素之一，目前普遍采用的是喷氨格栅（AIG）方法，即将烟道截面分成20～50个大小不同的控制区域，每个区域有若干个喷射孔，每个分区的流量单独可调，以匹配烟气中NO_x的浓度分布。喷氨格栅包括喷氨管道、支撑、配件和氨气分布装置等。设计时，喷氨格栅的位置及喷嘴形式是根据锅炉尾部烟道的布置情况，通过模拟试验来选择的。同时，应通过烟道设计的优化及加设烟气导流挡板，使进入SCR反应器内的烟气气流保持均匀。喷氨格栅的位置及喷嘴形式选择不当或烟气气流分布不均匀时，容易造成NO_x与NH_3的混合及反应不充分，不但影响脱硝效果及经济性，而且极易造成局部喷氨过量。脱硝装置投入使用前，应根据烟气气流的分布情况，调整各氨气喷嘴阀门的开度，使各氨气喷嘴流量与烟气中需还原的NO_x含量相匹配，以免造成局部喷氨过量。

第十六章

氨水制氨系统设备

一、氨水制氨系统结构

(1) 氨水卸料泵。其用于将商用氨水罐车运载来的氨水输送至氨水储存罐，一般为离心泵。

(2) 氨水储存罐。其可采用玻璃钢制造，顶部设有压力保护开关和呼吸器，另外还有液位计、排空阀等。存储罐旁设有自来水紧急冲洗装置。存储罐周围设置围堰，防止氨水泄漏污染环境；还安装有喷淋系统，用于出现氨泄漏时挥发氨气。

(3) 氨水输送（计量）泵。其主要由氨水加压泵、清水加压泵、计量混合模块、冲洗模块组成。

(4) 氨水蒸发器。其可直接使用10%～25%的氨水过热后蒸发，得到廉价的氨气。

二、氨水蒸发器分类

氨水蒸发器主要有氨水蒸汽蒸发器和氨水热风蒸发器两类。

(1) 氨水蒸汽蒸发器。通过一定压力的饱和蒸汽，将20%的氨水蒸发成氨气/水蒸气的混合气，再将该混合气中的氨浓度稀释至5%以下，通过喷氨格栅进入SCR反应器进行脱硝反应。其主要工艺流程如图16－1所示。

氨水蒸汽蒸发器通过低压饱和蒸汽冷凝释放潜热对氨水进行加热蒸发，蒸汽通过管道进入蒸发器壳程冷凝、放热、降温，与管程内的氨水进行换热，氨水吸热、升温、蒸发，变成氨气混合气，排出蒸发器后送至SCR反应器，蒸汽冷凝水经过疏水后排放。

氨水蒸汽蒸发器本体设计有下部蒸发器区和上部缓冲区，蒸发器区完成氨水换热、蒸发，内部设置有列管式换热管；缓冲区对氨气混合气起到稳压、缓冲作用，并对冷凝液进行导流回收。

主要控制点：蒸发器出口氨气混合气压力、温度，蒸发器氨水液位、氨水温度、压力等；进口低压饱和蒸汽的投加量，出口氨气混合气压力及温度；进口氨水投加量，蒸发器内氨水液位，蒸发器蒸发面积。

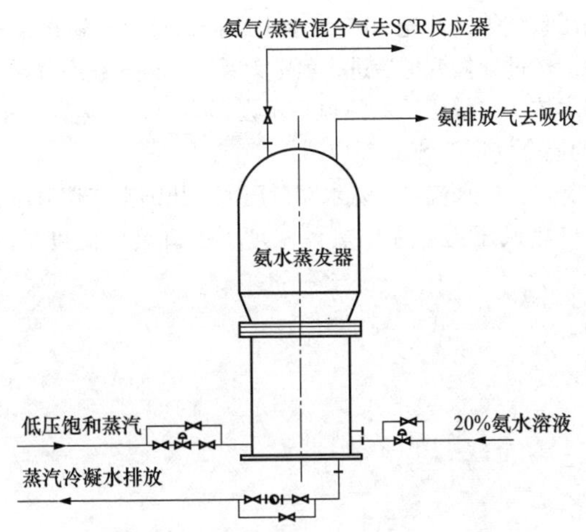

图 16－1　氨水蒸汽蒸发器主要工艺流程

（2）氨水热风蒸发器。引出锅炉上级空气预热器后二次热风，温度在 150～350℃（视不同锅炉而定），增压至 7～9kPa，进入氨水热风蒸发器，氨水通过双流体喷枪，喷射进入氨水热风蒸发器雾化，与热风混合、蒸发，蒸发后输送至 SCR 反应器进行脱硝反应。其主要工艺流程如图 16－2所示。

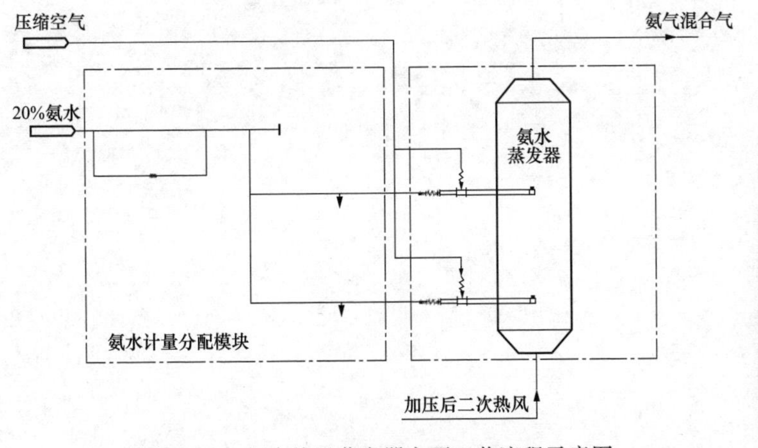

图 16－2　氨水热风蒸发器主要工艺流程示意图

该蒸发器系统主要包括氨水的计量分配、氨水喷射雾化、蒸发器本体、热风加压系统等，首先20%氨水由罐区通过氨水输送泵送至氨水计量分配模块，经过计量调配后进入氨喷射系统，经压缩空气雾化、喷射进入氨蒸发器本体，与增压后的热风在蒸发器内混合、蒸发，变成氨气/空气/水蒸气的混合气送至SCR反应器。

主要控制点：氨水流量、氨水喷射压力、压缩空气喷射压力、进口热风流量、进口热风压力、进口热风温度、出口热风温度、出口热风压力等。

第十七章

SCR 反 应 器

SCR 反应器是还原物和烟气中的氮氧化物发生催化还原反应的场所，通常由带有加固筋的碳钢制壳体、烟气进出口、催化剂放置层、人孔门、检查门、法兰、催化剂安装门孔、导流叶片及必要的连接件等组成。SCR 反应器的基本结构如图 17－1 所示。

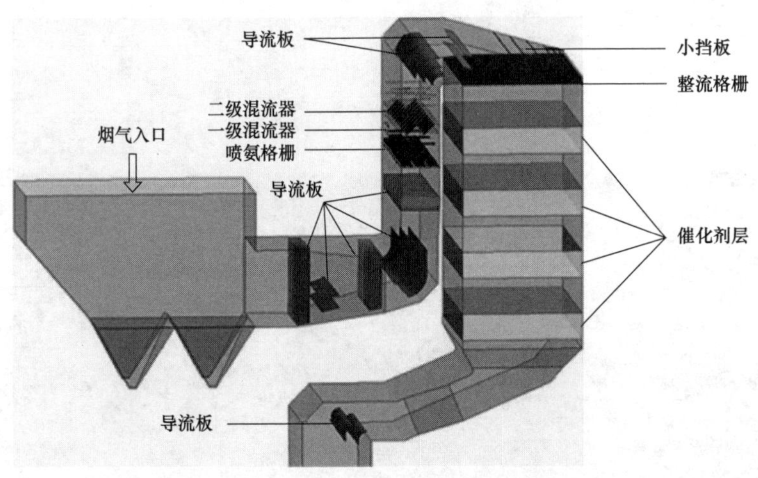

图 17－1　SCR 反应器的基本结构示意图

（1）反应器壳体和钢结构。反应器壳体是包含催化剂模块的外部结构，主要由框架钢结构、钢板焊接而成的密闭空间。为了防止烟气的散热，在反应器内外护板之间布置保温材料。为支撑催化剂，每层催化剂的下面布置有支撑钢结构梁，将催化剂模块成排布置在支撑梁上。

在反应器的入口设置气流均布装置，反应器内部易于磨损的部位设有防磨措施。内部各种加强板及支架均设计成不易积灰的形式，同时考虑热膨胀的补偿措施。在反应器壳体上设置更换催化剂的门、人孔门和安装声波吹灰器的孔。

（2）反应器出入口烟道。入口烟道从锅炉尾部省煤器出口膨胀节至反应器入口为止，在入口烟道上布置有氨喷射装置、管式混合器、烟气导流板和灰斗等；出口烟道从反应器出口至锅炉尾部空气预热器入口为止，在出口烟道上布置有烟气导流板等。

（3）导流板。在进入 SCR 反应器前，烟气分布不均匀时会导致脱硝效率降低，这时就需要在 SCR 反应器的入口加装导流板，从而使得烟气和氨的混合更充分，烟气进入反应器的分布也更加均匀。

第十八章

吹 灰 器

第一节 蒸汽吹灰器

耙式蒸汽吹灰器（见图18－1）的吹灰元件是一根吹灰耙，由中心管和若干根装有多个特殊喷嘴的支管组成。从喷嘴中射出的气流可将覆盖的空间吹扫干净。吹灰耙的中心管后端与外管连接。外管由在大梁上移动的齿轮行走箱带动运动。吹灰器阀门通过固定的内管向吹灰管提供吹扫介质。吹扫过程为：吹灰器停运时，齿轮行走箱位于大梁后端处。发出运行指令后，电动机通电，吹灰器行走箱向前运动，将外管和吹灰耙推入锅炉烟气通道。当吹灰器离开停运位置后，经过1个空行程，吹灰器阀门立即打开，吹扫过程开始。行走箱持续将吹灰管推向烟气通道，直至到达前部终点。在此终点，吹灰器行走箱拨动前端限位开关改变行走方向，吹灰管后退，拨动开阀机构，阀门关闭。接着吹灰器不喷介质退回到停运位置，电动机关闭。

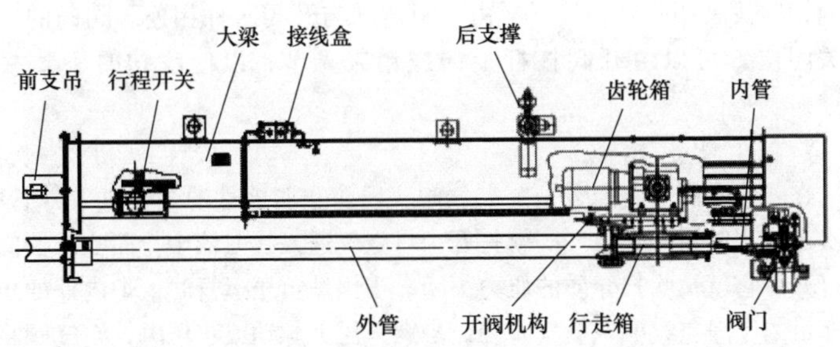

图18－1 耙式蒸汽吹灰器外形示意图

一、主要部件介绍

1. 设有吹灰管导轮的大梁

大梁是用滚压钢板焊接而成的机构框架，大梁两侧墙板上设有吹灰管行走箱托轮的导轨，安装在U型导轨上面的两条齿条是与行走箱的两个主动副齿轮相啮合的。在大梁前端部的吹灰管托轮是起吹灰管的支撑和导向作用的。前端支吊托架焊接在大梁的前部端板上，由它来保证吹灰器与炉墙的安装位置，还有一个支吊点设在大梁的后端部。阀的固定板也安置在后端部，用来固定支撑凸缘安装的蒸汽阀和内管。

2. 吹灰器行走箱

吹灰器行走箱由箱体、电动机齿轮箱、吹灰管填料箱组成。行走辊轮固定在箱体上。双出轴齿轮箱由三相电动机驱动，出轴上的驱动齿轮与大梁上的齿条啮合，实现行走箱的轴向移动。吹灰管填料箱的作用是引导和容纳填料盒，以实现外管与内管间的密封。限位开关执行器和开阀杠杆也装在齿轮行走箱箱体上，与撞销一起作为开阀机构。

3. 外管和内管

外管的后端是通过法兰与行走箱上的法兰相连接的，而前端置于前部托轮组中。前端与吹灰耙的中心管焊接。用不锈钢制成的内管的后端固定在连接板组件上，其前端放置在外管中，内管与外管相对移动的对中由行走箱内的导向轴套来实现。

4. 带开阀机构的吹灰器阀门

吹扫介质流经一机械控制的阀门通向喷嘴，阀门与管道间用法兰连接。吹灰器阀体通过一个连接板组件与内管相连接。阀门内件组成一专用阀门。螺纹连接的阀座为平面座。在阀座后装有一个可调的压力控制圈（顺气流方向可看到），用以调节吹灰器阀门中的压力，使之适合于每一个吹灰器。吹灰器阀门是靠齿轮行走箱来动作的，开阀杠杆上的可调撞销与拨叉相啮合，拨叉板由一根连杆与开阀压杆相连。阀门的开启与关闭位置可以由开阀杠杆上的撞销来调节，以使吹扫时不致损坏炉壁。

5. 空气阀

在吹灰器阀体侧面装一个空气阀，以防止腐蚀性的烟气进入外管中。当吹灰过程结束时，空气阀就打开，将空气通入吹灰器中。而吹灰器阀门一打开，它就被吹扫介质的压力关闭。当锅炉负压运行时，炉内外的压差使充足的干净空气流入空气阀中。当烟气压力脉动或正压时，空气阀将接通微正压的密封干净空气管，这样可以防止烟气侵入吹扫介质流通的零部件，如外管、内管和吹灰器阀门等。

6. 炉墙接口箱（负压）

带刮灰板的墙箱为穿过炉墙的外管提供密封，并防止烟气经由吹灰管和墙箱内套管间的环形空间泄漏到大气中。刮灰板本身可调，可适应因自身挠度和炉墙热膨胀引起的吹灰管的中心位置变动。由于炉内烟气始终是负压，故有足够的密封空气通过连接管上的开孔进入炉内。即使短时间烟气正压，也可向接口箱提供密封空气。

7. 吹灰器支吊

通过前端板与炉墙接口箱，吹灰器前端被固定在炉墙上；后部支吊装置则连接到吹灰器后端的支吊上。支吊装置的设计应能适应锅炉的水平和垂直膨胀。

二、吹灰器的安装

（1）炉墙接口箱应装在炉壁的波形箱上，保持铰接螺栓的通孔绝对水平是非常重要的，可避免吹灰器倾斜。此板定位后，应牢固地焊在波形箱上。

（2）从吹灰器前端板上取下铰接销。

（3）外管要置于墙箱内，前吊挂装置插入炉墙接口箱。

（4）插入铰接螺栓，吹灰器前端可吊挂在炉墙接口箱上。

（5）如果可能，吹灰器后部支吊应该装在锅炉炉墙上，以避免外管与受热面有膨胀差。

（6）必须用吊车将吹灰器吊起，使螺杆可插入支架的支吊孔，吹灰器安全就位。

（7）螺杆必须能在吹灰器轴线方向上移动，这样吹灰器就被放置在与炉壁成规定角度的位置上，而且喷嘴也可进入炉内规定的距离。

三、吹灰器的维护和保养

1. 吹灰器在正常使用状态下的维护和保养

（1）吹灰器的大梁轨道。由于锅炉房大量积灰，吹灰器行走箱的轨道要用压缩空气进行吹扫，特别是在锅炉检修之后或类似情况下。

（2）吹灰器大梁内的齿条。应根据被污染的程度，对齿条在规定间隔（大约1年）内进行清理和润滑，同时对齿轮和齿条的磨损情况进行检查。

（3）吹灰器的齿轮箱。其在出厂时已加注长效综合润滑剂，在运行5年之后，建议对齿轮进行彻底清洗并重新加注润滑油。

（4）旋转驱动链条。必须每年清洁一次并润滑。

（5）吹灰管。应定期检查是否有热变形和可能因腐蚀引起的损坏，喷头应另行检查是否有热冲击裂纹和起皮，还应检查在停止位置和吹灰器起喷位置时，喷嘴和炉壁管之间的距离。在停炉期间还应清洗内管，这时要注意内管是否有表面损坏、腐蚀和磨损。

（6）吹灰器蒸汽阀。其在出厂前已检验过本体气密性，如有阀门漏气迹象就必须检查阀座和阀瓣，必要时进行研磨。

2. 内管填料的更换

(1) 确认吹灰器管路内各个阀门均已关闭，且吹灰器电动机不能开动。

(2) 松开填料盒压盖，将吹灰器机箱前移0.3m。正常情况下，旧填料即可被推出。

(3) 仔细地将填料室内的残余填料取出。

(4) 逐一将新的填料环放入填料室，再用填料压盖将其推到位。注意：所有填料环接头应错开120°。

(5) 填料放好后再均匀地上紧填料环压盖（不能太紧，注意观察电动机的电流），然后吹灰器就可以再次投运。

(6) 吹灰器运行数次后，再次上紧填料。

3. 阀杆填料的更换

(1) 管道上所有阀门均应关闭，电动机切断电源。

(2) 从阀杆上松开固定在连杆上的托杆，然后将开阀压杆向后转，以便取出阀杆。

(3) 用铁丝穿在阀杆头部小孔内，以防阀杆和阀瓣组件下落。

(4) 从阀杆上取下挡片，拆下弹簧挡圈和阀门弹簧。

(5) 拧下填料螺母和填料压环。

(6) 从填料室取出旧的填料环，然后彻底清除残留的填料碎片。

(7) 将新的填料环逐一放入填料室，确认填料环没有损坏。

(8) 新的填料放好后，加上压环，略微上紧填料螺母。

(9) 将阀杆复位，再依次放上阀门弹簧、弹簧挡圈、挡片，从阀杆头部取下铁丝。

(10) 重新装配好开阀机构后，吹灰器就可以再次投运。

(11) 吹灰器动作数次后，再次上紧填料。

4. 吹灰器阀门的装拆

(1) 确认吹灰器管道上所有阀门均已关闭，管道内已泄压，电动机电源已切断。

(2) 将吹灰器阀门从管道上脱开，如有必要，拆下通风管。从阀门上卸下开阀机构，从连接板组件上卸下四个六角螺母，阀门和密封件就可取下。

(3) 按拆卸相反的顺序装配吹灰器阀门，检查拆下的密封垫，更换损坏的密封垫，吹灰器投运后，应对所有吹扫蒸汽流经零件的螺纹连接部分进行检查。

5. 外管和内管的装拆

(1) 确认外管管道上所有阀门均已关闭，管道内已泄压，电动机电源已切断。

(2) 松开填料压盖，将齿轮行走箱前移约 0.3m，即可从填料室中移出填料环，然后将齿轮行走箱退回停运位置。

(3) 将阀门从管道上脱开，如有必要，拆下通风管，从阀门上卸下开阀机构，从连接板组件上卸下四个六角螺母，阀门和垫片就可取下。

(4) 取出四个螺栓后，就能拉出内管和连接板组件。

(5) 拧下外管法兰上的六角螺栓，然后可从外管导向套中拉出外管。

(6) 按拆卸相反的顺序安装内管和外管，检查密封件和填料，如需要，应予更换。

(7) 装配完毕后，检查内管运动是否平行于大梁，是否精确地对准填料盒的中心。吹灰器运行后，应对所有蒸汽流经零件的螺纹连接部分进行检查。

四、吹灰器的运输与长期停运时的维护

必须十分仔细地搬运吹灰器及其附件，以免吹灰器受损。吹灰器上的吊耳是供运输时用的。注意：所有光制零件（如螺栓连接件等）必须进行防腐蚀处理（如涂油脂）。通常多次投运的吹灰器可确保任何时刻投运。如果吹灰器根本不投运或很少投运，则应至少每 14 天投运一次以确保运动零件，特别是限位开关保持其可投性。

五、吹灰器的故障

1. 运动故障

(1) 当吹灰器运动受阻时，吹灰器控制系统的过载继电器会进行干预，并改变驱动电动机的旋转方向。此时吹灰器齿轮行走箱将反向运动，当到达停运位置时，后限位开关就关闭电动机。

(2) 当吹灰器管路的压力低于设定的最小值时，压力监控系统立即使运行的吹灰管返回到初始位置。

(3) 如果吹灰器在吹扫过程中驱动失灵，可以将手柄插在电动机后出轴上，摇动手柄将齿轮行走箱返回。此时必须确认电动机电源已切断，电动机不能再启动；不允许使用卷扬机或类似设备来使吹灰器齿轮行走箱返回，因有可能损坏齿轮。

2. 限位开关越程处置使吹灰器再度工作

（1）后限位开关。如果后限位开关越程，吹灰器齿轮行走箱的驱动齿轮将脱离齿条，以避免更多的损坏。此时吹灰器齿轮行走箱的轴向运动中止，而吹灰管的旋转仍将继续。

1）必须确认吹灰器电动机电源已切断，不能马上开动；

2）将吹灰器齿轮行走箱前移一定距离，使驱动齿轮触及齿条；

3）摇动插在电动机后出轴上的手柄，同时用力下压齿轮行走箱，驱动齿轮与齿条就会啮合；

4）机箱在最终位置再次就位后，必须检查限位开关是否受损和吹灰器控制系统是否失灵；

5）受损部位修复后，按照"吹灰器的调试"进行操作。

（2）前限位开关。主要包括：

1）决不能关闭用以冷却吹灰管的吹扫介质，而且齿轮行走箱应尽快返回到停运位置；

2）在齿轮行走箱能够后移时，切断电动机电源，并确认电动机不能再启动；

3）为使齿轮行走箱反向运动，可以人工将其拉回，必要时可使用卷扬机或相似设备，直到驱动齿轮触及齿条；

4）利用手柄使齿轮行走箱返回约300mm，结果是此位置超过前端但在正常操作范围内，此时注意限位开关的开关杆是否卡在吹灰器齿轮行走箱行走轨道上；

5）试用电动机和电气控制设备来倒退齿轮行走箱，电动机开动时检查行程反向是否正确；

6）吹灰器齿轮行走箱返回到停运位置，应检查限位开关是否受损，吹灰器控制设备是否有缺陷；

7）修理好损坏部分后，吹灰器就可以再次投运；

8）用螺杆调节吹灰器最终的高度，锁定螺母将螺杆固定；

9）吹灰耙可以散件或完全焊接好后发运，由于散件需在锅炉内部焊装，应在锅炉炉墙未安装时进行；

10）应按照图纸安装：首先安装滑动导轨，导轨焊接或螺纹连接在支撑管或烟道侧墙上，中间的支吊通常设计为固定的，另一端设计成可滑动的，能够吸收导轨产生的热膨胀；

11）吹灰耙应与吹灰器安装在同一水平面上，考虑炉墙及导轨的热膨胀，吹灰耙的中心管与吹灰器外管的连接应保证在同一轴上；

12）安装时应考虑吹灰耙在炉内运动时支撑管、炉墙等对其前后位置的限制，安装前将中心管或外管的长度切割到合适长度；

13）出厂时吹灰器内部线路已连接完毕，在工地安装时，电源和控制线需要铺设和连接到吹灰器的接线盒中。

第二节　声波吹灰器

一、工作原理

在机组的运行过程中，为了向催化剂持续提供有效的气流和保证有效的运行，声波吹灰器（见图 18－2）被设计成能主动、迅速地进行清灰处理的装置。声波吹灰不会像其他清灰方法一样允许粉尘颗粒聚集或积留在催化剂上，从声波吹灰器发出的高能声波能引起粉尘共振而处于游离状态，防止灰尘黏合、累积在催化剂和 SCR 反应器内的其他表面上。接着，这些粉尘颗粒被气流和重力清除出这些设备表面并被带出系统。声波吹灰器安装在 SCR 催化剂的各层之间，穿过反应器的一侧壳体，尽可能等距排列，生成声波喇叭。

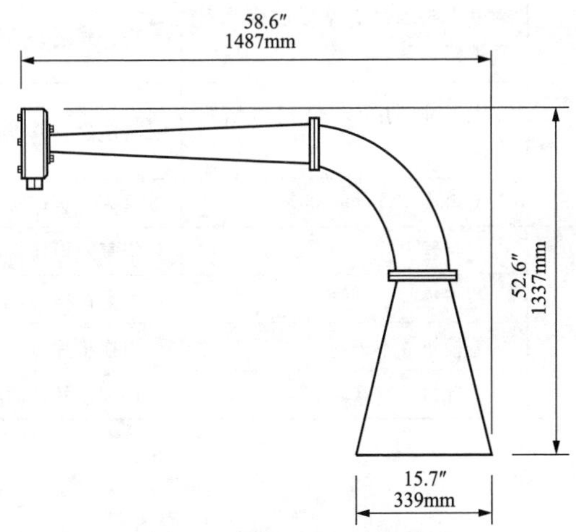

图 18－2　声波吹灰器结构图

声波喇叭在开机时如果出现问题，大约 70% 的原因是由于压缩空气质量不好所引起的，如水分、金属渣、铁锈、管胶、TEFLON 密封带等。如果系统刚刚安装或最近投入运行，该比例还会上升。因此，在开机前务必确认压缩气源的压力、流量以及清洁程度，以满足规定的要求。另外容易出现的问题与声波消失有关，这是由于声波喇叭口周围空间太小造成的。有这样一个原则，清灰空间越大，须使用越大能量的声波喇叭。

二、常见故障、原因及处理方法

声波吹灰器的常见故障、原因及处理方法见表18－1。

表18－1　　声波吹灰器的常见故障、原因及处理方法

常见故障	故障原因	处理方法
喇叭有声响但强度不够	压缩空气压力低、供应不足	喇叭工作时，检查压力
	发声头内结构机械磨损或膜片磨损	清洁或更换膜片
	压缩空气脏	管路清洁并增加开启次数
	供气系统中的潮气	检查油水分离器
喇叭不发声	压缩空气的压力或流量过低	检查喇叭的压力表
	供气管路堵塞	清洁管线
	电磁阀没有开启或失灵	检查定时器、电源线路等
	发声头内部有杂质或膜片上有裂缝	更换膜片，清洁发声头
	电磁阀的安装位置离喇叭太远	将电磁阀移近
	发声头连接件松动	紧固气管连接件
喇叭不能关闭	定时器出错	修复或更换
	盖板松脱	拧紧螺栓
	盖板垫片不密封	更换垫片
	排气口被堵塞	用细铁丝清洁内部

第四篇

除尘除灰设备检修

第十九章

电除尘器设备检修

第一节 电除尘器的工作原理、分类和电除尘基础理论

一、电除尘器的工作原理

电除尘器是利用高压直流电源产生的强电场使烟气中含电负性气体（如 O_2、SO_2、Cl_2、NH_3、H_2O 等）电离，产生电晕放电，进而使悬浮在气体中的粉尘荷电，并在电场力作用下使荷电粉尘到达与其极性相反的电极上，定时打击阴极板、阳极板，使具有一定厚度的烟尘在自重和振动的双重作用下跌落在电除尘器结构下方的灰斗中，从而达到清除烟气中的烟尘、实现悬浮粉尘从气体中分离出来的目的。根据使用场合和目的的不同，电除尘器有许多种类，但它们都是由机械部分的本体和电气部分的高低压电源组成，都是按照相同的基本原理工作的。

二、电除尘器的分类

1. 按电极清灰方式不同分类

按电极清灰方式的不同，电除尘器可分为干式电除尘器、湿式电除尘器、雾状粒子电捕集器和半湿式电除尘器等。

（1）干式电除尘器。在干燥状态下捕集烟气中的粉尘，借助机械振打清除沉积在除尘板上的粉尘的除尘器称为干式电除尘器。这种电除尘器振打时，容易使粉尘产生二次飞扬，所以设计干式电除尘器时，应充分考虑粉尘二次飞扬问题。现大多数电除尘器都采用干式。

（2）湿式电除尘器。收尘极捕集的粉尘，采用水喷淋或适当的方法在除尘极表面形成一层水膜，使沉积在除尘器上的粉尘和水一起流到除尘器的下部而排出，采用这种清灰方法的电除尘器称为湿式电除尘器。这种电除尘器不存在粉尘二次飞扬的问题，但是极板清灰排出水会造成二次污染。

(3) 雾状粒子电捕集器。这种电除尘器捕集像硫酸雾、焦油雾那样的液滴，然后使其呈液态流下并除去，它也属于湿式电除尘器的范畴。

(4) 半湿式电除尘器。吸取干式和湿式电除尘器的优点，在此基础上研究出了干、湿混合式电除尘器，也称半湿式电除尘器。它使高温烟气先经干式除尘室，再经湿式除尘室后经烟囱排出。湿式除尘室的洗涤水可以循环使用，排出的泥浆经浓缩池用泥浆泵送入干燥机烘干，烘干后的粉尘进入干式除尘室的灰斗排出。

2. 按气体在电除尘器内的运动方向分类

按气体在电除尘器内的运动方向，电除尘器可分为立式电除尘器和卧式电除尘器两类。

(1) 立式电除尘器。气体在电除尘器内自下而上做垂直运动的即为立式电除尘器。这种电除尘器适用于气体流量小、收尘效率要求不高且粉尘性质易于捕集和安装场地较狭窄的情况，如图 19－1 所示。

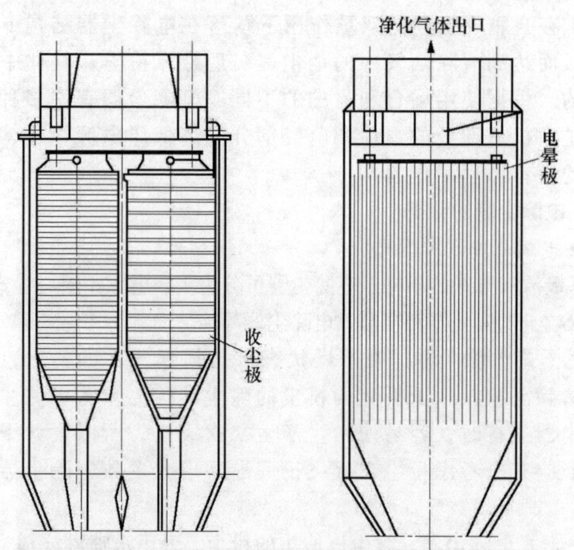

图 19－1　立式电除尘器

(2) 卧式电除尘器。气体在电除尘器内沿水平方向运动的即为卧式电除尘，如图 19－2 所示。

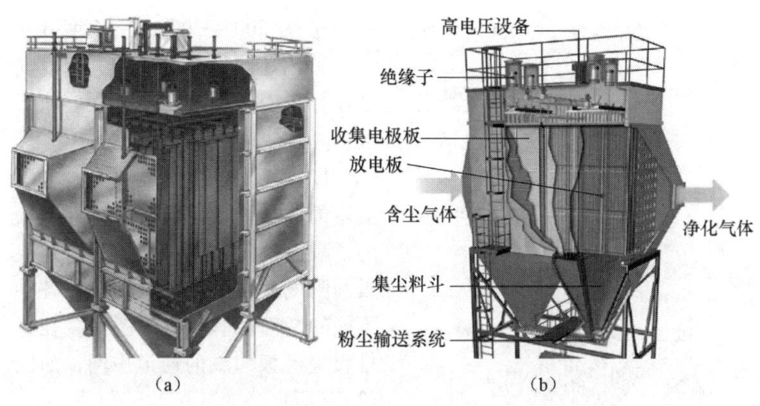

图 19－2　卧式电除尘器

（a）卧式静电除尘器结构简图；（b）卧式静电除尘器主要部件示意图

卧式电除尘器较之立式电除尘器有以下特点：

1）沿气流方向可分为若干个电场，这样可根据电除尘器内的工作状态，各个电场可分别施加不同的电压以便充分提高电除尘器的除尘效率；

2）根据所要求达到的除尘效率，可任意增加电场长度，而立式电除尘器的电场不宜太高，否则需要建造高的建筑物，而且设备安装也比较困难；

3）在处理较大的烟气量时，卧式电除尘器比较容易保证气流沿电场断面均匀分布；

4）设备安装高度较立式电除尘器低，设备的操作维修比较简单；

5）卧式电除尘器适用于负压操作，可延长排风机的使用寿命；

6）各个电场可以分别捕集不同粒度的粉尘；

7）占地面积比立式电除尘器大，所以旧厂扩建或收尘系统改造时，采用卧式电除尘器往往要受到场地的限制。

基于以上特点，目前许多大型火电厂都采用卧式电除尘器。

3. 按除尘器的形式分类

按除尘器的形式，电除尘器可分为管式电除尘器和板式电除尘器两类。

（1）管式电除尘器。这种电除尘器的除尘极由一根或一组呈圆形、六角形或方形的管子组成，管子直径一般为 200 ~ 300mm，长度 3 ~ 5m；截面是圆形或星形的电晕线安装在管子中心，含尘气体自上而下从管内通过，如图 19 – 3 所示。

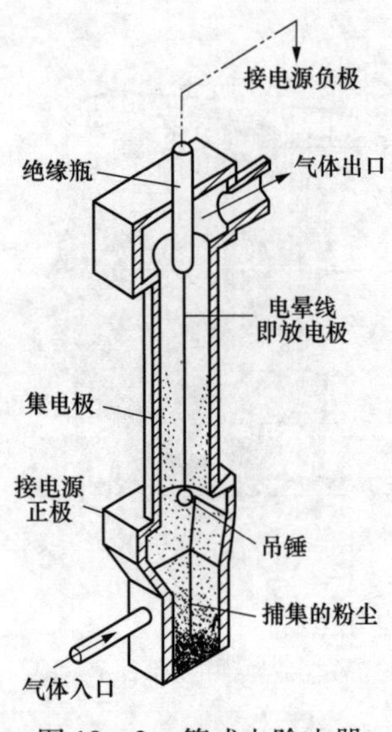

图 19 – 3　管式电除尘器

（2）板式电除尘器。这种电除尘器的收尘板由若干块平板组成，为了减少粉尘的二次飞扬和增强极板的刚度，极板一般要轧制成各种不同的断面形状，电晕极安装在每排收尘极板构成的通道中间，如图 19 – 4 所示。

4. 按除尘板和电晕极的不同配置分类

按除尘板和电晕极的不同配置，电除尘器可分为单区电除尘器和双区电除尘器两类。

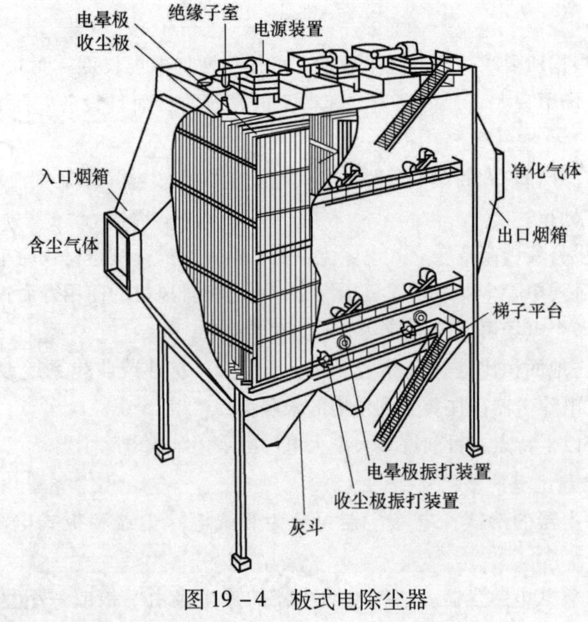

图 19 – 4　板式电除尘器

（1）单区电除尘器。这种电除尘器的收尘板和电晕极都安装在同一区域内，所以粉尘的荷电和捕集在同一区域内完成，单区电除尘器是被广泛采用的电除尘器装置，如图 19－5 所示。

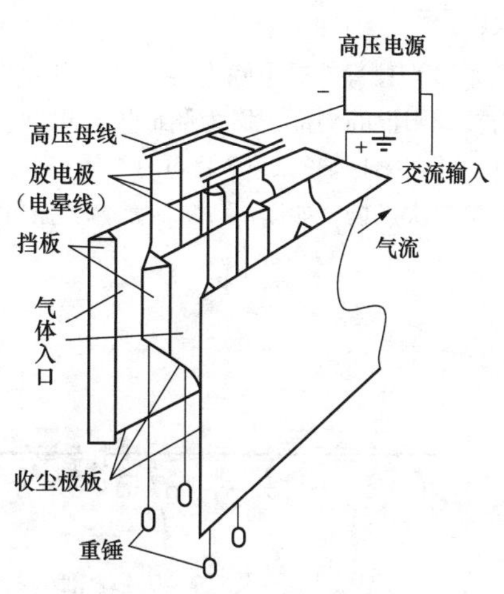

图 19－5　单区电除尘器

（2）双区电除尘器。这种电除尘器的除尘系统和电晕系统分别装在两个不同的区域内，前区内安装电晕极和阳极板，粉尘在此区域内进行荷电，此区称为电离区；后区内安装收尘极和阴极板，粉尘在此区域内被捕集，此区称为收尘区。由于电离区和收尘区分开，因此称其为双区电除尘器，如图 19－6 所示。

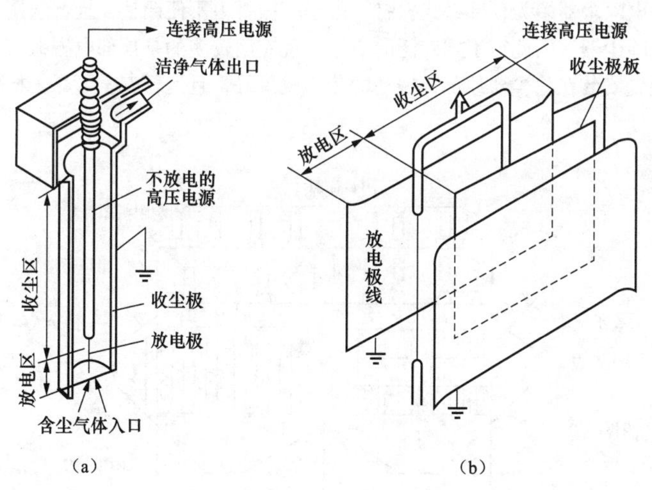

图 19－6　双区电除尘器

（a）单管双区电除尘器；（b）板式双区电除尘器

5. 按振打方式分类

按振打方式，电除尘器可分为侧部振打电除尘器和顶部振打电除尘器两类。

（1）侧部振打电除尘器。这种电除尘器的振打装置设置于除尘器的阴极或阳极的侧部，称为侧部振打电除尘器。现用得较多的为挠臂锤振打，其在振打轴的360°上均匀布置各锤头，避免了因同时振打而引起的粉尘二次飞扬，如图19－7所示。其振打力的传递与粉尘下落方向成一定夹角。

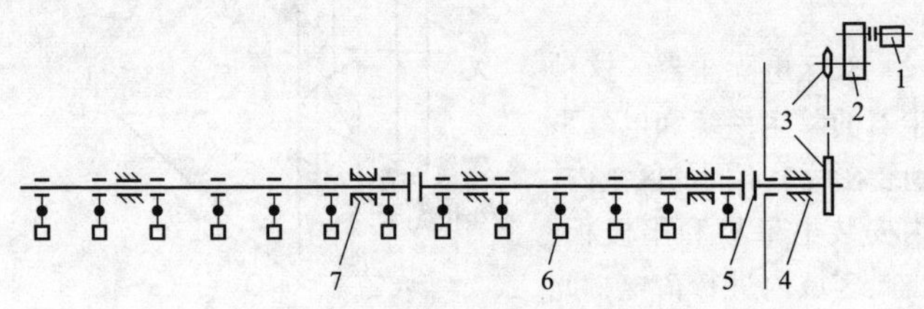

图19－7　侧部振打装置示意图

1—电动机；2—减速机；3—链轮；4—轴承；5—联轴节；6—振打锤；7—轴挡

（2）顶部振打电除尘器。这种电除尘器的振打装置设置于除尘器的阴极或阳极的顶部，称为顶部振打电除尘器（见图19－8）。早期引进的美式电除尘器多为顶部锤式振打，由于其振打力不便调整，且普遍用于立式电除尘器，因此得不到广泛的应用。现应用较多的是顶部电磁振打，振打装置安装在除尘器顶部，振动的传递效果好，且运行安全可靠、检修维护方便。

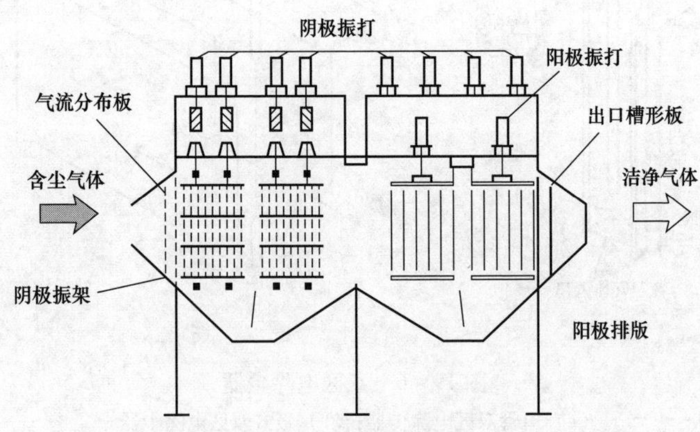

图19－8　顶部振打电除尘器

综上所述，电除尘器的类型有很多，但是大多数火电厂都是利用干式、板式、单区卧式、侧部振动或顶部振打电除尘器。

三、电除尘基础理论

1. 气体电离和电晕放电

任何物质都是由原子构成的，在原子核的外面一定空间有电子，电子的数目等于原子核中质子的数目。电子围绕原子核沿一定的轨迹运行，不同的原子其形状和层数都是不同的。如果原子没有受到干扰，没有电子从原子核的周围空间移出，则整个原子呈电中性，也就是原子核的正电荷与电子的负电荷相加为零。如果移去一个或多个电子，剩余带正电荷的结构就称为正离子，获得一个或多个额外电子的原子称为负离子，失去或得到电子的过程称为电离。

当原子中的电子从外界获得能量时，可从低能级被激发到高能级，这种原子称为受激原子。当能量达到一定数值时，原子被电离成自由电子和正离子。当气体中大量原子被电离时，这时气体就成为电离气体。由于气体电离所形成的电子和正离子在电场的作用下朝相反方向运动，于是形成了电流，此时气体就导电了，从而失去了绝缘性。使气体具有导电能力的过程就称为气体的电离。

通常导致气体电离的原因有原子和电子之间的碰撞、原子和原子之间的碰撞、光或X射线对原子的作用等。除了气体中可以产生电子和电离外，在固体表面上也可以产生电离，如不均匀电场中的电极也能释放出电子。由固体表面释放出电子的过程称为“电子发射”。这种由固体表面释放出电子的形式有光照射，固体表面引起电子释放的现象称为“光电发射”。当电极表面电场非常强时，也会有表面释放出电子，这种过程称为“强场发射”或“场致发射”。在正常情况下，气体中并不存在电子或离子，此时气体几乎是完全不导电的绝缘体。对固体表面而言，只有在强场强作用下才会产生释放电子或离子的现象。电除尘器中释放电子的过程就是“强场发射”或“场致发射”引起的。实际上电除尘器中是通过在放电极和收尘极之间施加高压直流电压，使其建立一个足以使流经电场的气体产生电离的电场，气体电离后就产生电子和正、负离子等带电粒子。这些带电粒子便吸附在粉尘颗粒表面上，使粉尘颗粒荷电。其中吸附负电荷的粉尘颗粒在电场力作用下向收尘极板运动，而吸附正电荷的粉尘颗粒在电场力作用下向放电极线运动，并沉积在收尘极板和放电极线上，从而完成了气灰分离过程，如图19－9所示。

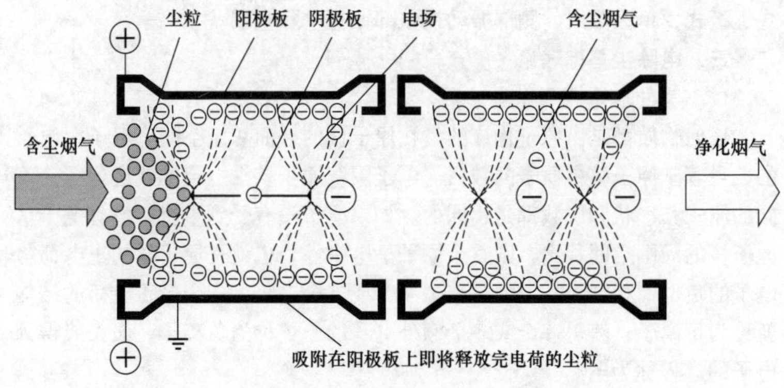

图 19－9　粉尘荷电过程

2. 气体电离和导电过程

当对电除尘器的电极施加足够高的电压时，气体将发生电离和导电现象，当施加的电压高到足以使电流在瞬间增大、使气体从绝缘状态发展到导电状态时，电子数目将雪崩似地增加，这种现象称为“电子崩”或“雪崩电离”，到一定程度后气体就产生了击穿，这时也被称作气体击穿或气体放电。

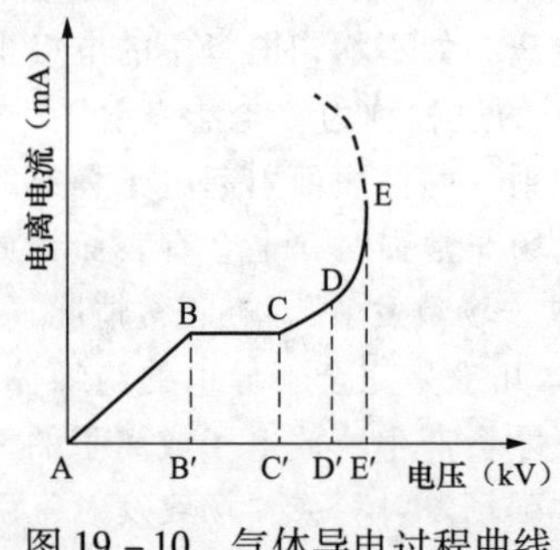

图 19－10　气体导电过程曲线

气体导电过程曲线如图 19－10 所示。

在 AB 阶段，气体中仅有少量的自由电子导电，在较低的外加电压作用下，自由电子做定向运动，形成很小的电流；随着外施电压的不断升高，向两极运动的离子增加，速度加快，而复合成中性分子的离子减少，电流逐渐增大。

在 BC 阶段，由于电场内自由电子的总数未变，虽然电压有所升高，电流不会升高，但气体中游离电子获得动量，开始冲击气体的中性分子。电压继续升高超过 C′点时，由于自由电子在电场中加速后超过了临界速度，气体中出现高速电子击打气体分子所产生的碰撞电离，电流开始明显增加。

在 CD 阶段，电子与气体中的中性分子碰撞，形成阳离子，结合形成阴离子，由于阴离子迁移率大于阳离子迁移率的 102 倍，因此在 CD 阶段使气体发生碰撞电离的离子只是阴离子。所以将电子与中性分子碰撞而产生新离子的现象，称为二次电离或碰撞电离。它的放电现象不产生声响，因此也称为无声自发性放电。

在 DE 阶段，随着电压的升高，不仅迁移率大的阴离子与中性气体碰撞产生电离，迁移率较小的阳离子也因获得能量与中性分子碰撞使之电离，因此电场中连续不断地生成大量新离子和电子，电场中 $1cm^3$ 的空间就要存在上亿个离子。随着外施电压的不断升高，放电极周围电晕区的范围不断增大，电离如雪崩似地进行。此时阳离子也因获得能量与中性分子碰撞使之电离，因此电场中连续不断地生成新离子和电子。此时，在放电极周围可以在黑暗中观察到蓝色的光点，同时还可以听到较大的嗞嗞之声和噼啪的爆裂声。这些蓝色的光点或光环称为电晕，因此也将这一段的放电称为电晕放电或电晕电离过程，将开始发生电晕时的电压（即 D′点的电压）称为临界电晕电压，如图 19－11 所示。

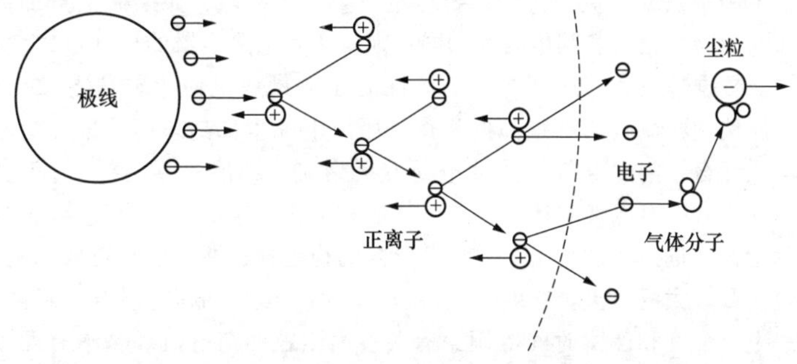

图 19－11　电晕发生过程

电极间的电压升到 E′点时，由于电晕区扩大致使电极间可能产生电火花，甚至产生电弧。此时，电极间的气体介质全部产生电击穿现象。E′点的电压称为火花放电电压。火花放电的特性是使电压急剧下降，同时在极短暂的时间内通过大量的电流。

气体的电离和导电过程包括临界电离、二次电离、电晕电离、火花放电，随着电压的变化，其特性也随之变化。电除尘器就是利用两极间的电晕电离这一阶段而工作的，而火花放电是应被限制的。电晕电离主要是电子雪崩的结果，也即当一个电子从放电极（阴极）向收尘极（阳极）运动时，若电场强度足够大，则电子被加速，在运动路径上碰撞气体原子会发生碰撞电离。和气体原子第一次碰撞引起电离后，就多了一个自由电子，这两个自由电子向收尘极运动时，又与气体原子碰撞使之电离，每一原子又多产生一个自由电子，于是第二次碰撞后，就变成四个自由电子，这四个自由原子又与气体原子碰撞使之电离，产生更多的自由原子。所以一个电子从放电极到收尘极，由于碰撞电离又继续撞击下一个分子，从而产生新的离子，如此循环往复，便为粉尘荷电提供了带电粒子，如图 19－12 所示。

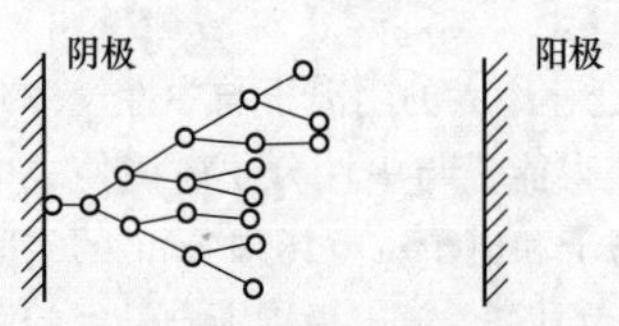

图 19－12 电子雪崩示意图

3. 烟气尘粒的荷电

尘粒荷电是电除尘过程中最基本的过程。虽然有许多与物理和化学现象有关的荷电方式可以使尘粒荷电，但是大多数方式产生的电荷量不大，不能满足电除尘器净化大量含尘气体的要求。因为在电除尘器中使尘粒分离的力主要是库仑力，而库仑力与尘粒所带的电荷量和除尘区电场强度的乘积成比例。所以，要尽量使尘粒多荷电，如果荷电量加倍，则库仑力会加倍。若其他因素相同，则意味着电除尘器的尺寸可以缩小一半。根据理论和实践证明，单极性高压电晕放电使尘粒荷电效果更好，能使尘粒荷电达到很高的程度，所以电除尘都是采用单极性荷电。就本质而言，阳性电荷与阴性电荷并无区别，都能达到同样的荷电程度。而实践中对电性的选择，是由其他标准所决定的。工业气体净化的电除尘器，选择阴性是由于它具有较高的稳定性，并且能获得较高的操作电压和较大的电流。在电除尘器的电场中，尘粒的荷电量与尘粒的粒径、电场强度和停留时间等因素有关。而尘粒的荷电机理基本有两种：一种是电场中离子的依附荷电，这种荷电机理通常称为电场荷电或碰撞荷电；另一种则是由于离子扩散现象产生的荷电过程，通常这种荷电过程称为扩散荷电。哪种荷电机理是主要的，这主要取决尘粒的粒径。对于尘粒大于 0.5μm 的尘粒，电场荷电是主要的；对于粒径小于 0.2μm 的尘粒，扩散荷电是主要的；而粒径在 0.2～0.5μm 之间的尘粒，二者均起作用。但是，就大多数实际应用的工业电除尘器所捕集的尘粒范围而言，电场荷电更为重要。

4. 电场荷电

将一球形尘粒置于电场中，这一尘粒与其他尘粒的距离，比尘粒的半径要大得多，并且尘粒附近各点的离子密度和电场强度均相等。因为尘粒的相对介电常数 $\varepsilon_r>1$，所以尘粒周围的电力线发生变化，与球体表面相交。

沿电力线运动的离子与尘粒碰撞将电荷传给尘粒，尘粒荷电后，就会对后来的离子产生斥力，因此尘粒的荷电率逐渐下降，最终荷电尘粒本身产生的电场与外加电场平衡时，荷电便停止。这时尘粒的荷电达到饱和状态，这种荷电过程就是电场荷电。

5. 扩散荷电

尘粒的扩散荷电是由离子无规则的热运动造成的。离子的热运动使得离子通过气体而扩散，扩散时与气体中所含的尘粒相碰撞，这样离子一般都能吸附在尘粒上，这是由于离子接近尘粒时，有吸引它的电磁力在起作用。粒子的扩散荷电取决于离子的热能、尘粒的大小和尘粒在电场中停留的时间等。在扩散荷电过程中，离子的运动并不是沿着电力线而是任意的。

烟气中含有大量氧、二氧化碳、水蒸气之类的负电性气体，当电子与负电性气体分子相碰撞后，电子被捕获并附着在分子上而形成负离子，因此在电晕区边界到收尘极之间的区域内含有大量负离子和少量的自由电子。烟气中所带的尘粒主要在此区域荷电。

6. 荷电尘粒的运动

尘粒荷电后，在电场的作用下，带有不同极性电荷的尘粒，则分别向极性相反的电极运动，并沉积在电极上，工业电除尘器多采用负电晕，在电晕区内少量带正电荷的尘粒沉积到电晕极上，而电晕外区的大量尘粒带负电荷，因而向收尘极运动。

驱进速度，即荷电悬浮尘粒在电场力作用下向收尘极板表面运动的速度。在电除尘器中作用在悬浮尘粒上的力只剩下电场力、惯性力和介质阻力。在正常情况下，尘粒到达其终速度所需时间与尘粒在除尘器中停留的时间相比是很小的，也就意味着荷电尘粒在电场力作用下向收尘极运动时，电场力和介质阻力很快就达到平衡，并向收尘极做等速运动，相当于忽略惯性力，并且认为荷电区的电场强度 E_0 和收尘区的场强 E_ρ 相等，都为 E，因此已荷电的尘粒在电场中主要受式（19－1）、式（19－2）所示的两种力作用，即：

$$F_1(\text{电力场}) = qE \tag{19-1}$$

式中：q 为尘粒所带荷电量；E 为尘粒所在处电场强度。

$$F_2(\text{介质阻力}) = 6\pi\rho_0 \tag{19-2}$$

式中：α 为尘粒半径；μ 为黏滞系数；ω 为驱进速度。

通过公式推导（推导略），荷电尘粒的驱进速度 ω 可用式（19－3）

表示：

$$\omega = \frac{2\omega_0 E_0 E_\rho \alpha}{\mu} \approx \frac{0.05E^2\alpha}{\mu} \tag{19-3}$$

式中：ε_0 为真空介电常数。

从理论推导出的公式中可以看出，荷电尘粒的驱进速度 ω 与粉尘粒径成正比，与电场强度的平方成正比，与介质的黏度成反比。粉尘粒径大、荷电量大，驱进速度大是不言而喻的。由于作用在尘粒上的力，除电场力外，还有电场在空间位置上发生变化时出现的所谓梯度力。梯度力具有沿电力线方向驱动尘粒的作用，而且在电场梯度显著的放电线附近特别大。当放电电压低，由电晕放电产生的收尘作用减弱时，尘粒就被吸附在放电极上，使放电线变粗，这样就使电晕电流减少而使收尘效果明显恶化，因此要防止这种现象，放电极就需施加较高的电压，并且要经常振打放电线，使粉尘脱落。由于介质的黏度是比较复杂的因素，实际驱进速度与计算相差尚较大，约小 1/2，所以在设计时还常参考试验或实践经验值。

7. 荷电尘粉的捕集

在电除尘器中，荷电极性不同的尘粒在电场力的作用下，分别向不同极性的电极运动。在电晕区和靠近电晕区很近的一部分荷电尘粒与电晕极的极性相反，于是就沉积在电晕极上。但因为电晕区的范围小，所以数量也少。而电晕外区的尘粒，绝大部分带有与电晕极极性相同的电荷，所以当这些荷电尘粒接近收尘极表面时，便沉积在极板上而被捕集。尘粒的捕集与许多因素有关，如尘粒的比电阻、介电常数和密度，气体的流速、温度和湿度，电场的伏－安特性，以及收尘极的表面状态等。要从理论上对每一个因素的影响都表达出来是不可能的，因此尘粒在电除尘器的捕集过程中，需要根据试验或实践经验来确定各因素的影响。

尘粒在电场中的运动轨迹主要取决于气流状态和电场的综合影响，气流的状态和性质是确定尘粒被捕集的基础。气流的状态原则上可以是层流或紊流。层流的模式只能在实验室实现，而工业上用的电除尘器，都是以不同程度的紊流进行的。层流条件下的尘粒运行轨迹可视为气流速度与驱进速度的矢量和，紊流条件下电场中尘粒运动的途径几乎完全受紊流的支配，只有当尘粒偶然进入库仑力能够起作用的层流边界区内时，尘粒才有可能被捕集。这时通过电除尘器的尘粒既不可能选择它的运动途径，也不可能选择它进入边界区的地点，很有可能直接通过电除尘器而未进入边界层。在这种情况下，显然尘粒不能被收尘极捕集。因此，尘粒能否被捕集应该说是一个概率问题。

第二节　电除尘器的本体结构

一、电除尘器系统结构及组成

电除尘器系统结构如图 19－13 所示，其包括电除尘器本体和辅助系统两大部分。

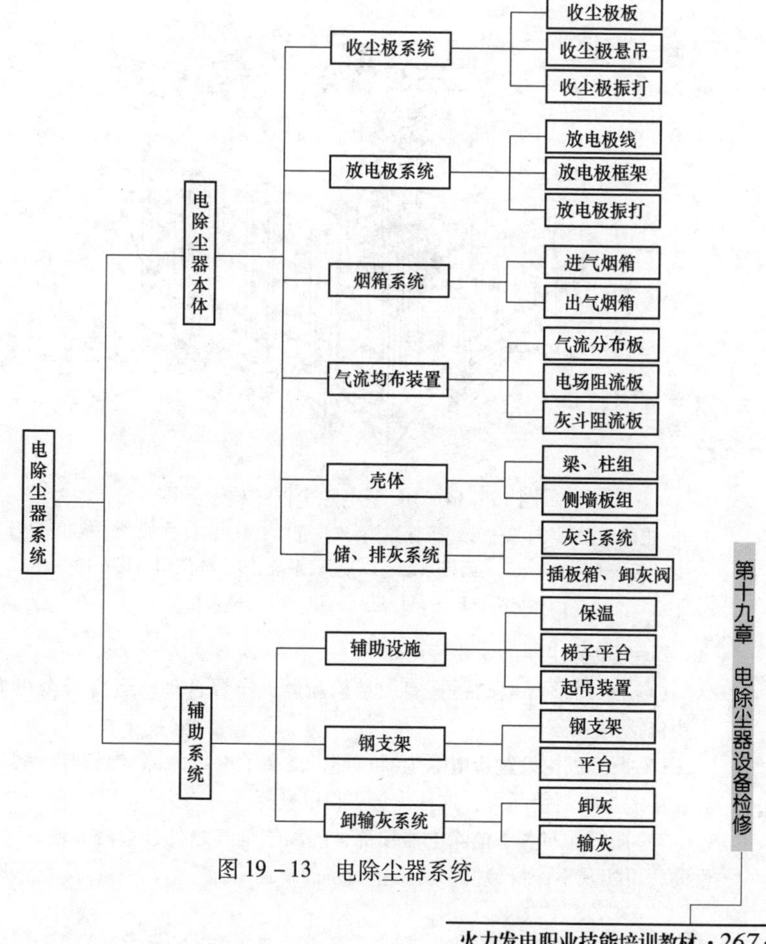

图 19－13　电除尘器系统

本节详细介绍 BE 型电除尘器。BE 型电除尘器是在 1986 年从美国通用电气公司（GE）引进的电除尘器技术基础上，通过消化、吸收，在国产化过程中不断完善起来的一种新型电除尘器。

BE 型电除尘器是由除尘器本体和配套高压整流设备及低压控制系统共同组成的机电一体化产品，其有独特的阴极悬吊、锥形绝缘轴联结和顶部电磁锤振打等技术，如图 19－14 所示。BE 型电除尘器本体结构包括：入口气流分布装置、出口槽形板装置、电晕极系统（阴极系统）、收尘极系统（阳极系统）、阴阳极系统振打装置、保温箱、气流均布装置、储灰系统、壳体、楼梯平台等。

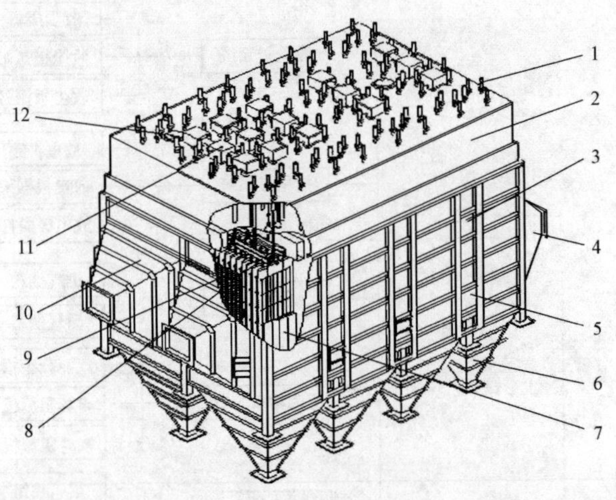

图 19－14　BE 型电除尘器结构示意图

1—电磁锤振打器；2—绝缘子保温箱；3—壳体；4—出口喇叭；5—双层密封人孔门；6—灰斗；7—阳极系统；8—阴极系统；9—气流均布板；10—进口喇叭；11—高压进线；12—保温箱人孔门

BE 型电除尘器的主要特点如下：

（1）采用顶部电磁锤振打，结构新颖，布置合理，运行安全可靠。主要包括：

1）振打机构设置于电除尘器顶部，提高了电场内部空间利用率，尤其在场地受限制情况下，这种优势更得以发挥；

2）振打器布置于电除尘器顶部，隔离于烟气之外，检修方便，可靠性高，可实现不停机检修，提高了设备的常运率；

3）顶部电磁锤振打方式，按划小区域的方式布置，加速度分布更为合理、均布，每个振打器的振打高度（振打力）、频率和顺序均可独立调节，且对内部不产生横向剪切力，构件寿命长；

4）由于采用顶部振打，阳极板纵向刚性由成型的防风沟予以保证，横向不承担刚性的要求，所以在极板中间不需轧制加强筋，在振打时极板面产生颤抖，使极板的积灰更易脱落，从而达到良好的清灰效果；

5）采用顶部振打，实行划小振打单元的方式，合理地对每个单元进行控制，不仅达到有效清灰的目的，同时也有有效抑制二次扬尘的效果。

（2）可根据设计要求采用小分区供电，对改善电气性能，提高除尘器的运行电压，以及提高除尘效率均十分有利。主要包括：

1）实行小风区供电，区内含尘浓度梯度小，即供电装置与电厂匹配得更好，提高运行功率有利于提高除尘效率，最大限度地发挥供电特性；

2）实行小分区供电，可增加电场级数，提高跟踪性能；

3）实行小分区供电，可利用计算机控制实行局部范围的断电振打等，提高清灰效果；

4）实行小分区供电，在达到相同的除尘效率下，更节约能耗。

（3）对于大型电除尘器采用独特的吊打分开式刚性阴极系统，既可提高承压绝缘子的使用寿命，又使阴极系统获得最大振打加速度。

（4）阴、阳极采用刚性框架结构，可提高安装精度和顶部振打加速度的合理传递，阴、阳系统均采用上吊下垂的悬吊方式，避免热胀冷缩变形，提高电除尘器的适用温度。

二、阳极系统及其振打装置

1. 收尘极板的基本要求

收尘极板的结构形式直接影响着电除尘器的除尘效率、金属耗量和造价，所以应精心设计。对收尘极板的基本要求是：

（1）有良好的电性能，即极板表面上的电场强度和电流分布均匀，火花电压高。

（2）有利于粉尘在板面上沉积，经过定期振打又能顺利落入灰斗，同时具有防止二次扬尘的功能。

（3）极板受温度影响变形小，并具有足够的刚度。

（4）极板的振打性能好，有利于振打加速度均匀地传递到整个板面，使清灰效果好。

(5) 形状简单，平面度好，制造容易。

(6) 运输、安装、运行中不易变形。

收尘极板的形式很多，有板式和管式两大类，而板式电极又可分为以下三类：

(1) 平板形电极。其包括网状电极和棒帷式电极等。

(2) 箱式电极。其包括鱼鳞板式和布袋式（郁金香式）电极等。

(3) 型板式电极。其是用1.2～2.0mm厚的钢板冷轧加工成一定形状的型板，如C型、Z型、CW型、工字形、ZT型、大C型、波纹型及棒帷型，如图19－15所示，此外还有CSA型、CSW型、CSV型等。型板式收尘极板两面皆有轧制的沟槽和凸棱，其作用是提高极板刚度，在靠近极板附近的边界层中形成一层涡流区。边界层中的气流速度小于主体气流速度，因而进入该区的荷电粉尘容易沉降。同时由于收尘极表面不直接受主气流的冲刷，所以沉积粉尘重返气流的可能性及振打时的二次扬尘都较小。

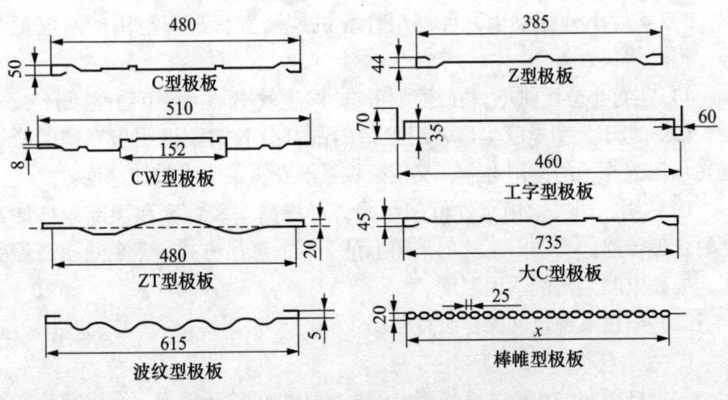

图19－15　常用的几种收尘极断面形式

BE型电除尘器使用的极板称BE板，其截面形状如图19－16所示。形状与我国的C型板相似，宽度为445mm，防风沟宽44mm，中部为平板状，这一点与C型板不同，这种结构比较适合顶部振打时力的传递。

在极板上端两侧防风沟处，分别焊两根一定长度的方钢，通过方钢跟上部吊板连接。振打力就是通过两侧面的方钢传递到极板上的。

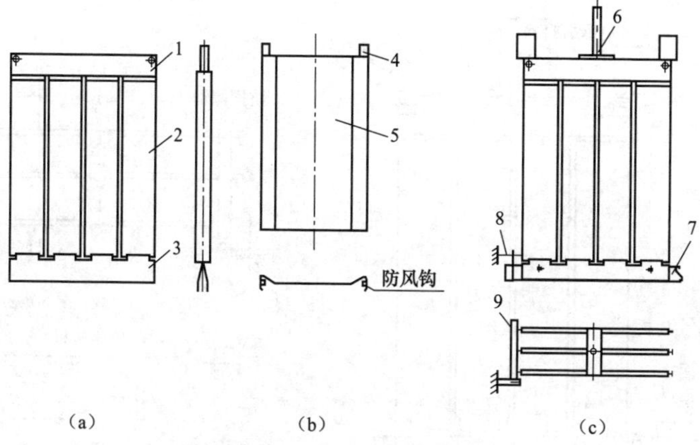

图 19－16　BE 板结构

1—吊板；2—极板；3—防摆叉；4—极板；5—方钢；6—振打砖；7—防摆杆；8—防摆杆机构；9—防摆槽钢

2. 阳极板的悬挂

图 19－17　阳极板悬挂安装图

BE 型阳极板的悬挂（见图 19－17）一般采用分小区悬挂的方式。这种收尘极板悬挂方式是将一个电场的收尘极板排固定地分为两组，每组由四块收尘极板组成，单组长度1780mm，换算成一个电场固定长度为 3560mm，并形成独立的悬挂，与放电极一起构成"小分区"，收尘极板的悬吊方式如图 19－18 所示。这种悬挂方式的最大好处，一是出厂前就可以将收尘极板排组装成整体运输，安装现场不必组装收尘极板排，减少安装现场的工作量，保证了收尘极板排的组装质量；二是易于构成"小分区"，为供电区的划分带来方便，可将常规的前后分区布置成左右分区，这种小分区理论上符合沿电场长度方向粉尘浓度分布不均匀而引起的场强、荷电和收尘效率的差异问题。另外，一旦某供电分区故障，停止工作对整体效率的影响较前后分区小。

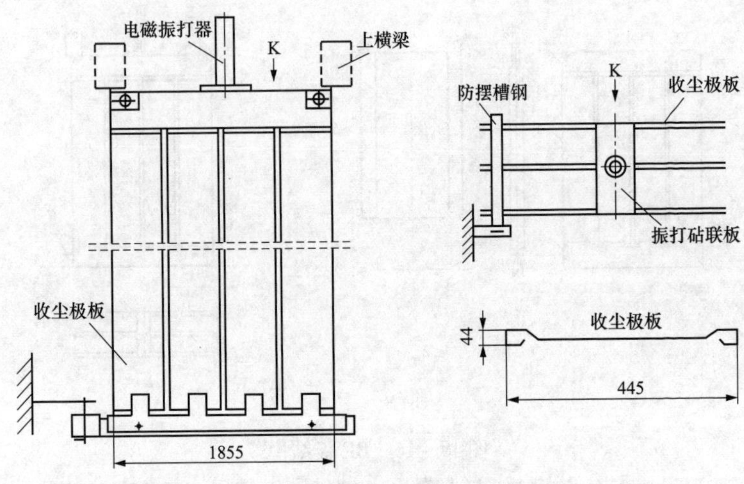

图 19－18　典型收尘极分小区悬挂方式

3. 阳极振打系统

收尘极板上收集并吸附的粉尘达到一定厚度时，就要通过机械或电磁冲击振打的方式，使粉尘层脱离收尘极板表面落入灰斗中，通过卸、输灰系统将灰斗中的灰及时排除。保持收尘极板的清洁，是保障电除尘器高效稳定运行的关键。

振打装置的基本作用就是在收尘极板上产生足够大的力，在粉尘层中产生惯性力，用以克服粉尘层附着在收尘极板上的各种力。由于惯性力是由粉尘层的质量决定的，所以应使粉尘层积累到一定厚度，振打所产生的加速度才能使收尘极板上的粉尘脱落。研究证明，收尘极板上的粉尘层越薄所需要的振打力越大。最佳振打时机是收尘极板上积累的粉尘层厚度大于 10mm 时。

4. 收尘极振打系统的类型

收尘极振打系统按振打部位可分为侧部振打和顶部振打两大类，按传动方式可分为电动机械式和电磁式两大类。

侧部振打就是在收尘极板排底部与振打杆（即冲击杆）垂直位置，沿电场宽度方向布置振打轴，每一排收尘极板排位置处设置振打锤，在电动减速机构的带动下，振打锤绕振打轴旋转，当振打锤转动到最高位置时下落，锤击在该排振打杆的承击砧面上，如图 19－19 所示。

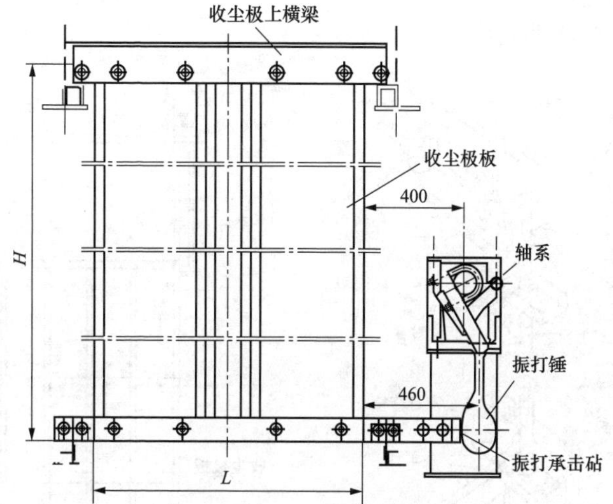

图 19－19　收尘极振打系统

收尘极振打锤系统如图 19－20 所示。

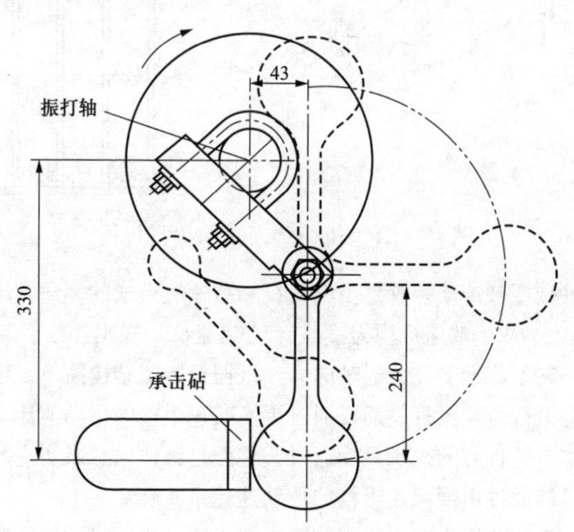

图 19－20　收尘极振打锤系统

顶部振打是在电除尘器的顶部，收尘极板在悬挂横梁上设置振打点，由电动机械式或电磁式提升锤击棒到一定高度，然后自由下落，撞击振打点，实施振打，如图 19 – 21 所示为机械传动顶部振打结构，图 19 – 22 所示为顶部电磁振打结构。

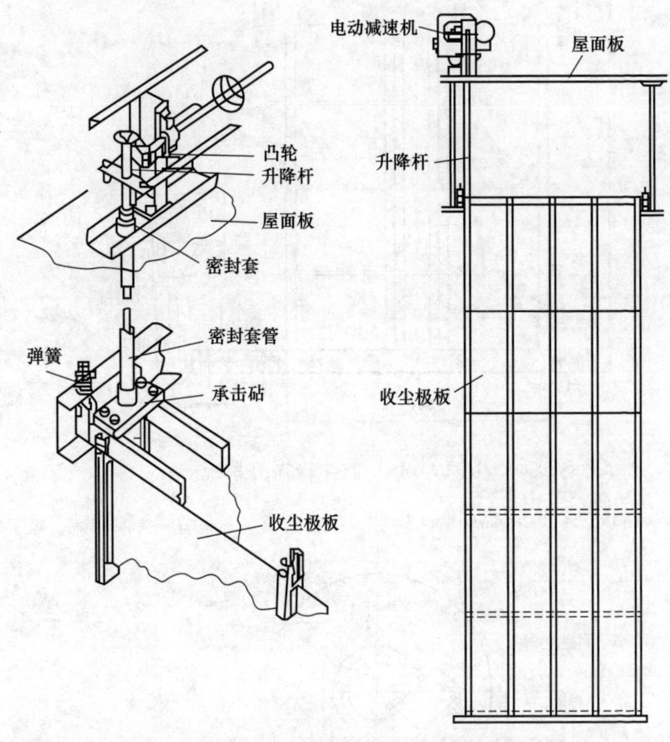

图 19 – 21　机械传动顶部振打机构

电动机械振打传动装置是由电动机和减速机组成的，通常电动机的容量为 0.4 ~ 0.6kW，减速机构为摆线针轮减速机。根据摆线针轮减速机的技术要求，它不能承受过大的轴向力。该振打装置结构简单，维护工作量小，问题是振打力和振打周期要通过更换减速机构的传动速比来实现，不能任意调整。振打力的改变只能通过调整振打锤体质量来实现，而振打周期的改变只能通过更换减速机构的传动速比来实现。

电磁式振打装置主要由线圈和锤击棒组成。当给线圈通电时产生吸引力，使锤击棒上升到任意高度处，断电时借助弹簧（有的不设置弹簧）或锤击棒的自重使其自由下落。通过振打杆向收尘极板传递振打力。这种电磁振打装置主要用于卧式电除尘器收尘极（放电极）的顶部振打。它

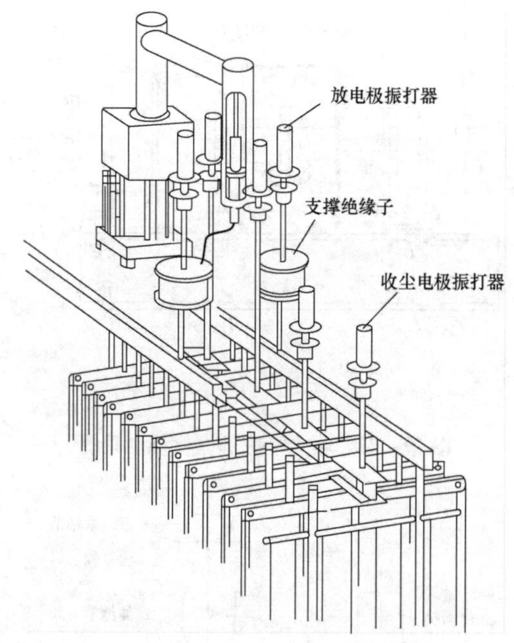

图 19－22　顶部电磁振打结构

可以通过调节电能对振打力和频率加以控制。振打力的调节是通过调节提升锤击棒的高度来实现。

5. 传动机构

(1) 传动装置。常用的收尘极振打传动装置由两部分组成：一是减速机构，二是传动部分。减速机构有两种：一种是采用蜗轮蜗杆减速，这种减速机构体积庞大，传动效率低，连续长期运行易发热，磨损较大，目前已经较少使用；另一种是行星摆线针轮减速机，这种减速机是应用行星传动原理，采用摆线针轮啮合的方式设计的，其特点是速比大、传动效率高、结构紧凑、体积小、质量轻、故障少、寿命长，因而得到了广泛使用。

通常都将电动机与行星摆线针轮减速机做成一体式，如图 19－23 所示的收尘极侧部振打传动系统。通过轮、链条或带轮传递动力，连板 1 固定在轮上，轮在轴上可以转动，只有安装了保险片，连板 1 才能把动力传递给连板 2，连板 2 通过键与振打轴连接，将扭矩传递给振打轴，如图 19－24所示。

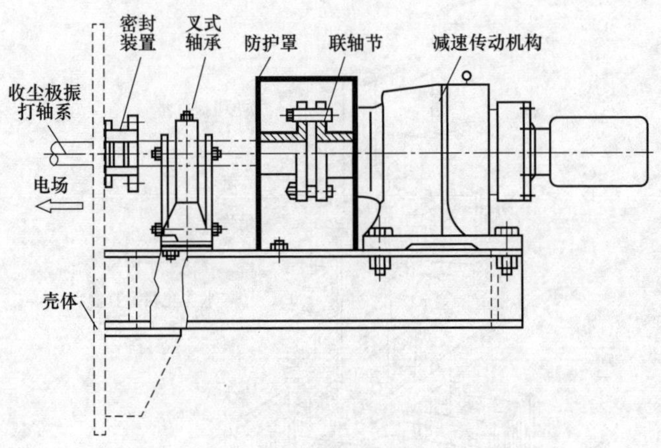

图 19－23　收尘极侧部振打传动系统

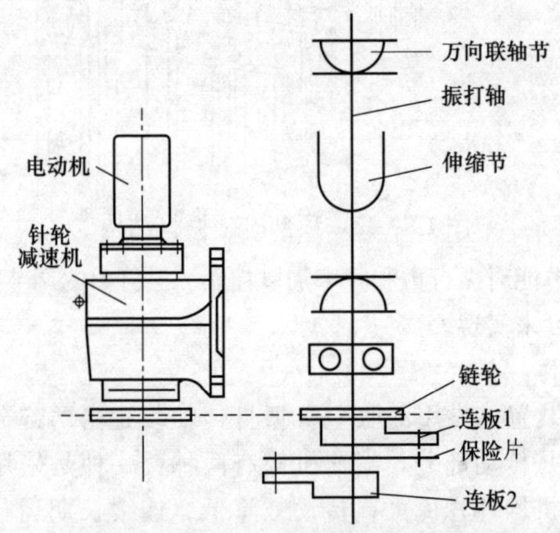

图 19－24　振打传动装置示意图

（2）保险片。保险片的最大破坏拉力低于减速机构输出轴允许的最大扭矩，这样做的目的在于，一旦振打轴系统出现卡涩故障，轴系扭矩增大后，保险片首先破坏，从而保护振打传动系统安全。这种保险装置结构简单，成本低。但从图 19－24 中不难看出，当保险片拉断后，电动机、减速机、轮和链条都仍在转动，表盘指示正常，不易被运行人员发现，易被误认为传动机构工作正常，从而造成振打机构停止工作的问题。因此，为避免上述问题的发生，应增设保险片断裂信号监测系统。

（3）万向联轴节。对于小型电除尘器，由于收尘极板排数较少，振打轴一般都比较短，振打轴受热后产生热膨胀的位移量较小。振打轴系受外界影响产生的变形量也较小，因此在振打轴与传动机构连接部分之间，设置简易吸收膨胀位移的膨胀机构即可。对于大型电除尘器，由于其极板比较高，通道数多，振打轴较长，轴间有轴承和联轴节，就必须设置能吸收轴向、径向和其他原因引起位移的伸缩节，为了能吸收各个方向的位移，通常采用汽车万向联轴节。汽车万向联轴节调节余度大，使用灵活、可靠。

6. 振打轴承

由于振打轴的运行速度非常低，平均转速为2.5～3.0r/min，因此对轴系和轴承的加工精度要求并不高。但它处于电除尘器内部，工作环境温度为120～180℃，烟气含尘浓度高，因此其工作环境极其恶劣，轴承的润滑变得不可能。所以必须采用特殊的结构形式来满足要求，同时所使用的材料要具有良好的耐磨性，而且要求轴承工作可靠、使用寿命长，无故障运行时间必须大于3年，在此期间不允许轻易停机检修。正由于电除尘器收尘极振打轴承特殊的工作环境和特殊的要求，国内外电除尘器振打轴承的形式多种多样，主要有以下几种。

（1）叉式轴承。叉式轴承的结构如图19－25所示。振打轴与叉式轴承接触的部位装有耐磨套，耐磨套浮动于叉式轴承的托板上，托板和耐磨套经过热处理，提高其耐磨性。当托板磨损严重时，只需要将托板换一个面即可重新使用。耐磨套的更换也很方便，将托板卸下即可更换耐磨套。这种叉式轴承结构简单，维修方便，更换简单，使用寿命长。

当电除尘器的振打轴较长时，受热膨胀后的位移量就较大，因此必须采用分散定位的办法来解决。为保证离固定端最远处的振打锤与收尘极板承击砧有良好的振打接触，特在轴承架上方设置了一块压板，这样可以调整定位点到轴的中部，当有膨胀位移时轴沿轴向向两侧移动，

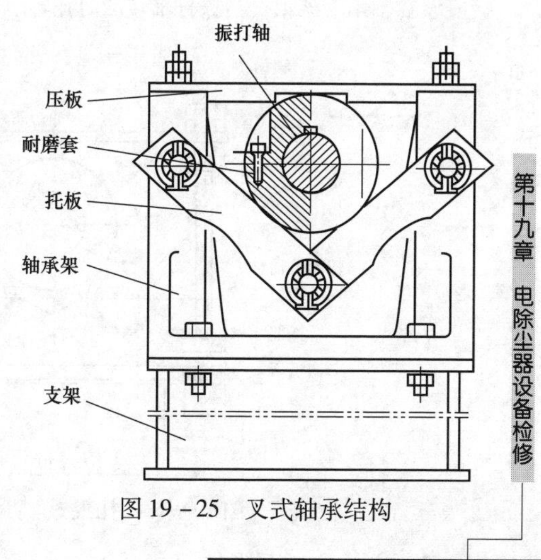

图19－25　叉式轴承结构

减少振打锤与承击砧的接触误差，避免振打锤击偏或击不中承击砧的问题，提高振打效果。

（2）板式轴承。板式轴承的结构如图 19－26 所示。板式轴承是由扁钢制成两个 V 形的托板，上下对扣，两端固定在轴承架上，振打轴与 V 形托板接触部分设置耐磨套，当振打轴转动时耐磨套与 V 形托板之间滑动摩擦。由于转速低，加之 V 形托板上下均有间隙，在下 V 形托板与耐磨套之间不会因积灰而加剧磨损。一旦下 V 形托板磨损后，只需将上、下 V 形托板位置互换，即能保证振打轴的正常工作。这种振打轴承结构简单，维修更换方便。

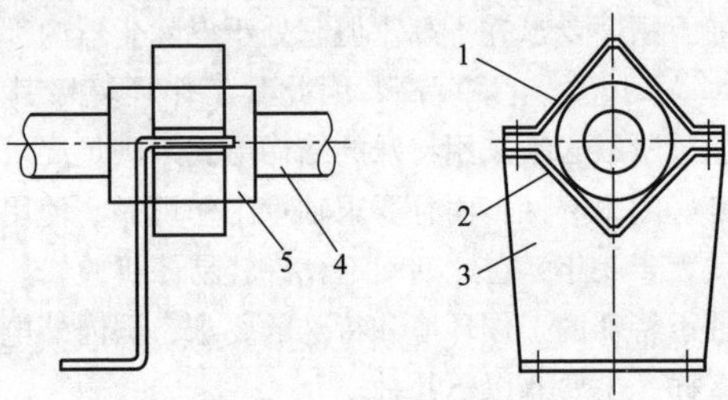

图 19－26　板式轴承结构

1—上夹板；2—下夹板；3—支撑架；4—传动轴；5—轴套

（3）托辊式轴承。托辊式轴承的结构如图 19－27 所示。托辊式轴承是将带耐磨套的振打轴安放在图 19－27 中所示的两个托辊上，托辊轴直接安装在轴承支架上。当振打轴转动时托辊也随之转动。更换托辊简单，

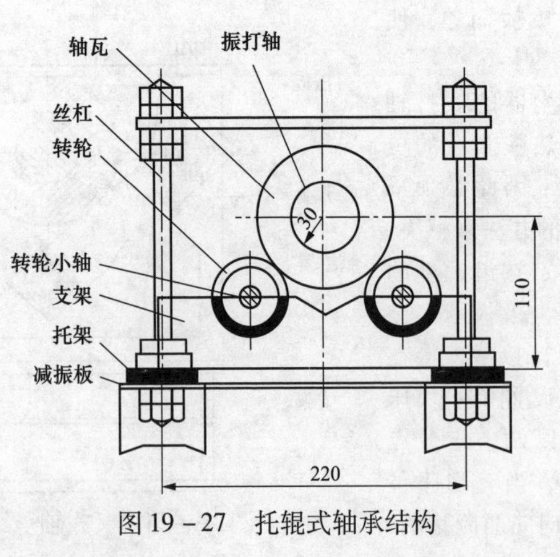

图 19－27　托辊式轴承结构

只需将旧托辊卸下换上新托辊即可。这种结构不存在积粉尘的问题，摩擦阻力小。但是这种轴承结构较复杂，价格较高。

（4）双曲面式轴承。双曲面式轴承的轴瓦制成双曲面，最小处直径比轴径大2～3mm，这就保证了轴承工作时不积灰，受热膨胀时不抱轴，它的结构简单，制造容易，使用寿命长。

7. 振打锤

采用电动机械式振打装置的振打轴上装有若干个振打锤，振打锤的结构形式多种多样，但它们都是利用振打锤的势能转变为动能而锤击收尘极板排承击砧的。

锤击机构，依据它的运动形式通常也称为绕臂锤机构，一般振打锤由绕臂和锤体组成，用U形螺栓将曲柄固定在振打轴上，曲柄与振打锤连杆或锤体相连，通常振打锤又分为分体锤和整体锤两种。

（1）分体锤。如图19－28所示，锤头4通过柱销与连杆3相连，连杆通过曲柄2连接，曲柄2对开，用螺栓紧固在振打轴上，当振打轴转动时，曲柄随轴转动，将连杆提升到一定高度，此后连杆和锤体被曲柄带起，并随曲柄回转，直至连杆垂直，此时锤体位于最高位置处，若曲柄略微转动一角度，锤体和连杆绕连接点转动并下落，锤击到收尘极板排下振打杆的承击砧面上，完成一次振打过程。为避免锤体与连杆的柱销因长时间磨损而引起掉锤故障，在柱销处加装耐磨套，以防止柱销过度磨损。还有的将锤体用铆钉与连杆铆接。

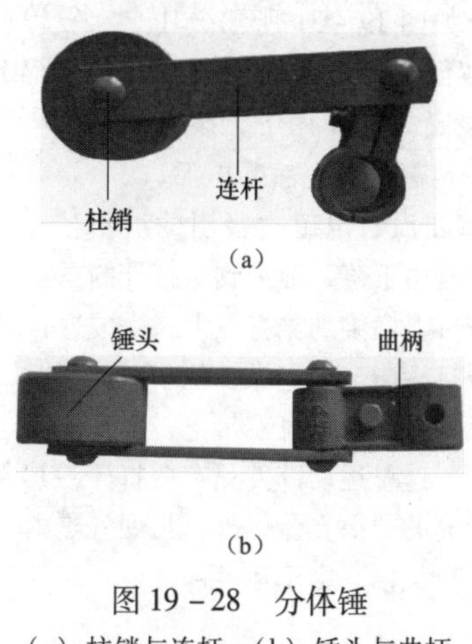

（a）

（b）

图19－28　分体锤

（a）柱销与连杆；（b）锤头与曲柄

(2) 整体锤。如图19－29所示，曲柄是由型板制成的，将它用螺栓固定在振打轴上，整体锤用螺栓与曲柄连接。整体锤由厚度为30～80mm的钢板按一定的形状切割而成。当曲柄运动时将锤体提起至垂直位置后绕连接螺栓下落并锤击在收尘极板下部的振打杆的承击砧面上，完成振打过程。该结构需要在轴上开孔，不但费工还削弱了轴的机械强度。

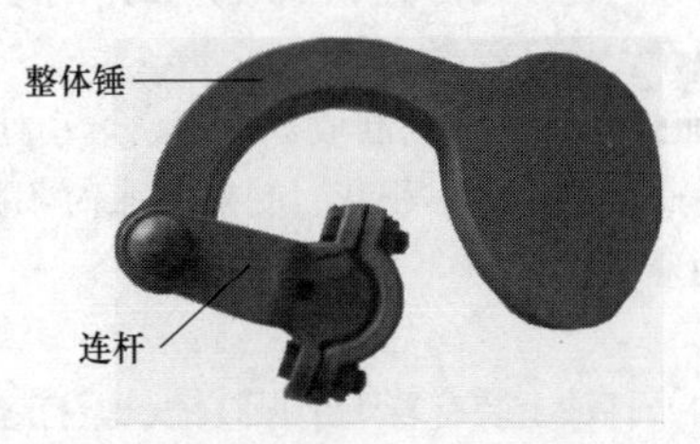

图19－29　整体锤

振打锤还有一种结构形式如图19－30所示，其用U形螺栓将曲柄固定在轴上。当曲柄运动时，锤体被提起并卡在U形螺栓上，锤体被提至垂直位置后下落锤击在收尘极板下振打杆的承击砧面上，完成振打。

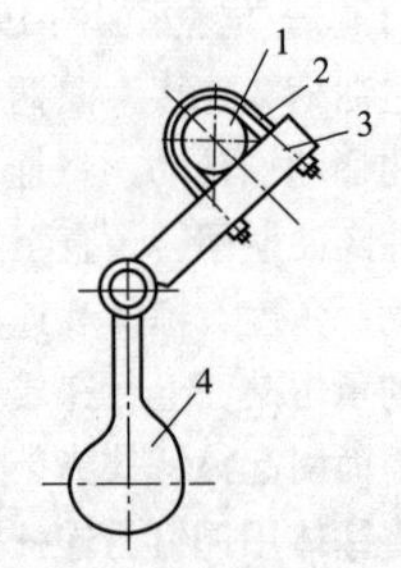

图19－30　U形螺栓固定式振打锤

1—振打传动轴；2—U形螺栓；3—连杆；4—振打锤

8. 电磁振打器

电磁振打器主要由振打棒、线圈、护壳和控制系统组成，如图19－31所示。其工作原理是：当给线圈通电时，线圈周围就产生了磁场，在电磁力的作用下，振打棒被吸引后提升到一定高度，突然断电后，电磁场消失，振打棒在没有电磁力吸引的情况下，靠重力作用自由下落，锤击到振打杆的承击砧面上，振打杆将振打力传递给收尘极板排上横梁的振打点上，完成振打。下振打杆与砧梁连接，上振打杆承受振打棒撞击。绝缘轴位于上、下振打杆之间，起隔离高压电的作用，避免上振打杆和振打器带电，以提供安全运行环境，同时还起传递振打力的作用。这里运动部件只有振打棒，其余均为固定件，而且振打器布置在电除尘器的顶部壳体以外，与烟气隔离，在不停机的情况下可以对电磁振打器进行检修，由于运动部件少，又与烟气隔离，因此维护工作量小，可靠性高。

电磁振打器主要用在电除尘器顶部布置的振打上，电动机械式振打主要用在电除尘器侧部位置振打上。这两种振打在 BE 型电除尘器上都得到了广泛运用。

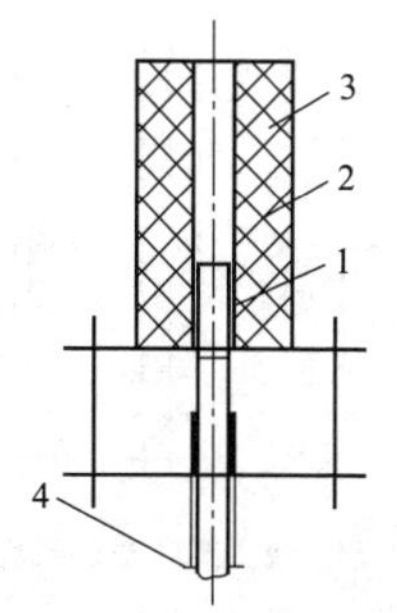

图 19－31　电磁振打器

1—振打棒；2—线圈；3—外壳；4—壳体顶板

三、放电极系统

放电极又称电晕极或阴极，它是电除尘器电场的重要组成部分。其作用是与收尘极一起构成电场，产生电晕，是形成电晕电流的主要构件。放电极系统包括放电极线、放电极框架、放电极吊挂、放电极振打装置等。

（一）放电极线

对放电极线的基本要求是：

（1）放电性能好。①起晕电压低，就是在相同的条件下，起晕电压越低就意味着单位时间内的有效电晕功率越大，则除尘效率越高。放电极线的起晕电压决定于自身的曲率半径，曲率半径越大的放电极线起晕电压越低，放电强度越高。②电晕电流大，这是指伏安特性曲线的斜率越大越好，即在相同的外施电压条件下，电流越大越好。伏安特性好的放电极线对烟尘荷电的强度和概率大，对烟气条件变化的适应性强，这是指对烟气流速、含尘浓度和比电阻等的适应性强，使放电极在高烟气流速下效率下降少，在高含尘浓度时不发生电晕封闭，在处理高比电阻粉尘时不产生或延缓反电晕的发生。

（2）机械强度高，不易断线，高温下不弯曲变形，耐腐蚀。

（3）放电极线固定，有利于维持准确的极距，有利于传递振打力，易于清灰。

放电极线多种多样，根据其放电形式，大致可分为三大类：

（1）点放电形式，有角钢芒刺形线、鱼骨形线和 RS 形线等。

（2）线放电形式，有星形线、麻花星形线等。

（3）面放电形式，有圆形线等。

几种常用的放电极线如图 19－32 所示。

BE 型电除尘器采用两种阴极线：针刺形线和星形螺旋线，如图 19－33 所示即为其代表。

针刺形线主体为 $\phi8$ 的圆钢，针刺形线采用 $\phi2$ 不锈钢针铆接在 $\phi8$ 圆钢上。针刺形线起晕电压较低，电晕电流大，不易产生电晕封闭，适合于粉尘浓度高的场合。一般在 BE 型电除尘器的前电场采用。

星形螺旋线采用截面为 4.8mm×4.8mm 的方钢扭制而成。其截面比

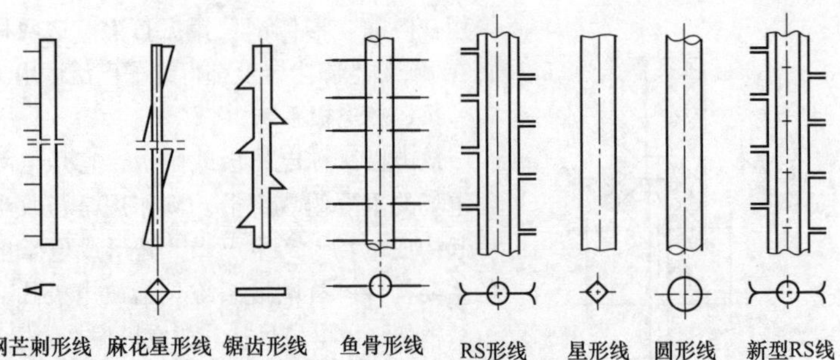

图 19－32　各种放电极线形式

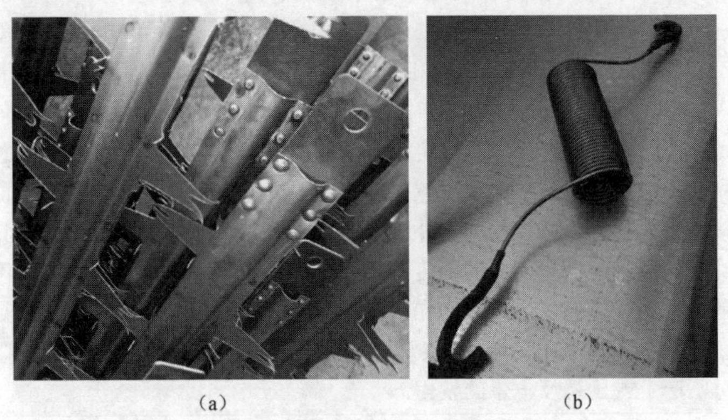

（a）　　（b）

图 19－33　BE 型电除尘器采用的阴极线

（a）多刺芒刺线；（b）不锈钢螺旋线

国内常见的星形线大，因此强度大。星形螺旋线起晕电压较高，在极板上电流分布均匀，工作电压高，较适合于粉尘浓度低的场合。一般在 BE 型电除尘器的后电场采用。

（二）放电极框架

1. 放电极小框架

放电极小框架的作用是固定放电极线，沿电场高度方向将放电极线分割成若干段，每一段的长度视放电极线的线形而定，然后将放电极线安装在小框架上，保持基本一致的张力和稳定的异极距。这样有利于对放电极线进行振打清灰，典型框架结构如图 19－34 所示。其中放电极小框架如图 19－35 所示。它由极线和钢管框架组成。放电极小框架固定在由钢管弯成的田字形小框和大框架上，放电极线固定在小框上，每一片小框架安装在大框架上，每一侧大框架由两根吊杆将放电极线框架悬吊在壳体顶部的绝缘套管上。小框架钢管的直径一般为25.4～31.8mm，壁厚为3～3.5mm，这样才能保证足够的刚度。常用的极线固定方式有三种，如图19－36所示。

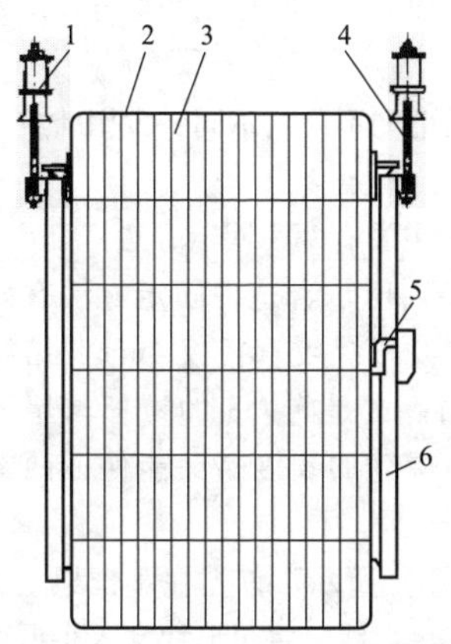

图19－34　典型放电极框架结构

1—瓷支柱；2—小框架；3—放电极线；4—吊杆；5—振打；6—大框架

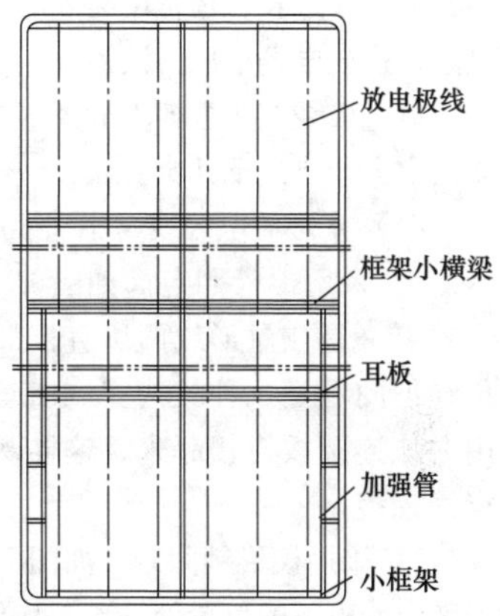

图19－35　典型放电极小框架

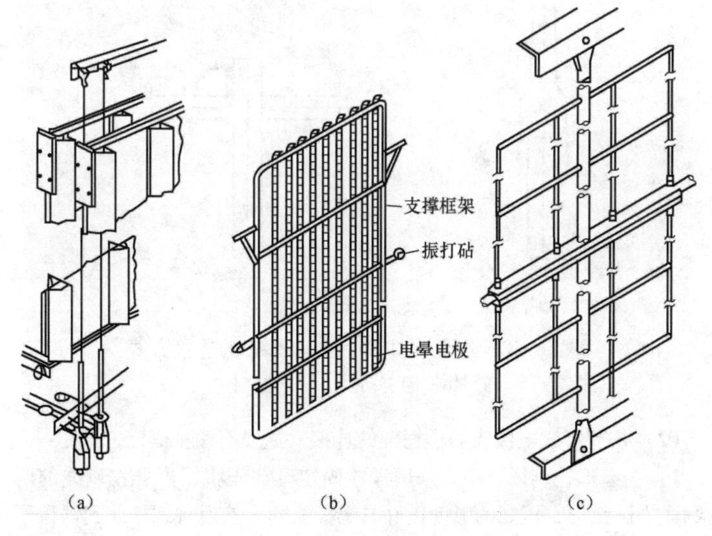

图19－36　典型放电极线固定方式

（a）重锤式；（b）框架式；（c）桅杆式

对于大型电除尘器，由于电场高，放电极线应分段布置、分段安装。通常对于星形线和条状芒刺形线，每段线长度应小于2.0m。当采用螺旋形放电极线或RS芒刺形放电极线时，每段长度应小于4.0m。如果每一段的放电极线过长，运行中会因电风、气流和振打引起摆动的综合作用发生晃动，造成电场电压的波动。

放电极线在小框架上的固定方式因线型的不同而不同，常用的放电极线固定方式有以下几类：

（1）星形放电极线与小框架的连接。主要有两种固定方法：

1）采用螺栓固定。如图19－37（a）所示，这种固定方法有两种形式：一是在星形线两段直接加工成螺纹，螺纹直径仅4mm，结构简单，但问题是这种结构安装时容易脱扣；二是将M8的螺杆与星形线用一块连接板搭接起来，这样既可增加焊缝的长度，又能保证两者的牢固连接。

2）采用楔形销固定。如图19－37（b）所示，首先在小框架上、下安装放电极线的位置处钻孔，其孔径大于星形线，将星形线穿入小框架孔内，然后将楔形销打入星形线两侧，打紧后砸弯即可。

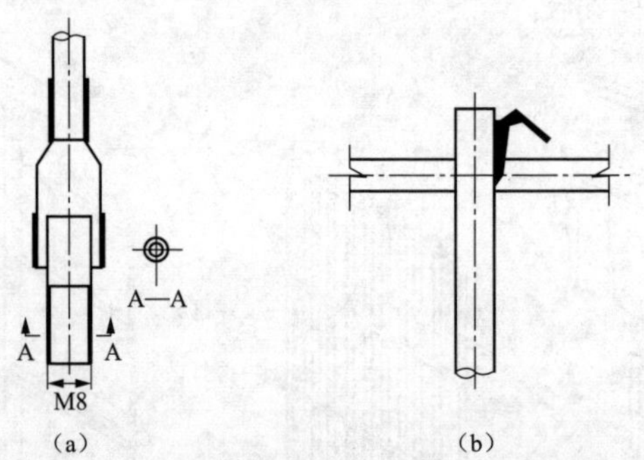

图19－37　星形放电极线与小框架的连接方式

（a）螺栓固定；（b）楔形销固定

（2）芒刺形放电极线与小框架的连接。主要有两种固定方式：

1）锯齿形芒刺线，一般采用螺栓固定。首先将锯齿形芒刺线的两端压制成半圆弧形，压制的弧度正好与螺杆相同，然后将螺杆放到锯齿形放电极线两端的半圆弧形内部，用点焊机点焊或用铜焊焊接而成，如图19－38所示。

2）RS 管状芒刺形线，一般用螺栓将其固定在小框架上。在小框架的上、下横梁安装 RS 管状芒刺形线的位置处各焊接一块耳板，在上耳板开圆孔，在下耳板开长方形孔，以利于 RS 形放电极线和小框架的热膨胀，如图 19－39 所示。

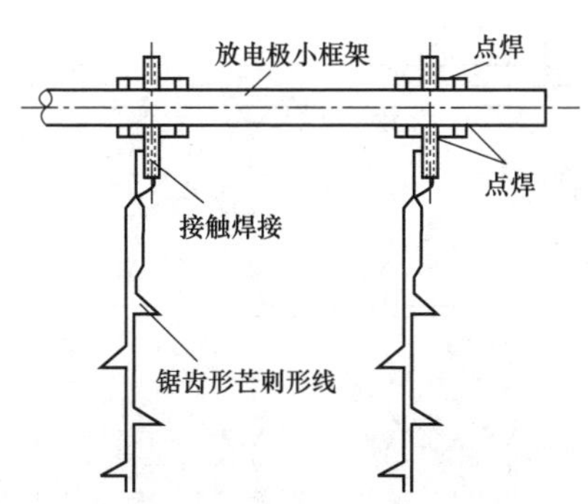

图 19－38　锯齿形芒刺线与小框架的连接方式

（3）螺旋线与小框架的连接。要求放电极线的上下挂钩处的结构要合理，否则容易在挂钩处因火花放电而烧断，典型连接方式如图 19－40 所示。螺旋线使用 $\phi2.5$mm 的合金制成，螺旋线的两端设有挂钩。将 $\phi2.5$mm 的螺旋线放置在内径为 $\phi3.0$mm、外径为 $\phi5.0$mm 钢管内，钢管弯制成钩形。在放电极小框架上焊有钩环，安装时将螺旋线的挂钩挂到小框架的钩环上即可。由于两者的曲率半径较大，所以在使用时不会发生火花放电。如果运行中一旦断线，它会自动收缩，不会搭接到收尘极板上。因此，螺旋形放电极线具有结构简单、运行可靠性较高的特点，因此近年来得到了较广泛的应用。

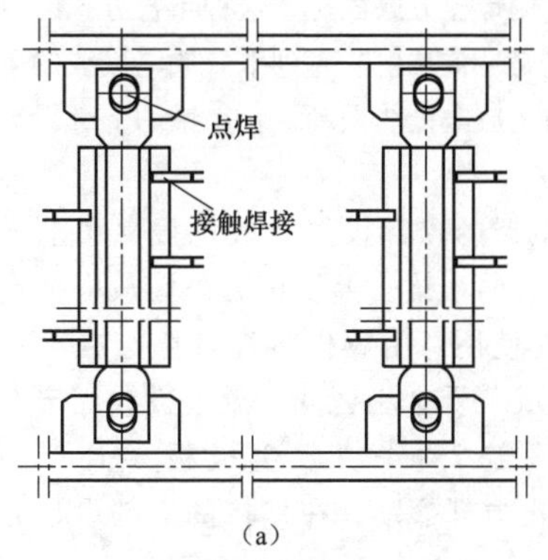

（a）

（b）

图 19－39　RS 管状芒刺形线与小框架的连接方式
（a）连接方式；（b）现场安装图

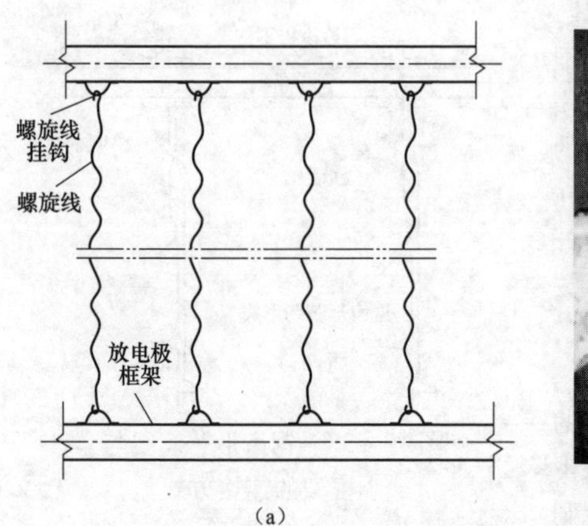

图 19－40　螺旋线与小框架的连接方式

(a) 连接方式；(b) 现场安装图

(4) 整体框架。整体框架只在电除尘器顶部设有悬吊放电极线的横梁，放电极长于收尘极板。这种放电极线的布置形式只用于顶部振打清灰方式，放电极的悬吊方式有以下两种：

1) 重锤悬吊方式。在电除尘器的顶部设置有放电极悬吊上横梁，上横梁上部设有悬吊放电极线的小梁。上横梁悬吊在放电极支吊架上，放电极线多用鱼骨线、RS 形线和螺旋线类。每一个放电极线的上端固定在放电极线的小梁上，放电极线与小梁多用螺栓方式固定，这种布置方式的放电极线沿电场高度方向不分段，通常是一根从上一直到下。放电极线的下部悬吊重锤，用于张紧。有的为了防止放电极线摆动，在重锤的上部设计有网格框架排用于固定。

2) 桅杆式悬吊方式。在电除尘器的顶部设置有放电极悬吊上横梁，在上横梁上部设有悬吊放电极线的小梁。上横梁悬吊在放电极支吊架上。目前所有的放电极线都能使用。用螺栓将桅杆固定在小梁上，沿桅杆的高度方向用横杆分割成若干个小区间，放电极线固定在桅杆的横杆上。通常一组桅杆覆盖 2～4 块收尘极板（大 C 型 480mm），收尘极板为了定位和防止桅杆摆动，在桅杆的下部设计有网格框架排。

2. 放电极大框架

设置放电极大框架的主要作用：一是承担放电极小框架、放电极线、放电极振打锤和轴的荷载，并通过放电极大框架将荷载传递到绝缘支柱上；二是固定放电极小框架，对放电极小框架进行定位。

放电极大框架一般是用型钢拼装而成，它被悬吊在电场前后的放电极吊杆上。放电极大框架上设有安装和固定放电极小框架的设施，在有振打轴一侧的大框架上设有轴承座，如图 19－41 所示。放电极小框架与大框架的连接方式主要有：

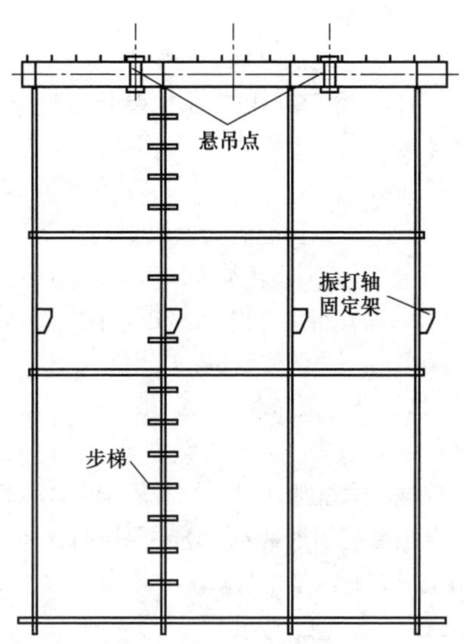

图 19－41　典型放电极大框架

（1）放电极大框架与悬吊系统，每个独立的供电区由四个悬吊点，大框架由型钢焊接而成，如图 19－42（a）所示。

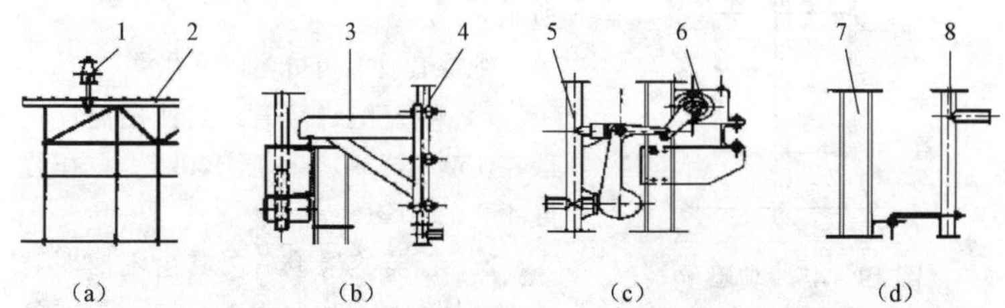

图 19－42　典型放电极大框架与小框架的连接方式

（a）大框架的悬吊；（b）小框架与大框架的固定；（c）振打装置与大框架的固定；（d）小框架的固定

1—悬吊；2—大框架；3—固定件；4—小框架；5—小框架及振打杆；6—振打装置；7—大框架；8—小框架固定

（2）在大框架上设定位角钢，角钢上加工出定位缺口，在放电极小框架上设有定位支架，将支架卡入定位角钢缺口中，就可以使小框架定位，如图 19－42（b）所示。其特点是定位支架须事先安装在小框架上，装在大框架上不需要调整，安装方便，但制造当中小框架与定位支架连接时要求定位准确。

(3) 安装在放电极大框架上的振打装置由传动轴、轴承和拨叉杆组成，振打锤固定在放电极小框架上，振打锤为整体锤，由拨叉拨动锤体，当锤体提升到一定高度后自由下落，锤击放电极小框架上的振打点，如图19-42 (c) 所示。

(4) 小框架固定到大框架上的主要连接件是槽钢支架，槽钢支架的一端用卡爪与小框架连接，另一端用螺栓与大框架连接，如图19-42 (d) 所示。其特点是槽钢支架与小框架连接不需要调整，将小框架放到大框架上后一次调整到位，实用性较强，同时可以保证安装精度。

(三) 放电极吊挂

1. 放电极悬吊杆及支撑套管

放电极大框架通过吊杆悬吊于壳体顶部的绝缘件上，绝缘部件除要承受放电极系统的重量外，还要保证与壳体有良好的绝缘性能。常用的放电极吊挂形式有以下两种。

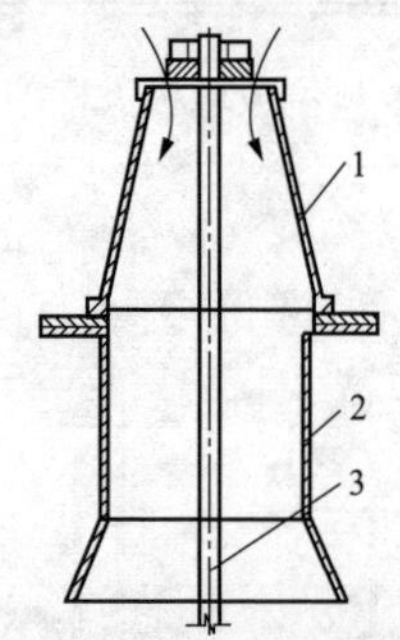

图19-43 典型绝缘支撑套管

1—绝缘套管；2—防尘罩；3—放电极悬吊杆

(1) 绝缘套管形式。绝缘套管既是承载件又是绝缘件，成锥台形，这种形式结构简单，占用空间小，大多数电除尘器都采用此种吊挂方式，如图19-43所示。

绝缘套管又可分为以下几类：

1) 陶瓷绝缘套管。其使用温度一般在150~250℃，耐压100kV，抗压强度450~550MPa。

2) 石英绝缘套管。其由不透明石英玻璃烧制成，壁厚为20~25mm，直径为ϕ400mm，高度为500~700mm，使用温度可达800℃，耐压100kV，抗压强度为20~30MPa。

3) 氧化硅绝缘套管。其要求二氧化硅含量大于99.5%，使用温度一般在500℃，耐压100kV，抗压强度450~550MPa。

4) 刚玉瓷质绝缘套管等。

用于电除尘器的绝缘套管应具有以下特性：电绝缘性能好、机械强度高、耐高温、表面光滑不易积灰尘和化学稳定性好。套管型绝缘子分石英及瓷质两种，前者适用于120℃以上，后者适用于120℃以下。高压绝缘材料应达到表19－1的性能要求。

表19－1　　高压绝缘子材料的一般性能要求

条件与性能	单位	长石陶瓷	氯化铝陶瓷	锆质陶瓷	石英玻璃
长期使用温度	℃	100	200	200	300
吸水率	%	<0.1	<0.1	<0.1	
骤热骤冷性（温度差）	℃	130	180	280	780
热膨胀系数（40～450℃）	10^{-6}/℃	6.5	6	8	0.54
硬度	（莫氏）	7.5	8	8	11
抗弯强度	MPa	120	200	140	>35
抗压强度	MPa	500	800		>40
冲击强度（单梁）	kN·m/m^3	300	450		400
击穿电压强度	kV/mm	7～14	7～14	10	10～32
体积固有比电阻					
（20℃）	Ω·cm	>10^{13}	10^{13}	10^{13}	10^{16}
（200℃）	Ω·cm	10^{8}	10^{10}	10^{12}	10^{13}
（300℃）	Ω·cm	10^{6}	10^{8}	10^{10}	5×10^{9}

通常在绝缘套管的下端，设置直径为ϕ400mm、高度为400～450mm的防尘罩，其作用是防止含尘烟气直接进入绝缘套管的内壁，以免因内壁积灰而引起表面爬电和电击穿。由于吊杆是带高压的，而防尘罩不带电，因此它们之间就形成了电场，带电粉尘进入后也能沉积到防尘罩上。因此，必须在绝缘套管上留有检查和进气孔，利用电场的负压将空气漏入绝缘套管和防尘罩内，以起到清扫的作用。

为了防止绝缘子内表面积灰，引起爬电从而影响运行电压，有的在绝缘子保温箱内设置热风清扫系统，如图19－44所示。在电场负压的作用下，经加热后的热风进入绝缘子保温箱内，并从绝缘子内表面流过，起到清扫的作用。

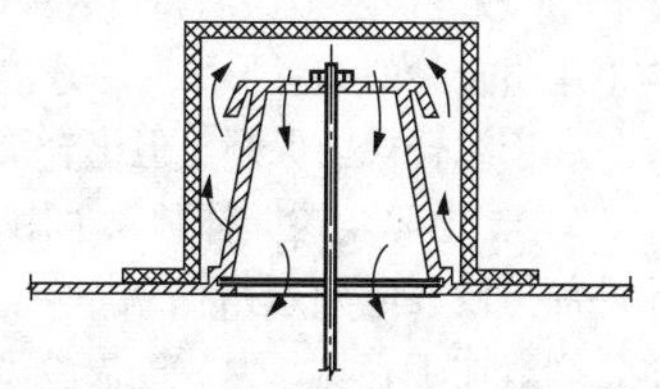
图19－44　带热风清扫系统的绝缘子保温箱

（2）绝缘支柱形式。绝缘套管一方面受到高温烟气的作用，另一方面又要承受放电极系统的负荷。而放电极系统的振打装置或多或少要承受一定的振动，在安装或检修过程中摆动或扭动放电极系统的情况是不可避免的。因此，绝缘套管有受到扭动而破裂的可能。一旦破损就会沿面爬电，直接影响电除尘器的运行。为了改善绝缘支柱的工作条件，将放电极系统的重量由外部的一组瓷支柱承担，绝缘套管不承荷载，在绝缘套管上部加钢制盖子，钢制盖子上开有通气孔，从而使保温箱内干净空气进入绝缘套管，起到清扫的作用（见图 19－45）。绝缘套管只起到密封和绝缘的作用。

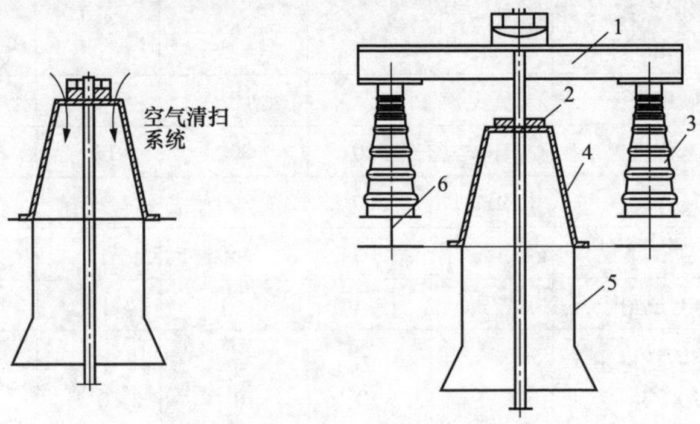

图 19－45　典型绝缘支柱

1—悬吊架；2—锁母；3—瓷支柱；4—绝缘支撑；5—防尘罩；6—瓷支柱支撑

放电极吊杆悬吊于瓷支柱上部的工字形横梁上，悬吊杆与横梁之间设有一对螺母和球面垫圈，用以补偿放电极大框架与吊杆的不垂直度。工字形横梁安放在两个或四个瓷支柱上，瓷支柱的耐电压为 100kV，抗压强度为 440 ~ 540MPa，抗拉强度为 30 ~ 50MPa，抗弯强度 60MPa，耐温 150 ~250℃，其特点是承载能力大，绝缘可靠性高，但布置较复杂。

2. 放电极悬吊保温箱和高压引入室

(1) 放电极悬吊保温箱。主要有以下两种布置形式：

1）放电极悬吊保温箱设置在电除尘器顶部组合大梁内。只有壳体结构采用组合梁的布置形式时，才能将悬吊放在组合梁内。其特点是整体性好，利于组合梁内保温，但组合梁加工制造要求高。

2）当电除尘器壳体顶梁采用工字形梁结构时，必须在工字形梁上壳体外部另设放电极悬吊保温箱。其特点是电除尘器顶部工字形梁结构简单，制造加工容易，但放电极悬吊保温箱加热功能要求高。为防止绝缘套管表面结露及积尘，须在箱体内设管状电加热器或向箱体送入清洁的热风，使箱体内温度高出烟气结露点 30℃。

（2）高压引入室。通常电除尘器的高压电源有两种布置方式：一种是低位布置，另一种是高位布置。当电除尘器高压电源采用低位布置时，也就是高压变压器布置在离电除尘器较远的地面，高压变压器的输出需用高压电缆引入电除尘器中。这时在电除尘器的引入端需要增设高压电缆引入室。它虽然对高压变压器的检修带来了方便，但随之而来的就是这种引入方式存在许多弊端，如电缆接头的处理、电缆的绝缘破坏、故障率较高等。因此，目前已不再采用这种低位布置形式。现在几乎所有的电除尘器都采用高压电源高位布置的方式，将高压整流变压器布置在电除尘器的顶部，采用低压常规电缆，将电源引入高压整流变压器，经整流和升压后引入高压隔离开关柜，经隔离开关柜后直接引入电除尘器的电场，如图19－46所示。

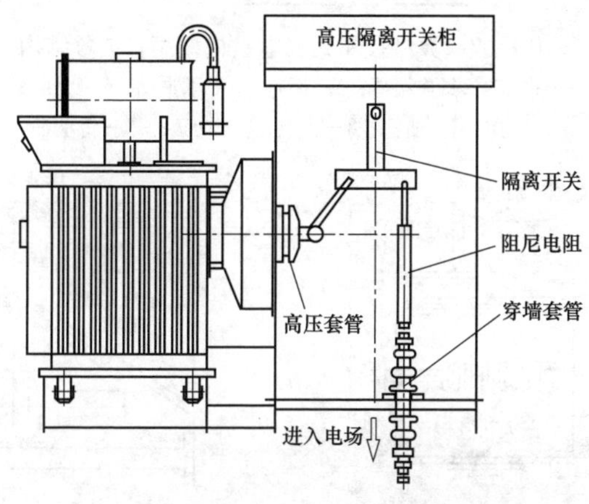

图19－46　高压引入布置图

（四）放电极振打

由于正离子的质量远远大于负电荷，因此当产生电晕时正离子就积聚在放电极附近很小的范围内处于气动流状态，不可避免地有极少量的粉尘被荷上正电荷，在电场力的作用下，带正离子的粉尘在放电极上沉积，达到一定厚度时需通过振打的方式将粉尘清除，以保证放电极清洁。放电极振打装置的种类有很多，按安装部位可分为侧部振打、顶部振打和顶部传动侧部振打三类，而顶部传动侧部振打又可分为顶部机械传动侧部振打和顶部脱钩侧部振打；按振打形式可分为机械振打和电磁振打两大类。通常侧部振打、顶部传动侧部振打和顶部脱钩侧部振打均属机械振打类。

1. 放电极机械振打装置

放电极机械振打装置主要包括绝缘轴、星形摆线针轮减速机、振打轴、叉式轴承、拨叉、保险片和密封件等组成，如图 19－47 和图 19－48 所示。

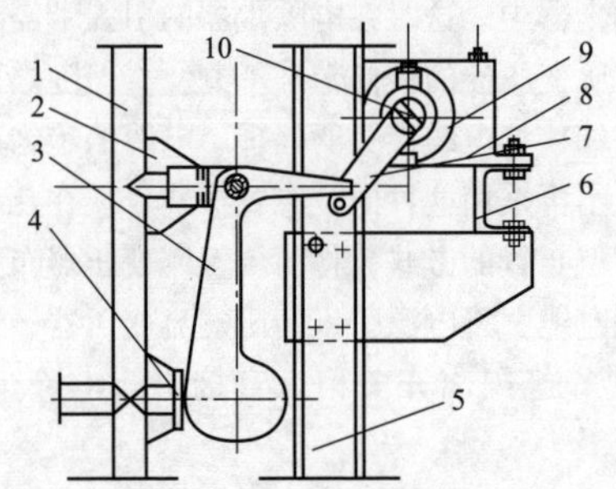

图 19－47　典型拨叉式放电极机械振打装置结构

1—小框架；2—连接件；3—振打；4—承击砧；5—大框架；6—支撑；7—曲柄；8—支架；9—轴套；10—传动轴

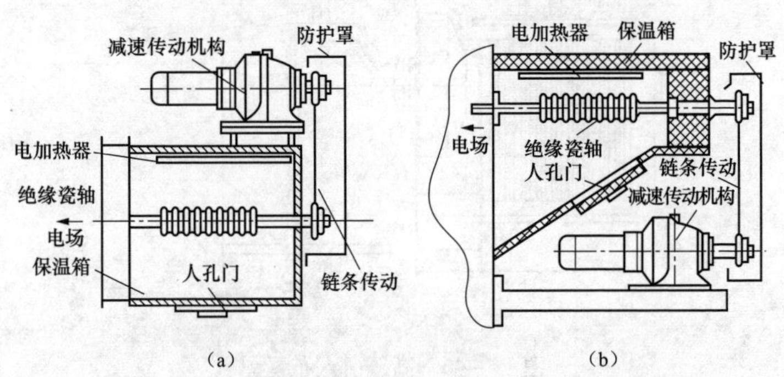

图 19－48　典型放电极机械振打传动装置及保温箱

（a）上传动式；（b）下传动式

2. 侧部传动装置

放电极系统在运行中带高电压，它的动、静部分与收尘极系统和壳体应有足够的绝缘距离，同时还必须使振打轴和壳体外部的振打传动装置绝缘，振打轴和传动装置的绝缘是靠绝缘电磁轴来完成的。电磁轴的直流耐压为 100kV，耐温大于 150℃，承受扭矩 100kgf · m。它安装在振打轴与传动装置之间。在电磁轴两端安装一组万向联轴节，用以吸收振打轴传来的热膨胀位移，消除振打轴和传动装置的同轴度偏差。电磁轴是易损部件，因此在传动装置上装有保险片，保险片能承受的扭矩为 80kgf · m，当轴系负荷过载时，保险片首先断裂，从而起到保护电磁轴和星形摆线针轮减速机的作用。电磁轴处在长期运行中，表面不能积灰、结露，以免造成泄漏电流过大或沿面放电，电磁轴被安装在保温箱内，保温箱内设置有电加热器，并用聚四氟乙烯板将保温箱和电场烟气隔开。

在振打轴对应放电极小框架的合适位置处安装有拨动振打锤的拨叉，它按放电极小框架的位置定位。这种结构的特点是能保证振打锤能准确地打击在承击砧上，不会发生因安装不当或受热膨胀而造成的打偏、打不上承击砧的现象。在振打轴与电磁轴相连的一端有内外花键套，内外花键套之间留有热膨胀位移的距离。它的作用是除了传递扭矩外，还可以吸收振打轴热膨胀的位移。振打轴安装在叉式轴承上，而叉式轴承又安装在放电极大框架上，安装中必须使轴上的耐磨套与叉式轴承上的托板接触良好，这样才能保证振打轴的正常运转，提高其耐磨性能。

放电极振打传动方式有两种，即上传动和下传动，通常应用中以上传动方式为主。图 19－49 中绝缘瓷轴与传动机构的连接方式有两种：一种是螺栓连接；一种是耳扣连接。在实际应用中以耳扣连接为最多，这种结构安装方便，也便于拆卸。

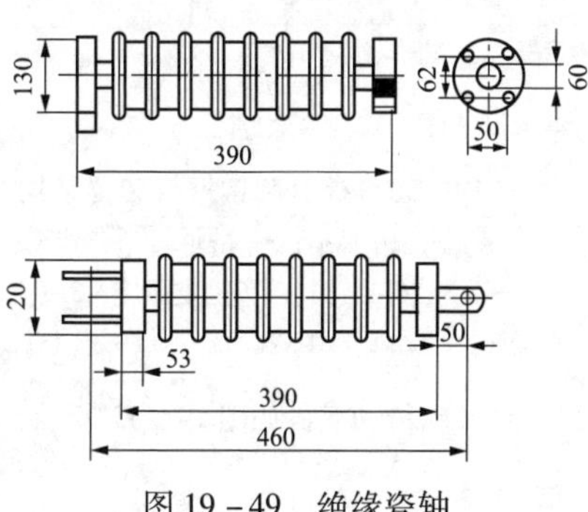

图 19－49　绝缘瓷轴

3. 提升脱钩振打装置

典型的提升脱钩振打装置结构如图 19－50 所示。驱动电动机安装在电除尘器的顶部，当传动链条 1 做旋转运动时，轴上固定的曲柄 2 也做相应的运动，曲柄一端连接的链轮 3 则上下运动。链条的另一端悬吊着绝缘子 4 及吊钩 5，当链条下落时，提升钩钩住提升杆 6，链条向上运动时，提升钩提起提升杆，链条被提升至一定高度，则提升钩的连杆与销轴 9 相碰，提升杆脱落，滑到下部装有减振弹簧的支撑座 7 上。在提升机构的下部，水平安装在放电极大框架上的振打轴固定着振打锤，在轴的固定位置处固定一个曲柄，曲柄与上下移动的提升杆铰链相连接。提升杆向上运动时，曲柄转动一个角度，安装在轴上的振打锤也相应地转动一个角度，当提升杆自由下落时，振打锤在重力作用下锤击相应放电极框架上的振打砧，完成一次冲击振打。提升杆的提升高度一般为 40～100mm，它的调节可通过改变销轴 9 的位置来实现。凸轮提升机构如图 19－51 所示。

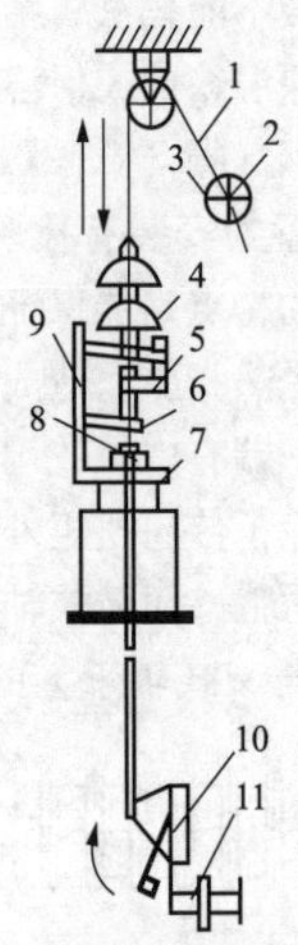

图 19－50　提升脱钩振打装置结构

1—链条；2—曲柄；3—链轮；4—绝缘子；5—吊钩；6—提升杆；7—支撑座；8—支架；9—销轴；10—振打锤；11—承击砧

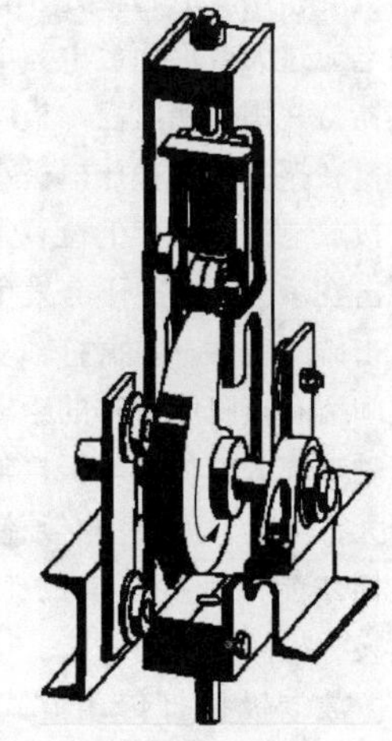

图 19－51　凸轮提升机构

摆线针轮传动机构如图 19－52 所示，典型摆线针轮结构如图 19－53 所示。

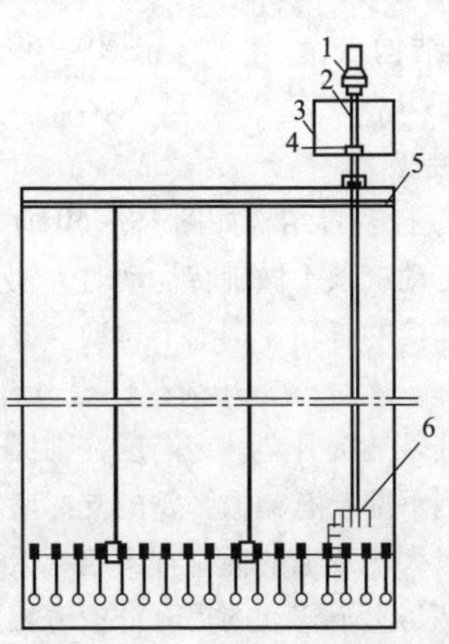

图 19－52　摆线针轮传动机构

1—电动机；2—绝缘轴连杆；3—保温箱；4—绝缘支座；5—放电极框架；6—针轮

第四篇　除尘除灰设备检修

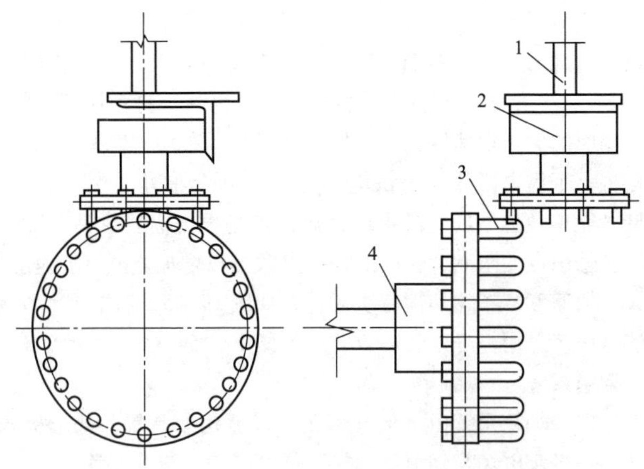

图 19－53　典型摆线针轮结构

1—传动轴；2—连接件；3—针轮；4—振打锤轴

4. 顶部电磁振打装置

放电极顶部电磁振打装置的布置形式如图 19－54 所示。它主要由电磁振打器和振打绝缘轴组成。放电极顶部电磁振打系统的悬吊方式又分为两种：一是悬吊和振打合一式；一是悬吊和振打分离式。悬吊和振打合一

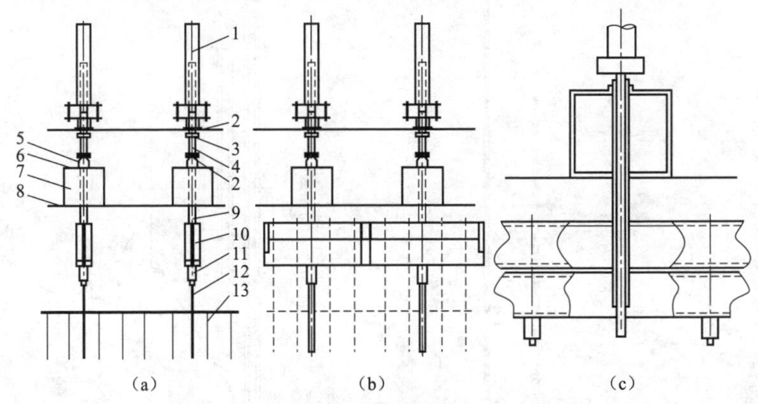

图 19－54　顶部电磁振打装置的布置形式

（a）悬吊和振打合一式；（b）悬吊和振打分离式；（c）桅杆式悬吊方式

1—电磁振打器；2—振打杆；3—连接套；4 —绝缘轴；5—支撑螺母；6—支撑盖；7—支撑绝缘子；8—电除尘器壳体顶板；9—悬吊管；10—放电极吊梁；11—砧梁；12—放电极框架；13—放电极线

第十九章　电除尘器设备检修

式是将一个供电区或一个供电小分区（两个小分区为一个供电区），用四个悬吊点共同悬吊放电极系统，同时这四个悬吊点又是放电极的振打点，如图 19－54（a）所示。其特点是振打点少，每一振打点所覆盖的放电极范围大，相应的振打加速度偏小，振打加速度分布均匀性差。悬吊和振打分离式是将一个供电区或一个供电小分区（两个小分区为一个供电区），用四个悬吊点单独悬吊放电极系统，振打点是根据需要灵活分配布置的，振打点不受悬吊点的限制，相应的振打点数可以增加，振打加速度相应地也会增大，加速度分布均匀性有所改善，如图 19－54（b）所示。刚性放电极线的悬吊多采用桅杆式悬吊方式，如图 19－54（c）所示。

四、烟箱系统

电除尘器的烟箱系统由进出气烟箱、气流均布装置和槽形极板组成。其主要功能是过渡电场与烟道的连接，使电场中气流分布均匀，防止局部高速气流冲刷产生二次扬尘，并可利用槽形极板协助收尘，达到充分利用烟箱空间和提高除尘效率的目的。

（一）烟箱的结构

烟箱包括进气烟箱和出气烟箱两部分，如图 19－55 所示。电除尘器通过烟道被连接到净化烟气系统。为防止粉尘在烟道中发生沉降，并考虑

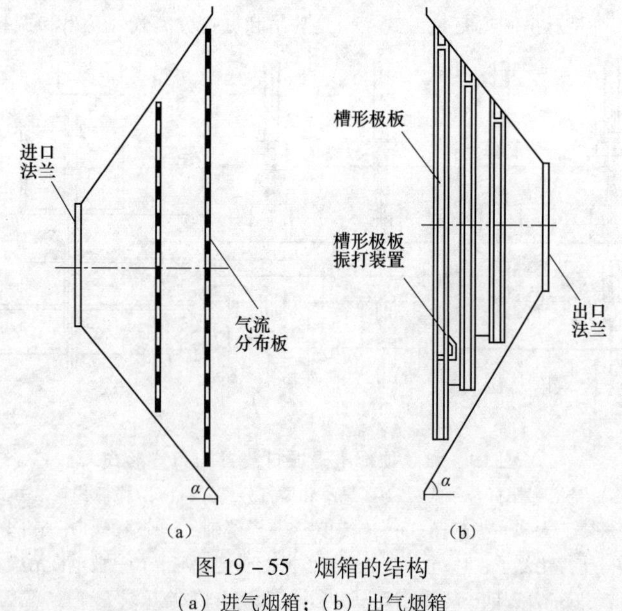

图 19－55　烟箱的结构

（a）进气烟箱；（b）出气烟箱

到烟气流动的压力损失，通常烟气在电除尘器前后烟道中的流速为 8～13m/s。然而为了使荷电尘粒在电场中有足够的停留时间和保证电除尘器的捕集效率，烟气在电除尘器内电场中的流速宜为 0.8～1.5m/s。因此烟气通过电除尘器时，是从具有小断面的通风烟道过渡到大断面的除尘空间电场，再由大断面的除尘空间电场过渡到小断面的烟道，如果采用直接连接的方式，就会在电除尘器的电场前出现了断面的突然扩大，在电除尘器的电场后出现了断面的突然收缩。断面骤变，将会引起气流的脱流、旋涡、回流，从而导致电场中的气流极不均匀。为了改善电场中气流的均匀性，将渐扩的进气烟箱连接到电除尘器电场前，以便使气流逐渐扩散；将渐缩的出气烟箱连接到电除尘器的电场后，以便使气流逐渐被压缩。

烟箱一般用 5mm 厚的钢板制作，适当配置角钢、槽钢、扁钢梁以满足强度、刚度的要求，对于较大的进气烟箱还需在内部设置管支撑。

进气烟箱的进气端法兰应与进气烟道相匹配，其流通面积一般可按最低不积灰风速考虑；为防止烟箱底部积灰，其底部与水平面夹角 α 可在 50°～60°取值。

出气烟箱与进气烟箱形式基本相同，但出气烟箱底部与水平面夹角 α 一般取 60°，因为出口处粉尘粒度比进口处细，因而黏附力强，取较大 α 角可以防止出口积灰。

（二）气流均布装置

气流均布装置由导流板、气流分布板和分布板振打装置组成，如图 19－56 所示。

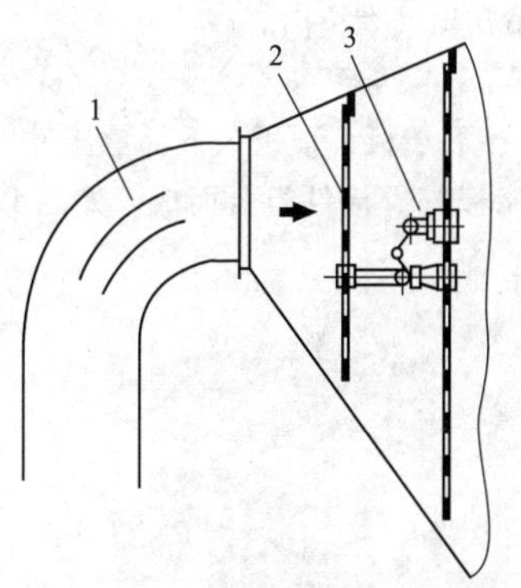

图 19－56　气流均布装置的组成

1—导流板；2—气流分布板；3—分布板振打装置

烟气进入电除尘器通常都是从小断面的烟道过渡到大断面的电场内的，所以要在烟气进入电场前的烟道内加装导流板，在电除尘器的进口烟箱内加装气流分布板，以使进入电场的烟气分布均匀，这样才能保证设计所要求的除尘效率。

若电场内气流分布不均匀，就意味着烟气在电场内存在着高、低流速区，某些部位存在着涡流和死区。这种现象将导致在流速低处所增加的除尘效率远不足以弥补流速高处所降低的除尘效率，因而使平均后的总除尘效率降低。此外，高速气流、涡流会产生冲刷作用，使阳极板和灰斗中的粉尘产生二次飞扬。因此，不良的气流分布会严重影响电除尘器的效率。

（三）槽形极板

在电除尘器运行中发现，出口烟道或出气烟箱处存在着积灰现象，大多在5μm以下，采用槽形极板可以收集这些粉尘，该方法在实践中取得了良好的效果，并得到了广泛应用。

槽形极板一般采用3mm厚的钢板冷压或模压制成，每块槽形极板宽100mm，翼缘为25～30mm，长度依据出气烟箱高度而定。通常将各长条槽形极板交错对接组成两排槽形极板，按垂直于气流方向一起悬吊在电除尘器出气烟箱入口的断面上，如图19－57所示。两槽形极板之间的气流间隙宜取50mm左右，使槽形极板排的空隙率不小于50%。有时为了减小槽形极板排的阻力，要将各槽形极板与气流平行布置，按一定间距散组成槽形极板排，并悬吊在出气烟箱内。

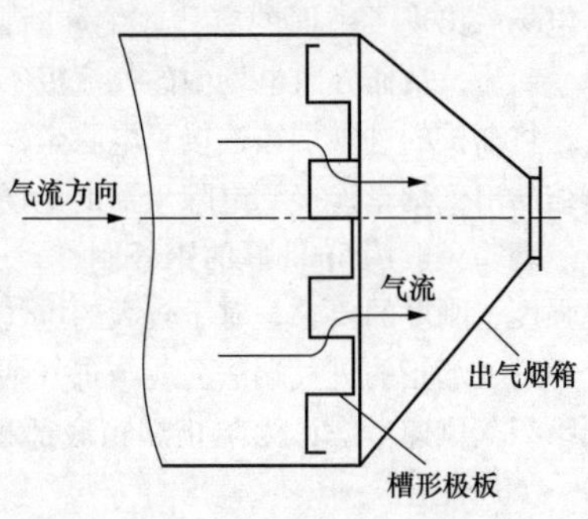

图19－57　槽形极板的悬吊示意图

（四）壳体

BE型电除尘器壳体由墙板，上、下端板，顶板，下部承压件，中部承压件，斜撑，内部走道，内部阻流板等焊接件组合而成，如图19－58

图19－58　壳体示意图

所示。为了便于检修和检查除尘器的内部情况，壳体上适当位置设有检修门。壳体是整个设备的承力结构，承受来自各方的载荷，其中载荷主要来自阴阳极系统的全部重量、电极表面积灰与灰斗储灰的重量，以及风载、雪载、地震载、负压等荷载。壳体是维系电除尘器各部件的主体，前设进口喇叭，后设出口喇叭，下接灰斗及卸、输灰装置，顶部设高压支撑绝缘子、户外式整流变压器、顶部振打器等，壳体腔体内容纳阴、阳极系统，是密封高压电场的工作室。因此，壳体必须具有足够的强度和良好的密封性能。壳体上还设有阻流板，以避免因气流短路而降低除尘效率。

（1）立柱。即电除尘器整个构架的立柱，立柱分宽、窄两种类型。

（2）墙板。墙板既起密封作用，又起支承作用。为便于运输，同一块墙板分成多片制造出厂，由安装单位现场组装。

（3）内部走道。其视部位大小分厂内整体制造和分段制造出厂两种，由安装单位现场组装。

（4）墙皮。即电除尘器四周的密封，支撑钢板。

（5）内部承尘走道。即在电除尘器内部两电场之间的工作平台。

（6）顶板和屋面板。顶板在电除尘器的顶部起密封作用，屋面板主要用于防雨和保温。

（7）人孔门。每台电除尘器各电场前后，各室平均有一人孔门，每台电除尘器可布置10个。

（五）灰斗及排、输灰装置

电除尘器收集下来的粉尘，通过灰斗和排、输灰装置送走，这是保证电除尘器稳定运行的重要环节之一，在实践中由于排灰不畅影响设备正常运行的情况时有发生。因此，这一环节必须引起足够的重视。灰斗设计应满足以下条件：

（1）要有一定的容量，以备排、输灰装置检修时起过渡料仓的作用。

（2）排灰通畅，灰斗壁应有足够的倾角，一般保证倾角不小于60°；斗壁内交角处加过渡板，以避免排灰不通畅，并设仓壁振动器或汽化器，以协助排灰；为避免结露，灰斗下部另设加热装置。

（3）为便于排除故障，灰斗上设捅灰孔和手动振打砧，以备万一堵灰时排除故障。

（4）灰斗中部设阻流板，以防烟气短路。

灰斗排出的灰由输灰装置送走，灰斗和输灰装置之间由电动阀或星形卸灰阀等控制和锁气。

输灰方式有两类：干输灰和水冲灰。干输灰又有气力输灰和机械输灰之分，如螺旋输灰、刮板输灰等即为机械输灰方式。排灰装置的排灰能力应大于电场的收灰量，输灰装置的输灰能力应大于总排灰量，才能避免“收、支”不平衡而设备无法工作的恶果。这是系统设计中应注意的问题。由于系统设计时，排、输灰能力大于电除尘器的收尘能力，因此对电除尘器而言，存在灰斗排空，从排灰装置漏气的可能性，因为排灰装置不可能绝对密封。更重要的是，当灰斗排空时，若排灰装置继续运转，星形卸灰阀就要一斗一斗地将外部气体送入电除尘器内部，从而产生大量漏风，影响振打清灰，甚至绝缘子结露、爬电，进而使设备无法正常运行。这一点常被人忽视。因此，灰斗的排灰装置应采取间断运行，以保证灰斗密封，防止漏气，高低料位计常被用作监控装置设在灰斗上。

第三节　电除尘器的维护与检修

一、电除尘器的维护

严格的维护保养制度和切实可行的检修规程是电除尘器长期、高效、安全、可靠运行的保障，由于使用电除尘器的行业不同，不同用途的电除尘器有不同的维护保养制度和检修规程。本节按照通用原则制定有关制度与规程。

1. 电除尘器的定期维护

电除尘器的定期维护工作见表 19 – 2。

表 19 – 2　　电除尘器的定期维护工作

定期维护项目	周期
1）容易磨损的各机械传动部位加油； 2）高压控制柜及晶闸管元件冷却风机转动部分加润滑油； 3）振打器固定螺母是否松动，需加固； 4）高压隔离开关、安全机械锁机械传动部位加油，检查、调整； 5）操作机构	三个月

续表

定期维护项目	周期
用示波器测量电压自动调整器的工作情况并做记录，要求电压自动调整器工作电源符合制造厂要求，反馈波形对称、丰满	三个月
检查振打时控装置工作程序是否正常，设定时间是否准确	三个月
检查温度测量装置是否正常，调整或更换测温元件	一年
1）检查浊度仪镜头表面有无异物污染，并进行清理； 2）清理浊度仪的空气过滤器； 3）更换滤筒	半年 半年 一年或按制造厂规定周期
1）整流变压器及阻尼电阻； 2）（高位布置时）储油箱及放油管检查、清理； 3）工作接地线检查，要求与接地体连接电阻 $<0.1\Omega$； 4）阻尼电阻连接点检查、处理； 5）进线接头检查、处理； 6）瓷件擦拭； 7）检查、更换整流变压器呼吸器的干燥剂； 8）变压器油位检查及油补充	半年
常用易耗品如熔断器指示灯、润滑油等清点、补充	一个月
在控制室、电缆层、整流变压器及电力变压器处和配电室应配置消防器材并定期检查更换	按消防器材规定周期

2. 电除尘器停机的保养

（1）待振打装置停运、灰斗内灰全部排尽后，排灰系统方可停止运行。长期停机时应将电除尘器本体内部及除灰系统中的积灰清除干净。严寒季节为防止管道冻裂，水力冲灰系统可适当地维持一定的冲灰水量。在临时停机或紧急停机的情况下，灰斗剩灰一时无法排空时，应尽量保持灰斗加热装置的继续投运。

(2) 关闭进、出口烟道风门，定期对电场进行通风保养，以防金属构件锈蚀。有条件时对电场内投热风养护。

(3) 当电除尘器短时间内临时停机，主设备处于备用或运行状态且电除尘器无检修项目时，电加热、灰斗加热、热风加热系统应按原运行方式继续投运。

(4) 所有排灰装置每周连续运行一小时，以免转动部分锈涩。

3. 电除尘器的特别维护、保养项目

(1) 电除尘器运行2500h后，可按照电除尘器的有关技术标准，进行下列主要项目测定：

1) 电除尘器压力降；

2) 电除尘器除尘率；

3) 电除尘器漏风率；

4) 电除尘器烟尘特性。

(2) 新投运的电除尘器第一次停机检修时，要特别注意以下几点，以便及时采取措施，避免安装遗留的缺陷使设备的故障扩大，对设备今后的正常运行带来威胁。

1) 电除尘器顶部保温箱的绝缘子、瓷轴可能会因安装、设备质量等非运行原因在投运后不久即出现裂纹，应全面细致检查；

2) 对电场内极板、板排、极线、框架结构等处的连接进行检查，发现松动、脱焊、脱落的，应按有关技术要求进行紧固、点焊和加强焊接等处理；

3) 注意极板下部的膨胀情况，是否有受阻造成的变形现象；

4) 观察阳极排限位装置情况，是否有受阻造成的变形现象；

5) 检查人孔门密封、振打器底座海波轮等是否老化，有问题及时更换处理。

(3) 电除尘器其他保养项目

1) 楼梯、平台、振打器外壳以及其他容易锈蚀的裸露金属外表面，应定期刷漆，以免锈蚀；

2) 检查油杯、油嘴、油尺、油标等是否完善，有问题及时处理；

3) 减速机油质恶化、油位过高或过低时应及时处理，严防假油位。

二、电除尘器的检修

1. 总的准备工作

电除尘器检修工艺及质量标准见表19－3。

表19－3　电除尘器检修工艺及质量标准

检修项目	检修工艺	质量标准
编制检修计划	查看电除尘器停运前各电场运行参数（二次电压、电流、投运率、投运小时等），设备缺陷，上次大修总结及大修以来的检修工作记录（如检修中的技术改进措施、备品备件更换情况），通过深入分析各项资料，编制大修计划，包括： 1）编制检修控制进度、工艺流程、劳力组织计划及各种配合情况； 2）制定重大特殊项目的技术措施和安全措施细则	计划由技术主管部门批准，涉及重大安全措施的应由安监部门审定
做好物资准备及场地布置	1）物资准备工作包括材料、备品配件、安全用具、施工用具、仪器仪表、照明用具等的准备； 2）检修场地布置工作包括场地清扫、工作区域及物资堆放区域的划分、现场备品配件的管理措施等	安全用具需经专职或兼职安全员检查；电场内部照明使用手电筒或12V行灯，需用220V照明或检修电源时应增设触电保安器，在人孔门外醒目处装设闸刀，并有专人监护
准备有关技术记录表格	有极距测量记录表格、电场空载通电升压试验记录卡，以及做气流分布试验、振打加速测定、漏风率测定所需的记录表格（必要时）	
做好安全措施	严格按照有关安全工作规程办理好各种工作票，完成各项安全措施	经工作许可人及检修负责人共同在现场验收合格

2. 修前准备及安全事项

（1）编制检修进度、工艺流程计划，组织学习相关安全规程。对于重大特殊项目，必须制定相应的安全措施、组织措施、技术措施和应急预案。

（2）确定检修项目的负责人，组织检修人员，协调不同专业之间的配合工作。

（3）做好各种物质准备（包括材料、备品配件、安全用具、施工用具等）和场地布置。

（4）组织班组讲座讨论检修计划的项目、进度、措施及质量要求，做好特种工艺的培训。

（5）准备技术记录表格、检修作业指导书、检修质量验收卡。

（6）重大特殊项目的施工技术措施和安全措施已经批准。

（7）检修项目、进度、技术措施、质量标准已为检修人员所掌握。

（8）专用工具、施工用具、安全用具和试验设备已经检查，试验合格并准备齐全。

（9）办理检修工作票，检查安全措施确已完善方可进入内部检查。

（10）进入内部检查时，要清点人数，严禁单独进入。

（11）准备好36V行灯照明灯具及检修工具。

（12）电除尘器内部极板检查，主要包括：

1）打开人孔门，确认内部已经冷却后方可进入检查；

2）检查极板、极线、多孔板和槽板积灰情况，若有积灰严重而不能振落掉的现象，应分析原因，采取措施；

3）检查灰斗内有无积灰，灰斗内壁是否有粘灰现象；

4）清理积灰；

5）用量具检查阴、阳极板间距，检查极线、极板是否有断裂、变形、扭曲现象，间距是否超标，如有则修复并分析原因，采取措施；

6）检查阳极板排是否处于自由悬垂状态，板排下边板与内部走道槽、钢梁及稳形板槽之间间隙是否合乎要求；

7）检查阴、阳极固定装置、紧固螺栓有无磨损、松动现象；

8）检查阴、阳极及槽板振打承击装置和部位的磨损情况，有无疲劳损坏等现象，发现异常及时处理；

9）检查电除尘器内部结构的磨损情况，修复磨损部位。

三、各项目的检修工艺和质量标准

1. 电除尘器内部清灰

电除尘器内部清灰检修工艺及质量标准见表 19－4。

表 19－4　　电除尘器内部清灰检修工艺及质量标准

检修项目	检修工艺	质量标准
电场内部清灰	1）清灰前应详细检查电场内部支撑横梁、绝缘瓷轴、瓷套防尘保护筒、气流分布板、阳极板、阴极线、槽板、灰斗处的积灰情况，分析原因并做好记录； 2）检查各人孔门处是否有气流冲刷痕迹及腐蚀现象； 3）检查各走道、灰斗管撑、振打杆、挡风板后部是否有过多积灰，分析烟气是否存在死区； 4）检查电除尘器墙壁及上顶部等处是否存在严重腐蚀现象； 5）根据检查结果，制定清灰方案，在做好有关的技术准备和安全措施后，进行清灰工作	1）阳极板、槽板上的积灰厚度应小于 3mm，否则应进行清灰； 2）清灰时要自上而下、由入口到出口顺序进行，清灰的工具等不要掉入电场内部和灰斗中； 3）若用水冲灰，需在冲灰前将灰斗下方的伸缩节拆除，平衡管解列、进料阀遮盖，并安装排灰布袋； 4）清灰时应启动卸灰及输灰装置，及时清除灰斗内积灰； 5）清理部件表面积灰并使设备干燥，便于检查、检修，防止设备腐蚀
	开始清灰： 1）清除电场内部包括阴阳极、槽板、灰斗、进出口及导流板、气流分布板、壳体内壁上的积灰； 2）灰斗堵灰时，一般不准从灰斗人孔门放灰，清除灰斗积灰时，应开启冲灰水，启动排灰阀，使灰尽量以正常渠道排放； 3）采用清水冲洗电场后，有条件时可用热风烘干，也可用风机抽风吹干	

2. 常用阳极板检修

电除尘器常用阳极板检修工艺及质量标准见表 19－5。

表 19 – 5　　电除尘器常用阳极板检修工艺及质量标准

检修项目	检修工艺	质量标准
阳极板检修	1）检查单块阳极板弯曲变形情况，超差部分进行校正； 2）检查阳极板锈蚀及电蚀情况，找出原因予以消除，对损伤的阳极板进行修补，对受损后产生的毛刺、尖角要磨平	1）平面误差≤15mm，对角线误差≤10mm； 2）板面应无毛刺、尖角
阳极板排检修	1）检查阳极板排上夹板固定销轴、凸凹套的紧固及定位焊接情况，悬挂方孔及悬挂钩变形磨损情况，凸凹套压紧周围极板有无开裂情况，阳极板排有无整体下沉或偏移情况，并进行检修处理； 2）检查阳极板排连接腰带有否开裂、脱焊、变形，并进行处理； 3）检查阳极板排下夹板固定销轴、凸凹套的紧固及定位焊接情况，凸凹套压紧周围极板有无开裂情况，阳极板排撞击杆有无变形和脱焊情况； 4）检查阳极板排下部与灰斗梳形口的热膨胀间隙是否合理，有无卡涩、膨胀受阻痕迹； 5）整个阳极板排组合目测应无明显凸凹现象，阳极板厚度＜50%时，应考虑更新	1）凸凹套处不松动，周围极板无开裂，挂钩磨损量≤1/3 原厚度，阳极板排整体下沉量≤5mm； 2）腰带无开裂、脱焊情况； 3）凸凹套处不松动，周围极板无开裂，撞击杆应限制在导轨内，左右活动间隙约 4mm； 4）热膨胀间隙应按烟气可能达到的最高温度计算后留一倍裕度，但不宜小于 25mm，梳形口两边应光滑无台阶； 5）平面弯曲不大于 10mm，对角线长度差不大于 10mm
阳极板排同极距测量	每个电场以中间部分较为平直的极板排为基准测量同极距，间距测量应在每极板排的前、后侧，沿极板高度上、中、下三点进行，而且每次测量同一位置	按 GB/ 13931—92《电除尘器性能测试方法》中有关条款做好相应测量与记录

续表

检修项目	检修工艺	质量标准
同极距调校	同极距超出规定范围时，需对变形极板进行调校。校正时禁止敲击极板工作面。当无法调校时，在有条件的情况下应做好揭顶准备，进行整排极板更换。更换时应对每块极板按制造厂标准测试合格后在组装平面上按原来极板排列方式进行组装，组装完毕应对其平直度进行检测	1）同极距允许偏差±10mm，当极板排大面积变形影响除尘效率时，应考虑揭顶更换； 2）当极板有严重错位、击穿、变形或下沉情况，同极距超过规定而现场无法消除时，应考虑更换极板，提前做好揭顶准备，编制较为详细的检修方案； 3）新换阳极板排的每块极板应按照制造厂规定进行测试，极板排组合后平面及对角线误差应符合制造厂要求，吊装时应注意符合原排列方式

3. 常用阳极振打装置及其检修

电除尘器常用阳极振打装置的检修工艺及质量标准见表19－6。

表19－6 电除尘器常用阳极振打装置的检修工艺及质量标准

检修项目	检修工艺	质量标准
侧部机械式阳极振打检修	结合阳极板积灰检查，找出振打不力的电场与阳极板排，做重点检查处理： 1）检查工作状态下的承击砧头振打中心偏差、承击砧头磨损情况。各振打系统的径向偏差应符合设计要求，振打轴无弯曲、偏斜，径向磨损厚度超过半径1/3时应更换。各转动轴中心线高度与振打锤、打击点的中心线平行。 2）检查承击砧与振打锤头是否松动、脱落或破裂，螺栓是否松动或脱落，焊接部位是否脱焊，并进行调整及加强处理。 3）当锤与砧出现咬合情况时，要按程度不同进行修整或更换处理，以免造成振打轴卡死。	1）振打锤磨损超过10mm时进行更换。 2）各振打锤中心点与撞击砧中心点（冷态时）水平中心偏差±4mm，垂直中心偏差±3mm。 3）破损的锤与砧予以更换。锤与挠臂转动灵活，并且转过临界点后能自动落下。锤头小轴的轴套与其外套配合间隙为0.5mm。 4）尘中轴承径间磨损厚度超过原轴承外径

续表

检修项目	检修工艺	质量标准
侧部机械式阳极振打检修	4）检查轴承座（支架）是否变形或脱焊，定位轴承是否位移并恢复到原来位置，对摩擦部件如轴套、尘中轴承的铸铁件、叉式轴承的托板、托辊式轴承小辊轮等进行检查，必要时进行更换； 5）振打轴：盘动或开启振打系统，检查各轴是否有弯曲、偏斜、超标引起的轴跳动、卡涉，超标时做调整。当轴下沉但轴承磨损、同轴度公差、轴弯曲度均未超标时可通过加厚轴承底座垫片加以补偿。 6）对同一传动轴的各轴承座必须校水平和中心，传动轴中心线高度必须是振打位置的中心线，超标时要调整。 7）振打连接部位检修： ①检查联轴器及各部连接螺栓与弹簧垫圈是否齐全，有无松动、跌落、断裂，并予更换补齐，松动的应拧紧后予以止推补焊； ②更换陈旧、损伤或磨损严重的振打保险销，注意规格要符合制造厂规定要求； ③传动大轴弯曲超过 2mm 时应进行调整； ④对同一传动轴的各轴承座必须校直，水平和中心偏差超过 ±5mm 时要进行调整； ⑤更换保温桶油浸石棉盘根。 8）振打轴系检修： ①检修前检查包括：a. 传动大轴弯曲及轴向移动位置情况；b. 中心轴承及尘中轴承移动及磨损情况；c. 传动大轴、轴承座支架；d. 振打锤振打位置及磨损情况。 ②传动部件的拆卸包括：a. 拆传动轴与减速机的连接部件，拆轴端联轴节及填料压盖，掏出填料；b. 做好标记，拆下各振打锤头；c. 拆下中心轴承及尘中轴承；d. 吊出传动大轴，卸联轴器，做好标记，大轴分段、卸轴套。 ③传动部件检修包括：a. 零部件清洗、检查、检修或更换；b. 振打锤定位螺栓断裂时应更换；c. 填料箱中填料应更换；d. 轴承座支架开焊或变形时必须修复，必要时进行加固或更换；e. 对同一传动轴的各轴承座必须校水平和中心，超过 ±5mm 时要进行调整；f. 传动大轴弯曲超过 2mm 时应进行调整；g. 传动大轴中心线高度必	的 1/3 应予更换，不能使用到下一个大修周期的尘中轴承或有关部件应予更换。 5）中心轴承及尘中轴承轴套直径磨损大于 3mm 时进行更换。 6）同轴度在相邻两轴承座之间公差为 5mm，在轴全长为 4mm，补偿垫片不宜超过 6 张。 7）所有承击砧不应有裂纹、变形、开焊现象，承击砧头磨损超过 5mm 时进行更换。 8）轴承座支架开焊或变形时必须修复，必要时进行加固。 9）固定振打锤、轴承座、振打砧头的螺栓不应有断裂和松动现象，拧紧后焊死。 10）振打连接部位检修： ①联轴器主、从动联轴节完成，从动联轴节凹槽无明显磨损痕迹，各部螺栓连接良好，无脱落、断裂现象； ②联轴器主、从动联轴节中间端面间隙不小于 15mm，以利于线性热膨胀； ③传动大轴中心线高度必须使振打锤与击打点中心点重合，其水平中心偏差超过 ±4mm，垂直中心偏差超过 ±3mm时进行调整； ④振打穿墙部位不漏风。 11）振打机构应转动灵活，方向正确，各

第四篇 除尘除灰设备检修

续表

检修项目	检修工艺	质量标准
侧部机械式阳极振打检修	须使振打锤与打点中心点重合，其水平中心偏差超过±4mm，垂直中心偏差超过±3mm时进行调整；h. 做好检修技术记录。 ④回装及注意事项包括：a. 回装中心轴承及尘中轴承轴承座，并找中心及水平；b. 将轴套串入大轴，但不上紧，按拆前标记装联轴器，再次校整个传动大轴的弯曲并就位；c. 检查振打锤固定位置，对准阳极板排下夹板的承击砧打点中心；d. 轴套应对准轴承座并固定，装上轴承盖及轴承座拉杆，上好开口销；e. 固定保温筒，加好密封垫；f. 组装振打锤头，装于大轴固定点，把定位螺栓紧固点焊，并检查振打锤与承击砧振打位置，注意转动方向；g. 装轴端联轴节，减速机就位找正；h. 电动机就位后，手动盘减速机，检查转动及振打点情况，并进一步调整；i. 保温层处填料箱加填料；j. 减速机加油，按运行规程进行试车，注意电动机转动方向	锤头打击位置和错位角符合设计要求、无卡涩现象，减速机油位正常。 12）所有与轴焊接的部件均采用T506或T507焊条焊接
顶部电磁式阳极振打检修	结合阳极板积灰检查，找出振打不力的电场与阳极板排，做重点检查处理： 1）检查工作状态下的振打杆与振打棒中心偏差及两接触面的磨损情况；检查振动器的三根固定螺母是否对应，以及振打棒露出长度；检查振打实际高度与显示高度是否对应，测量方法可用一条45cm长的2.50mm²铜芯单股线插入测孔内，做好记号，用手轻捏住，振打棒提升多少高度，铜芯也随之提升，只要铜线不自由落下，这时的提长高度即为实际值。 2）振打棒可适当加些防锈油，以防铁棒锈卡住振打棒的活动间隙，检查振打有否变形弯曲。 3）检查振打线圈是否存在漏油及其两条引线接头是否存在裸露、破皮现象。 4）防雨海波轮是否损坏，填料函是否老化引起漏风、漏水，填料函的锁紧螺母是否锈死	1）振打器底部焊接在顶板或保温箱顶板上，注意保证振打器底座孔和振打杆同心，其同轴度要求为5mm； 2）安装海波轮橡胶，必须保证密封性能； 3）振打器应铅垂，偏差为1mm，且振打器中心应与振打杆中心重合，同心度为5mm； 4）调节振打器高度，使振打棒露出长度符合图纸要求

4. 阴极悬挂系统检修

电除尘器阴极悬挂系统检修工艺及质量标准见表19－7。

表 19－7　电除尘器阴极悬挂系统检修工艺及质量标准

检修项目	检修工艺	质量标准
阴极悬挂装置	阴极悬挂装置的检修主要是检查支撑绝缘子及绝缘套管有无机械损伤及绝缘破坏情况，包括： 1）用清洁干燥软布（也可用适量工业酒精湿润）擦拭支撑绝缘瓷套管表面，检查表面是否有机械损伤、绝缘破坏及放电痕迹。 2）检查承重支撑绝缘瓷套管的横梁是否变形，必要时要有相应的固定措施。将支撑点稳妥转移到临时支撑点，要保证四个支撑点受力均匀，以免损伤另外三个支撑点的部件。 3）检查大框架吊杆顶部螺母有无松动，大框架整体相对其他固定部件的相对位置有否改变，并按照实际情况进行适当调整，检查大框架的水平和垂直度，并做好记录，便于对照分析。 4）检查防尘套和悬吊杆的同心度在允许范围内，否则要适当调整防尘套位置。 5）瓷套更换： ①拧下提升孔盖上的两个紧固螺栓，打开提升孔封盖，测出吊杆固定螺栓的剩余长度，并记录下来，放入提升工具，穿过衬套将它钩住阴极框架的支撑梁支架，利用扳手顺时针方向旋转提升工具上的螺母，提起阴极框架； ②卸下吊杆上部紧固螺母，拆除上部支撑垫圈，然后再拆除绝缘子，检查支撑垫圈的表面是否很干净； ③按与拆卸步骤相反的顺序安装支撑绝缘子，检查吊杆的位置变动情况，将绝缘子调至像拆卸时那样的高度和方位上，然后卸下提升工具，将提升孔盖封好，拧紧固定螺栓，装好密封垫圈，用密封盖盖好绝缘子室，装好紧固螺栓	1）瓷套表面污物清理不干净，有放电痕迹、裂纹或破损现象时，应进行更换； 2）若横梁有变形，导致阴极线极距不符合标准要求时，应通过松紧悬吊杆紧固螺母来进行调整； 3）绝缘部件更换前应先进行耐压试验，新换高压绝缘部件试验标准为 1.5 倍电场额定电压的交流耐压，1 分钟应不击穿； 4）更换绝缘套管后应注意将绝缘套管底部周围用石棉绳塞严，以防漏风； 5）防尘套和悬吊杆同心偏差小于 10mm； 6）绝缘子更换安装前要做好耐压试验，精心安装防止破碎，同组棒形支柱上平面允许高差 ±1mm，吊杆与防护套、瓷套中心偏差为 ±3mm

续表

检修项目	检修工艺	质量标准
阴极大小框架	1）阴极大框架检修： ①检测阴极大框架整体平面度公差符合要求，并进行校正； ②检查大框架局部变形、脱焊、开裂等情况，并进行调整与加强处理。 2）阴极小框架检修： ①检查上下小框架间连接情况及小框架在大框架上的固定情况，发现歪曲、变形、脱焊、磨损严重等情况时进行校正或更换、补焊处理； ②检查校正小框架的平面度，超过规定的予以校正	1）阴极大框架检修标准： ①整体对角线公差±20mm； ②大框架结构坚固，无开裂、脱焊、变形情况。 2）阴极小框架检修标准： ①各小框架无扭曲、松动等情况，在大框架上连接固定良好； ②阴极小框架组合后，主平面公差度为±5mm，其对角线误差≤L/1000，且最大不超过10mm

5. 常用阴极线检修

电除尘器常用阴极线检修工艺及质量标准见表19－8。

表19－8　电除尘器常用阴极线检修工艺及质量标准

检修项目	检修工艺	质量标准
阴极线检修	1）阴极线的检查与检修： ①全面检查阴极线的固定情况，阴极线是否脱落、松动、断线，找出故障原因予以处理； ②当掉线在人手无法触及的部位时，在不影响小框架结构（如强度下降、产生变形）且保证异极距情况下可用电焊焊上，焊点毛刺要打光，无法焊接时应将该极线取下，断线部分残余应取下，找出断线原因（如机械损伤或电蚀、锈蚀等）并采取相应措施； ③对松动极线进行检查，可先通过摇动每排小框架听其撞击声音，看其摆动程度来初步判断，对因螺母松开而松动的极线	1）阴极线的检修标准： ①阴极线无松动、断线、脱落、弓起变形、针刺歪斜等情况，电场异极距符合要求，阴极线放电性能良好； ②对因螺母脱落而掉线的，尽可能将螺母装复并按规定紧固，将螺栓做止推点焊，选用的螺栓长度必须合适，焊接点无毛刺，以免产生不正常放电；

续表

检修项目	检修工艺	质量标准
阴极线检修	原则上应将螺栓紧固后再点焊牢，对处理有困难的也可用点焊将活动部位点焊牢，以防螺母脱出和极线松动； ④更换阴极线，选用同型号、规格的阴极线，更换前应检测阴极线是否完好，有弯曲的进行校正处理，使之符合制造厂规定的要求，更换因张紧力不够容易脱出的螺旋线时，要注意不要拉伸过头导致螺旋线报废。 2）异极距的检测与调整： ①异极距检测应在大小框架检修完毕，阳极板排的同极距调整至正常范围后进行，对经过调整后达到标准的异极距，应做调整标记并将调整前后的数据记入设备档案； ②测点布置：为了方便工作，一般分别在每个电场的进、出口侧的第一根极线上布置测量点； ③按照测点布置情况自制测量表格，记录中应包括电场名称、通道数、测点号、阴极线号、测量人员、测量时间及测量数据，每次大修时测量的位置应尽量保持不变，注意和安装时及上次大修时测点布置对应，以便于对照分析； ④按照标准要求进行同极距、大小框架及极线检修校正的电场，理论上已能保证异极距在标准范围之内，但实际中有时可能因工作量大、工期紧、检测手段与检修方法不当及设备老化等综合因素，没有做到将同极距、大小框架及极线都完全保证在正常范围，此时必须进行局部的调整，以保证所有异极距的测点都在标准之内	③对用螺栓连接的极线，应一端是紧固，一端能够伸缩； ④螺栓止推焊接要可靠，至少两处点焊选用的螺栓长度要符合要求，焊接要无毛刺、尖角不能伸出； ⑤阴极线不得反装或倒装，圆孔处的螺栓拧紧，腰孔处拧紧后要回旋半圈，保证极线热膨胀自由又不晃动，然后将螺栓焊死。 2）异极距的检修标准： ①异极距偏差为：同极距的距离为405mm ±10mm，异极距的距离为202.5mm±10mm，所有异极距都应符合以上标准要求； ②阴极小框架上下框的不平行度允差±10mm； ③阴阳极之间其他部位须通过有经验人员的目测及特制T型通止规通过，对个别芒刺线，可适当改变芒刺的偏向及两尖端之间的距离来调整； ④全电场振打连接板、振打面平面度偏差±3mm； ⑤小框架连接件焊接牢固，采用T506或T507焊条焊接

6. 常用阴极振打装置及其检修

电除尘器常用阴极振打装置检修工艺及质量标准见表19－9。

表19－9 电除尘器常用阴极振打装置检修工艺及质量标准

检修项目	检修工艺	质量标准
顶部电磁振打检修	参照顶部阳极电磁振打检修	
机械式阴极振打检修	阴极振打减速机检修： 1）外观检查减速机是否渗漏油，机座是否完整，有无裂纹，油标油位是否能清晰指示。 2）开启电动机，检查减速机是否存在异常声响与振动，温升是否正常。对有异常声响、振动与温升的减速机及运行时间超过制造厂规定时间的减速机进行解体检修。 3）解体减速机，检查轴承及针齿套等磨损情况。 ①减速机放油； ②拆卸电动机及电动机端联轴器； ③在减速机端盖面做标记； ④拆卸减速机轴端联轴器并做好标记，注意原始接合面纸垫厚度，回装时按原始垫厚和标记位置进行； ⑤沿轴取摆线轮“A”（轮上有标志）时，要注意摆线轮端面标志“A”相对于另一摆线轮标志“B”的位置，回装按原始标志的相对位置进行； ⑥拆卸和回装间隔环时，注意防碰碎，检修偏心套上滚柱轴承时，应将轴承连同偏心套一起沿轴向拆卸和回装； ⑦清洗滚针、针齿套、齿壳等部件时，检查间隙及磨损情况； ⑧检查耐油橡胶密封环及其弹簧的松紧程度，回装的密封环应注满油脂； ⑨箱体内注入规定的润滑油至要求的油位； ⑩按常规检修轴承，轴承一般采用热装； ⑪回装输出轴销轴插入摆线轮相应孔中时，注意间隔位置，用销轴套定位防止压碎间隔环； ⑫回装完毕后，盘车检查	1）减速机完好，油位指示清晰； 2）各轴承、摆线轮、针齿套应光滑，无锈蚀、磨损，滚针长度一致； 3）整套振打装置试运行1h，减速器轴承温度小于80℃； 4）振打方向正确，转动灵活，无摩擦、保险销断裂、轴卡涩等现象，锤头落点准确； 5）振打电动机无过载，减速器声音正常，无渗漏油

续表

检修项目	检修工艺	质量标准
机械式阴极振打检修	阴极振打装置检修：结合阴极线积灰情况，找出振打不力的电场与阴极线，做重点检查处理。 1）检查工作状态下的承击砧、锤头振打中心偏差情况，以及承击砧与锤头磨损、脱落与破碎情况，具体同阳极振打。 2）对尘中轴承、振打轴的检查同阳极振打。 3）振打连接部件检修，同阳极振打。 4）振打减速机检修，同阳极振打。 5）阴极振打小室及电瓷转轴检修： ①阴极振打小室清灰，清除聚四氟乙烯板上的积灰，检查板上油污染程度及振打小室的密封情况并进行清理油污，加强密封的处理。 ②用软布将电瓷转轴上的积灰清除干净，检查是否有裂纹及放电痕迹的瓷轴，如有则予以更换，更换前应进行耐压检查。 6）阴极振打水平传动部件的检修同阳极振打，竖直传动部件的检修如下： ①检修前检查：a. 传动竖轴弯曲情况；b. 尘中轴承的移动及磨损情况；c. 大小针轮的磨损情况；d. 轴承座支架。 ②传动部件拆卸：a. 将减速机拆下，吊放到安全场地；b. 依次拆下密封压盖、活动套、密封套、轴壳、轴承，掏出盘根并吊出传动短轴；c. 拆下电瓷转轴；d. 拆轴承座及小针轮；e. 吊出传动竖轴，卸联轴器，做好标记，竖轴分段，卸轴套。 ③传动部件检修：a. 零部件清洗、检查、更换；b. 盘根应更换；c. 轴承支架开焊或变形必须修复，必要时进行加固；d. 尘中轴承轴套磨损超过3mm时应更换；e. 大小针轮磨损超过原齿针直径的1/3时应更换；f. 传动竖轴的弯曲超过3mm时进行调整；g. 传动竖轴的同轴度偏差应小于3mm；h. 做好检修技术记录。 ④回装及注意事项：a. 将轴套按规定位置串入竖轴，按拆前标记装防尘罩及小针轮、联轴器，并再次校整个竖轴的弯曲并	1）参照阳极振打标准，按照阳极振打锤与砧的大小比例关系选取中心偏差、接触线长度及磨损情况； 2）振打小室无积灰，绝缘挡灰板上无放电痕迹，穿轴处密封良好； 3）电瓷转轴无机械损伤及绝缘破坏情况； 4）电瓷转轴上下连接件销及凹槽应无明显磨损现象； 5）更换前试验电压为1.5倍电场额定电压的交流耐压值，历时1分钟不闪络； 6）尘中轴承轴套磨损不超3mm； 7）大小针轮齿针磨损量不超过原齿针直径的1/3； 8）传动竖轴的弯曲不超过3mm； 9）传动竖轴的同轴度偏差应小于3mm； 10）所有承击砧不应有裂纹、变形、开焊现象，承击砧头磨损超过5mm时进行更换； 11）轴承座支架开焊或变形必须修复，必要时进行加固； 12）固定振打锤、轴承座、支撑盘、大小针轮的螺栓不应有断裂和松动现象，拧紧后焊死；

续表

检修项目	检修工艺	质量标准
机械式阴极振打检修	就位；b. 回装尘中轴承座并调整各轴承座的中心线要重合；c. 紧固轴承座连接螺栓；d. 装传动假瓷轴（待试车正常后方可装电瓷转轴）；e. 将轴承装在短轴上，吊装短轴就位，依次装轴壳、密封套、密封压板、活动套、填料、密封压盖等；f. 将已检修好的减速机吊装就位；g. 转动减速机，检查转动及振打情况，加油，按运行规程试车，要注意电动机转动方向	13）阴极振打承击角钢与阴极框架间的所有焊点应连接牢固，不应有开焊、断裂、脱落现象

7. 电除尘器壳体、进出口烟箱及槽形板检修

电除尘器壳体、进出口烟箱及槽形板检修工艺及质量标准见表19－10。

表19－10　电除尘器壳体、进出口烟箱及槽形板检修工艺及质量标准

检修项目	检修工艺	质量标准
壳体及外围设备，进出口封头、槽形板检修	1）检查壳体内壁腐蚀情况，对渗漏水及漏风处进行补焊，必要时用煤油渗透法观察泄漏点； 2）检查内壁粉尘堆积情况，内壁有凹塌变形时应查明原因并进行校正，保持内壁平直以免产生涡流； 3）检查各人孔门（灰斗人孔门、电场检修人孔门、阴极振打小室人孔门、绝缘子室人孔门）的密封情况，必要时更换密封填料，对变形的人孔门进行校正，更换损坏的螺栓； 4）人孔门上的“高压危险”标志牌应齐全、清晰； 5）检查电除尘器外壳的保温情况；	1）壳体内壁无泄漏、腐蚀，内壁平直； 2）人孔门不泄漏，安全标志完备； 3）保温层应填实，厚度均匀，覆盖完整，金属护板齐全牢固，具备抗击当地最大风力的能力； 4）进出口封头无变形、泄漏，无过度磨损，磨损面积超过30%时予以整体更换； 5）挡风板、气流分布板、槽形板均不能有变形、弯曲、磨损、脱落现象； 6）槽形板同排间距（100±10）mm，异排间距（60±10）mm，垂

续表

检修项目	检修工艺	质量标准
壳体及外围设备，进出口封头、槽形板检修	6）检查并记录进出口封头内壁及支撑件磨损腐蚀情况，必要时在进口烟道中调整或增设导流板，在磨损严重部位增加耐磨衬件； 7）对渗水、漏风部位进行补焊处理，对磨损严重的支撑件予以更换； 8）对进口烟道气流分布板进行检查，消除孔中积灰，对磨损部位进行补焊，对磨损、变形严重的进行更换处理； 9）对楼梯、平台、栏杆、防雨棚进行修整及防锈保养	直度不大于1mm，平行度小于或等于10mm； 7）气流分布板、槽形板、挡风板连接固定用的卡子、夹板、螺栓一定要牢固，更换新螺栓时要拧紧点焊，固定用的角钢或钢管应牢固，不应摆动； 8）楼梯、平台、栏杆等无锈蚀，漆面完好，载荷能力满足设计要求，安全警示牌悬挂齐全； 9）电除尘器本体漏风率不能大于5%

8. 灰斗、加热系统检修

电除尘器灰斗、加热系统的检修工艺及质量标准见表19－11。

表19－11　电除尘器灰斗、加热系统的检修工艺及质量标准

检修项目	检修工艺	质量标准
灰斗	1）检查灰斗内壁腐蚀情况，对法兰接合面的泄漏、焊缝的裂纹和气孔结合设备运行时的漏灰及腐蚀情况加强检查，视情况进行补焊堵漏，补焊后的疤痕必须用砂轮机磨掉，以防灰滞留堆积； 2）检查灰斗角上弧形板是否完好，与侧壁是否脱焊，补焊后必须光滑平整，无疤痕，以免积灰； 3）插板阀检修，更换插板阀与灰斗法兰处的密封填料，消除接合面的漏灰点	1）灰斗内壁无泄漏点，无容易滞留灰的疤点； 2）灰斗四角光滑无变形； 3）插板阀操作机构转动轻便，操作灵活，无卡涩现象

续表

检修项目	检修工艺	质量标准
加热系统	1）热风加热系统检修：检查加热管变形、腐蚀、积灰、堵塞情况，外保温层完好情况，空气过滤器及加热管道、阀门、挡板完好情况并进行相应的调整、检修与更换； 2）灰斗外部蒸汽系统检修：检查蒸汽截止阀、疏水阀是否完好，检查蒸汽加热管有无泄漏、堵塞情况，更换腐蚀与堵塞严重的蒸汽管路	1）热风加热系统畅通，阀门操作调节灵活、可靠、保温完好，管道无泄漏； 2）各阀门启闭应灵活，检修后动、静密封部位无泄漏，加热管无堵塞、泄漏

第四节　电除尘器运行与检修中常见故障及检修处理

一、运行中常见故障与处理方法

电除尘器运行中出现的较严重的故障为电场短路跳闸，通常该故障均是由电场内部阴极线断线或固定卡件松脱造成的（见图 19－59、图19－60）。

图 19－59　阴极线断线造成电场短路

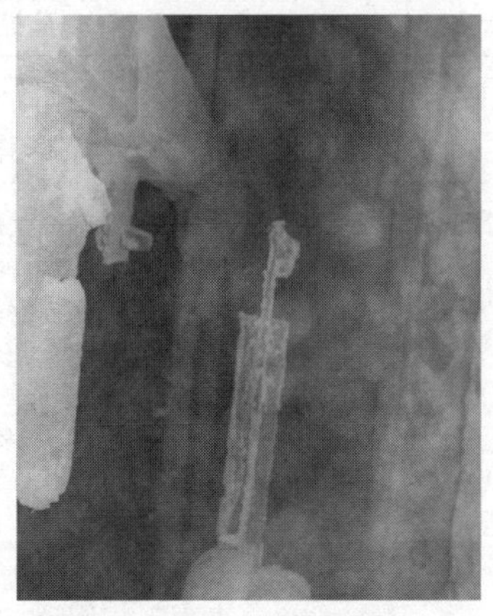

图 19－60　阴极线固定螺栓脱落造成电场短路

另外，当阴极振打系统故障时，阴极线会因振打失效而形成针刺裹灰现象，从而造成电晕封闭，电场参数降低甚至电场高压柜跳闸故障（见

图 19－61、图 19－62）。

图 19－61　阴极线针刺裹灰

图 19－62　阴极线针刺严重裹灰

电除尘器运行与检修中的常见故障及处理方法见表 19－12。

表 19－12　电除尘器运行与检修中的常见故障及处理方法

序号	故障现象	故障原因	处理方法
1	高压开关合上后，重复性跳闸	1）电除尘器内有异物，使两极造成短路； 2）折断的阴极线或内部零部件脱落导致短路； 3）高压回路已经短路； 4）料位计指示失灵，灰斗中灰位升高造成放电极对地短路； 5）绝缘子加热元件失灵或保温不良，使绝缘支柱表面结露，绝缘性能下降引起闪络	1）清除异物； 2）更换已断阴极线，取出脱落物； 3）检修高压回路； 4）修好料位计，排除灰斗积灰； 5）更换加热元件，修复保温
2	运行电压低、电流很小或电压升高就产生严重闪络而跳闸	1）延期温度低于露点温度，导致绝缘性能下降，发生低电压下严重闪络； 2）振打机构失灵，极板、极线严重积灰，使两极间实际距离变小； 3）极距安装偏差大；	1）调整锅炉燃烧工况，提高烟温； 2）修复振打失灵部件； 3）检查调整异极距； 4）补焊外壳漏洞，紧闭人孔门；

续表

序号	故障现象	故障原因	处理方法
2	运行电压低、电流很小或电压升高就产生严重闪络而跳闸	4）壳体焊接不良，人孔门密封差，导致冷空气冲击阴阳极元件使结露变形，异极距变小； 5）不均匀气流冲击加上振打的冲击引起极线极板晃动，产生低电压下的严重闪络； 6）灰斗灰满，接近或碰到阴极部分，造成两极间绝缘性能下降	5）调整气流分布板均匀性； 6）处理堵灰，清理积灰
3	电压为正常值，电流很小或电压升高就产生严重闪络而跳闸	1）煤种变化，粉尘比电阻变大或粉尘浓度过高，造成电晕封闭； 2）高压回路不良，如阻尼电阻烧坏，造成电场开路； 3）阴阳极积灰严重	1）烟气调制； 2）更换阻尼电阻； 3）加强振打
4	电压较低，二次电流过大	1）高压部分绝缘不良； 2）阴阳极间距局部变小； 3）电场内有异物； 4）放电极瓷轴室绝缘部位温度偏低造成绝缘性能下降； 5）电缆或终端盒绝缘严重损坏，泄漏电流过大	1）改善绝缘情况； 2）调整间距； 3）清除异物； 4）检查加热装置和漏风情况； 5）改善电缆与终端盒的绝缘
5	二次电流表指示最大，二次电压接近于零	1）放电极断线，造成二次短路； 2）电场内有金属异物，造成短路； 3）高压电缆或电缆终端盒对地短路； 4）绝缘子损坏，对地短路	1）更换断线； 2）清除异物； 3）修复或更换； 4）更换子
6	二次电流表指针不规则摆动	1）放电极框架振动； 2）放电极线折断后，残余段在框架上晃动	1）消除框架振动； 2）剪掉残余段

续表

序号	故障现象	故障原因	处理方法
7	二次电流表指针不规则摆动	1）放电极变形； 2）极板、极线积灰严重，造成极距变小，产生电火花	1）消除变形； 2）加强振打
8	二次电流表指针剧烈摆动	1）高压电缆对地击穿； 2）电极弯曲造成局部短路	1）确定击穿位置并修复； 2）校正弯曲电极
9	二次电压正常，二次电流很小	1）极线极板积灰严重； 2）阴阳极振打失灵； 3）电晕线肥大，放电不良	1）清除积灰； 2）修复振打装置
10	二次电压和一次电流正常，二次电流表无读数	1）与二次电流表并联的保险器击穿； 2）电流测量系统断线； 3）电流表指针卡住或电流表故障	1）更换保险器； 2）修复断线部位； 3）更换电流表
11	振打电动机运行正常，振打轴不转	1）阳极振打保险销断裂； 2）阴极振打瓷轴断裂	1）更换保险销； 2）更换瓷轴
12	保险片经常被拉断	1）振打轴安装不同心； 2）运行一段时间后轴承套磨损严重，造成振打轴同轴度超差； 3）振打锤卡死； 4）保险销安装不正确； 5）锤头转动部分锈蚀	1）按图纸要求重新调整各段振打轴的同轴度； 2）更换轴承套，调整同轴度； 3）调整锤头直至转动灵活； 4）按图纸要求重新安装保险片； 5）除锈
13	电压突然大幅度下降	1）放电极断线，但尚未短路； 2）阳极板排定位销断裂，板排移位； 3）放电极振打瓷轴室的聚四氟乙烯板积灰、结露； 4）放电极小框架移位，绝缘子室漏风	1）剪除断线； 2）重新定位，焊牢固定位销； 3）检查加热器及消除漏风； 4）调整固定位移框架

续表

序号	故障现象	故障原因	处理方法
14	进出口烟气温差大	1）保温层脱落； 2）漏风严重	1）修复保温； 2）检查补焊漏风处，更换人孔门填料
15	灰斗不下灰	1）有异物堵塞出灰口； 2）灰温低而结露形成块状物；	1）取出异物； 2）检查、检修灰斗加热装置； 3）改善排灰情况
16	电压、电流全正常，但除尘效率不高	1）设计电除尘器容量小； 2）实际烟气流量超过设计值，二次飞扬严重； 3）气流分布不均匀； 4）冷空气从灰斗侵入，出口电场尤为严重； 5）粉尘含碳量高； 6）振打不合适造成二次飞扬； 7）设计煤种与实际煤种差别大	1）对电除尘器进行改造； 2）改善锅炉的燃烧情况，消除漏风； 3）调整气流分布； 4）加强灰斗保温和灰斗加热； 5）改善锅炉燃烧工况； 6）调整振打周期； 7）确定实际煤种，必要时对电除尘器进行改造
17	低电压不产生电火花，必要的电晕电流得不到保证	1）极距不对； 2）极板极线积灰严重； 3）局部窜气； 4）振打强度大，造成二次飞扬	1）调整极距； 2）加强振打； 3）改善气流工况； 4）调整振打力和振打周期
18	电流密度低时产生电火花，除尘效率恶化	1）烟气含比电阻高的粉尘较多； 2）高压电流的电压波形波峰过高； 3）运行初期电晕电压过高	1）控制粉尘的化学成分和比电阻； 2）烟气调质； 3）改变放电极形状

续表

序号	故障现象	故障原因	处理方法
19	高电压、低电流产生电火花放电，除尘效率恶化	比电阻相当高时产生反电晕	1）控制电火花率，调节最大负压； 2）烟气调质； 3）改变供电方式（脉冲供电）

二、检修中常见故障与处理

（一）机械侧部振打系统常见故障、原因及处理方法

图 19－63、图 19－64 所示分别为阳极振打轴和阴极振打轴。

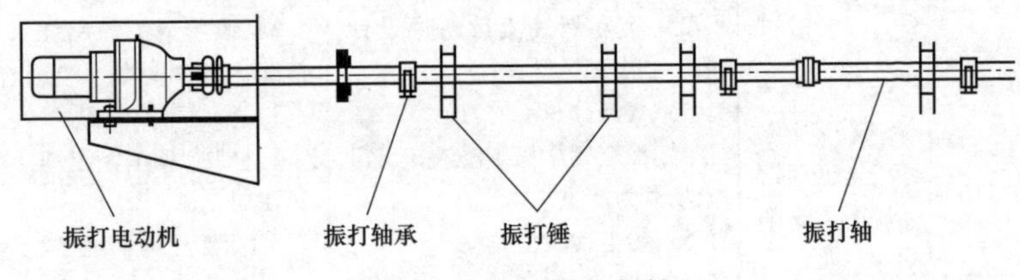

图 19－63　阳极振打轴

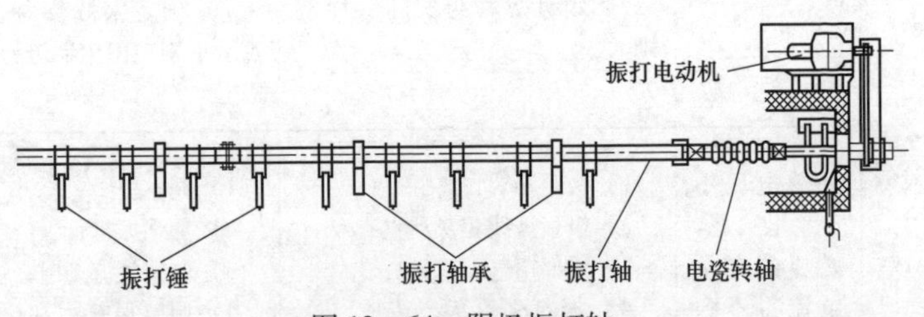

图 19－64　阴极振打轴

阴、阳极机械侧部振打系统主要由振打电动机、振打轴、振打轴承、振打锤、振打砧组成。阴极振打系统较阳极振打系统多一个电瓷转轴部件。下面就对每个部件容易发生的故障进行介绍。

1. 紧固螺栓脱落后掉砧，砧面脱焊

图 19－65 所示为阳极振打砧位置，若此处出现紧固螺栓脱落后掉砧，砧面脱焊的情况将会给除尘设备带来一定危害。

由砧面脱落引发的危害、原因及处理方法见表 19－13。

图 19－65　阳极振打砧（图中砧面螺栓脱落后掉砧）

表 19－13　　砧面脱落的危害、原因及处理方法

现象及危害	原因分析	处理方法
紧固螺栓脱落后掉砧、砧面脱焊等，既影响振打效果，又可能造成振打机构故障，还可能影响到除灰系统的正常运行	焊接强度不够，该采用全焊的采用了点焊，该采用点焊的采用了补焊或虚焊。由于振打机构随时处于振打力的冲击之下，焊接质量非常重要	制定严格的安装焊接工艺，保证焊接质量符合设计要求，大、小修时要重点检查振打机构的焊接情况，及时进行补焊处理

2. 振打轴卡死

图 19－66 所示为阳极振打轴（含振打锤、轴承）位置，若此处出现振打轴卡死的情况将会给除尘设备带来一定危害。

图 19－66　阳极振打轴（图中振打锤头脱落）

如果振打轴卡死，振打锤无法动作，将导致极板积灰等情况，图19－67为极板积灰示意图。

图 19－67　振打轴卡死所导致的极板积灰示意图

由振打轴卡死引发的危害、原因及处理方法见表19－14。

表 19－14　振打轴卡死的危害、原因及处理方法

现象及危害	原因分析	处理方法
振打轴卡死，造成极线、极板积灰严重，还会引发减速机、电动机烧毁、电瓷转轴断裂、振打轴连接部位脱开等故障	1）安装时振打轴的同轴度较差，整根轴各固定点不在一条中心线上，轴与减速机输出轴中心偏差过大，使轴旋转时阻力矩过大。 2）安装时锤与砧的咬合位置不正（包括未充分考虑热膨胀后的位移），锤击部位磨损严重，造成锤与砧咬合、卡死。 3）尘中轴承因材质不理想、结构不合理、维护及更换不及时等造成过度磨损后下沉，使轴卡死；尘中轴承中的定位轴承固定强度不够，会使轴产生轴向位移最终造成振打锤与尘中轴承支架相碰，将轴顶死。 4）对设备进行检查维护后未将锤头恢复原来状态或振打电动机更换后转向相反，会造成振打轴与承击砧之间反向卡死。 5）多种因素（如轴同轴度较差、轴几何尺寸过长、尘中轴承过度磨损等）综合作用下，使振打轴在运行中发生跳动或振动，造成锤头与砧卡死。 6）电场堵灰后也可能将振打机构埋住，这也是引起轴卡死的重要原因	1）加强安装质量监督，及时进行维护检修； 2）为防止阳极振打锤头卡在固定承击砧的两块夹板之中，可用铁板将形成的槽沟覆盖，更换容易咬死的锤或砧面； 3）改用质量好的尘中轴承如四轮滑动轴承等，加强对尘中轴承的检查与维护； 4）检修完毕要注意将锤头复原，电动机更换后要先试转再与轴相连； 5）可考虑将单面振打改为双面振打，使轴的长度缩短，克服因长轴引发的振动或跳动； 6）发现电场严重堵灰时应将振打停运

3. 振打减速电动机漏油

图 19－68 所示为振打减速电动机，若振打减速电动机漏油将会给除尘设备带来一定危害。

图 19－68　振打减速电动机

由振打减速机漏油引发的危害、原因及处理方法见表 19－15。

表 19－15　振打减速电动机漏油引发的危害、原因及处理方法

现象及危害	原因分析	处理方法
目前普遍使用针轮摆线减速机，其电动机漏油是通病，会污染环境，加速机件磨损，有的油漏入电动机线圈中，会造成电动机烧毁	1）橡胶油封圈磨损； 2）液态润滑油容易渗透	可用二硫化钼固态润滑脂代替原有液态润滑油，考虑到柱销套与套塞的配合间隙较小，不利于润滑脂的进入，故可在柱销套外表面车削几道螺旋式浅槽来改善润滑条件

4. 振打电动机运转正常，振打轴不转

如图 19－69 所示，振打电动机在壳体外部运转正常，但电除尘器内部振打轴（图中线框内）不转。

图 19－69　振打电动机运转正常，但振打轴不转

由此故障引发的危害、原因及处理方法见表 19－16。

表 19－16　振打电动机运转正常，振打轴不转引发的危害、原因及处理方法

现象及危害	原因分析	处理方法
振打电动机运转正常，振打轴不转	1）保险片断裂； 2）链条断裂； 3）电瓷转轴扭断； 4）轴断裂	更换损坏的部件。轴如果断裂，分析断裂原因，监测轴的弯曲度，如果可以继续使用，用连接套将断裂的轴连接，对连接套进行满焊。如不能使用，更换新轴

5. 振打电动机的保险片经常被拉断

振打电动机的保险片经常被拉断引发的危害、原因及处理方法见表 19－17。

表 19－17　振打电动机的保险片经常被拉断引发的危害、原因及处理方法

现象及危害	原因分析	处理方法
振打电动机的保险片经常被拉断	1）振打轴安装不同轴； 2）运转一段时间后，轴承耐磨套磨损严重，造成振打轴同轴度差； 3）振打锤头卡死； 4）保险片安装不正确； 5）锤头转动部分锈蚀	1）按照图纸要求，重新调整各段振打轴的同轴度； 2）更换耐磨套，检查振打轴的同轴度； 3）消除锤头转轴处的积灰及锈斑，调整锤头垫片直至锤头转动灵活； 4）按图纸要求重新安装保险片； 5）除锈

6. 电瓷转轴断裂

图 19－70 所示为电瓷转轴，此设备易发生电瓷转轴断裂的情况，会给除尘设备带来一定危害。

由电瓷转轴断裂引发的危害、原因及处理方法见表 19－18。

7. 振打清灰效果差

图 19－71 所示为阳极板、阴极线积灰严重图片，若除尘设备振打清灰效果差，就极易发生阳极板、阴极线积灰情况，这将会给除尘设备带来一定危害。

(a)

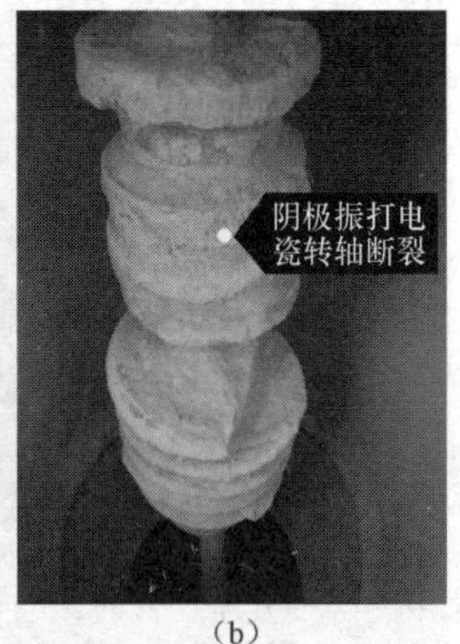

(b)

图 19－70　电瓷转轴及其故障

(a) 电瓷转轴；(b) 电瓷转轴积灰、断裂

表 19－18　电瓷转轴断裂引发的危害、原因及处理方法

现象及危害	原因分析	处理方法
电瓷转轴断裂	除少数器件质量差的原因外，大多数是由轴卡死或表面严重积灰爬电击损引起的	停机时注意保养擦拭，定期检查

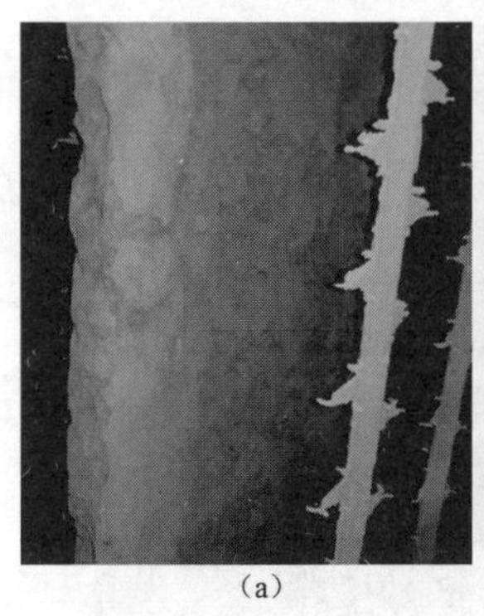

(a)

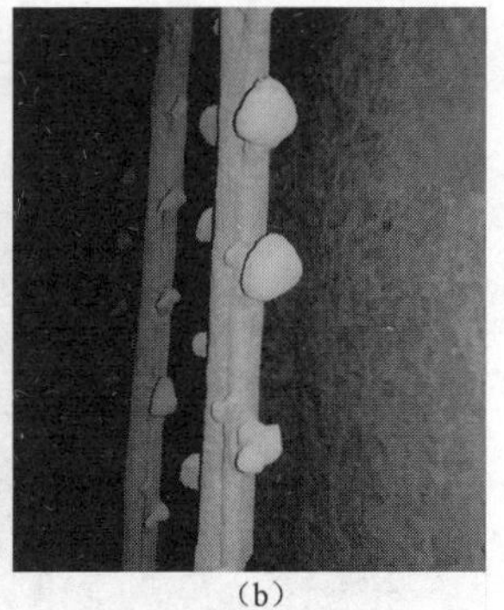

(b)

图 19－71　阳极板、阴极线积灰现场图

(a) 阳极板；(b) 阴极线

由振打清灰效果差引发的危害、原因及处理方法见表 19－19。

表 19－19　振打清灰效果差引发的危害、原因及处理方法

现象及危害	原因分析	处理方法
振打清灰效果差，极线、极板积灰严重，导致电场运行参数异常，除尘效率下降	1）安装、维护不当造成锤击度偏低，极线及框架松动，锤与承击砧固定部位松动等使振打加速度衰减严重； 2）设计不合理，有时振打加速度的设计值比实际清灰所需的值要小，如阳极板过高，阴极线过长造成振打加速度过低等； 3）有些灰的比电阻很高，黏附性又强，就工业设计上尽可能高的振打加速度也不能保证在电场投运情况下取得良好的清灰效果； 4）绝缘瓷轴断裂	1）制定严格的安装焊接工艺，保证焊接质量符合设计要求，大、小修时要重点检查振打机构的焊接情况，及时进行补焊处理； 2）设计者应根据可能出现的最恶劣情况设计振打加速度大小，然后决定采用何种振打方案及锤的质量； 3）采用烟气调质等使粉尘比电阻下降，减少粉尘的静电吸附力，可考虑采用断电振打或降压振打以消除原来较大的静电吸附力对振打清灰的影响； 4）更换破损的瓷轴

（二）顶部电磁振打常见故障、原因及处理方法

图 19－72 为顶部电磁振打器示意图。电磁锤振打器主要由振打棒、线圈、外壳、密封件等组成。下面就来对顶部电磁振打每个部件容易发生的故障进行介绍。

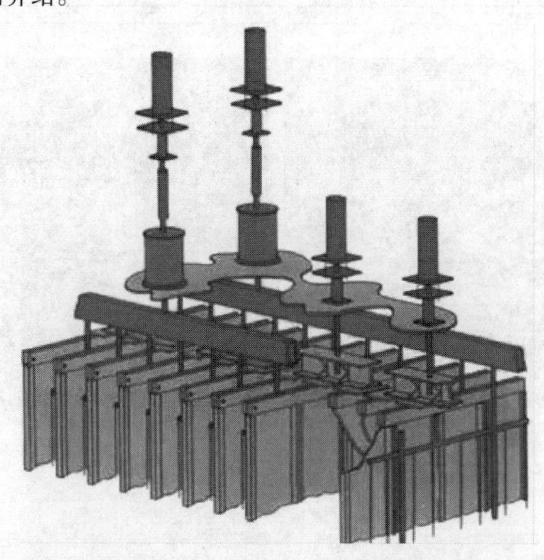

图 19－72　顶部电磁振打器示意图

1. 振打器不工作

振打器不工作引发的危害、原因及处理方法见表19－20。

表19－20　振打器不工作引发的危害、原因及处理方法

现象及危害	原因分析	处理方法
振打器不工作，影响振打清灰效果	1）接线不正常，控制柜固态继电器和振打端子箱的二极管烧坏； 2）振打器的安装高度不合适，振打活塞杆露出高度过少或过多，造成振打活塞杆没有行程高度或振打线圈产生的磁力不足以提升振打活塞杆	1）如有烧坏，直接更换烧毁设备，并检测线路； 2）调整固定振打器的三个双头螺杆以调节振打活塞杆的露出高度

2. 振打器出现联打

振打器出现联打引发的危害、原因及处理方法见表19－21。

表19－21　振打器出现联打引发的危害、原因及处理方法

现象及危害	原因分析	处理方法
在受同时振打的振打器有感应电流通过，振打强度不是很大，只是轻微启动一下	1）电磁振打控制是每个振打器都需要单独提供电源，电源从控制柜送至振打端子箱，再从端子箱分配到每个振打器，通过远距离的输送，路径过程中受各种干扰，积累了一定的感应电流，累积到一定大小的时候，就在某个振打器上产生作用，产生的电流不是很大，该振打器只轻微启动一下，表现为联打。 2）振打器的工作过程就是将电能转化为磁能，再将磁能转化为动力势能，同时产生动力加速度，动力势能再转化为重力势能，断电后振打活塞杆在重力势能的作用下做自由落体	在受同时振打的振打器上再接入一个二极管，是反向接入的，在通过振打端子箱到振打器线圈的接线柱上接入二极管

续表

现象及危害	原因分析	处理方法
在受同时振打的振打器有感应电流通过，振打强度不是很大，只是轻微启动一下	运动，消耗重力势能产生重力加速度进行工作。电磁振打器的线圈相当于纯电感的电阻器，通电后产生很大的感抗和阻抗，当然在振打端子箱中有相应的元器件去消除感抗和阻抗，在端子箱向每个振打器供电处接入二极管，主要是保护电磁振打器线圈，但无法消除线路各种干扰产生的感应电流	

3. 振打器出现连打

振打器出现连打引发的危害、原因及处理方法见表 19－22。

表 19－22　振打器出现连打引发的危害、原因及处理方法

现象及危害	原因分析	处理方法
控制柜的固态继电器和振打端子箱的二极管被烧坏，或二极管被击穿	若二极管被击穿，就出现串行或串列，很容易造成某个振打器在不停地工作，因为该振打器一直在导通，振打器都有可能被烧坏	选择二极管时要选型号大一些的，能起到自身的保护作用，如果是二极管被击穿，直接更换二极管

（三）电除尘器内部关键部件常见故障、原因及处理方法

以上从总体上对电除尘器发生的故障做了介绍，下面将对电除尘器内部关键部件进行拆分，详细介绍电除尘器内部关键部件常见故障的危害、原因及处理方法。

1. 阳极系统

（1）阳极板与阳极板卡子脱开。图 19－73 和图 19－74 为阳极板与阳极板卡子安装示意图，此处容易发生的故障见表 19－23。

（2）阳极板热膨胀不畅。如阳极板发生热膨胀不畅现象，则在图 19－75中圆圈处会出现变形弯曲现象，此处容易发生的故障见表 19－24。

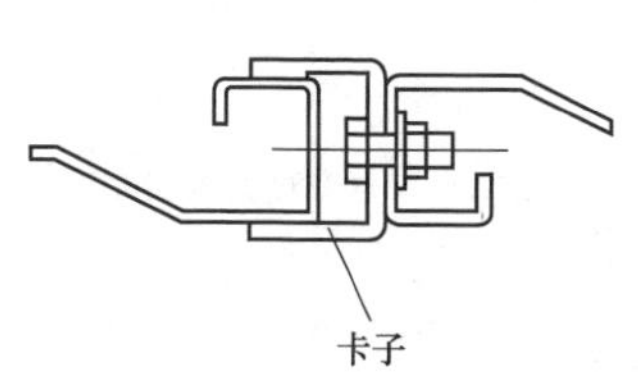

图 19－73　阳极板与阳极板卡子安装俯视图

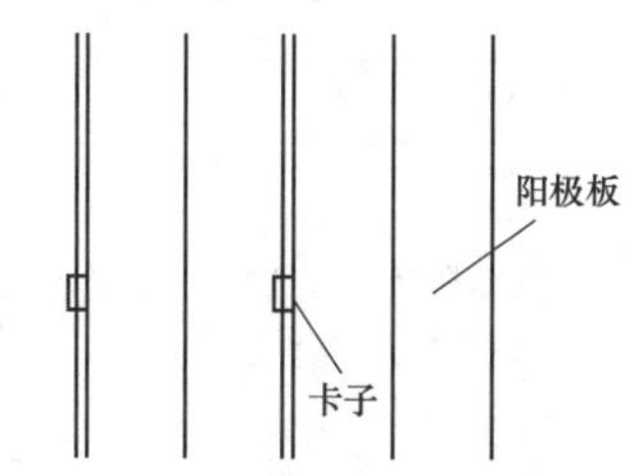

图 19－74　阳极板与阳极板卡子安装平面图

表 19－23　阳极板与阳极板卡子脱开引发的危害、原因及处理方法

现象及危害	原因分析	处理方法
阳极板与阳极板卡子脱开，使电场异极距变小，严重时将发生电场短路或拉弧，拉弧严重时可将极板烧穿	1）阳极板卡子连接螺母没有电焊，在振打冲击等作用下造成连接螺母松动，卡子脱落； 2）灰斗满灰至电场，极板发生向上位移或变形并脱出卡子	1）安装时注意连接螺母要电焊，卡子与极板加焊； 2）卸灰后检修复位，运行要监护到位，预防灰斗堵灰、满灰的情况发生，小修、检修时检查阳极板卡子是否松动，如有松动则尽早处理

图 19－75　阳极板发生热膨胀示意图

表 19－24　阳极板发生热膨胀引发的危害、原因及处理方法

现象及危害	原因分析	处理方法
热膨胀不畅造成阳极板变形弯曲，使电场异极距变小，电场运行参数下降，电火花率明显增加，严重时将发生电场短路或拉弧，特别在烟气温度过高时容易发生，有的在运行一段时间后才表现出来	1）安装时阳极板排底部膨胀距离小于设计值； 2）设计时，阳极板底部膨胀距离过小； 3）发现热膨胀间隙不足，采用现场切割时，由于施工条件差，切割深浅不一，有毛刺； 4）烟气温度远高于设计值，造成阳极板变形	1）安装时从工艺及质量控制上要重视热膨胀间隙的大小符合设计要求，阳极板排与振打导向板梳形口的相对位置要准确； 2）设计准确，设计时应充分考虑多种因素对热膨胀间隙的影响； 3）现场处理时，切口要磨平，但要避免开口过大、过深，使烟气局部短路严重，影响除尘效率； 4）见3）的处理方法

2. 阴极系统

（1）阴极线脱落、断裂。图 19－76 为螺旋线断线的示意图，芒刺线脱落与此形式大致相同。

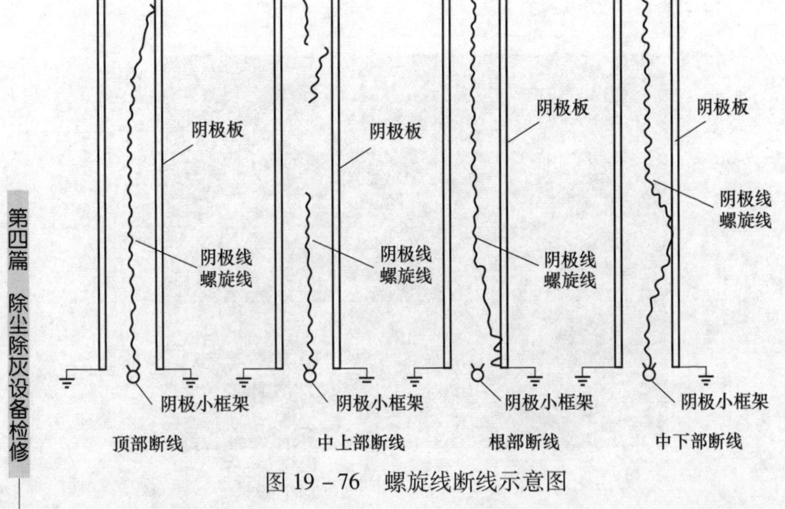

图 19－76　螺旋线断线示意图

由阴极线脱落、断裂引发的危害、原因及处理方法见表19－25。

表19－25　阴极线脱落、断裂引发的危害、原因及处理方法

现象及危害	原因分析	处理方法
芒刺线脱落、螺旋线脱钩或断裂，造成电场短路或拉弧	1）固定芒刺线的螺栓连接处没有拧紧； 2）固定芒刺线的螺栓与螺母之间电焊强度不够或没有电焊； 3）螺旋线安装时拉伸过长或安装不当使螺旋线张紧力减小，螺旋线表面损伤，在电腐蚀下断裂	1）加强安装质量； 2）用准确的安装方法和工艺去安装芒刺线、螺旋线； 3）注意保护螺旋线的表面质量，对表面有损伤的螺旋线不得使用

（2）芒刺线的芒刺脱落。如图19－77所示，若芒刺线上发生芒刺脱落现象，如圆圈内的芒刺空缺，则此处无法放电，影响放电性能。

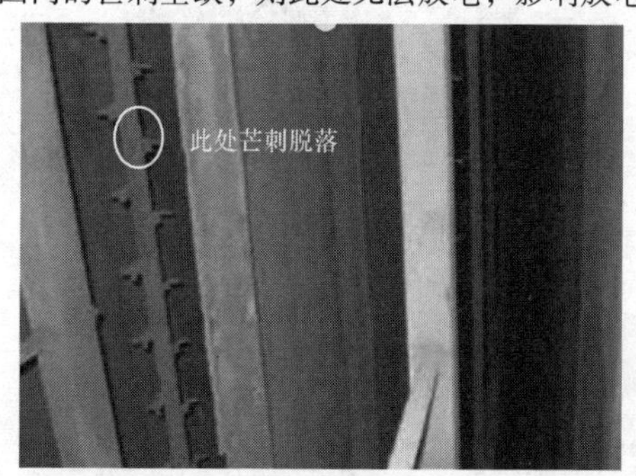

图19－77　芒刺线的芒刺脱落示意图

由芒刺脱落引发的危害、原因及处理方法见表19－26。

表19－26　芒刺脱落引发的危害、原因及处理方法

现象及危害	原因分析	处理方法
芒刺线的芒刺脱落，影响芒刺线的放电性能	芒刺线质量不过关，芒刺电焊质量差	加强极线的制作质量，特别是芒刺点焊质量

（3）芒刺线的芒刺折弯。如图19－72所示，若发生芒刺折弯现象，如圆圈处芒刺与线管连接部分折弯，则芒刺的齿与两侧对应的阳极板距离不同。

由芒刺折弯引发的危害、原因及处理方法见表19－27。

表 19－27　芒刺折弯引发的危害、原因及处理方法

现象及危害	原因分析	处理方法
芒刺线的芒刺折弯，电火花率较高，影响电场除尘效果	可能是在运行、安装时折弯，电除尘器投运前没有校正	加强安装质量，在电除尘器投运前对芒刺线做仔细检查并校正

（4）芒刺线松动及变形。如图 19－78 所示，若芒刺线变形，如圆圈处的阴极线不为一垂直极线，则发生变形折弯现象。

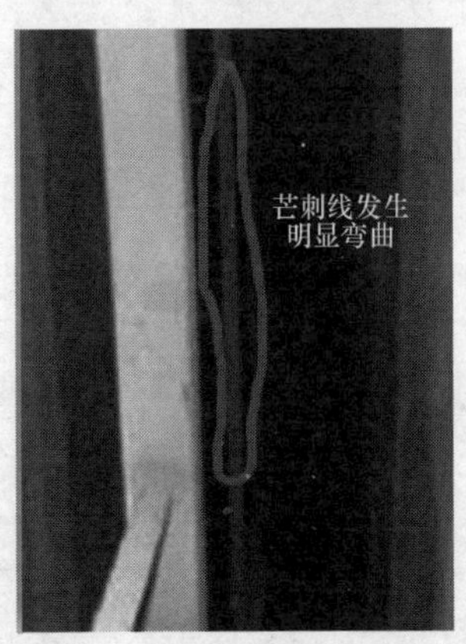

图 19－78　芒刺线松动及变形示意图

由芒刺线松动及变形引发的危害、原因及处理方法见表 19－28。

表 19－28 芒刺线松动及变形引发的危害、原因及处理方法

现象及危害	原因分析	处理方法
芒刺线松动及变形，会引起振打加速度的严重衰减，使芒刺线积灰严重，松动的芒刺线更容易发生脱落、断线现象，芒刺线变形会引起异极距异常	1）固定芒刺线的螺栓与螺母之间电焊强度不够或者没有电焊的芒刺线； 2）芒刺线的变形、弯曲与芒刺线发运、安装有关	1）加强安装质量把关，对松动的芒刺线应重新紧固并点焊焊死； 2）对变形严重的芒刺线应予以更换，如数量少且没有备件时，可暂时先将芒刺线去除，日后补装

（5）阴极框架沿烟气垂直（平行）方向整体偏移。此现象与阳极板排偏移发生的现象大致相同。由阴极框架沿烟气垂直（平行）方向整体偏移引发的危害、原因及处理方法见表 19－29。

表 19-29　阴极框架沿烟气垂直（平行）方向整体偏移引发的危害、原因及处理方法

现象及危害	原因分析	处理方法
阴极框架沿烟气垂直方向整体偏移，使异极距改变，运行电压下降；阴极框架沿烟气平行方向整体偏移，造成电场绝缘距离变小和收尘面积相对减小。其最终结果都会使电除尘器除尘性能下降	阴极框架一般由 4 个阴极吊挂点支撑，烟气平行方向左右两排吊点有高低时，会引起阴极框架沿烟气垂直方向整体偏移；烟气平行方向前后两排吊点有高低时，会引起阴极框架沿烟气平行方向整体偏移	阴极框架沿烟气垂直方向整体偏移时，调整烟气平行方向左右两排吊点高低；阴极框架沿烟气平行方向整体偏移时，调整平行方向前后两排吊点的高低

（6）振打角钢脱焊或脱落。由振打角钢脱焊或脱落引发的危害、原因及处理方法见表 19-30。

表 19-30　振打角钢脱焊或脱落引发的危害、原因及处理方法

现象及危害	原因分析	处理方法
振打角钢脱焊或脱落，造成阴极振打失效或电场短路	没有按设计要求焊接	按设计要求用低氢焊或直流焊接

（7）阳极板排沿烟气垂直方向移位。如图 19-79 所示当阳极板排沿垂直烟气方向无移位时，应有 $A=B$，当异极间距发生改变时 $A\neq B$。

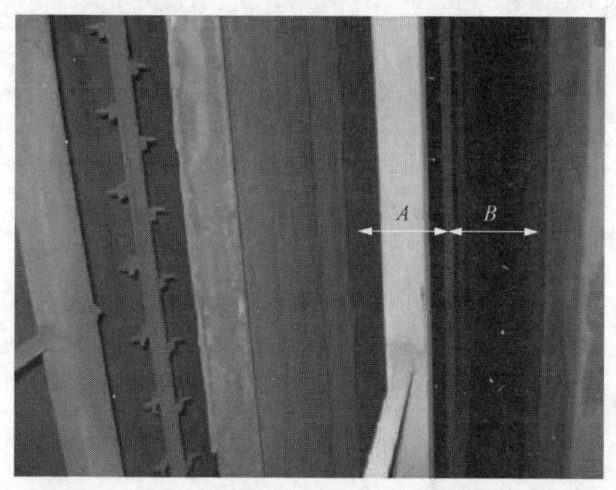

图 19-79　阳极板排沿烟气垂直方向移位示意图

由异极间距改变引发的危害、原因及处理方法见表19－31。

表19－31　异极间距改变引发的危害、原因及处理方法

现象及危害	原因分析	处理方法
阳极板排沿烟气垂直方向移位，使异极间距改变，运行电压下降，电火花率增大；阳极板排沿烟气水平方向移位，造成振打过头或卡死，影响电场放电的均匀性和振打清灰效果。其最终都会使电除尘器除尘性能下降	阳极板排定位焊接或振打导向板焊接强度不够，造成脱焊后位移；阳极板排所承载的梁对应位置的变形不一样	1）将阳极板排重新定位，加强阳极板排定位及振打导向板焊接质量； 2）重新调整阳极板排，顶部相对应位置高度一致

第二十章

布袋除尘器设备检修

第一节 布袋除尘器概述

一、布袋除尘器的基本原理

从锅炉烟道来的含尘烟气经进气口进入箱体，在进气口导流装置的引导下，进入布袋除尘系统，大颗粒直接落入灰斗，其余粉尘随气流进入箱体过滤区，气流透过滤袋，过滤后的洁净烟气进入净气室经引风机通过出气口引出。随着过滤工况的进行，当滤袋表面的粉尘积累到一定量时，由清灰系统（定时或手动控制）按设定程序打开电磁脉冲阀喷吹，压缩空气由喷嘴喷出，涌入滤袋使滤袋径向变形，抖落滤袋上的粉尘，落入灰斗中，后经仓泵输灰至灰库。

布袋除尘器收集粉尘并不仅限于滤布本身，而且还有堆积粉尘层的作用，后者也就是靠粉尘本身收集自己。

简单的布袋除尘器如图 20－1 所示，含尘气流从下部进入圆筒形滤袋，在通过滤料的孔隙时，粉尘被滤料阻留在其表面，透过滤料的清洁气流由净气室排出；沉积于滤料上的粉尘层，在机械振动的作用下从滤料表面脱落下来，落入灰斗中。

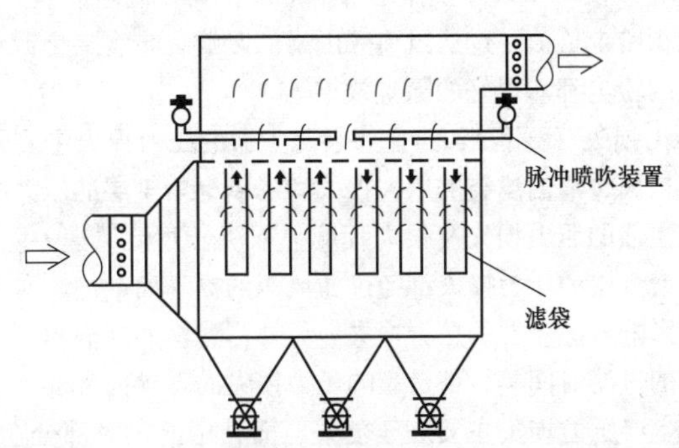

图 20－1 脉冲喷吹布袋除尘器示意图

布袋除尘器的滤尘机制包括筛滤效应、惯性碰捶、拦截、扩散效应和静电吸引等。

（1）筛滤效应。筛滤效应是布袋除尘器的主要滤尘机制之一。当粉尘粒径大于滤料中纤维间孔隙或滤料上沉积的尘粒间的孔隙时，粉尘即被筛滤下来。通常的织物滤布，由于其纤维间的孔隙远大于粉尘粒径，所以刚开始过滤时，筛滤作用很小，主要是靠惯性碰撞、拦截扩散和静电作用。

（2）惯性碰撞。当含尘气流接近滤料纤维时，气流会绕过纤维，但1μm以上的较大颗粒由于惯性作用，偏离气流流线，仍保持原有的方向，撞击到纤维上，粉尘被捕集下来，称为惯性碰撞。

（3）拦截。当含尘气流接近滤料纤维时，细微的粉尘仍保留在流线内，这时流线比较紧密。如果粉尘颗粒的半径大于粉尘中心到达纤维边缘的距离，粉尘即被捕获，称为拦截。

（4）扩散效应。当粉尘颗粒极为细小（0.5μm以下）时，在气体分子的碰撞下偏离流线做不规则运动（亦称布朗运动），这就增加了粉尘与纤维接触的机会，使粉尘被捕获。粉尘颗粒越小，运动越剧烈，与纤维接触的机会也就越多。

（5）静电吸引。如果粉尘与滤料的荷电相反，则粉尘易被吸附到滤料上，从而提高除尘效率，但被吸附的粉尘难于被剥落下来。反之，如果两者的荷电相同，则粉尘受到滤料的排斥，效率会因此而降低，但粉尘容易从滤袋表面剥离。

二、布袋除尘器的性能参数

布袋除尘器的性能参数包括排尘浓度、压力损失、处理气体流量、除尘器效率、过滤风速等。

（1）排尘浓度。布袋除尘器的排尘浓度主要受粉尘特性、滤料特性、滤袋上的堆积粉尘负荷、过滤风速等因素的影响。布袋除尘器对于微米级和亚微米级的粉尘都有很好的除尘效果。

（2）压力损失（设备阻力）。布袋除尘器的压力损失主要包括除尘器结构的压力损失、清洁滤袋的压力损失和滤袋上粉尘层的压力损失。

布袋除尘器的压力损失在很大程度上取决于过滤风速，除尘器结构、清洁滤袋、粉尘层的压力损失都随过滤风速的提高而增加。清灰方式也在很大程度上影响着除尘器的压力损失。另外，滤料的结构和表面处理的情况、除尘器的过滤时间等，都是影响压力损失的重要因素。

布袋除尘器压力损失主要在于滤袋，而其中的绝大部分在于粉尘层，新滤袋的压力损失通常只有50～200Pa，而粉尘层的压力损失则可达500～

2500Pa。因此可以看出清灰对于布袋除尘器运行良好与否的重要性。

（3）处理气体流量。处理气体流量是表示除尘器在单位时间内所能处理的含尘气体的流量。

在实际运行中，布袋除尘器往往由于不严密而漏风，从而使得进出口的气体流量 s 并不一致。通常用两者的平均值作为设计除尘器的处理理想气体流量。

在选用除尘器时，其处理气体流量是指除尘器进口的气体流量，不考虑漏风率；在选择风机时，其处理气体流量对正压系统（风机在除尘器之前）是指除尘器进口气体流量，对负压系统（风机在除尘器之后）是指除尘器出口气体流量，此时已考虑漏风率。

（4）除尘器效率。除尘器效率是指含尘气体通过布袋除尘器时新捕集下来的粉尘量占进入除尘器的粉尘量的百分数。

定性地说，影响除尘特性的主要因素包括：①粉尘性质，包括粒度分布、密度、形状系数、静电荷等；②织物性质，包括纤维和纱线粗细、织物厚度、孔率、表面处理等；③运行参数，包括过滤速度、对气流的阻力、气体温湿度、清灰频率等；④清灰方法，包括机械振动、反向气流、压缩空气脉冲、反向射流等；⑤相互依存的关系，包括粉尘和织物、粉尘和阻力、粉尘和清灰方式等。

大量的研究结果表明，布袋除尘器有以下几点除尘特性：

1）刚清灰之后通过率最高，随着清灰后过滤时间（即沉积粉尘厚度）的增长，通过率迅速下降，但沉积粉尘厚度进一步增加时，通过率保持在几乎恒定的低水平；

2）通过率随粉尘粒度的增大而提高，但提高不多；

3）通过率随过滤速度的增加而迅速提高。

上面的这些特性是不能用纤维过滤理论来解释的。从纤维过滤理论来看，当扩散是主要捕集机制时，通过率才会随速度的增大而升高，但扩散作用对直径大于十分之几微米的粒子是不重要的，而实验用的大部分粒子都比这个直径大得多。通过率和粉尘粒度关系不明显，以及增加沉积粉尘对通过率的影响也不能用纤维过滤理论来说明。

（5）过滤风速。布袋除尘器的过滤风速与清灰方式、清灰制度、粉尘特性、滤料特性、入口含尘浓度等因素有着密切的关系。这些因素的影响程度由前往后逐渐减弱。

在下列条件下可以选取较高的过滤风速：采用强力清灰方式；清灰周期较短；粉尘颗粒较大，黏性小；处理常温烟气；采用针刺毡滤料或表面过滤材料；入口含尘浓度较低。

布袋除尘器的过滤风速是指气体通过滤料的平均速度，是衡量这种除尘器性能高低的重要指标。

在实际的运行过程中，过滤风速是由滤料种类、粉尘粒径的大小、物理化学性质和清灰方式等确定的。在处理风量不变的前提下，提高过滤风速可节省过滤面积，提高滤料的处理能力，并使设备小型化。但过滤风速过大，会使滤料两侧的压差增大，把已附着在滤料上的细小粉尘挤压过去，影响除尘效率和滤袋的使用寿命；过滤风速小，压力损失少，效率高，但需要的滤袋面积也随之增加，除尘器的体积、占地面积、投资费用也要相应增大。通常情况下，处理较细或难于捕集的粉尘，含尘气体温度高、含尘浓度大时宜取较低的过滤风速。布袋除尘器设计时可参照表20－1确定。

表 20－1　　布袋除尘器的过滤风速　　m/s

粉尘种类	清灰方式		
	振打与逆气流联合	脉冲喷吹	反向吹风
炭黑、氧化硅（白炭黑）、铅、锌的升华物以及其他在气体中由于冷凝和化学反应而形成的气溶胶、化妆粉、去污粉、奶粉、活性炭、由水泥窑排出的水泥等	0.45～0.60	0.8～2.0	0.33～0.45
铁及铁合金的升华物、铸造尘、氧化铝、球磨机排出的水泥、炭化炉的升华物、石灰、刚玉、安福粉及其他生产化肥、塑料、淀粉的粉尘	0.60～0.75	1.5～2.5	0.45～0.55
滑石粉、煤、喷砂清理尘、飞灰、陶瓷生产的粉尘 、炭黑（二次加工）、颜料、高岭土、石灰石、矿尘、铝土矿、水泥（来自冷却器）、陶瓷烧制中的粉尘	0.70～0.80	2.0～3.5	0.60～0.90
石棉、纤维尘、石膏、珠光石、橡胶生产粉尘、盐、面粉、研磨工艺中的粉尘	0.80～1.52	2.5～4.5	
烟草、皮革粉、混合饲料、木材加工中的粉尘、粗植物纤维（木麻、麻黄等）	0.90～2.00	2.5～6.0	

三、布袋除尘器分类

（一）按清灰方式分类

布袋除尘器按清灰方式的不同可分为机械式振打清灰、逆气流清灰、脉冲喷吹清灰、喷嘴反吹清灰及复合清灰等。

1. 机械式振打清灰

机械式振打清灰是指利用机械装置振打或摇动悬吊滤袋的框架，使滤袋产生振动而清落积灰。它包括人工振打、机械振打和高频振动等方式。

振打清灰要求停止过滤，因而常常将除尘器分隔成若干袋室顺次逐室清灰，以保持除尘器的连续运转。机械式振打清灰方式的机械结构简单，运转可靠，但机械振打的振动强度分布不均匀，要求的过滤风速低，而且对滤袋的损伤较大。目前这种清灰方式的应用越来越少。

2. 逆气流清灰

逆气流清灰是利用与过滤气流相反的气流，使滤袋产生变形并使之产生振动而使粉尘层脱落。反向气流的作用只是引起附着于滤袋表面的粉尘脱落的原因之一，更重要的是滤袋变形导致粉尘层脱落。

逆气流清灰也大多采用分室工作制，利用阀门自动开闭，逐室地产生反向气流。反向气流可由系统主风机供给，也可由专设的反引风机供给。逆气流清灰在整个滤袋上的气流分布均匀，振动不剧烈，对滤袋的损伤较小，但清灰作用较弱，因而允许的过滤风速较低。逆气流清灰有反吹风、反吸风及机械回转反吹风几种方式。

3. 脉冲喷吹清灰

脉冲喷吹清灰是指将压缩空气在极短时间内（不超过 0.2s）高速喷入滤袋，同时诱导数倍于喷射气量的空气使滤袋由袋口至底部产生急剧的膨胀和冲击振动，从而产生很强的清落积灰的作用。

这里除尘器在滤袋袋口大多装有引射器，用以加强诱导作用，当然也有不装引射器，而直接利用袋口起引射作用的。

根据脉冲喷吹气流与净化气流方向的异同，脉冲喷吹清灰有逆喷与顺喷两种方式。逆喷式为两股气流方向相反，净化后的气流由袋口排出；顺喷式为两股气流方向一致，净化后的气流由滤袋底部排出。

喷吹时，因为是依次逐排地对滤袋清灰，而且喷吹时间很短，被清灰的滤袋虽然不起过滤作用，但其占总滤袋的比例很小，几乎可以将过滤看作是连续的，因此通常不采用分室结构。

4. 喷嘴反吹清灰

喷嘴反吹清灰是将一个带狭缝的圆环或平板喷嘴设置在滤袋的外侧与

高压风机管道相接，喷嘴贴近滤袋的表面做上下或左右的往复运动，由其上正对滤布表面的狭缝喷出高速气流，清除附着于滤袋内侧的粉尘层。此时滤袋的其余部分仍处于全负荷运行中，因此这种清灰方式可使除尘器保持连续运行。

喷嘴反吹清灰的清灰能力较强，因此允许采用较高的过滤风速，但其清灰装置较复杂，费用高，且容易损伤滤袋。

（二）按滤袋形状分类

1. 圆袋

大多数袋式除尘器都采用圆形滤袋。圆袋受力均匀，制成骨架及连接较简单，清灰所需动力较小，检查维护方便。

2. 扁袋

扁袋通常称平板式滤袋，内部设有骨架支撑。扁袋布置紧凑，可在同样体积空间内布置较多的过滤面积，一般能节约空间的20%～40%。但扁袋结构较复杂，制作要求较高，滤袋之间易被粉尘堵塞。

（三）按含尘气流进入滤袋的方向分类

1. 外滤式

如图20－2（a）、（c）所示，含尘气流由滤袋外部通过滤料进入滤袋

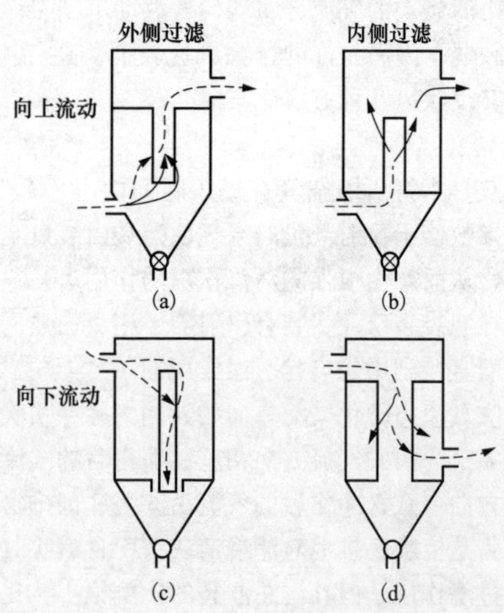

图20－2　含尘气体几种过滤方式

（a）外滤（向上流动）；（b）内滤（向上流动）；（c）外滤（向下流动）；（d）内滤（向下流动）

内，净化后排出。为了便于过滤，滤袋内要设支撑骨架（袋笼）。外滤式适用于脉冲喷吹布袋除尘器、高压气流反吹布袋除尘器、扁袋除尘器等。

2. 内滤式

如图 20 – 2（b）、（d）所示，含尘气流首先进入滤袋内部，由内向外过滤，粉尘积于滤袋内表面。内滤式的滤袋外部为干净气体侧，便于检查和换袋。当过滤气体没有毒性，温度又不高时，甚至可以在过滤状态下进入除尘器内。内滤式一般适用于机械清灰和逆气流清灰的布袋除尘器。

（四）按通风方式分类

1. 吸出式

除尘器设在风机负压段，除尘器内空气被风机吸出形成负压。吸出式除尘器必须采用密闭结构。

2. 压入式

除尘器设在风机正压段，含尘气流经风机压入除尘器，使除尘器在正压下工作。压入式除尘器净化后的气体可直接排到大气中，净气则不需采用密封结构，构造简单，节省管道，造价较吸入式低 20% ~30% 。

（五）按进气口位置分类

1. 上进风

含尘气流从滤袋室上部进入除尘器，粉尘沉降方向与气流流动方向一致，有利于粉尘沉降，但是滤袋需设置上、下两块花板，结构较复杂，且不易调节滤袋张力。

2. 下进风

含尘气流从滤袋室底部或灰斗上部进入除尘器，其结构简单，但是在袋中气流始终是自下而上的，与清落粉尘的沉降方向相反，容易使粉尘重返滤袋表面，从而影响清灰效果，并增加设备阻力。

（六）国家标准对布袋除尘器的分类命名

1. 布袋除尘器的分类

布袋除尘器的分类标准是以清灰方式为依据制定的。根据清灰方式的不同，布袋除尘器可分为 5 大类 28 种，分类情况见表 20 – 2。

2. 布袋除尘器的命名

布袋除尘器是以清灰方式分类与最有代表性的结构特征相结合来命名的。布袋除尘机组的命名原则亦相同。命名格式分为分室结构、非分室结构和布袋除尘机组 3 种。

表 20-2　　布袋除尘器分类

分类	名称	定义	代号
机械振动类布袋除尘器	低频振动	振动频率低于60次/分钟，非分室结构	LDZ
	中频振动	振动频率为60~700次/分钟，非分室结构	LZZ
	高频振动	振动频率高于700次/分钟，非分室结构	LGZ
	分室振动	各种振动频率的分室结构	LFZ
	手动振动	用手动振动实现清灰	LSZ
	电磁振动	用电磁振动实现清灰	LDZ
	气动振动	用气动振动实现清灰	LQZ
分室反吹类布袋除尘器	分室二态反吹	清灰过程只有“过滤”“反吹”两种工作状态	LFEF
	分室三态反吹	清灰过程只有“过滤”“反吹”“沉降”三种工作状态	LFSF
	分室脉冲反吹	反吹气流呈脉动供给	LFMF
喷嘴反吹类布袋除尘器	气环反吹	喷嘴为环缝形，套在滤袋外面，经上下运动进行反吹清灰	LQF
	回转反吹	喷嘴为条口形或圆形，经回转运动，依次与各滤袋出口相对，进行反吹清灰	LHF
	往复反吹	喷嘴为条口形，经往复运动，依次与各滤袋出口相对，进行反吹清灰	LWF
	回转脉动反吹	反吹气流呈脉动供给的回转反吹式	LHMF
	往复脉动反吹	反吹气流呈脉动供给的往复反吹式	LWMF
振动反吹并用类布袋除尘器	工频振动反吹	低频振动与反吹并用	LDZF
	中频振动反吹	中频振动与反吹并用	LZZF
	高频振动反吹	高频振动与反吹并用	LGZF

续表

分类	名称	定义	代号
脉冲喷吹类布袋除尘器	逆喷低压脉冲	低压喷吹，喷吹气流与过滤后滤袋内净气流方向相反，净气由上部净气箱排出	LNDM
	逆喷高压脉冲	高压喷吹，喷吹气流与过滤后滤袋内净气流方向相反，净气由上部净气箱排出	LNGM
	顺喷低压脉冲	低压喷吹，喷吹气流与过滤后滤袋内净气流方向一致，净气由下部净气箱排出	LSDM
脉冲喷吹类布袋除尘器	顺喷高压脉冲	高压喷吹，喷吹气流与过滤后滤袋内净气流方向一致，净气由下部净气箱排出	LSGM
	对喷低压脉冲	低压喷吹，喷吹气流从滤袋上下同时射入，净气由净气联箱排出	LDDM
	对喷高压脉冲	高压喷吹，喷吹气流从滤袋上下同时射入，净气由净气联箱排出	LDGM
	环隙低压脉冲	低压喷吹，使用环隙形喷吹引射器的逆喷脉冲式	LHDM
	环隙高压脉冲	高压喷吹，使用环隙形喷吹引射器的逆喷脉冲式	LHGM
	分室低压脉冲	低压喷吹，分室结构，按程序逐室喷吹清灰，但喷吹气流只喷入净气联箱，不直接喷入滤袋	LFDM
	长袋低压脉冲	低压喷吹，滤袋长度超过5.5m的逆喷脉冲式	LCDM

（1）分室结构布袋除尘器命名。其示例如下：

L FSF－10 × 1000 ×××/Ⅰ× 圆袋除尘器

- 圆袋除尘器：滤袋为圆袋
- Ⅰ×：Ⅰ型安装方式，×种特殊用途
- ×××：研制设计单位名称的汉语拼音字首缩写
- 1000：单室过滤面积为1000m²
- 10：室数为10室
- FSF：全称代号，FSF为分室三态反吹词组的汉语拼音字首缩写
- L：袋滤式

（2）非分室结构布袋除尘器命名。其示例如下：

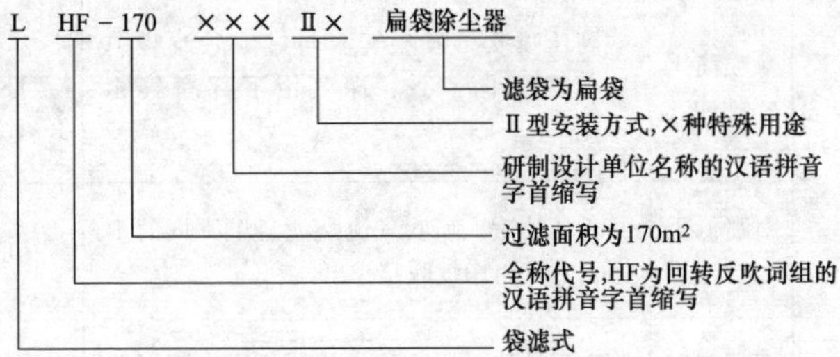

（3）布袋除尘机组命名。其示例如下：

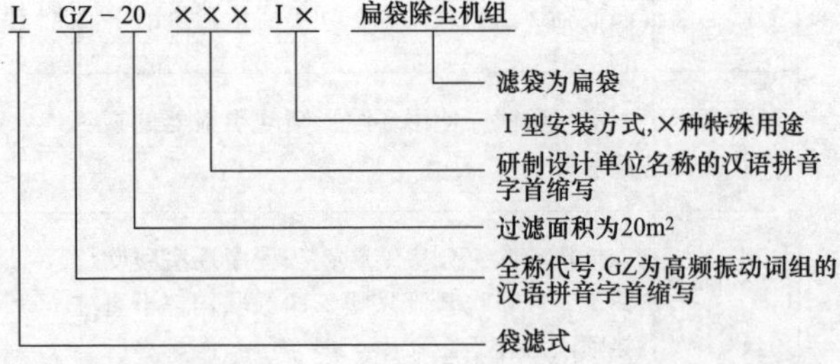

以上命名示例中：

1）×××是图纸设计单位代号，如联合设计可增加代号倍数；

2）Ⅰ、Ⅱ、Ⅲ型安装方式由图纸设计单位自定；

3）×种特殊用途代号规定如下：普通型（不做标记）、高温型（G）、保温型（W）、防爆型（B）、移动型（Y）、耐压型（真空空度，N）。

第二节　布袋除尘器的结构和形式

一、布袋除尘器的结构部件

典型的布袋除尘器由烟气室、净气室、滤袋、清灰装置几部分组成，现以脉冲喷吹布袋除尘器为例简单介绍一下布袋除尘器的主要部件。

1. 箱体

箱体一般由5mm或6mm的钢板焊接而成，以花板为界，花板以上称为上箱体，花板以下称为中箱体，中箱体下面连接灰斗。上箱体是除尘后的烟气的外排通道（即净气室），内装喷吹管；中箱体（即尘气室）内放置滤袋，悬挂在花板上。

上箱体的形式有步入室式和顶盖式两种。步入室高度一般大于3m，操作人员可以进入步入室工作，比较方便；但它是一个受限制的空间，装卸滤袋时可能不太容易。顶盖式的上箱体比步入室矮，可以节省钢材；但从事上箱体内部检查、装卸滤袋等工作需要揭开顶盖。为了方便工作和减少泄漏的可能性，应尽量减少顶盖数量，宜采用大的盖板，即一个分室只有一整块顶盖。顶盖式除尘器如果是装在室外，一般要在顶盖上面设置防雨棚，以便在雨雪天从事需要揭开顶盖的工作。

箱体上的检修门应当用9.5mm厚的钢板制作，以便保持平整，密封更好。为保持箱体内的温度不降至酸露点，箱体外面需包上厚100～150mm用岩棉等保温材料构成的保温层。

2. 花板

分隔上箱体与中箱体的花板上有许多以激光切割等方法开出的孔，供悬挂滤袋之用。这些孔的排列有直线的和交错的两种方式。在同样的分室内，采用交错式排列能容纳的滤袋数量比采用直线式的多。但是，在相同的滤袋长度和过滤速度下，交错排列的滤袋之间垂直气流速度较高，会增加滤袋的磨损，并影响在线清灰的效果，所以长于5m的滤袋不应当使用交错排列的方式。

花板应平整光洁，不得有挠曲、凹凸不平等缺陷。直线排列的花板厚度应至少为6mm，交错排列的花板厚度应至少为9.5mm。如果用薄的钢板，会因焊接时受热及花板承受负压和滤袋、粉尘与笼骨的重力等原因而变得不平整，以至影响袋口的密闭性，并使滤袋的垂直性变坏。

花板孔周边应光滑无毛刺，用弹性胀圈固定滤袋。花板孔的中心距根据滤袋直径和滤袋间距确定。滤袋间距不能过小，否则会造成相邻滤袋互相接触与摩擦，并使滤袋间垂直气流速度过高；但也不能过大，以免不必要地扩大设备体积。一般使用长度为3m左右的滤袋，间距取50mm；近年来使用长度为6～8m的滤袋，间距应取75mm。有些特殊情况则需考虑是否需要超宽的间距，如捕集绒毛状粉尘，就应当间距宽些，以防止粉尘搭桥。至于两排滤袋中心线之间的行距，因为脉冲阀所占位置的关系，一般需要240mm左右。除尘器壁板或壁板加强筋与滤袋表面的间距至少为75mm。

3. 灰斗

除尘器的中箱体下面连接灰斗，用以收集清灰时从滤袋上落下的粉尘及进入除尘器的气体中直接落入灰斗中的粉尘。因为灰斗中的粉尘需要排出，所以灰斗要逐渐收缩，四壁是便于粉尘向下流动的斜坡，下端形成出口。

灰斗还应当有一些附属装置，包括电加热器；帮助灰斗排灰的振动器；当灰斗出现堵塞情况时，供人工向灰斗内捅灰用的捅灰管，一般每个灰斗设2个，不用时应严密地盖好，以防漏气；料位计，如灰斗内积灰到料位计的位置就会报警，这个位置不要太低，以免警报太频繁，没有必要，也不能太高，以免发生积灰被气流带走等问题；敲击板2块，供人工敲击，以便积灰流出灰斗。

二、几种典型布袋除尘器结构

布袋除尘器的结构形式很多，下面介绍一些典型结构及其工作原理。

（一）机械振打布袋除尘器

机械振打布袋除尘器从简单的人工振打清灰到机械振打与逆气流联合清灰具有多种结构形式，但其基本结构都是由滤袋、外壳、灰斗和振打机构所组成的。

图20－3所示为人工振打清灰的布袋除尘器，滤袋下部固定在花板上，上部吊挂在框架上。清灰时，通过手摇振动机构，使上部框架处于水平运动中，滤袋上的粉尘因而脱落掉至灰斗中。除尘器采用下进风、内滤式、正压操作，净化后的气体可直接排入室内大气中。

滤袋直径可取 150 ~ 250mm，同时为了便于粉尘在滤袋内自行下落，最好做成下部直径稍大于上部直径。滤袋高度以 2.5 ~ 5.0m 为宜，由于清灰振打强度不大，滤袋寿命一般可长达 7 ~ 10 年。

人工振打清灰的布袋除尘器入口含尘浓度不宜太高，通常不超过 3 ~ 5g/m³。过滤风速也应取得低一些（0.5 ~ 0.8m/min），阻力不高，约 400 ~ 800Pa，在正常运行情况下除尘效率可保持在99%以上。

这种类型的除尘器结构简单，安装、操作方便，维修量小，对滤料要求不高，可以就地取材，如可以采用粗白布、单面绒等。但是由于过滤风速小，占地面积大，只适用于处理风量小的一般场合。

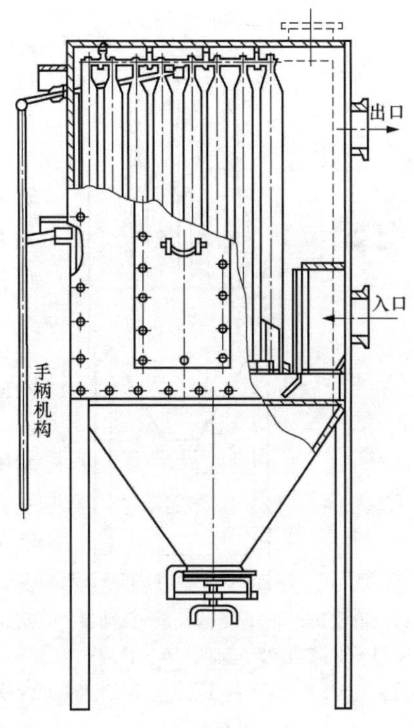

图 20 - 3　人工振打布袋除尘器

采用振动器清灰的布袋除尘器也是一种结构简单的机械式振打除尘器，如图20 - 4所示。振动器设于振动架上，滤袋悬挂于其上，振动架通过橡胶垫圈进行减振，以减轻对除尘器外壳体的振动。清灰时，由于振动器的振动，使滤袋产生高频微振，从而使粉尘沿袋面滑至灰斗。

振动器可以采用简单的方式实现，如在电动机轴上安设偏心块以产生振动。这种振动器的功率为 180 ~ 600W。由于振动器的振动范围有限，这种除尘器只适用于小的尘源点，处理风量不能太大，为了达到更好的清灰效果，通常都采用停风清灰的方式。

（二）反吹（吸）风布袋除尘器

1. 除尘优势

尽管脉冲喷吹布袋除尘器具有过滤风速高、可以在工作状态下进行清灰等优点，但在处理大风量时，往往多采用反吹（吸）风布袋除尘器，主要原因如下：

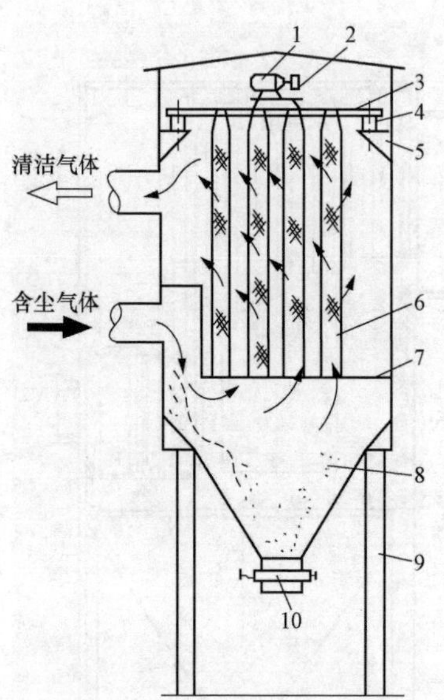

图20-4　振动器清灰布袋除尘器

1—电动机；2—偏心块；3—振动器；4—橡胶垫；5—支座；6—滤袋；7—花板；8—灰斗；9—支柱；10—密封插板

（1）由于通常的脉冲喷吹布袋除尘器袋长为2.0～2.5m，袋径为120～160mm，因此在处理风量大的烟气时，需要的滤袋数量就多，占地面积就太大；而采用反吹风布袋除尘器，袋径可达300mm，袋长可达12m，因此所需滤袋数量就少，占地面积就小。

（2）脉冲喷吹清灰消耗的能量大，由于其处理风量大，因此相应的耗量也大。

（3）反吹风清灰布袋除尘器的结构比较简单，一个大袋室内只用一套切换阀就可以，若用脉冲喷吹清灰，电磁阀、脉冲阀的数量要很多，不但使其设备复杂化，而且维修工作量也相应加大。

反吹风清灰的这些优势，越是在大型的布袋除尘器上越容易显示出来。

2. 除尘机理与特点

反吹风布袋除尘器是指利用逆向气流进行滤袋清灰的布袋除尘器。反吹风清灰方式又称反吹气流或逆气流清灰方式、缩袋清灰方式等，反向气流和逆压的作用是将滤袋压缩成星形断面并使之产生抖动进而将沉积的粉尘层脱落。为保证除尘器连续运转，反吹风布袋除尘器多采用分室工作制。这种清灰方式的清灰作用比较弱，振动不剧烈，比振动清灰和脉冲清灰方式对滤袋的损伤作用要小。所以，反吹风清灰方式不仅适用于纺织滤布，而且也适用于玻璃纤维滤布。

反吹风布袋除尘器由除尘器箱体，框架，灰斗，阀门（卸灰阀、反吹风阀、风量调节阀），风管（进风管、排风管、反吹风管），差压系统，走梯平台及电控系统组成。所谓反吹风清灰，就是利用大气或除尘系统循环烟气进行反吹风清灰的，是逆向气流清灰的一种形式，其主要特点如下：

（1）除尘器都是分室工作的，最少4室，多则20室，当超过6室时多为双排布置。每个分室都由滤袋室、灰斗、进气管、反吹风管、切换阀门组成。

(2) 袋滤室内装有滤袋，滤袋下端开口固定在底板的短管上，封闭的上端则是吊在上部走台上，并给予一定的张力，在底板上有维修滤袋用的通道。

(3) 清灰强度较低，清灰气流可以利用专门设置的反吹风机实现，也可以利用除尘器主风机形成的压差气流实现。

(4) 除尘器维护检修特别方便，检修人员进入滤袋室不仅可以更换滤袋，还可以检查滤袋的使用情况，从而确定换袋时间。

(5) 多采用薄型滤袋，价格低，费用少；采用内滤方式，粉尘被截留在滤袋内侧，工人更换滤袋时，劳动条件较好。

(6) 过滤风速较低，体积较大，因滤袋较长，占地面积不大。

反吹风速通常取过滤风速的1.5～2.0倍，由此反吹风量大致为1.5～1.8m^3/（m^2·min）。此外，反吹风量也可按总风量的10%～15%选取，对于合成纤维及玻纤滤料可取小一些，以免清灰强度过大；对于厚滤料可取大一些。

反吹持续时间通常为0.5～1.0min，间隔时间为3～8min，根据含尘浓度及过滤风速而定。清灰越强，阻力越低，但除尘效率也会降低，通常每次由滤料上清下积灰量的20%～30%为宜。

反吹风可以采用专门的风机进行，也可由灰斗中的负压造成（反吸风），反吸风时灰斗中的负压在没有反吸风道时不低于500Pa，当有反吸风道及加热器时不低于800～1000Pa。

如图20－5所示，含尘气体由进气门进入上箱体，然后进入滤袋，净化后的气体通过滤袋进入中箱体，由下花板两侧的开口至下箱体，经出气口排出。粉尘被气环管喷出的高压空气吹落在灰斗中，经排灰阀排出。气环箱由反吹管与气源相通，由传动装置带动，沿着滤袋上下往复运动。当气环箱从上向下移动时，气环管上的0.5～0.6mm环状狭缝向滤袋内喷吹，滤袋受到空气喷吹，使附着在滤袋表面的粗尘顺着自上而下的气流落下，滤袋得以清灰。

3. 主要类型

反吹（吸）风布袋除尘器通常都采用内滤式。按其清灰方式的不同，可分为以下几种形式。

(1) 负压大气反吹风布袋除尘器。负压是指布袋除尘器处在风机的负压端。这种除尘器通常采用下进风、上排风的内滤式结构，且具有相互分隔的滤袋室。当某一滤袋室进行清灰时，通过控制机构先关闭该室的出

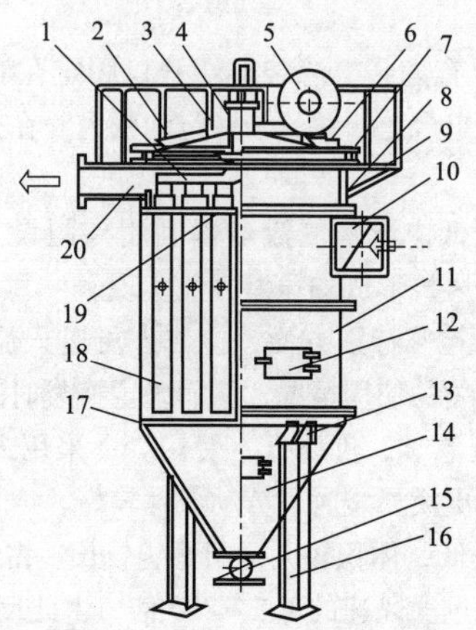

图 20-5　气环反吹布袋除尘器

1—旋臂；2—换袋人孔；3—除尘器盖；4—旋臂减速机构；5—反吹风机；6—防爆门；7—旋臂揭盖装置；8—清洁室；9—平台；10—进气口；11—过滤室筒体；12—人孔门；13—支座；14—灰斗；15—卸灰阀；16—机腿；17—定位支撑架；18—滤袋；19—花板；20—出风口

风口阀门，同时打开反吹风管的进风阀门，使该滤袋室内与室外大气相通，此时由于其他各滤袋室都处在风机负压状态下运行，而待清灰的滤袋室在大气压力的作用下，使室外空气经反吹风管进入该室。反吹风气流被吸入滤袋内，并沿着与含尘气流过滤时相反的方向，经进气管道被吸入其他滤袋室。清灰气流通过滤袋时，使滤袋变瘪，通过控制机构控制阀门的启闭，使滤袋反复胀瘪数次，抖动滤袋，这有利于粉尘的脱落和提高清灰效果。图 20-6 为负压大气反吹风布袋除尘器清灰示意图。

（2）正压循环烟气反吸风除尘器。正压是指布袋除尘器处在风机的正压端。这种除尘器通常是下进风、内滤直排式结构，每一组滤袋室是相通的，之间没有隔板，当某一滤袋室需要清灰时，首先关闭该组滤袋的烟气入口阀门，同时打开反吸风管的阀门。由于反吸风管与系统引风机的负压端相通，在风机负压的作用下，待清灰的滤袋内亦处于负压状态，滤袋室内净化后的烟气被吸入到该组滤袋内，使该组滤袋变薄。同样，通过控制有关阀门的启闭，使滤袋出现数次的胀瘪，这有助于滤袋内壁粉尘脱落，进而达到清灰的目的。从滤袋脱落的粉尘，一部分落入灰斗，另一小部分微尘随反吸气流经风机负压端的反吸管道，与含尘烟气汇合后通过风

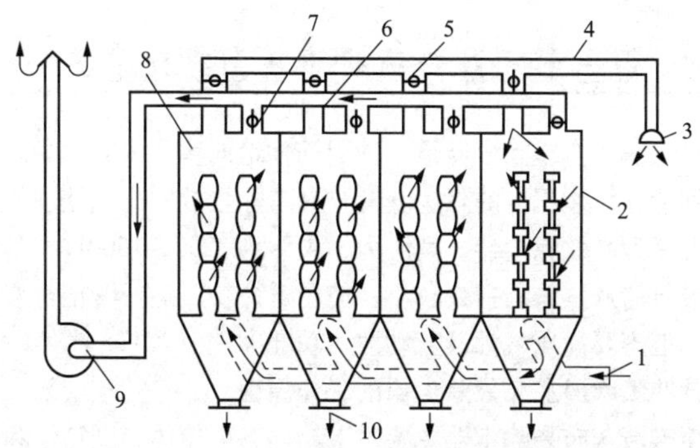

图 20－6　负压大气反吹风布袋除尘器清灰示意图

1—含尘气体入口；2—滤袋室清灰状态；3—反吹风吸入口；4—反吹风管；5—反吹风进气口；6—净气排风管；7—净气出风口；8—滤袋室过滤状态；9—引风机；10—排尘口

机进入其他滤袋室进行再净化处理。

图 20－7 为正压循环烟气反吸风布袋除尘器的清灰示意图。这种结构的除尘器由于是利用系统内循环烟气反吸清灰的，从而避免了反吸风引起的滤袋室内结露、糊袋现象。这种反吸清灰方式的除尘系统一般宜用来处理高温烟气，系统风机的压力要求在 4kPa 以上。

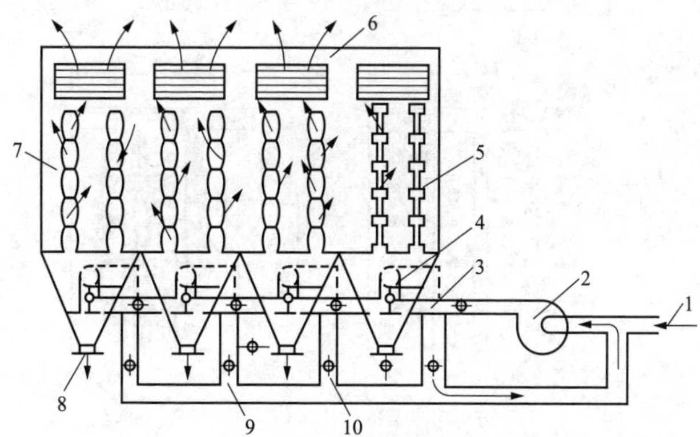

图 20－7　正压循环烟气反吸风布袋除尘器的清灰示意图

1—含尘气体入口；2—风机；3—含尘烟气管道；4—烟气入口阀门；5—滤袋室清灰状态；6—净气排出口；7—滤袋室过滤状态；8—排尘口；9—反吸风管道；10—反吸风阀门

第三节 脉冲喷吹清灰布袋除尘器

脉冲喷吹清灰布袋除尘器是一种周期性地向滤袋内或滤袋外喷吹压缩空气来达到清除滤袋积尘的除尘装置，具有除尘效率高、处理能力大等优点，是一种新型高效除尘器。其压力损失约为1200～1500Pa，且由于没有运行部件振打清灰，滤袋损失较小，使用寿命长，运行安全可靠等原因而应用广泛；但需要高压气源清灰动力，功耗大。

一、脉冲喷吹清灰布袋除尘器的工作原理

脉冲喷吹清灰布袋除尘器主要由上箱体、中箱体、下箱体和控制器等组成，其工作原理如图20－8所示。含尘气体由进气口进入装有若干滤袋的中箱体，由外向里经过滤袋，使气体得到净化，粉尘被阻隔在滤袋表面。净化后的气体经喇叭形的文氏管进入上箱体，由排气口排出。经过一定的过滤周期后，进行脉冲喷吹清灰。每排滤袋上都装有一根喷射管，经脉冲阀与压缩空气储气包相连；喷射管上的喷射孔与每条滤袋相对应。由控制器定期发出脉冲信号，通过控制阀使每个脉冲阀顺序开启。此时，与脉冲阀相连的喷射管与储气包相连，高压空气以极高速度从喷射孔喷出，在高速气流周围形成一个比喷吹气流大5～7倍的诱导气流，且一起经文氏管进入滤袋，使滤袋急剧膨胀，引起冲击振动，同时产生瞬间反向气

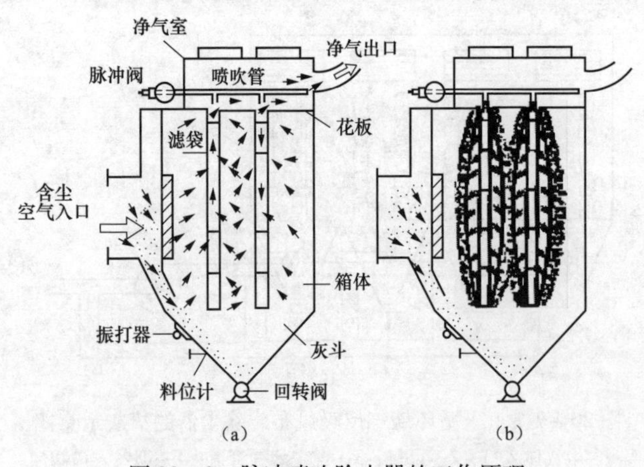

图20－8 脉冲喷吹除尘器的工作原理

(a) 过滤状态；(b) 清灰状态

流，将附着在滤袋外表面上的粉尘吹扫下来，落入灰斗，并经排灰阀排出。各排滤袋依次轮流得到清灰。

二、脉冲喷吹清灰布袋除尘器的组成结构

脉冲喷吹清灰布袋除尘器有多种形式，按其脉冲喷吹方向与过滤气流方向的异同，可分为逆喷式、顺喷式及对喷式三种；按引射器的不同，有环隙式等。虽然形式各不相同，但脉冲喷吹原理及清灰系统大致都相同，这类布袋除尘器大多由脉冲控制仪、喷吹机构（包括脉冲阀和控制阀）、喷射器（包括喷吹管和引射器）、储气包、诱导器和喷吹清灰系统等组成。

1. 脉冲控制仪

脉冲控制仪的作用是发出脉冲信号，控制气动阀或电磁阀，使脉冲阀喷吹清灰。脉冲信号发生器是脉冲喷吹清灰布袋除尘器的主要控制设备，通过调整控制仪的脉冲周期和脉冲宽度，来保证除尘器的正常运行。因此，其性能好坏直接影响着清灰的效果。脉冲控制仪有电动控制、气动控制和机械控制三种。

（1）电动脉冲控制仪是以交流220V电源作为能源，输出电动脉冲信号，与其配套使用的是电磁阀、脉冲阀或电磁脉冲阀。例如，WMK型无触电动脉冲控制仪是由晶体管电路构成的，其特点是脉冲宽度和脉冲周期可随意调节，适应性好，使用可靠，并且可做远距离控制；缺点是结构较复杂，要求维护管理水平高，受环境影响较大，一般环境温度在20～55℃，相对湿度在85%比较合适。

（2）气动脉冲控制仪是以干净的压缩空气为能源，输出气动脉冲信号，与其配套使用的是气动阀、脉冲阀。例如，QMY型气动脉冲控制仪是由气动脉冲组合仪表构成的，其特点是脉冲宽度和脉冲周期可随意调节，可实现全自动控制，容易掌握；缺点是周期和宽度在使用一段后就要变化，不易调节，维修工作量大，要求环境清洁，工作温度在－5～50℃之间，需压缩空气。

（3）机械脉冲控制仪是利用机械传动装置，直接地逐个触发脉冲阀进行喷吹。其特点是容易掌握，工作可靠，随机变化量小，容易实现系统输出，结构简单，成本低，维修方便，使用寿命长，脉冲宽度较易调节，不受温度影响；缺点是脉冲周期固定，不能调节。

目前随着技术的发展和向大型化发展的需要，可编程序控制器（PLC）越来越多地用于布袋除尘器的控制中。用可编程序控制器（PLC）控制脉冲清灰过程比脉冲控制仪更准确、更可靠，所以在工程设计中只有小型脉冲喷吹清灰布袋除尘器用脉冲控制仪控制，大、中型脉冲喷吹清灰布袋除尘器一般都用可编程序控制器（PLC）控制。采用可编程序控制器（PLC）除了可控制清灰过程外，还可控制排灰装置、电动润滑装置以及除尘温度、压力等，而脉冲控制仪不具备清灰过程外的控制功能。

2. 脉冲阀

脉冲阀是脉冲喷吹清灰系统的执行机构和关键部件，主要分直角式和淹没式两类。

（1）直角式脉冲阀。如图 20－9 所示，阀内的膜片把脉冲阀分为前、后两个气室，当接通压缩空气时，压缩空气通过节流孔进入后气室，此时后气室压力将膜片紧贴阀的输出口，脉冲阀处于“关闭”状态。

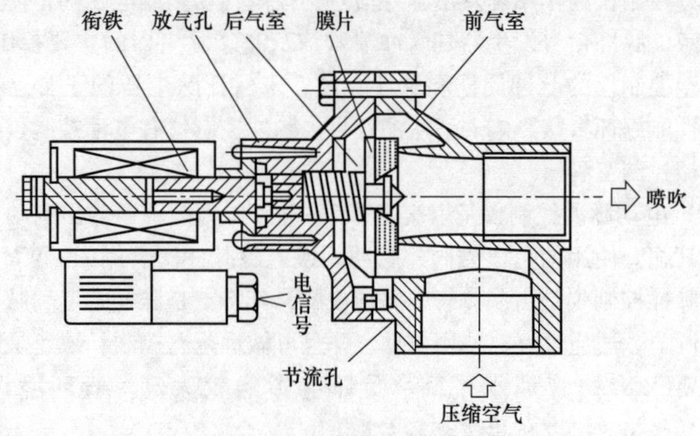

图 20－9 直角式脉冲阀构造

脉冲喷吹控制仪的电信号使电磁脉冲阀衔铁移动，后气室放气孔打开，后气室迅速失压，膜片后移，压缩空气通过输出口喷吹，脉冲阀处于“开启”状态。压缩空气瞬间从阀内喷出，形成喷吹气流。

当脉冲控制仪电信号消失时，脉冲阀衔铁复位，后气室放气孔关闭，后气室压力升高使膜片紧贴阀出口，脉冲阀又处于“关闭”状态。

（2）淹没式脉冲阀。如图 20－10 所示，它与直角式脉冲阀的区别在于进气口与出气口方向的夹角，前者是 180°，而后者是 90°。淹没式脉冲阀的工作原理是膜片把脉冲阀分成前、后两个气室，当接通压缩空气时，压缩空气通过节流孔进入后气室，此时后气室压力将膜片紧贴阀的输出口，脉冲阀处于“关闭”状态。

当脉冲控制仪的电信号使脉冲阀衔铁移动，后气室放气孔打开，后气室迅速失压，膜片移动，压缩空气通过输出口喷吹，脉冲阀处于“开启”

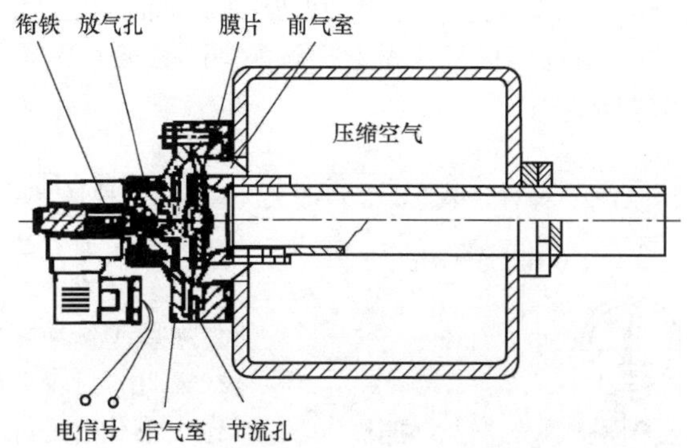

图 20-10　淹没式脉冲阀构造

状态，此时瞬间喷出压缩空气气流。

脉冲控制仪电信号消失，脉冲阀衔铁复位，后气室放气孔关闭，后气室压力升高使膜片紧贴出口，脉冲阀又处于“关闭”状态。

3. 控制阀

控制阀是用来开闭或切换气路的阀门，有电磁阀、气动阀、机控阀三种，对应于电动脉冲控制仪、气动脉冲控制仪和机械脉冲控制仪。电磁阀和气动阀装在脉冲阀上，机控阀装在机械脉冲控制仪上。

电磁阀式电动控制脉冲布袋除尘器喷吹系统的控制阀，常用 KXD-1 型电磁阀。气动阀按照气动脉冲控制阀出来的信号打开脉冲阀的喷吹口和控制喷吹时间，目前常用的是 QMQ-100 型气动阀。机控阀是机械控制脉冲布袋除尘器脉冲阀的控制阀，与机械脉冲控制仪组合在一起使用，机控阀的工作压力不大于 735.5kPa，排气时间的可调范围为 0.1~0.3s。

4. 喷吹管

喷吹管是一根无缝耐压管，上面按滤袋多少开有若干喷吹空口。喷吹管的技术要点在于喷吹管直径、开空数量、开空大小及喷吹管中心到滤袋口的距离要相互匹配，如果设计或选用不当会影响清灰效果。为保证清灰效果，这些参数可以通过实验确定，也可以通过实践经验选取。一般认为喷吹空口应小于 18 个，开空为 $\phi 8\sim 32$mm，喷吹管距袋口 200~400mm 为宜。

5. 储气包

储气包外形有方形和圆形两种，其用途在于使脉冲阀供气均匀和充足。储气包的具体大小取决于储气量的多少和脉冲阀的安装尺寸。储气包属于压力容器，制造完成后应做耐压试验，试验压力是工作压力的1.25～1.50倍为宜。

6. 诱导器

诱导器有两种：一种是装在滤袋口的文氏管，另一种是装在喷吹管上的诱导器。前者已在脉冲除尘器上应用多年，因阻力偏大，在大型脉冲除尘器上已较少采用。后者近年来发展很快，其优点是可以弥补压缩空气气源压力的不足或不稳定。另外也有不少不装诱导器的脉冲除尘器，理论上讲，装诱导器比不装要好。

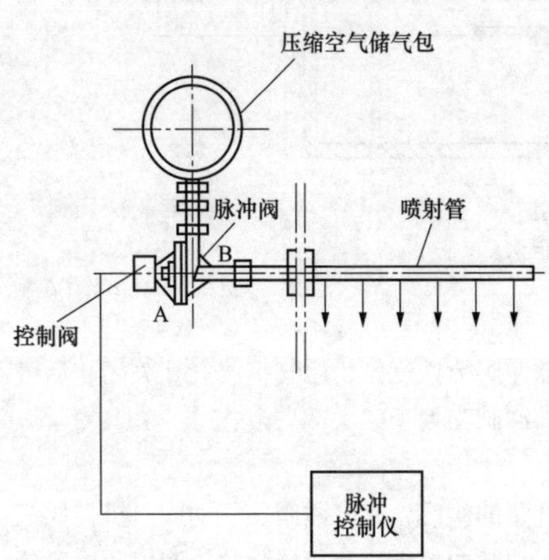

图 20－11　喷吹清灰系统

7. 喷吹清灰系统

喷吹清灰系统的组成如图 20－11 所示。脉冲阀 A 端接压缩空气储气包，B 端接喷射管，背压时接控制阀。控制阀由脉冲控制仪控制，当脉冲控制仪无信号输出时，控制阀排气口被封住，脉冲阀处于关闭状态；当脉冲控制仪发出信号时，控制阀将脉冲阀打开，压缩空气由储气包通过脉冲阀经喷射管小孔喷入文氏管，进行清灰。

三、几种常见的脉冲喷吹清灰布袋除尘器

借助于压缩空气脉冲喷吹进行清灰的方式有环隙喷吹、中心喷吹、顺喷、对喷、气箱脉冲等多种，常见的有中心喷吹、环隙喷吹和顺吹等。下面详细介绍这三种清灰方式的布袋除尘器。

（一）中心喷吹脉冲布袋除尘器

1. 结构及工作原理

如图 20－12 所示，中心喷吹脉冲布袋除尘器由上箱体、中箱体、下箱体、泄灰阀和控制器等部件所组成。

上箱体包括支撑花板、排风管、上盖和喷吹装置。中箱体中主要设置有若干排滤袋和上进风时的进风口，滤袋直径 120mm，长 2.0～2.6m，每排 6 条。下箱体包括灰斗、下进风的进风口及螺旋输灰机。

含尘气体由进气口 1 进入中箱体，由袋外进入袋内，粉尘被阻留到滤袋外表面，净化后的气体经设在滤袋上部的文氏管 4 进入上箱体，最后由排气口 6 排出。由于采用外滤式，为了防止滤袋可能被吸瘪，每条滤袋内部设有支撑框架 7，每排滤袋上部均有喷吹管 8，喷吹管上有直径为 6.4mm 的小孔，小孔与每条滤袋中心相对应。喷吹管前装有与压缩空气相连的脉冲阀 10，脉冲阀与储气包 9 相连，控制器 12 不断发出短促的脉冲信号，通过控制阀 11 程序地控制各脉冲阀的开闭。当脉冲阀开启时，与该脉冲阀相连的喷吹管与储气包相通。高压空气从喷孔中以极高的速度喷出，高速气流周围形成一个相当于自己体积 5 ~ 7 倍的诱导气流，且一起经文氏管进入滤袋内，使滤袋剧烈膨胀、收缩，引起冲击振动；同时在瞬时由内向外的逆向气流使黏附在滤袋外及吸入滤料内部的尘粒吹扫下来，吹扫下来的粉尘落入下部灰斗 13，最后经泄灰阀 14 排出。

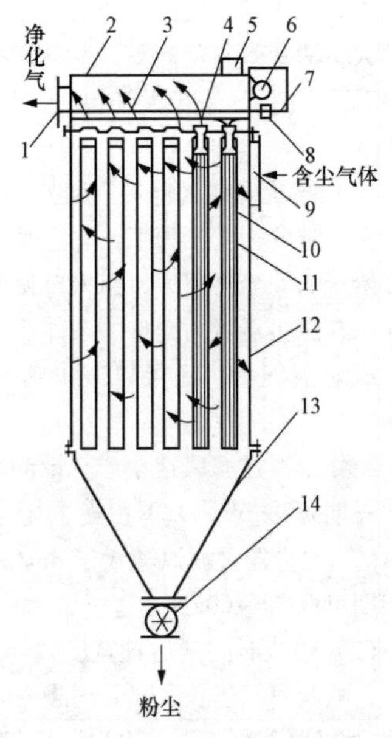

图 20－12　中心喷吹脉冲布袋除尘器

1—进气口；2—中箱体；3—滤袋；4—文氏管；5—上箱体；6—排气口；7—支撑框架；8—喷吹管；9—储气包；10—脉冲阀；11—控制阀；12—控制器；13—灰斗；14—卸灰阀

由于这种清灰方法清灰效果好，可以在不停风状态下进行清灰，因而过滤风速也可相应提高。控制器以一定周期发出信号，在一个周期内每排滤袋都得到一次吹扫，因而使滤袋保持良好的透气性能。

2. 主要参数的选择

对于中心喷吹脉冲布袋除尘器，除了过滤风速、除尘器阻力等参数外，影响除尘器工作性能的参数还有喷吹压力、喷吹周期和喷吹时间等。

（1）喷吹压力。喷吹压力是指脉冲清灰时压缩空气的压力。喷吹压力越大，喷吹到滤袋内和经文氏管诱导的空气量越多，所形成的反吹风速就越大，清灰效果就越好，除尘器阻力明显下降。通常要求喷吹压力为 $(5\sim7)\times10^5$Pa，采用大气包时，气压稳定，喷吹压力可降到 $(4\sim5)\times10^5$Pa。

（2）喷吹周期（脉冲周期）。喷吹周期的长短直接影响着除尘器的阻力。在一定的喷吹压力下，它主要取决于入口粉尘浓度及过滤风速。为了保证给定的除尘器阻力，当入口粉尘浓度高、过滤风速大时，可缩短喷吹周期。在除尘器阻力允许的条件下，应尽量延长喷吹周期，这样不但可以减少压缩空气量，还可以减少喷吹系统部件的磨损、延长滤袋的使用寿命。

当除尘器过滤风速小于 3m/min，入口含尘浓度为 $(5\sim10)$ g/m^3 时，喷吹周期可取 60～120s；当含尘浓度小于 5g/m^3 时，喷吹周期可增至 180s；当除尘器过滤风速大于 3m/min，入口含尘浓度大于 10g/m^3，则喷吹周期可取 30～60s。

（3）喷吹时间（脉冲宽度）。喷吹时间是指每次喷吹时的时间。一般说来，喷吹时间越长，喷入滤袋内的压缩空气量越多，清灰效果就越好。然而喷吹时间增加到一定值后，对清灰效果的影响并不是很明显。开始时随着喷吹时间的增加，除尘器的阻力降低很快，而到达某一值时，阻力的降低很少，但压缩空气量却成倍增加。为此喷吹时间可按表 20－3 的数据选取。

表 20－3　　喷吹压力与喷吹时间的关系

喷吹压力 $\times10^5$（Pa）	喷吹时间（s）	喷吹压力 $\times10^5$（Pa）	喷吹时间（s）
7	0.10～0.12	5	0.17～0.25
6	0.15～0.17		

3. 主要特点

（1）过滤风速高，因而可减少过滤面积，使设备小型化，价格较便宜。

（2）设备阻力和处理风量变化较小，过滤能耗也小。

（3）滤料以毡滤料为好，也可以使用机织布（涤纶绒布等）。

（4）除尘器内部转动件少，维护工作量小。

（5）清灰可在不中断过滤的情况下进行，除尘器箱体无须做成分室结构。

（6）喷吹时压缩空气压力高，需0.5～0.6MPa，清灰能耗高。

（7）脉冲阀数量多，膜片质量欠佳时，维修频繁；压缩空气质量不好时，维修量大。

4. 注意事项

（1）防止压缩空气带水。在实际使用中，有的脉冲布袋除尘器由于压缩空气带水，造成滤袋上粉尘黏结及滤袋破损。为了解决压缩空气带水的问题，一般在除尘器旁设置储气罐、过滤器和分水滤气管。

1）储气罐。通常储气罐主要用来使进入除尘器的压缩空气保持稳定的压力和气量，且它对排除压缩空气所携带的油和水也有显著的效果。储气罐的容积可根据用户所需的压缩空气量来确定。用于单台除尘器的储气罐，其容积不应小于5m^3。

2）过滤器。脉冲布袋除尘器所需压缩空气的处理，通常使用毛毡、玻璃棉毡或焦炭等作为过滤介质。根据除尘器的规格大小，可为每台除尘器配置一个过滤器，也可几台除尘器共用一个过滤器，但过滤器必须靠近除尘器，对于相距较远的几台除尘器，即使规格大，也宜单独设置过滤器。

3）分水滤气管。其用来对进入脉冲布袋除尘器稳压气包的压缩空气进行最后一次脱水。

（2）正确选用过滤风速。这是确保除尘器净化效率的基础。中心喷吹脉冲布袋除尘器的过滤风速受处理气体的含尘浓度及除尘器阻力的限制。根据实验得知，除尘器入口气流含尘浓度与过滤风速的关系见表20－4。

表20－4　除尘器入口气流含尘浓度与过滤风速的关系

入口气流含尘浓度（g/m^3）	15	11	8	5	3
过滤风速（m/min）	2.0	2.5	3.0	3.5	4.0

按除尘器入口最大含尘浓度为15g/m^3的限制，除尘器的过滤风速下限为2.0m/min。

（3）正确选用滤布材料。脉冲布袋除尘器允许具有较高的过滤风速，除尘器内滤袋靠框架支撑，清灰会使滤袋迅速发生变形。玻璃纤维滤料一般抗拉、不抗折，且耐磨性差。为此，脉冲布袋除尘器一般不用玻璃纤维为宜。

(二) 环隙喷吹脉冲布袋除尘器

1. 组成结构

环隙引射器由带插接套管及环形通道的上体和起喷吹管作用的下体组成，上、下体之间有一狭窄的环形缝隙，如图 20 - 13 所示。滤袋清灰时，压缩空气切向进入引射器的环形通道，并以声速由环形缝隙喷出，从而在引射器的上部形成一真空圆锥，诱导二次气流。压缩空气和被诱导的净气组成的冲击气流进入滤袋，产生瞬间的逆向气流，并使滤袋急剧膨胀，造成冲击振动，将黏附于滤袋上的粉尘吹扫下来。

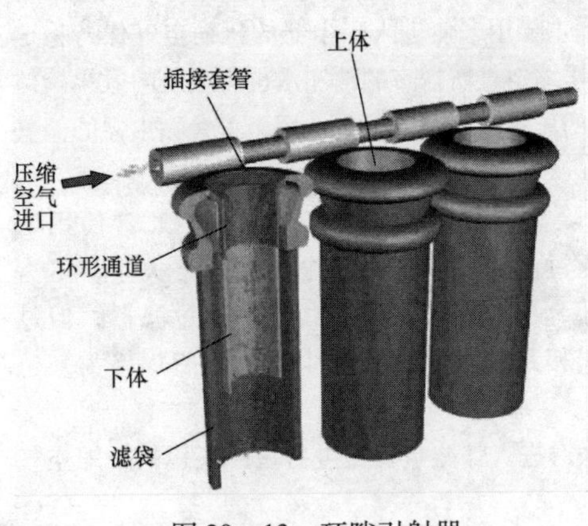

图 20 - 13　环隙引射器

环隙引射器的喉部断面比中心喷吹的文氏管喉部断面大，因而阻力小，在相同的喷吹压力下，引射的空气量大。

滤袋靠缝隙在袋口的钢圈悬吊在花板上，不用绑扎。滤袋框架同环隙引射器嵌接，当滤袋在花板上就位后，将框架插入，引射器的翼缘便压住袋口，并以压条、螺栓压紧。换袋操作都是开启顶盖后在花板上进行。含尘滤袋不向上抽出，而是由袋孔投入灰斗，再集中取出。

2. 主要特点

(1) 环隙喷吹脉冲布袋除尘器的压力损失较低，即在同样的压力损失条件下能处理更多的气量，且清灰能力强。

(2) 过滤气速高。过滤气速的高低主要取决于除尘器压力损失的大小。一般除尘器压力损失控制在小于 1177Pa。试验结果表明，采用环隙喷吹清灰过滤风速比中心喷吹的高 66%，但压缩空气的消耗量增加 25% 左右。实验也证明，工业上过滤风速可达 5m/min，但不宜超过 5.5m/min。因过滤气速过高会引起压力损失上升，操作不稳定。

(3) 定压差清灰控制方式避免了无效喷吹造成的能源浪费，降低了易损件的消耗。

(4) 换袋时人与污染接触少，操作条件好。

(5) 采用单元组合式结构，便于组织生产。

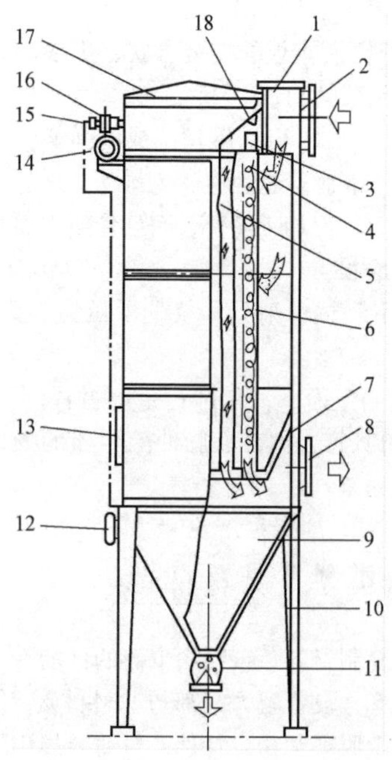

图 20－14　LSB 型顺喷布袋除尘器结构

1—进气箱；2—进风管；3—引射器；4—多孔板；5—滤袋；6—弹簧骨架；7—净气联箱；8—出风管；9—灰斗；10—支腿；11—排灰阀；12—脉冲控制仪；13—检查门；14—储气包；15—电磁阀；16—脉冲阀；17—上翻盖；18—喷吹管

（6）环隙喷吹布袋除尘器要求气源质量比较严格。一般在压缩空气入口要加空气过滤器，以去掉气源中的冷却水、油分等杂质，保证环隙引射器喷口不被堵塞。

（三）顺喷脉冲布袋除尘器

1. 组成结构

顺喷脉冲布袋除尘器分为上箱体、中箱体、下箱体、喷吹装置等几部分，如图 20－14 所示。顺喷脉冲布袋除尘器采用顺喷顺流设计，即气流由除尘器上箱体进入，从下箱体的净气联箱排出，其流动方向与脉冲喷吹的方向及清灰后粉尘落入灰斗的方向一致，而且净化后的空气不经过引射喉管，大大降低了除尘器阻力，减少了风机负载，节省了动力消耗，有利于粉尘沉降。

LSB 型除尘器采用钢板翻边组合式装配结构，便于运输与组装；文氏管半卧入多孔板下，便于检修和更换布袋；采用弹簧骨架，使布袋不易磨损，有助于清灰。

2. 清灰方式

该除尘器采用定时清灰方式，预先设定好时间，由电动控制仪发出信号，借助各控制阀，顺序开启相应的脉冲阀，使储气包中的压缩空气经喷吹管上的喷孔射向滤袋，并由文氏管引射二次气流一同进入滤袋，使滤袋清灰。被清落的粉尘通过净气联箱之间的空隙落入灰斗，再由卸灰阀排出。

3. 主要特点

（1）除尘器的箱体采用单元组装式结构，可根据需要处理风量的大小进行选择组合。

（2）上箱体采用可掀起的翻板结构，在维修时开启比较轻便，不需要卷扬机，而且严密性好，除尘器漏风率小于5%。

(3) 采用高架喷吹管、引射器下部插入花板的安装方式，更换滤袋时，不必拆卸喷吹管，可直接从上部将滤袋拔出。

(4) 为了弥补脉冲冲击减弱的影响，采用3mm钢丝绕成的弹簧作为滤袋的支撑骨架，在脉冲压的冲击作用下，弹簧也因此产生抖动，这有助于滤袋的清灰。同时滤袋采用弹簧骨架，不但加工简便，而且骨架表面光滑，没有笼式骨架的焊点，可减少滤袋磨损。

(5) 经除尘器过滤后的净化气体不经过引射器，减少了压力损失，有助于降低设备阻力或提高过滤风速。

(6) 含尘气体在箱体的流动方向是自上而下，有利于粉尘的沉降。

(7) 引射器为喉管直径70mm的喇叭管，比普通脉冲除尘器的喉口大，从而可提高引射空气量，增大清灰效果。

第四节　常用滤料类型及其特点

滤料是布袋除尘器重要部件滤袋的缝制材料。布袋除尘器的性能在很大程度上取决于滤料的性能，如过滤效率、设备阻力等都与滤料材质、结构和后处理有关。根据布袋除尘器的除尘原理和粉尘特性，对滤料提出了如下要求：①清灰后能保留一定的永久性容尘，以保持较高的过滤效率；②在均匀容尘状态下透气好，压力损失小；③抗皱褶、耐磨、机械强度高；④耐温、耐腐蚀性好；⑤吸湿性小，易清灰；⑥使用寿命长，成本低。

这些要求有些取决于纤维的理化性质，有些取决于滤料的结构和后处理。一般滤料很难同时满足上述全部要求，而要根据具体使用条件来选择合适的滤料，正确地选择滤料对设计和应用布袋除尘器有着重要的意义。

一、滤料的特性

由于要求净化的工业烟气及粉尘具有不同的性质，因而对滤料也提出了各方面的要求，滤料具有的特性应尽可能满足除尘所提出的要求。与过滤粉尘有关的滤料特性有以下几项：

1. 过滤效率

滤料的过滤效率一方面与滤料结构有关，另一方面也取决于在滤料上所形成的粉尘层。从滤料结构来看，短纤维的过滤效率比长纤维高，毛毡滤料比织物滤料高。从粉尘层的形成来看，对于薄滤料，清灰后粉尘层被破坏，效率降低很多，而厚滤料清灰后还可保留一部分粉尘在滤料中，避免过度清灰。一般来说，在滤料不破裂的情况下，均可达到很高的效率

(99.9%以上)。

2. 容尘量

容尘量是指达到给定阻力值时单位面积滤料上积存的粉尘量(kg/m^3)。滤料的容尘量影响着滤料的阻力和清灰周期。为了避免频繁地清灰，延长滤料寿命，要求滤料的容尘量要大。容尘量与滤料的孔隙率、透气率有关，毛毡滤料比织物滤料的容尘量大。

3. 透气率及阻力

透气率是指在一定的压差下，通过单位面积滤料上的气体量。滤料的阻力直接与透气率有关。作为标定透气量的定压差值，各国取值不同，日本、美国取127Pa，瑞典取100Pa，德国取200Pa。因此选取透气率的大小时要考虑试验时所取的压差。透气率取决于纤维细度、纤维的种类和编织方法等。按瑞典的资料，长丝纤维滤料的透气率为200~800m^3($m^2 \cdot h$)，短纤维滤料为300~1000$m^3/(m^2 \cdot h)$，毛毡为400~800$m^3/(m^2 \cdot h)$。透气率越高，单位面积上允许的风量(比负荷)也就越大。

透气率一般指清洁滤料的透气率。当滤布上积有粉尘后，透气率要降低，根据粉尘的性质不同，一般透气率仅为起始透气率(干净滤料时的透气率)的40%~60%，而对微细粉尘甚至只有10%~20%。透气率降低，除尘效率提高，但阻力却大为增加。

4. 耐热性

耐热性表示滤料在同一时间内不同温度条件下，或者在同一温度下不同时间内理化力学性能的保持程度。对大多数纤维原料来说，随着温度的升高，分子链间的作用力逐渐减小，分子的运动方式和物理机械状态也随之发生变化，最后熔融或分解。在加热速率相同的条件下，比热容越小的纤维，温度升高越快。对于大多数合成纤维来说，在高温作用下，首先软化，然后熔融。

5. 静电性能

因粉尘和滤料纤维都可能带有电荷。在粉尘接近滤料时，由于两者的电荷极性不同，可能引起相吸或相斥，从而影响过滤效率。由于粉尘堆积于滤布表面上，达到一定厚度时静电压增高，会产生火花，甚至引起爆炸。对于某些爆炸性强的粉尘更应注意滤料的静电性能。采用金属纤维滤料可以消除静电压的增加，也可以在通常的滤料中编入导电纤维，以改善滤料的导电性能。

6. 尺寸稳定性

尺寸稳定性是指滤料经纬向的胀缩率。在常用的纤维中，玻璃纤维的胀缩率最小，其他各种天然纤维和合成纤维都有一定的胀缩率（一般不应超过1%）。滤袋要求滤料的胀缩率越小越好。因为胀缩率高时将改变纤维与纤维间的孔隙率，直接影响除尘效率和阻力，也影响除尘器的运行。如果拉伸太大，相邻两个滤袋会相互碰撞、摩擦。一般滤布织好后，都要进行热定型处理，使其预收缩。考虑到滤袋投入运行一个阶段后，由于吊挂、灰重、温度、清灰等的影响，在安装时应有适当的张力，以后还要进行调整。例如，玻璃纤维滤袋的安装张力，对直径252～292mm、长4200～9150mm的大型滤袋为350N，而直径为127～140mm、长3000～3200mm的滤袋为150N。此外还应考虑滤料在高温及吸湿以后的尺寸稳定性。

7. 吸湿性

纤维吸湿性也是评价滤料性能的指标之一。当处理的烟气中含有一定量的蒸汽时，如果滤料的吸湿性高，会造成粉尘黏结，滤料堵塞，阻力上升，进而恶化除尘性能。

8. 耐化学侵蚀性

许多烟气中含有不同的化学物质，因而要求滤料具有耐化学侵蚀性，其中包括耐酸、耐碱、耐氧化与还原性等。同一种滤料（除聚四氟乙烯外）有时不能同时耐酸、耐碱，因而要根据具体情况进行选择。

9. 机械性能

滤料的机械性能主要指抗拉强度、抗弯折强度及耐磨性。要求滤料的抗拉强度，是因为滤袋吊挂时要承受滤料的自重及灰重，同时还要经受清灰时的振动。滤袋越长，要求的抗拉强度也越高，但当滤袋内部有支撑架时，对抗拉强度的要求就不是很突出。由于频繁的清灰，容易造成滤袋的反复曲折，抗弯折性差的滤料会很快断裂，耐弯折性最差的是玻璃纤维，因此为了延长这种纤维的寿命，往往要经过特殊处理。

耐磨性是评价滤料的重要指标，许多滤袋的破裂都是因为磨损而造成的。耐磨性包括粉尘与滤料之间或纤维之间或滤料与支撑骨架之间的磨损。同一种纤维织法不同，纤维之间的磨损性差别很大。与尘粒之间的摩擦可以用紧密编织的方法来解决，而纤维之间或滤料与骨架之间的摩擦可用浸泡织物的方法来减轻。

10. 粉尘的剥落性

积累在滤料上的粉尘当达到一定厚度时需要清灰，这时就希望尘块能够比较容易地剥落下来。一般来说表面光滑的滤料粉尘剥落性较好，一些毛毡滤料要经过表面烧毛处理，以增加表面的光滑程度，使其便于清灰。

11. 耐燃性

纤维的燃烧包括高聚合物熔蚀、氧化、裂解等几个过程。近年来，耐燃性除了应用氧指数仪外，普遍采用热分析法（TGA 或 DTA）将纤维分成四类，见表 20－5。

表 20－5　　各种纤维燃烧难易程度分类

易　燃	可　燃	难　燃	不　燃
醋酸纤维、棉腈纶、黏胶	锦纶丝、毛丙纶、涤纶、锦纶、维纶、醋纤、羊毛和蚕丝等	腈氯纶、氯纶、维氯纶、诺梅克斯、难燃棉	碳纤维、玻璃纤维、含硼纤维

12. 造价

造价是选择滤料的重要因素，但不能孤立地考虑滤料的造价，而要同时考虑滤料的使用温度及寿命等因素。例如，有的滤料虽然造价高，但因寿命长，对于整个布袋除尘器的运行和维护费用（包括换袋和因换袋造成的停工损失）来说，也可能是经济的。

纤维的造价还与细度有关，越细的纤维，造价越高。运行费用与滤料阻力（透气率）有关。

二、滤料的结构

滤料的原丝形状可分为单丝、多丝和短丝三种。使用这些原丝做成的滤料，各有其特征，但也可以利用不同原丝的特点，做成各种混合滤料。

1）单丝。即一根长度大于 100mm 的粗丝，用这种丝织成的滤料，处理风量大，粉尘层的剥落性好，但阻尘率低，特别不适用于细尘的过滤。

2）多丝。即用多根细长纤维搓在一起的原丝，用这种原丝织成的滤料机械强度好、粉尘的剥落性好，在有些情况下可以拉绒，以提高其净化效率和容尘量。

3）短丝。即长度小于 40mm 的短纤维丝，用这种细短的纤维可织成原丝，再织成布，也可直接做成毛毡，其净化效率高，粉尘层的剥落性较差。

从编织方法来分，滤料有织布、针刺毡、无纺布、特殊滤布等。

1. 织布

到目前为止，在工业中广泛采用的滤料是织布，它是由经线和纬线交织而成的，分平纹、斜纹和缎纹三种组织形式。

（1）平纹。每根经纬线交错织成，纱织交结点距离很近，纱绒互相压紧，织成的滤布很致密，如图 20－15 所示。平纹受力时不易产生变形和伸长，平纹滤布净化效率高，但平纹组织的交织点多、孔隙率低、透气性差、阻力大，难以清灰，易于堵塞。

图 20－15　平纹组织

（2）斜纹。经线和纬线有两根以上连续交错织成，在布面上有斜向的纹路，如图 20－16 所示。织布中的纱线具有较大的迁移性，弹性大；机械强度略低于平纹织布，受力后比较容易错位。斜纹滤布表面不光滑，耐磨性好，净化效率和清灰效果都较好，滤布堵塞少，处理风量高，是织布中最常采用的一种。

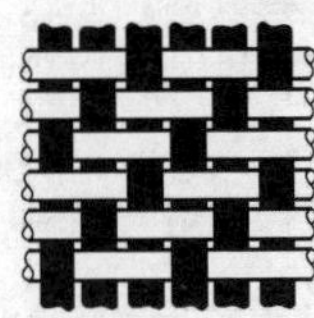

图 20－16　几种斜纹组织

（3）缎纹。一根纬线有 5 根以上的经线通过而织成，如图 20－17 所示。缎纹透气性好，弹性好，织纹平坦，同时由于纱线具有迁移性，易于清灰，粉尘层的剥落性好，很少堵塞，但缎纹滤布的强度较平纹、斜纹都低，净化效率低。

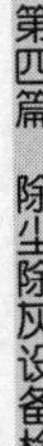

（a）

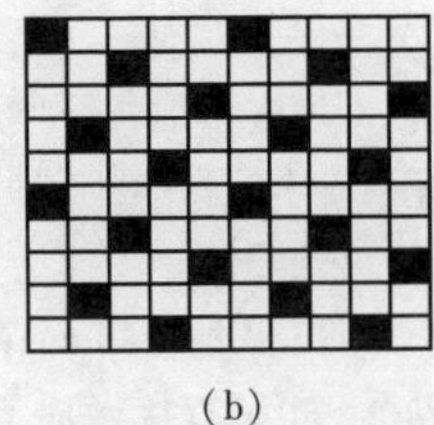

（b）

图 20－17　缎纹组织

（a）五线二飞缎纹组织；（b）五线三飞缎纹组织

织布可以通过“起绒机”扯裂表层纤维面造成绒毛，称为绒布，一般多采用单面起绒的方式。未经起绒的织布称为素布，绒布的透气性好，处理风量大，容尘量比素布高，能够形成多孔的粉尘层，因而净化效率高。起绒的纤维末端会聚积电荷，从而吸引粉尘形成粉尘球，使清灰困难。织布在过滤风速高时（5cm/s）会造成“吹漏”，从而引起过滤效率降低，随着粉尘负荷增加，效率降低得更多；而绒布则相反，粉尘负荷增加，效率升高。对于单面绒布，捕尘效率还与气流方向有关，当含尘气流由不起绒侧流入时，效率要比从起绒侧流入时高。

2. 针刺毡

针刺毡是无纺布的一种，由于制作工艺不同，毡布较致密，阻力较大，容尘量较小；但易于清灰，因而适用于工业除尘，可经清灰后再用。国外针刺毡发展得非常迅速，因而用得相当普遍，在某些领域内有逐步取代一般滤料的趋势。

针刺毡的制法是在一幅平纹的基布上铺上一层短纤维，用带刺的针垂直在布面上下移动，用针将纤维扎到基布纱绒缝中去，基布两面都铺两道以上的纤维层，反复针刺成型，再经各种处理形成两面带绒的毡布。其特点有：

（1）针刺毡滤料中的纤维呈立体交错排列，可充分发挥纤维的捕尘功能，这种结构既有利于形成粉尘层，清灰后也不存在直通的孔隙，捕尘效果稳定，因而捕尘效率高于一般织物滤料。

（2）针刺毡没有或只有少量的经纬纱线，孔隙率高达70%～80%，为一般织物滤料的1.6～2.0倍，因而自身的透气性好、阻力低。

（3）生产流程简单，易形成自动化一条龙生产线，便于监控和保证产品质量的稳定性。

（4）生产速度快，劳动生产率高，产品成本低。

三、滤料的种类

用作滤料的纤维很多。下面根据常用的纤维介绍各种滤料的性能及其使用范围。

1. 棉、毛滤料

棉是一种纤维素质纤维，纤维素是关键的天然聚合物。与其他天然纤维一样，棉是不耐高温的，工作温度为75～85℃；棉布耐酸很差，特别是在高于60℃和稀酸中易于遭到破坏，但耐碱性能较好；棉纤维是非弹性的，因此可以认为其尺寸是比较稳定的；在正常温度下，棉布滤料的吸湿率高达24%～27%，耐磨性为中等；棉布滤料的过滤性能好，造价最低，质量约300g/m²，有平纹、斜纹或缎纹，也可做成绒布。由于棉布滤料抗化学侵蚀性差、耐温性差、吸湿性强及可燃性等，因而其使用受到局限。

毛织滤料（呢料）通常用羊毛造成。毛纤维比棉要细，织成的滤布较厚，质量约为500g/m²；透气性好，阻力小，容尘量大，过滤效率高，易于清灰。在有色冶金企业中，毛料的使用寿命为9～12个月，耐热性较棉布高，可在80～90℃下工作，长期在高温下工作纤维会变脆；毛料的耐酸性比棉布高，但对硫酸及硫酸雾的抵抗性能差。毛料的造价高于棉布和合成纤维，因而其使用范围越来越有限。布袋除尘器的滤料越来越多地采用合成纤维和无机纤维来代替天然纤维。

2. 无机纤维滤料

为了使滤袋能耐高温，近年来无机纤维滤料得到了很大发展。玻璃纤维滤料用于高温过滤已有多年的历史。由于工艺的不断改进，目前玻璃纤维滤料的应用仍比较广泛。近年来，有的国家开始采用金属纤维滤料。此外，还有将碳素纤维、矿渣纤维、硅酸盐纤维、陶瓷纤维、碳化硼纤维、碳化硅纤维等用作滤料的研究也正在进行。下面着重介绍玻璃纤维滤料和金属纤维滤料。

（1）玻璃纤维滤料。玻璃纤维是由铝硼硅酸盐玻璃为原料制成的，具有耐高温（230～280℃）、吸湿性小（在20℃时的吸湿率为0.3%）、抗拉强度大［（145～158）$\times 10^5$Pa］、延伸率小（断裂延伸率为3%）、耐酸性好、价格低等特点，但玻璃纤维不耐磨、不耐折、不耐碱，特别是抗折性差是其致命弱点。

玻璃纤维有无碱、中碱和高碱三种。无碱玻璃纤维在室温下对于水、湿空气和弱碱溶液具有高度的稳定性，但对高温酸、碱的侵蚀则完全不能抵抗。中碱玻璃纤维有较好的耐水、耐酸性，是较好的滤料。高碱玻璃纤维具有良好的耐碱性，但对水及湿空气不稳定，不能用作湿空气的过滤材料，在实际中应用不多。

玻纤滤布的破损一般都是因为纬线折断造成的。为了增加纬向强度和耐磨性，可以采用三纬二重组织的滤布，这是由一个系统的经纱和两个系统的纬纱交织而成的。表纬与经纱构成织物的表组织，里纬与经纱构成织物的里组织。由于纬纱是分两层排列的，从而增加了纬密度，但仍可保持不大的阻力。这既不影响滤布的透气性，且具有良好的过滤性能，同时又提高了耐磨性和增加了纬向强度，但造价要比单层结构高得多。

为了提高玻纤滤料的耐温、耐磨蚀和抗折等性能，玻纤滤料需要进行处理，处理的方式有两种：浸袋工艺和浸纱工艺。浸袋工艺是先织造成玻纤圆筒过滤袋，然后进行浸渍处理；浸纱工艺是先将玻纱进行浸渍处理，然后织成圆筒过滤袋。浸渍液的主要成分为硅油、石墨和聚四氟乙烯。

由此可见，浸袋处理的强度较浸纱处理低。一般来说，浸纱工艺在浸纱线时，浸渍液能顺间隙渗到合股纱的各股中，涂覆是均匀的。浸袋工艺处理的布袋，在织物的交织点处浸不透，里边纤维没有涂覆层的保护而成为薄弱环节，在使用时首先被破坏，强度迅速下降，然而浸纱工艺的滤袋要比浸袋工艺的滤袋造价高。

除玻纤滤布外，近年来还发展了玻纤针毡以提高捕尘效率。玻纤针毡是由玻纤织物为基层，然后在其上制成针刺毡。由于玻纤性脆，因此玻纤针毡需化学处理，以使其能耐各种有机和无机酸、碱、水蒸气的水解（HF 除外）。这种针刺毡可以用于脉冲喷吹的布袋除尘器中，允许的过滤风速较大。

（2）金属纤维滤料。金属纤维（主要是不锈钢纤维）用于高温烟气的过滤，耐温性能可达 500～600℃，同时有良好的抗化学侵蚀性。用金属纤维可以做成滤布，也可以做成毡。

采用金属纤维可达到与通常织物滤料相同的过滤性能，阻力小，清灰较容易。金属纤维滤料能够用于高粉尘负荷和较高过滤速度下的除尘，在常温下金属纤维毡与聚酯毡相比所需的过滤面积可减少一半，此外金属纤维滤料还有防静电、抗放射辐射的性能，寿命也较一般纤维长，但金属纤维滤布的造价异常高，只能在特殊情况下采用。

3. 合成纤维滤料

近年来由于化学工业的迅速发展，合成纤维滤料已广泛地应用于布袋除尘器中。由于合成纤维的种类很多，其性能也各不相同。下面介绍几种常用的合成纤维滤料。

（1）聚酯纤维（涤纶等）。聚酯纤维是袋滤器中的主力滤料，可在 130℃的高温下长期工作，强度高，耐磨性仅次于聚酰胺纤维；耐稀碱而不耐浓碱，对氧化剂及有机酸的稳定性较高，但浓度高的硫酸会使纤维遭到破坏。聚酯是缩聚化合物，大分子中有酯键，故不耐强碱，容易水解。聚酯纤维可以做成素布、拉绒或针毡。

（2）聚酰胺纤维（尼龙、耐纶、锦纶）。其耐温较低，长期使用温度为 75～85℃，耐磨性好，比棉、羊毛高 10～20 倍，耐碱但不耐酸，可用于破碎、粉磨等设备的气体净化。

（3）聚间苯二甲酰间苯二胺纤维（诺梅克斯等）。这是20世纪50年代研制成功的一种耐热尼龙纤维。在210℃高温下，其物理性能保持不变，对反复出现的高峰温度可达260℃；尺寸稳定，在215℃下胀缩率不大于1%。这种纤维可以织成布，也可以制成针毡。

诺梅克斯滤料的机械强度比玻纤高，为采用脉冲喷吹清灰创造了条件，因此过滤风速也可由原来的0.6m/min提高到2.4m/min或更高。虽然诺梅克斯纤维的造价比玻纤高，但考虑到过滤风速的提高，以及使用寿命较玻纤高，仍然显示出它的优越性。诺梅克斯纤维具有良好的过滤性能，以及比涤纶高的耐温性，因此近年来发展非常迅速，得到了广泛应用。

（4）聚乙烯醇纤维（维尼纶）。这种纤维强度高，耐热性差，仅能在低于100℃的环境下工作；耐碱性强，耐酸性也不差，在一般有机酸中不能溶解；但其主要弱点是吸湿性强，类似棉布。为了增加其过滤效率也可拉绒。

（5）聚噁二唑纤维。这是目前国内已经开始用于工业生产的一种耐高温纤维，用这种纤维可以做成斜纹，平面绒布厚度1.1mm，单位质量大于400g/m^2，透气率13.8m^3/(m^2·min)，纵向拉伸断裂强度1250N/50mm，横向868N/50mm，可耐各种油类及其他有机剂，100℃下在10%硫酸或10%氢氧化钠水溶液中浸放24h，强度保持50%，在300℃空气中放100h强度保持85%，在200℃空气中放半年强度保持70%，因此可以在170～230℃高温下长期工作。由于造价不断降低，这是一种较好的耐高温纤维滤料。

（6）聚丙烯纤维（奥纶等）。其耐热性好，可在100～130℃下长期工作，短期温度可达150℃，耐酸，对氧化剂和有机溶剂很稳定，但不耐碱，可用于化学及水泥工业的气体净化。

（7）聚（苯）砜酰胺纤维（芳砜纶）。这是一种在高分子主链上含有砜基（—SO_2—）的芳香族聚酰胺纤维，类似于诺梅克斯。这种纤维具有良好的抗化学侵蚀性，除了几种极性很强的二甲基甲酰胺（DMF）、二甲基乙酰胺（DMAC）、二甲基亚砜（DMSO）等有机溶剂和浓硫酸外，一般在常温下对各种化学物质均能保持良好的稳定性。

芳砜纶纤维可在200～230℃的高温下长期工作，这种纤维的热收缩性小，在300℃热空气中加热2h，收缩率小于2%，在100～270℃的温度范围内，仍能保持尺寸的稳定性。

（8）PPS（聚苯硫醚）。PPS是一种耐高温合成纤维，其良好的耐温性和化学稳定性是由它简单的化学结构决定的。每一个芳香环和一个对应的硫原子交互变化，这种结构具有极高的稳定性。由于它的几何形状是互相对称的，且有高度的线性，其结果是PPS可以很容易地快速结晶，并可达到极高的等级度，进而显示出极高的熔点（285℃）。它具有优异的耐热性，此外其阻燃性、耐化学药品性、尺寸稳定性等也极为出众，具备了作为高性能纤维的各种特点，能连续经受住190℃的温度，并抵抗许多酸、碱和氧化剂的化学腐蚀。最重要的是，PPS纤维不会水解，因此可在湿、化学（如氧化硫）条件下运行。PPS毡像聚丙烯那样吸湿率只有0.6%，但温度高得多。PPS的典型用途在于市政废物焚烧炉、公用工程锅炉、烧煤锅炉、医院焚烧炉、热电联产锅炉上的脉冲袋滤器，也可用它来取代别的经不住高温或存在化学品及不耐潮湿的合成纤维。

（9）PTFE（聚四氟乙烯）纤维。它是从“氟”石中提炼出来的，中国是世界最大的“氟”原料生产地。PTFE具有如下特点：

1）目前为止全世界可找到的耐化学药品性能最好的纤维；

2）纤维熔点为327℃，瞬间耐温可达到300℃；

3）具有良好的低摩擦性、难燃烧性及良好的绝缘和隔热性；

4）可承受各种强氧化物的氧化腐蚀，根本不会发生水解反应的问题；

5）大量应用于垃圾焚烧除尘中，将来会大量应用于燃烧高硫煤的除尘工况条件下；

6）具有良好的过滤效率及良好的清灰性能，即使在温度较高的情况下，表面也只黏附少量的灰尘；

7）同等工况条件下，滤料的使用寿命将比其他材质的滤料提高1~3倍以上；

8）具有很高的性价比，随着使用量的扩大，成本将会进一步降低，及至易于接受的范围；

9）考虑到玻纤滤袋大多是因其下部弯折磨损而被破坏的，因此可以采用混合滤袋，即下部采用聚四氟乙烯纤维，而上部仍然采用玻纤，从而可以大大延长滤袋的寿命，而造价却比全部采用聚四氟乙烯滤料要低得多。

（10）混合滤料。为了充分利用各种滤料的特性，可以将合成纤维与天然纤维混合织成新的滤料。

第五节　布袋除尘器本体设备检修

一、布袋的检修更换

1. 检修注意事项

(1) 检查滤袋是否破损。主要途径包括：

1) 检查花板上面的积灰情况，有破损的滤袋口周围明显积灰（见图 20－18、图 20－19），应及时清除这些积尘，以免进入滤袋。造成布袋除尘器滤袋破损的原因大致有以下几个方面：①笼骨安装脱节，垂直度不够，运行过程中滤袋底部相互碰撞；②袋区烟气流速高、气流分布不均，局部含尘烟气高速冲击滤袋；③锅炉排烟温度高，高温灰粒烧灼滤袋；④灰斗料位高，烟气携带灰粒冲刷滤袋；⑤滤袋质量不过关，缝线开裂等。

图 20－18　布袋破损

图 20－19　净气室袋口积灰严重

2) 用仪器如"破袋检定器"查找，检测净气中粉尘含量的变化，判断滤袋破损情况。

3) 利用含有荧光粉的示踪剂和单色灯查找，方法是先使检漏的分室停止清灰，然后经过灰斗排灰口将示踪剂按过滤面积 2.5g/m² 的量送入含尘气流中，示踪剂送入后 30s 内隔离该室，然后在花板上每条滤袋顶上缓慢移动单色灯，如果滤袋有破损，则示踪剂就会漏出来，附着在滤袋内表面或袋口周围表面上，灯光照到时就显示亮橙色，很容易看出来。

4）一个室如果有很多滤袋破损，这个室压差会显出异常，同时烟囱排尘情况也会有所表现，即当这个室离线清灰时，排尘情况变好，恢复在线后，排尘情况又变坏。

（2）滤袋安装最好两个人进行，一人将滤袋送入花板孔，另一人托住并展开滤袋其余部分。

（3）每个滤袋安装时，检查一下袋缝是否位于折叠的滤袋椭圆形断面的宽边中央。如果不是，则将滤袋打开，从两端拉直，重新折叠或者卷起来。如果滤袋未能按照袋缝在滤袋宽边中央的方式卷起来或者折叠起来，则该滤袋由于袋缝不直而不能用来安装。各滤袋的位置及其编号应当做记录，以备将来检查。

（4）安装滤袋时，将滤袋颈部弯成扁形（如香蕉样式）将滤袋滑入花板孔，保证袋缝朝向花板孔内侧，即面对袋束中央，袋缝偏离中央+5mm，如图20－20所示。

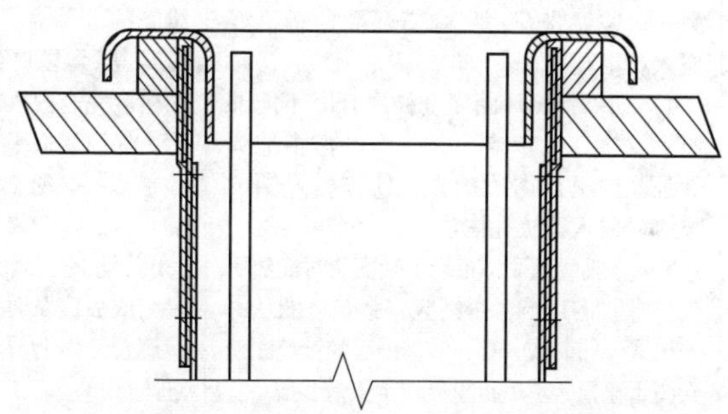

图20－20　袋笼/滤袋与花板总布置图

（5）当滤袋向下通过花板时，要不断检查袋缝的方向，滤袋不能扭曲，不要碰到其他滤袋。

（6）当滤袋只有翻边部分留在花板孔上面时，双手将翻边弯成肾形。这样可使翻边进入花板孔，而毡的突起座在花板上，松开双手，翻边迅速弹开卡住花板孔，这样可使滤袋恢复原样。检查钢带处的翻边和花板孔边缘的配合是否紧密，检查毡突起是否均匀地座在花板上。

（7）检查自由悬挂的滤袋的笔直度，从袋束底部检查滤袋末端，对不直的进行重新调整。

2. 检修工艺与质量标准

布袋的检修工艺与质量标准见表 20－6。

表 20－6　　布袋的检修工艺与质量标准

检修项目	检修工艺	质量标准
滤袋更换	1）用手紧握布袋开口一端，将布袋对准缓慢放入花板孔中，待布袋全部垂直后，将袋口槽形垫弹簧圈架在花板孔口上； 2）双手紧握槽形垫弹簧圈（不需把除尘布袋拉起），并把弹簧环圈往里压，使之成“C”形，在保持弹簧环圈成“C”形的同时，放置沟槽形弹簧圈隆起的一边到最近的花板孔边，一手握着已装嵌好的隆起的“C”形弹簧环圈的一边，另一只手把隆起的“C”形固定在花板边； 3）一手固定隆起的“C”形弹簧环圈的一边，另一只手慢慢地让弹簧环圈的另一边伸展张开，将弹簧环圈的槽恰好嵌入花板孔内； 4）如果弹簧环圈完全伸展开时不能够听到“啪”的声响，以一手的拇指把弹簧环圈向板口内边推去，使弹簧环圈的槽恰好嵌入花板孔内边； 5）一般情况下，布袋正确安装时能够听到“啪”的声响，否则应将弹簧环圈从另一位置再屈曲成“C”形，提起弹簧环圈使其高于花板，然后再重复以上安装步骤	1）滤袋更换应分室进行，安装新滤袋前应保证该室清洁，无积灰、积水； 2）布袋切不可与尖硬物碰撞、钩划，放入花板孔时，应避免划伤布袋； 3）工具摆放及使用时应防止损伤滤袋或从花板孔掉入灰斗内； 4）滤袋装入花板孔后，应保证整条滤袋完全垂直展开，以便于安装袋笼； 5）滤袋袋口弹性胀圈凹槽应完全嵌入花板孔内边，保证袋口平整，无变形、鼓起现象，防止漏灰； 6）滤袋及袋笼分区安装完成后应及时对袋口进行遮盖，以防异物或灰尘进入

二、布袋骨架检查及更换

1. 检修注意事项

(1) 袋笼安装在滤袋内部，防止设备运行时滤袋瘪塌。

(2) 袋笼分为三节，在净烟气室内部有限的高度空间中能够完成安装，各节（顶部、中部和底部）之间很容易区分。

(3) 袋笼插入滤袋之前，检查各节是否有损伤和尖锐突起。把袋笼慢慢向下插入滤袋，用一根坚固的钢筋将袋笼支撑在滤袋顶部，同时连接下一节袋笼。

(4) 袋笼分节上设计有鞋拨一样的东西，使袋笼分节之间很容易对准，并通过弹簧钢卡（每节两个）相互联锁，保证袋笼连接在一起。用手可以将钢卡按下，卡住钢丝环。

（5）将连接在一起的整个袋笼完全插入，袋帽完全座在顶部翻边的毡突起上，轻轻地站在袋笼帽上，以保证袋笼完全就位。

（6）滤袋和袋笼安装检查，滤袋和袋笼安装以后，检查花板顶面，以确保滤袋和袋笼都已经全部就位。从以下几个方面检查滤袋的安装情况，找出潜在问题，以确保位置正确。

1）滤袋相互交叉；

2）袋笼弯曲；

3）如果有明显的袋笼或卡子从滤袋底部凸出，则袋笼连接不正确；

4）滤袋相对于袋笼发生扭曲；

5）损坏的滤袋（如果不是新安装的滤袋）；

6）袋笼分节缺失。

2. 检修工艺与质量标准

布袋骨架检修工艺与质量标准见表20－7。

表20－7　　布袋骨架检修工艺与质量标准

检修项目	检修工艺	质量标准
袋笼检查与更换	1）抽取布袋骨架进行外观检查； 2）根据检查结果，对不合格的进行修复或更换处理，袋笼入袋后应保证布袋垂直无歪斜，布袋间隙符合标准，否则运行中会造成相邻布袋的碰撞磨损； 3）袋笼更换后，如需检查布袋间距，可进入灰斗至导流板处进行目视检查，若间距不符合标准要求，需通过旋转袋笼的方式进行初步调整	1）袋笼应无变形、脱节和折断现象，卡扣、销子应完好、无缺损； 2）袋笼与滤袋接触的表面应平滑光洁，不允许有焊疤、凹凸不平和毛刺； 3）袋笼表面有机硅喷涂无开裂、脱落现象； 4）袋笼轴向垂直度偏差≤10mm，三节袋笼同心度偏差小于1mm； 5）袋笼盖帽、导流防护套和底盖无变形、开焊或脱落

三、布袋除尘器人工清灰

对于布袋除尘器而言，若布袋清灰气源品质不合格（特别是含油、含水率较高）或除尘器入口烟道事故降温系统内漏时，极易造成糊袋现象的发生。布袋糊袋后，灰尘致密地覆盖在滤袋外侧表面，使得滤料的有效过滤面积大幅减小，透气量急剧下降，运行阻力升高，机组出力受限（见图20－21）。同时，除尘布袋的差压居高不下使得在线清灰系统频繁清灰，不但消耗大量的压缩空气，而且会造成滤料机械强度的严重损失，大大缩短使用寿命。在此情况下就需要进行人工清灰（见图20－22、图20－23）。

图20－21　布袋过滤面积灰、板结现象明显

图20－22　空气炮人工清灰作业

图20－23　空气炮清灰效果（两侧布袋已清理）

四、布袋清灰电磁脉冲阀检修

1. 检修注意事项

脉冲喷吹清灰方式的运动部件很少，金属构件的维护工作少。但是，脉冲控制系统很容易结露、堵塞、动作不灵敏，需要特别注意维护。其维护要点包括：

（1）认真检查电磁阀、脉冲阀及脉冲控制仪等的动作情况。

（2）检查固定滤袋的零件是否松弛，滤袋的拉力是否合适，滤袋内支撑框架是否光滑，对滤袋的磨损情况如何。

（3）在北方地区，应注意防止喷吹系统因喷吹气流温度低而导致滤袋结露或冻结现象，以免影响清灰效果。

2. 常见故障及处理方法

脉冲阀的常见故障、原因及处理方法见表20－8。

表20－8　　脉冲阀的常见故障、原因及处理方法

序号	故障现象	故障原因	处理方法
1	脉冲阀常开	1）电磁阀不能关闭； 2）小节流孔完全堵塞； 3）膜片上的垫片松脱漏气	1）检查、调整； 2）疏通小节流孔； 3）更换
2	脉冲阀常闭	1）控制系统无信号； 2）电磁阀失灵或排气孔被堵； 3）膜片破损	1）检修控制系统； 2）检修或更换电磁阀； 3）更换膜片
3	脉冲阀喷吹无力	1）大膜片上节流孔过大或膜片上有砂眼； 2）电磁阀排气孔部分被堵； 3）控制系统输出脉冲宽度过窄	1）更换膜片； 2）疏通排气孔； 3）调整脉冲宽度
4	电磁阀不动作或漏气	1）接触不良或线圈短路； 2）阀内有异物； 3）弹簧、橡胶件失去作用或损坏	1）调换线圈； 2）清洗电磁阀； 3）更换弹簧或橡胶件

续表

序号	故障现象	故障原因	处理方法
5	脉冲阀故障	1）小法兰、小膜片法兰和排气孔漏气； 2）大法兰漏气； 3）脉冲阀下的喷吹管漏气	1）取下电磁阀，打开小法兰，擦干净里面圆柱形阀芯的铁锈（小心遗失圆柱形阀芯里的小弹簧），疏通小排气孔，然后复原即可； 2）取下大法兰，检查密封圈，将脉冲阀与储气包连接处涂上密封胶，然后复原即可； 3）取下脉冲阀，检查脉冲阀与储气包管口连接的小密封圈（小心小密封圈掉入储气包），如果小密封圈断裂或损坏则需更换小密封圈，然后复原即可

五、布袋清灰压缩空气管路及储气包检修

1. 检查项目

（1）检查压缩空气系统，包括管线上的储气包、过滤器、油气分离器、减压阀、排气阀等。

（2）检查电磁脉冲阀，紧固橡胶密封件，更换破损部件（大小膜片、胶圈、弹簧等）。

（3）检查储气包及喷吹管是否有裂缝或漏气情况。

2. 检修工艺与质量标准

布袋清灰压缩空气管路及储气包检修工艺与质量标准见表 20－9。

表 20－9　布袋清灰压缩空气管路及储气包检修工艺与质量标准

检修项目	检修工艺	质量标准
清灰系统检修	1）压缩空气管路过滤器解体检查，清堵疏通； 2）压缩空气减压阀调压试验，如阀后压力无法调整，应对减压阀进行解体检查； 3）各储气包分断门开关试验，	1）过滤器滤网应清洁干净，无污物堵塞，通流良好； 2）减压阀应调压动作灵敏可靠，无迟滞现象，阀杆、阀芯、弹簧无锈蚀卡涩，阀前阀后压力表完好，指示准确；

续表

检修项目	检修工艺	质量标准
清灰系统检修	检查严密性； 4）拆除电磁脉冲阀，检查储气包内壁及喷吹插接管是否有腐蚀、开焊、破损现象，针对实际情况制定检修方案； 5）检查净气室内喷吹管固定情况，是否存在移位、脱落现象，各喷嘴与袋口应对中，无偏斜； 6）通气试验，检查储气包、管道、脉冲阀有无漏气，程控启动喷吹系统，逐一检查脉冲阀动作情况	3）阀门开关应灵活，法兰接合面密封良好无漏气，关闭状态密封可靠； 4）储气包及插接管内壁锈渣及污垢应清除干净，储气包与喷吹管焊口良好，插接管无歪斜，管口密封面平滑光洁，无凹凸不平和毛刺； 5）喷吹管固定U形卡完好，螺栓紧固，各喷嘴与袋口应对中，无偏斜； 6）脉冲阀应动作灵敏，无卡涩或不动作现象

六、提升阀检修

1. 检查项目

（1）检查提升阀气缸及仪用气管是否漏气。

（2）就地操作提升阀，检查是否开关灵活且到位，有无卡涩或不动作问题。

（3）检查提升阀阀板连接固定是否牢固，有无松脱、开焊等问题。

2. 检修工艺与质量标准

提升阀检修工艺与质量标准见表20－10。

表20－10　　提升阀检修工艺与质量标准

检修项目	检修工艺	质量标准
提升阀检查	1）拆除提升阀限位机构，就地操作提升阀，检查提升阀动作情况，如有不动作或卡涩问题，应对气路、气缸及阀杆密封面进行检查； 2）打开提升阀检查人孔门，开关操作提升阀，检查阀板与阀杆连接是否牢固，关闭状态时阀板严密性是否符合要求	1）提升阀行程正确，动作过程中阀杆无卡涩； 2）阀板密封面平整，关闭严密，与阀杆连接可靠

七、袋区入口气流均布装置检修

袋区入口气流均布装置检修工艺与质量标准见表20－11。

表 20－11　袋区入口气流均布装置检修工艺与质量标准

检修项目	检修工艺	质量标准
气流均布板检修	1）检查均流板的孔有无堵塞，清除孔中积灰； 2）均流板与气体方向垂直； 3）均流板的开孔磨损及分布板平面度开孔磨损超标应更换，变形应调整，底部与封头内壁间距符合标准； 4）检查固定卡子、夹板，螺栓松动、脱落及磨损情况，并予以处理	1）气流均布板清洁无堵塞、积灰，均布板与气流方向垂直； 2）均流孔径 $\phi 50 \pm 5$mm； 3）磨损总面积超过 30% 予以整体更换； 4）螺栓、卡子、夹板牢固无松动

八、出入口烟道检修

出入口烟道检修工艺与质量标准见表 20－12。

表 20－12　出入口烟道检修工艺与质量标准

检修项目	检修工艺	质量标准
出入口烟道检修	1）腐蚀情况检查，对渗水及漏风处进行补焊，必要时用煤油渗透法观察泄漏点； 2）检查内壁粉尘堆积情况，内壁有凹塌变形时应查明原因并进行校正，保持平直以免产生涡流	壳体内壁无泄漏、腐蚀，内壁平直

九、气化风机及灰斗加热装置检修

1. 气化风机故障原因及处理方法

气化风机故障的原因及处理方法见表 20－13。

表 20－13　气化风机故障的原因及处理方法

故障现象	故障原因	处理方法
风机不能转动或卡死	1）转子相互碰撞和机壳摩擦； 2）风机负载过重； 3）由于管道加在风机上的载荷或由于基础不平而引起的风机机壳变形； 4）异物进入风机； 5）风机积尘淤塞	1）检查转子和机壳的间隙； 2）检查气体的工作压力和温度； 3）检查转子和机壳内腔； 4）风机必须进行彻底检修； 5）清洗风机

续表

故障现象	故障原因	处理方法
异常的噪声	1）转子相互碰撞和机壳摩擦； 2）齿轮间隙过大； 3）滚动轴承间隙过大； 4）由于积尘使转子失去平衡	1）检查转子和机壳的间隙； 2）更换齿轮； 3）更换轴承； 4）清洗转子
风机过热	1）过滤器淤塞使进口流量减小； 2）压力差过大引起压缩过热； 3）油位过高或油的黏度过大； 4）转子与转子、转子与机壳内壁之间间隙过大（磨损）	1）清洗或更换过滤器； 2）检查管道和安全阀的设定； 3）换用其他牌号的油，并校正油位； 4）风机必须进行大修
漏油	1）轴端漏油，油封损坏； 2）端盖和侧板之间漏油； 3）油位观察窗漏油； 4）油漏入压缩腔； 5）油位过高； 6）零件之间的毛细作用引起漏油	1）更换油封； 2）修复接合处的密封； 3）更换密封垫紧固油窗玻璃； 4）油封磨损或损坏，风机需大修； 5）校正油位； 6）风机需大修
进口流量过低	1）进口阻力过大； 2）实际运行参数偏离原来规定的参数； 3）间隙过大	1）检查进口管道系统（过滤器淤塞）； 2）检查运行参数（压力、流量）； 3）风机必须大修
功率消耗过大	运行参数偏离原来的参数	检查运行参数（压力、流量），检查进口阻力（过滤器淤塞）

2. 气化风机检修工艺与质量标准

气化风机检修工艺与质量标准见表20－14。

表 20-14　　气化风机检修工艺与质量标准

检修项目	检修工艺	质量标准
1）可靠停掉风机电源，拆卸V带； 2）拆掉风机进出管道法兰螺栓，使风机与风管道分离； 3）罗茨风机拆卸时，应在连接部分和嵌合件上刻配合标记，特别是齿轮，拆开的零件要注意清洁，摆放整齐，精密零件不要碰伤划伤； 4）所有连接部位的垫片在拆卸时应测定其厚度，以便意外损坏时作为更换的依据； 5）拆卸带轮、联轴器及其他附件，窄V带拆卸时应松开电动机紧固螺栓和滑轨调节螺栓，不宜强行拆卸； 6）取出铰制墙板与副油箱、墙板与齿轮箱的定位销，拆卸副齿轮箱及油封、油标等； 7）拆卸齿轮箱； 8）拆卸齿轮部甩油盘，注意打上标记，以便回装，从动齿轮部在不需要调整叶轮间隙时不应分离、拆卸； 9）拆掉两侧的轴承、轴承座； 10）从机壳上拆掉驱动侧的墙板（带侧板）及齿轮侧墙板（带侧板）	1）将机壳吊到工作平台上，吹洗、修毛刺； 2）将驱动侧的墙板（带侧板）安装在机壳上； 3）将转子从另一侧推入机壳中（主轴轴身端朝前）； 4）组装齿轮侧墙板（带侧板），并保证轴向总间隙，总间隙不够的可选配机壳密封垫； 5）组装两侧的轴承座、轴承； 6）组装齿轮部、甩油盘，注意按打上的标记对正，齿轮的锥面配合处不许涂油，应清洗干净，齿轮正式锁紧前应做一次预紧； 7）组装齿轮箱； 8）组装副齿轮箱及油封、油标等； 9）铰制墙板与副油箱、墙板与齿轮箱的定位销孔，重新打入定位销； 10）装带轮、联轴器及其他附件，窄V带安装时应松开电动机紧固螺栓和滑轨调节螺栓，缩小中心距来安装，不得强行撬入，窄V带及带轮槽均不得沾有油污杂质	1）气缸。检查铸铁气缸机壳和两块带侧板的（前、后）墙板，并检查机壳的进气口和排气口。 2）转子部。转子主要指叶轮与轴的热套结合体。分为主动转子部和从动转子部。叶轮型线由摆线，圆弧包络线组成。转子压轴后应进行找动平衡，平衡精度G2.5～G6.3级。 3）齿轮。齿轮是风机最精密的零件之一，要确保二转子的同步和间隙的分配，必要时进行间隙调整。可调齿轮与转子的位置应合适，否则应按规定位置矫正并锁紧。齿轮损伤应更换齿轮。其精度等级应为GB 10095—88 5级。 4）轴承。清洗并检查轴承，当轴承磨损时，更换轴承。轴承应达到E级精度。 5）轴密封。检查浅齿迷宫轴向气密封和V型橡胶油密封，及主轴轴身贯通部的骨架式橡胶油封。当密封失效时，应更换密封件

3. 气化风机电加热器检修工艺与质量标准

气化风机电加热器检修工艺与质量标准见表20－15。

表20－15　　气化风机电加热器检修工艺与质量标准

检修项目	检修工艺	质量标准
电加热器检修	1）拆下电加热器防护罩； 2）清理电加热器芯和壳体内部的积灰和锈蚀，检查导流隔板有无变形； 3）电加热器芯和防护罩回装	1）吊出电加热器芯，注意不要碰电加热器外壳，以免变形损坏内部加热元件； 2）用万用表检查单支电加热元件，如有烧坏，用专用配套扳手更换，更换时注意不要损坏橡胶垫圈； 3）检查电加热器的绝缘良好

第二十一章

湿式电除尘器设备检修

第一节　湿式电除尘器概述

目前美国等发达国家对烟囱排放 SO_x 有严格控制，也就是说同时对烟气排放的 SO_2 和 SO_3 进行控制，我国还没有对烟气中 SO_3 的排放提出明确要求，但是随着燃煤机组大量采用 SCR 装置后，SO_3 排放增加，对它的排放控制必将成为下一步污染物控制的主要目标。

各省市地区新的《火电厂大气污染物排放标准》中对汞及汞氧化物的排放也提出了要求，但国内对烟气中汞的脱除还处在研究起步阶段，脱除工艺和方法还都不成熟。而国外采用的活性炭吸附法，因其成本高昂而限制了大规模使用的可能。据国外相关文献表明，湿式电除尘器对酸雾、有毒重金属及 PM10，尤其是 PM2.5 的微细粉尘有良好的脱除效果。使用湿式电除尘器来控制电厂的 SO_3 酸雾排放，具有良好的应用前景。根据国外湿式电除尘器的研究和应用表明，在湿法脱硫系统后布置湿式电除尘器可以有效地去除烟气中的 PM2.5 粉尘、SO_3 和汞及汞氧化物等污染物。

湿式电除尘器（WESP）是一种用来处理含湿气体的高压静电除尘设备，主要用来除去含湿气体中的尘、酸雾、水滴、气溶胶、臭味、PM2.5 等有害物质，是治理大气粉尘污染的理想设备。湿式电除尘器在结构上有管式、板式及径流式等类型。

一、湿式电除尘器的基本原理

与干式电除尘器的除尘基本原理相同，湿式电除尘器也要经历荷电、收集和清灰三个阶段（见图 21－1）。在湿式电除尘装置的阳极和阴极线之间施加直流高压电，在强电场的作用下，电晕线周围产生电晕层，电晕层中的空气发生雪崩式电离，从而产生大量的负离子和少量的正离子，这个过程叫电晕放电；随烟气进入湿式电除尘装置内的尘（雾）粒子与这些正、负离子相碰撞而荷电，荷电后的尘（雾）粒子由于受到高压静电场的作用，向阳极运动；到达阳极后，将其所带的电荷释放掉，尘（雾）

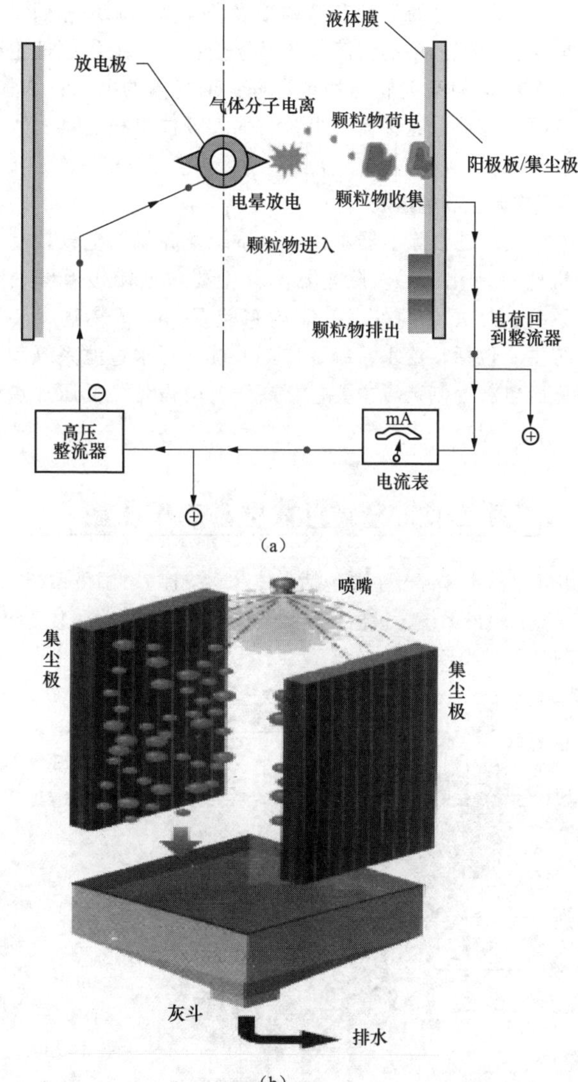

图 21－1　湿式电除尘器的原理示意图

（a）物理过程；（b）极板清灰

粒子就被阳极所收集，收集粉尘形成水膜，靠重力或冲洗自上流至下部积液槽或者吸收塔，从而与烟气分离。

尽管湿式电除尘器的类型和结构很多，但基本原理相同，都是用电除尘的方法分离气体中的气溶胶和悬浮尘粒，其工作原理主要包括以下四个复杂而又相互关联的物理过程：①气体的电离；②气溶胶、悬浮尘粒的凝并与荷电；③荷电尘粒与气溶胶向电极运动；④水膜使极板清灰。

二、湿式电除尘器的组成

湿式电除尘器是由除尘器本体、水系统及高低压电气控制装置共同组成的机电一体化产品。除尘器本体主要包括阳极系统、阴极系统、喷淋系统、外壳结构件、气流均布装置、除雾装置、灰斗装置等。水系统主要包括补给水系统、加药系统、污水过滤系统和循环水系统。高低压电气控制装置主要包括高压整流设备、低压加热设备和控制系统。

第二节　湿式电除尘器本体设备

湿式电除尘器本体部分主要包括壳体（含支座）、阳极系统、阴极系统、热风系统、喷淋系统、进出口喇叭系统、灰斗及其附属装置等，如图21－2所示。

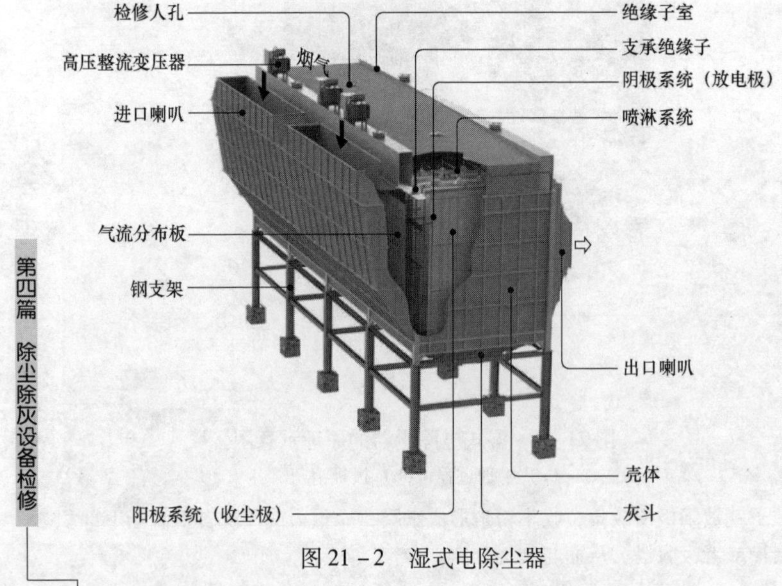

图21－2　湿式电除尘器

一、壳体（含支座）

壳体通常采用普通钢，为防止腐蚀，其内表面需涂覆防腐材料，安装时需严格控制壳体内表面破损，以防止产生腐蚀。

湿式电除尘器壳体由立柱、墙板、上下端板、顶梁、顶板、下部承压件、中部承压件、斜撑、内部走道等部件组成。

壳体能支撑阴、阳极系统，建立空间电场，形成一个独立的收尘空间，防止内、外气体的交流。壳体需采用良好的防腐措施，使其能承担除尘器内部结构的自重和外部附加的风、雪、负压、灰、地震、温度、检修等荷载。壳体需具有足够的强度和良好的密封性能。壳体上还设有侧部及上部阻流板，以避免因气流短路而降低除尘效率。

二、阳极系统

阳极系统（收尘极）应用金属不锈钢材料，运行时需要连续喷入碱性水，以提高设备抗酸腐蚀性，保证使用寿命。

湿式电除尘器阳极系统主要由阳极板排、防摆机构等组成，其中阳极板排主要由吊板、极板、限位板、防摆叉构成。

阳极板排上部通过两点铰接的方式自由悬挂在壳体顶梁底部的支撑板上，极板排下部有集水槽，用于收集水膜成型用水，并往墙板导流，防止大量的水膜成型用水直接落入灰斗而导致飞溅起沫，重新被带走排放，影响除尘效率。阳极系统设有防摆机构，仅允许极板排在热胀冷缩时上下自由伸缩。

三、阴极系统

阴极系统又称放电极和负极。放电极可采用带芒刺片的钢管或者锯齿状的极线制成。

阴极系统由阴极框架、阴极吊梁、阴极悬挂系统及防摆装置构成。阴极一般采用刚性小框架，阴极框架的主桅杆上端与阴极吊梁连接。阴极悬挂系统由吊梁、悬吊管、支撑螺母、支撑盖和承压绝缘子等构成，阴极框架直接悬挂在阴极吊梁上。

四、热风系统

湿式电除尘器一般采用独立小保温箱结构，配置绝缘子电加热。保温箱包括外侧的壁板、阴极系统的支撑部分、阴极系统的绝缘子以及电加热器、测温元件等。保温箱的作用在于将阴极系统的绝缘子隔绝于烟气与周围环境，同时承载阴阳极的负荷。保温箱内设置了电加热器，使绝缘子的温度在运行时始终保持高于水露点10℃，这样既保证了阴极系统的绝缘子不被烟气中的粉尘污染，又保证了其不会因为温度过低而结露。

五、喷淋系统

收尘极与放电极的喷淋水一般由不同管道提供，在电除尘运行过程中收尘极一直保持喷淋状态，而放电极一般一天只喷淋一次。

喷淋系统的主要部件是喷嘴和喷淋管，主要包括阳极喷淋系统和阴极冲洗系统。通过喷淋支路的电动门开关可控制喷淋时间和停歇时间。阴极及分布板的冲洗和末排阳极喷淋为同一工业水给水管路控制，通过电动门的开关可实现定时冲洗和间歇喷淋，末排极板一般采用工业水喷淋。

六、进、出口喇叭系统

进、出口喇叭的结构形式一般为水平进、出风喇叭。进口喇叭设置有气流均布多孔板；出口喇叭根据工况和设计要求配置除雾器，对电场气流均布以及辅助收尘起一定的作用。

七、灰斗及其附属装置

湿式电除尘器收集下来的灰水，通过灰斗和灰斗下方的落水管排入循环水箱。灰斗设计应满足以下条件：

(1) 水封，落水应设有水封装置，确保烟气不会从灰斗口涌出。

(2) 排水通畅，斗壁应有足够的退水角度。

(3) 灰斗内设有阻流装置，以防烟气短路。

第三节　湿式电除尘器水系统设备

一、补给水系统设备

补给水系统是由来水阀门、补给水箱液位计、补给水箱、补给水泵、补给电动阀和相关管件等组成的，如图21-3所示。

补给水系统设备的作用如下：

(1) 来水阀门。其用于控制工业来水是否往补给水箱中补水。当补给水箱低液位时开启阀门给水箱加水，当水箱高液位时关闭来水阀门。

(2) 补给水箱液位计、补给水箱。其用于监视水箱内的水位。

(3) 补给水泵。由变频器进行调频控制，将水送往喷淋系统。

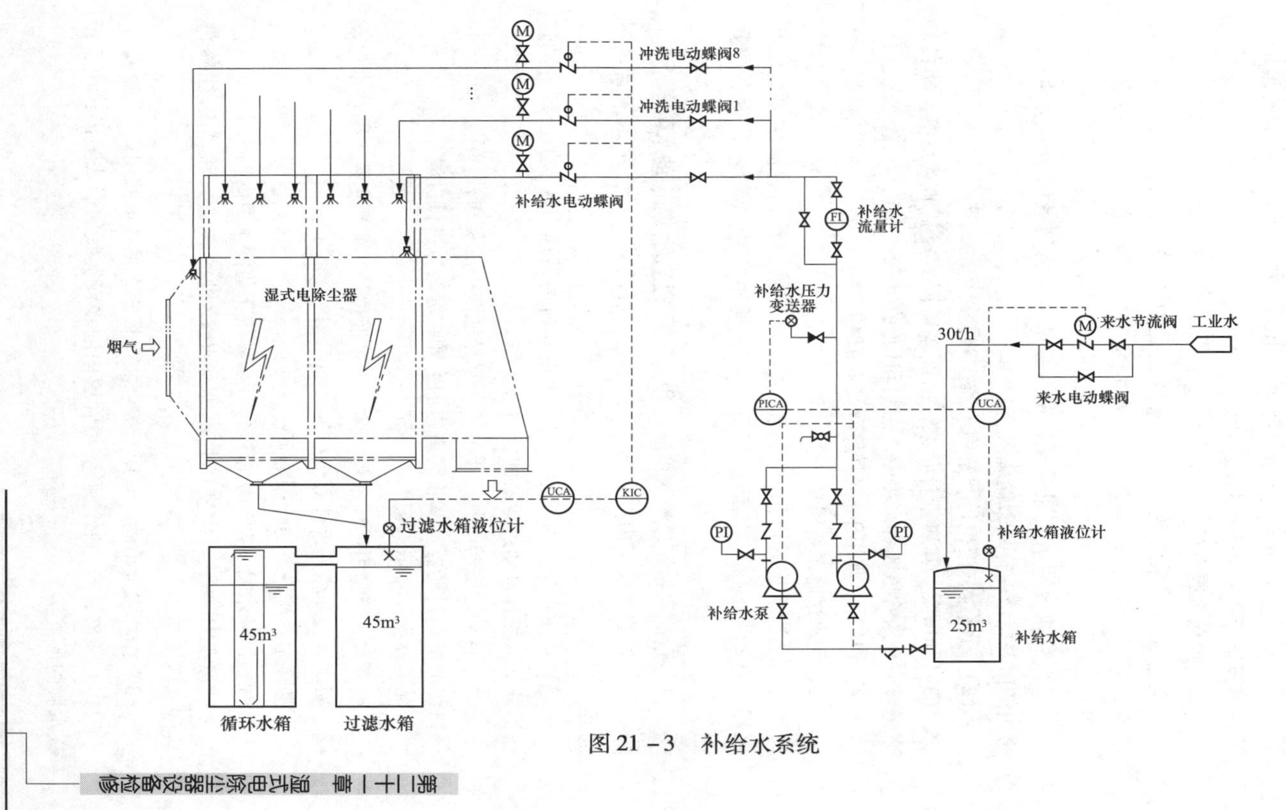
冲洗电动蝶阀8
冲洗电动蝶阀1
补给水电动蝶阀
补给水
流量计
FI
湿式电除尘器
补给水压力
变送器
烟气
30t/h
来水节流阀
工业水
来水电动蝶阀
PICA
UCA
UCA
KIC
过滤水箱液位计
PI
PI
补给水箱液位计
45m³
45m³
补给水泵
25m³
补给水箱
循环水箱
过滤水箱

图 21-3 补给水系统

（4）补给电动阀。其用于控制烟气出口末排阳极板上喷雾管道的开关，喷雾系统用于极板水膜的形成。

二、加药系统设备

这里以加碱系统为例。加碱系统是由液碱缓冲箱、卸碱泵、碱储罐、液位计、加碱泵、pH 计和相关管件等组成的。其设备作用如下：

（1）液碱缓冲箱、卸碱泵。先由液碱槽车将液碱添加到缓冲箱中，再由卸碱泵将液碱打入碱储罐内。

（2）碱储罐、液位计。其用于监视碱储罐内的碱液位。

（3）加碱泵。其属于计量泵，由变频器调频控制加碱泵电动机的转速将碱液打入管道或者水箱中，控制 pH 值在 6~8 之间。

（4）pH 计。其用于检测循环水的 pH 值。

三、污水过滤系统设备

污水过滤系统是由过滤水箱、过滤水箱液位计、过滤水泵、增压水泵、自动过滤器、Y 型过滤器和有关管件等组成的。其设备作用如下：

（1）过滤水箱、过滤水箱液位计。其用于监视水箱内的水位。

（2）过滤水泵。由变频控制水泵电动机的转速，将水送入自动过滤器。

（3）增压水泵。由变频控制水泵电动机的转速，将水加压到自动过滤器外部，配合自动过滤器的反清洗工作。

（4）自动过滤器。其用于分离灰水悬浊液中的灰和石膏泥。

（5）Y 型过滤器。其将管道内的大颗粒等杂质进行过滤。

四、循环水系统设备

循环水系统是由循环水箱、循环水箱液位计、循环水泵、循环水电动阀、喷淋管道和相关管件等组成的，如图 21-4 所示。

循环水系统设备的作用如下：

（1）循环水箱、循环水箱液位计。其用于监测水箱内的水位。

（2）循环水泵。由变频控制水泵电动机的转速，将水送往喷淋系统。

（3）循环水电动阀。其用于控制收尘极板上的喷淋阀门。

（4）喷淋管道。通过喷嘴将管道内的水以雾状的形式喷出，用于极板水膜的形成。

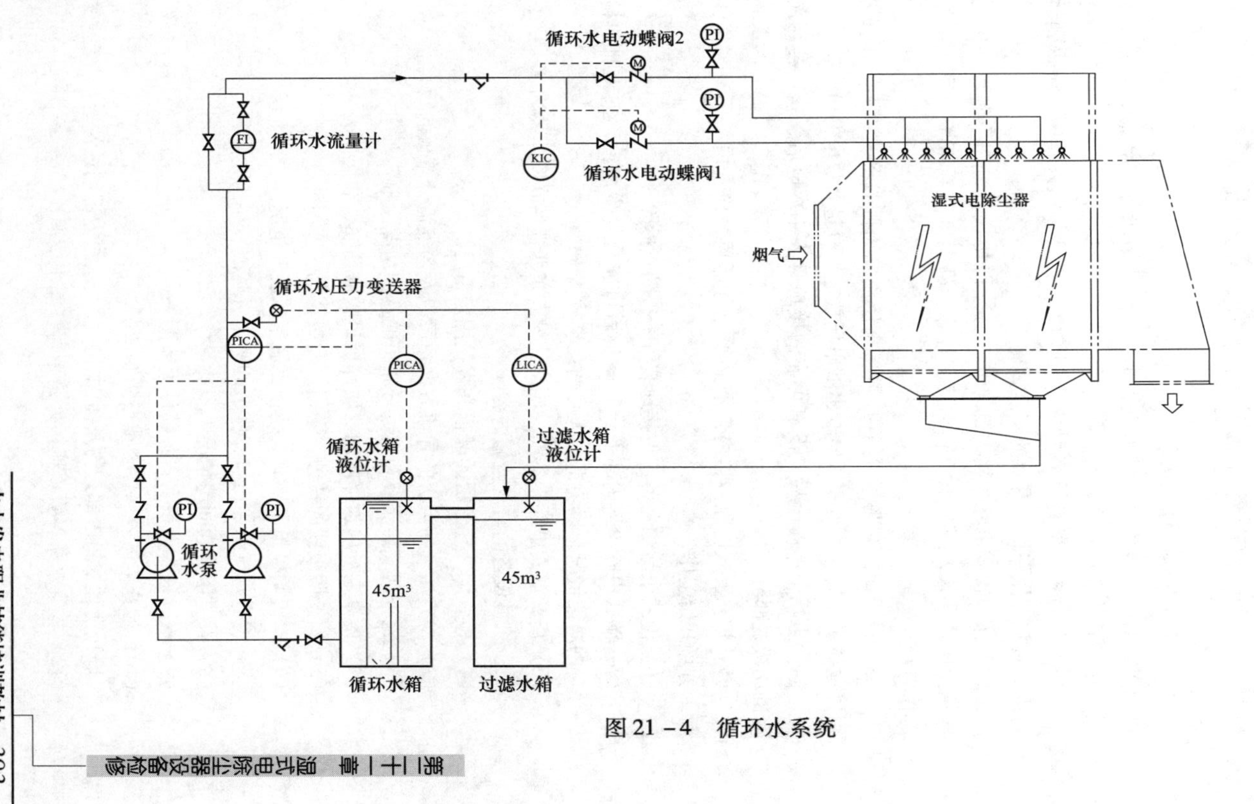
循环水电动蝶阀2
PI
M
PI
M
FI
循环水流量计
KIC
循环水电动蝶阀1
湿式电除尘器
烟气
循环水压力变送器
PICA
PICA
LICA
循环水箱
液位计
过滤水箱
液位计
PI
PI
循环
水泵
45m³
45m³
循环水箱
过滤水箱

图 21－4 循环水系统

第四节 湿式电除尘器检修标准

一、安全措施及注意事项

湿式电除尘器在运行维护过程中，必须严格执行《电业安全工作规程》中的有关规定，注意人身和设备的安全。主要包括：

（1）运行中严禁打开各种人孔门，如需打开保温人孔门，应得到运行人员批准并做好切实有效的安全措施。

（2）进入湿式电除尘器内部工作，必须严格执行工作票制度并停运电场及所属设备，隔离电源和烟气，且除尘器温度降到40℃以下，工作部位有可靠接地。

（3）进入湿式电除尘器前必须将高压隔离刀闸打到“接地”位置，用接地棒对高压硅整流变压器输出端电场放电部分进行放电并可靠接地。

（4）电场全部停电后，没有可靠的接地且人工放电后，禁止接触所有的阴极线部分。

（5）进入湿式电除尘器内部前必须充分通风，检查内部无有害气体后，方可开始工作。

（6）湿式电除尘器各部位接地装置不得随意拆除。

（7）湿式电除尘器内部平台时间长后可能会发生腐蚀，进入时须检查平台的腐蚀情况，以免造成人身伤亡事故。

（8）离开湿式电除尘器前，应确认没有东西遗留在除尘器内。

二、机械设备的常规检修内容

（1）检查烟气导流板的磨损和焊接固定情况。

（2）检查烟气导流板的导流方向角度以及与气流分布板的距离。

（3）检查烟气导流板和气流分布板的锈蚀情况。

（4）检查电场内顶部两侧及底部挡风板的锈蚀、磨损情况。

（5）检查阴极线的锈蚀、磨损、断裂情况。

（6）检查阳极板卡夹有无锈蚀、脱落或脱开情况。

（7）检查烟气进、出口膨胀节的磨损、腐蚀、穿孔等情况。

（8）检查阻流板间隙情况。

（9）检查灰斗无积水，各部件无泄漏。

（10）检查本体内部各个重点防腐情况。

（11）清理水箱内部杂物及污泥，并检查水箱内部锈蚀情况。

（12）检查水路各管道连接处是否存在漏水情况。

（13）检查各个阀门和水泵的漏水、锈蚀情况。

（14）检查喷嘴的堵塞、磨损情况。

（15）检修完毕，电场空载升压试验合格。

第五节　湿式电除尘器本体设备检修

一、阳极系统检修

阳极系统检修工艺与质量标准见表21－1。

表21－1　　阳极系统检修工艺与质量标准

检修项目	检修工艺	质量标准
阳极板的整体调整	1）同极距调整：当弯曲变形较大时可通过木锤或橡皮锤敲击弯曲最大处，然后均匀减少力度向两端延伸敲击予以校正。敲击点应在极板两侧边，严禁敲击极板的工作面。当变形过大、校正困难，无法保证同极距在允许范围内时应予以更换。 2）当极板有严重错位或下沉，同极距超过规定而现场无法消除及需要更换极板时，要做好揭顶准备，并编制较为详细的检修方案。 3）新换阳极板及极板排组合应符合制造厂家测试要求	同极距为300mm，允许偏差±10mm
阳极板检查修理	1）用目测或拉线检查阳极板弯曲、变形情况，如果平整度不符合要求时，应用夹板进行整平，如无法整平，应予更换；检查电腐蚀情况，如造成穿孔或极板变薄不能维持到下次检修时，应予更换。 2）检查极板下沉情况及上夹板固定销或凹凸套，检查极板底端与下夹板间隙，小于标准，对可能膨胀时造成极板弯曲变形影响的应进行调整；检查极板腰带固定螺栓，如有松动、脱落应做更换，用极距卡板测量同极距，各选择出入位置上、中、下三点进行测量并做好记录，不符合要求时应调整	平面误差≤5mm，对角线偏差≤10mm；极板两侧面直线度≤5mm；间隙≤25mm；左右两边应光滑无台阶
异极距的检测和调整	1）异极距检测应在大小框架检修完毕，阳极板排的同极距调整至正常范围后进行，并将调整前、后测量数据填入检修记录卡。 2）根据安装记录或上次检修记录，分别在每个电场的进、出口侧的第一根极线上布置测量点，并按照《电湿式电除尘阴、阳极间距安装误差测试方法》进行测量，必要时允许做局部调整	测量仔细准确，表格记录清晰，异极距允许偏差为±5mm

二、阴极系统检修

阴极系统检修工艺与质量标准见表21－2。

表21－2　　阴极系统检修工艺与质量标准

检修项目	检修工艺	质量标准
阴极框架检查修理	1）检查大框架水平和垂直度及与壳体内壁相对尺寸是否符合设计要求，超过要求时应校正； 2）大框架调整水平度应用专用提升工具顶起后，再用管子钳调节吊杆螺母到符合要求； 3）检查小框架之间的固定卡子，如有松动应予调整以保证同极距符合要求	框架平整，歪曲值应≤5mm；框架垂直度应≤10mm；不平度≤5mm；框架横管间不平行度≤4mm
阴极线检查修理	1）检查针刺线弯曲、变形、脱落、腐蚀情况，检查针刺线连接片和固定螺栓有无脱落、裂开、松脱； 2）有上述现象，应更换针刺线，换上新的针刺线，穿好连接螺栓，上部螺栓应拧紧，下部螺栓应适度拧紧，以使阴极线能在热胀冷缩时伸缩自如，所有螺栓均做好止推点焊； 3）更换螺旋线时，要将螺旋线自然拉直，不能拉直，避免弹性失效，相应将挂钩挂好	阴极线与阳极板极距为110mm±5mm，无明显弯曲现象

三、阳极板排的检修工艺及质量标准

（1）检查阳极板排和导轨的固定情况及板排两端垂直度，当下夹板偏位时，应按规定调整限位，规定留4mm左右的活动间隙，下部应留有不小于30mm的膨胀间隙。

（2）用目测或拉线法检查阳极板弯曲变形情况，其平面误差小于10mm。

（3）检查极板变形及磨损情况，对于变形较严重的极板，用较调法调整。

（4）检查阳极板排的锈蚀情况，对于锈蚀较严重的需打磨或更换，并查找原因做好防腐措施。

四、阴极大、小框架的检修工艺及质量标准

（1）阴极大框架的水平度、垂直度及壳体内壁相对尺寸均应符合要求。

(2) 检查大框架局部变形、脱焊、开裂等情况并进行调整，检查大框架上的爬梯是否有松动、脱焊情况。

(3) 检查小框架是否有扭曲、松动等情况，与大框架连接固定是否牢固。

(4) 检查大、小框架的锈蚀情况，对于锈蚀较严重的需打磨或更换，并查找原因做好防腐措施。

第六节 湿式电除尘器常见故障与检修处理

一、湿式电除尘器常见故障、原因及处理方法

湿式电除尘器常见故障、原因及处理方法见表21－3。

表21－3 湿式电除尘器常见故障、原因及处理方法

序号	故障现象	故障原因	处理方法
1	二次工作电流大，二次电压升不高，且无电火花	1）高压部分可能被异物接地	1）检查电场或绝缘子室，清除异物
		2）高比电阻粉尘或烟气性质改变电晕电压	2）改变煤种或采用烟气调质
		3）控制柜内高压取样回路，放电管软击穿或表计卡死	3）检修高压回路，更换元器件
		4）整流变压器内部高压取样电阻并联的放电管软击穿	4）更换元器件
2	二次电流正常或偏大，二次电压升不高	1）绝缘子污染严重或由于绝缘子加热元件失灵和保温不良而使绝缘子表面结露，绝缘性能下降，引起爬电	1）更换、修复加热元件或保温设施，擦干净绝缘子表面
		2）阴阳极上严重积灰，使两极之间的实际距离变近	2）检查调整异极距，及时清洗
		3）极距安装偏差大	3）检查调整异极距
		4）极板极线晃动，产生低电压下严重闪络	4）检查阴、阳极定位装置
		5）积灰较多，接近或碰到阴极部分，造成两极间绝缘性能下降	5）疏通清洗输灰系统，清理积灰

续表

序号	故障现象	故障原因	处理方法
2	二次电流正常或偏大，二次电压升不高	6）高压整流装置输出电压较低	6）检修高压整流装置
		7）在回路中其他部分电压降低较大（如接地不良）	7）检修系统回路
3	二次电流不规则变动	电极积灰，某个部位极距变小产生火花放电	清除积灰
4	二次电流周期性变动	电晕线折断后，残余部分晃动	换去断线
5	有二次电压而无二次电流或电流值反常小	1）粉尘浓度过大，出现电晕闭塞	1）改进工艺流程，降低烟气的粉尘含量
		2）阴阳极积灰严重	2）加强清洗
		3）接地电阻过高，高压回路不良	3）使接地电阻达到规定要求
		4）高压回路电流表测量回路断路	4）修复断路
		5）高压输出与电场接触不良	5）检修接触部位，使其接触良好
		6）毫安表指针卡住	6）修复毫安表
6	电火花异常多	1）绝缘子脏	1）针对性措施
		2）变压器内部二次侧接触不良或整流桥二极管开路	2）找出原因修理或更换
		3）气流分布不均匀	3）更换气流分布板
		4）异极距变小	4）调整异极距
		5）电场内存在积灰死角，落灰不畅	5）清除积灰
		6）阻尼电阻断裂放电	6）更换阻尼电阻

续表

序号	故障现象	故障原因	处理方法
7	一、二次电流、电压均正常，但除尘效率不高	1）异极间距超差过大	1）调整异极距
		2）气流分布不均匀，分布板堵灰	2）清除堵灰或更换分布板
		3）尘粒比电阻过高，甚至产生反电晕使驱极性下降，且沉积在电极上的灰尘泄放电荷很慢	3）烟气调质，调整工作点
		4）控制参数设置不合理	4）调整参数
		5）进入电除尘器的烟气条件不符合本设备原始设计条件，工况改变	5）根据修正曲线按实际工况考核效率
8	排灰装置卡死或保险跳闸	积灰堵塞或有异物落入排灰管道	停机修理
9	控制失灵，报警跳闸	1）晶闸管击穿	找出原因修理或更换
		2）晶闸管触发线错位或插脚短路	
		3）整流变压器一次侧接地或短路，或二次侧取样回路前短路或负高压接地，或电流、电压取样回路短路	
10	硅整流装置输出失控	1）晶闸管击穿	1）更换零件
		2）反馈量消失，取样电阻排损坏	2）检查有关元件和回路
		3）参数设置错误	3）调整参数

续表

序号	故障现象	故障原因	处理方法
11	控制回路及主回路工作不正常	1）安全联锁未到位闭合	1）检查人孔门及开关柜门是否关闭到位
		2）高压隔离开关联锁未到位	2）检查高压隔离开关到位情况
		3）合闸线圈及回路断线	3）更换线圈，检查接线
		4）辅助开关接触不良	4）检修开关
12	送电操作时，控制盘面无灯光信号指示	1）回路元件接触不良	1）检查各元件及回路接线
		2）灯泡损坏	2）更换灯泡
		3）熔断器熔断	3）更换熔断器
13	调压时表盘仪表均无指示	1）仪表内部有毛病	1）修理、校验仪表
		2）无触发输出脉冲	2）用示波器检查输出脉宽及个数
		3）快速熔断器熔断	3）更换
		4）晶闸管元件开路	4）更换
		5）交直流取样回路断线	5）检查二次接线
		6）交流电压表测量切换开关接触不良	6）检查开关触点
14	闪络指示有信号，而控制屏其他仪表不相应联动	1）外来干扰	1）对屏蔽接地检查
		2）闪络封锁信号转换环节及元件损坏	2）加旁路措施，更换新元件

续表

序号	故障现象	故障原因	处理方法
15	闪络一次后二次电压不再自动上升而报警	1）闪络时第一次封锁脉冲宽度过大	1）改变参数调整脉宽
		2）电压上升率 + $\Delta v/\Delta t$ 给定值过低	2）增大给定电压
16	带负荷升压，电压指示正常，电流指示为零	1）电流取样回路开路	1）检查二次接线
		2）电流表内部断线	2）测量电压值
17	升压时一次电压调压正常，二次电压时有时无，并伴有放电声	1）整流变压器二次线圈及硅堆开路及虚焊点	1）吊芯检查整流变压器，并将故障排除
		2）高压引线对壳体安全距离不够	2）检查并装好高压引线
		3）直流采样分压回路有开路现象	3）吊芯检查整流变压器并修复
18	油压报警跳闸，整流变压器排出臭氧味	整流变压器二次线圈或整流硅堆击穿短路	吊芯检查整流变压器，损坏部位更换新品
19	油位信号动作跳闸报警	整流变压器油布低于油位低限线	查明原因，排除故障，同时给整流变压器补充油至适当油位
20	油压报警跳闸	瓦斯继电器内有气体	打开排气阀排尽气体

二、水系统的故障、原因及处理方法

水系统的故障、原因及处理方法见表 21－4。

表 21－4　　水系统的故障、原因及处理方法

序号	故障现象	故障原因	处理方法
1	水泵电动机全速运转，水泵出口水压低于设定值	1）Y 型过滤器堵塞； 2）水泵内有空气	1）拆开 Y 型过滤器，清洗滤芯； 2）对水泵进行放气

续表

序号	故障现象	故障原因	处理方法
2	管路水压不变，流量明显下降	Y型过滤器堵塞造成	拆开Y型过滤器，清洗滤芯
3	循环水箱或过滤水箱的液位低，补给水路正常，水箱液位持续下降	灰斗下水管道堵塞，灰斗内部积水	停运水系统清理
4	阀门开关正常，喷淋管路中的流量明显增大	1）部分阀门内漏； 2）喷淋管内漏水	1）检查内漏阀门，重新调整阀门或者更换； 2）停炉后处理内漏管道
5	热风吹扫保温箱出现大量积水，保温加热无法投运，高压电场无法投运	1）保温箱漏风； 2）风机容量小； 3）风流量分配不均	1）处理漏风点； 2）检查电动机容量及运行是否正常； 3）清理保温箱内积水，尽快投运热风吹扫及保温箱加热
6	过滤器前的Y型过滤器堵塞	过滤水存在杂物及淤泥	停过滤水泵，定期清洗Y型过滤器
7	水系统电动机及泵出现噪声过大、漏油、渗水等故障	1）电动机及泵质量问题； 2）电动机与泵间连接垫损坏变形； 3）油封、水封已损坏； 4）电动机及泵不平衡	1）更换油封及水封件； 2）调整水泵电动机水平度及垂直度； 3）更换电动机或水泵
8	压力变送器压力显示过大或过小	压力变送器损坏	1）检查压力变送器与压力机械表显示值是否一致； 2）更换压力变送器

第二十二章

气力除灰系统设备检修

第一节　气力除灰基本原理

气固混合体的物理性质是研究气固两相流运动理论的基础，其中气固混合比和密度是决定两相流运动状态、压力损失及输送能力的重要参数。

1. 灰气混合比

灰气混合比简称灰气比，是指气固两相流中固体物料输送量与空气输送量的比值，又称为“两相流浓度”。灰气混合比包括质量灰气比和容积灰气比。

质量灰气比是指通过输料管断面的物料质量流量与气体质量流量之比。

与容积灰气比相比，质量灰气比在气力除灰技术中的应用更多。在气力输送气固两相流的工程设计中，通常都采用质量灰气比为设计参数。

选择恰当的灰气比是非常重要的。除灰系统的灰气比越大，输送能力越高。同时，在一定的系统出力下，灰气比越大，所需消耗的空气量则越小，消耗功率也就越小。此外，输送空气量小了，所需的管道及各类设备也可相应减少，从而有利于降低工程投资。但是，对于悬浮输送系统而言，并非灰气比越大越好。对它而言，灰气比过大，将使输送系统的压力损失增大，容易发生管道堵塞，而且对供气设备的压力性能及系统的密封性能的要求都相应提高。通常除灰系统的灰气比受到风机性能、物料性质、输送方式及输送条件等许多因素的限制。

2. 气流状态及其对物料颗粒的作用

目前采用较广泛的空气输送方式，都是建立在具有一定速度的气流对物料颗粒作用的基础之上的。许多试验分析指出，用空气输送物料时，紊流运动是空气和物料混合物的主要运动形式。

（1）当空气以不同速度通过固体颗粒层时，固体颗粒层的状态将发生不同变化。

（2）当流体自下而上通过物料层时，当灰气比较低时，空气流只是穿过颗粒之间的空隙，颗粒静止不动，并彼此互相接触，这种状态的颗粒层叫固定床。

（3）随着灰气比的增加，颗粒间隙随之增大。当流速增加到一定值时，全部颗粒都刚好悬浮在空气流中，空气对颗粒的作用力与其重力相平衡，相邻颗粒间挤压力的垂直分量等于零，床层开始具有流体的特性，此种“沸腾”状的床层称为流态化床，此种现象称为流态化，如图 22－1。

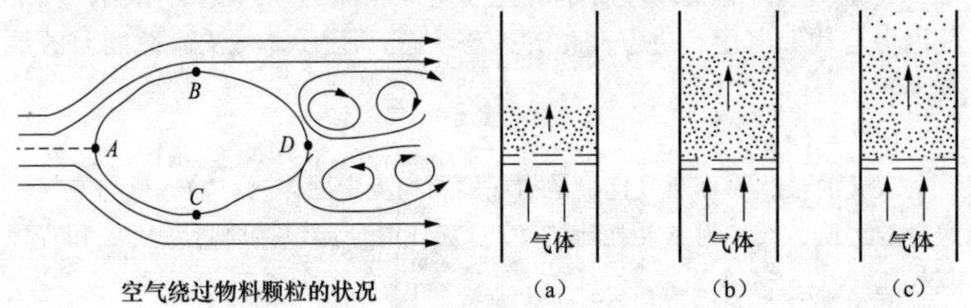

图 22－1　流态化过程

（a）固定床；（b）流态化床；（c）连续流态化床

（4）当灰气比继续增大，床层的上界面消失，固体颗粒被气流夹带并被气流带走，这种状态叫做稀相流态化。

3. 气力输送管中颗粒的运动状态

在气力输送管中，灰料颗粒的运动状态随气流速度与灰气比的不同有显著变化。气流速度越大，颗粒在气流中的悬浮分布越均匀；气流速度越小，颗粒则越容易接近管底，形成停滞流，直至堵塞管道。

一般各类灰料在不同的气流速度下所呈现的运动状况如图 22－2 所示。运动状况可划分为如下六种类型：

（1）均匀（悬浮）流。当输送气流速度较高、灰气比很低时，颗粒基本上以接近于均匀分布的状态在气流中悬浮输送。

（2）管底流。当风速减小时，在水平管中颗粒向管底聚集，越接近管底，分布越密，但尚未出现停滞。颗粒一面做不规则旋转、碰撞，一面被输送走。

（3）疏密流。当风速降低或灰气比进一步增大时，则会出现疏密流。这是灰料悬浮输送的极限状态，此时气流压力出现了脉动现象。密集部分

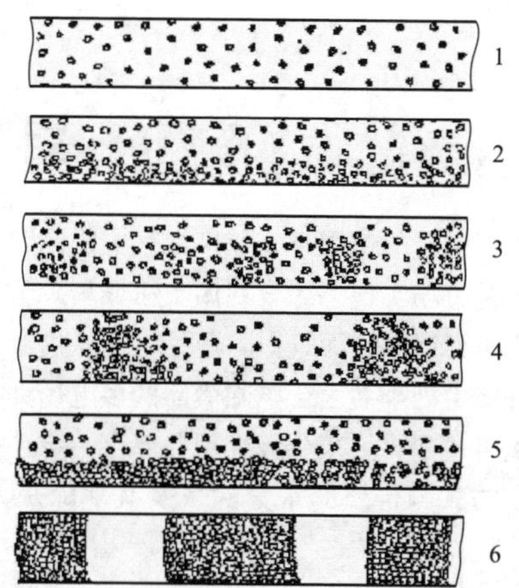

图 22－2　输送气流速度与运动状态的关系

1—悬浮流；2—管底流；3—疏密流；4—集团流；5—部分流；6—栓塞流

的下部速度小，上部速度大，密集部分整体呈现螺旋转边前进的状态，也有一部分颗粒在管底滑动，但尚未停滞。

（4）集团流。疏密流的风速再降低，则密集部分进一步增大，其速度也降低，大部分颗粒失去悬浮能力而开始在管底滑动，形成颗粒群堆积的集团流。由于在管道中堆积颗粒占据了有效流通面积，所以这部分颗粒间隙处风速增大，因而在下一瞬间又把堆积的颗粒吹走。如此堆积、吹走交替进行，呈现不稳定的输送状态，压力也相应地产生脉动。集团流只是在风速较小的水平管和倾斜管中产生。在垂直管中，颗粒所需要的浮力已由气流的压力损失补偿了，所以不存在集团流。由此可知，在水平管段产生的集团流，运动到垂直管中时便被分解成疏密流。

（5）部分流。常见的是栓塞流上部被吹走后的过渡现象所形成的流动状态。一方面，在灰料的实际输送过程中，经常出现栓塞流与部分流相互交替、循环往复的现象；另一方面，就是风速过小或管径过大时，常出现部分流，气流在上部流动，带动堆积层表面上的颗粒，堆积层本身是做沙丘移动似的流动。

（6）栓塞流或栓状流。堆积的物料充满了一段管路，水泥及粉煤灰一类不容易悬浮的灰料，容易形成栓状流。栓状流的输送是靠料栓前后压差的推动实现的。与悬浮输送相比，栓塞流的输送在力的作用方式和管壁的摩擦上，都存在原则性区别，即悬浮流为气动力输送，而栓塞流为压差输送。

第二节 气力除灰技术特点

气力输送在燃煤电厂的使用越来越广泛，主要原因是燃煤电厂产生的粉煤灰在化工、建材市场实现了综合利用。粉煤灰采用水处理的方法效益低、耗水量大、水污染严重，而气力除灰可将电除尘器收集的飞灰经气力输送至灰库中进行集中处理。由于电除尘器的多电场具有灰料粒度分级的作用，因此可实现粗、中、细灰分级处理并储存。

(1) 气力除灰方式与传统的水力除灰及其他除灰方式相比，具有如下优点：

1) 节省大量的冲灰水；

2) 在输送过程中，灰不与水接触，故灰的固有活性及其他物化特性不受影响，有利于粉煤灰的综合利用；

3) 减少灰场占地；

4) 避免灰场对地下水及周围大气环境的污染；

5) 不存在灰管结垢及腐蚀问题；

6) 系统自动化程度较高，所需的运行人员较少；

7) 设备简单，占地面积小，便于布置；

8) 输送路线选取方便，布置比较灵活；

9) 便于长距离集中、定点输送。

(2) 气力除灰技术存在以下不足：

1) 动力消耗较大，管道磨损也较严重；

2) 输送距离和输送出力受一定限制；

3) 对于正压系统，若运行维护不当，容易对周围环境造成污染；

4) 对运行人员的技术素质要求较高；

5) 对粉煤灰的粒度和湿度有一定的限制，粗大和潮湿的灰不宜输送。

第三节 气力除灰系统的基本类型

气力除灰系统的基本类型及特点见表 22－1。

表 22－1　　　　气力除灰系统的基本类型及特点

系统类型	主要设备	压力（kPa）	系统出力（t/h）	输送长度（m）	灰气比（kg/kg）	主要特点
高正压系统	大仓泵	200～800	30～100	500～2000	7～15	系统出力和输送长度较大，适合场外输送
微正压系统	气锁阀	<200	80	200～450	25～30	输送长度较短，单灰斗配置
负压系统	受料阀（E型阀）、负压风机、真空泵等	－50	50	<200	2～10	输送长度短，单灰斗配置
小仓泵系统	小仓泵	200～400	12（1.5m³泵）	50～1500	30～60	输送长度较长，单灰斗配置
空气斜槽－气力提升泵系统	空气斜槽－气力提升泵	0.3～0.6	40（斜槽）	≤60	>30（提升高度）	连续输送，结构简单，磨损小，输送距离短，适合于就近输入灰库

下面分别对气力除灰系统的基本类型进行一一介绍。

一、大仓泵正压除灰系统

仓泵输送装置是一种常用的气力输送装置。仓泵输送系统属于一种正压浓相气力输送系统，主要特点如下：

（1）灰气比高。一般可达 25～35kg（灰）/kg（气），空气消耗量为稀相系统的 1/3～1/2。

（2）输送速度低。一般为 6～12m/s，是稀相系统的 1/3～1/2，输灰直管采用普通无缝钢管，基本解决了管道磨损、阀门磨损等问题。

（3）流动性好。粉尘颗粒能被气体充分流化而形成“拟流体”，从而改善了粉尘的流动性，使其能够沿管道浓相顺利输送。

（4）助推器技术用于正压浓相流态化仓泵系统，从而解决了堵管问题。

（5）可实现远距离输送。其单级输送距离达 1500m，输送压力一般为 0.15～0.22MPa。

（6）关键件（如进出料阀、泵体、控制元件等）寿命长，且按通用规范设计，互换性、通用性强。

在浓相输送系统中，流态化仓泵（又称浓相气力输送系统、流态化传送器）就是用较少量的空气输送较多的物料，被输送的物料在输送管道中呈集团流、栓塞流，流速为6～12m/s。流态化仓泵的结构如图22－3所示。其特点是：安全可靠、寿命长、检修工作量少；结构简单、质量轻、占地面积小（可悬挂在灰斗上）；使物料充分流态化，形成“拟流体”，使物料具有良好的流动性，因而实现真正的浓相低速输送。理想的浓相流为栓塞流。

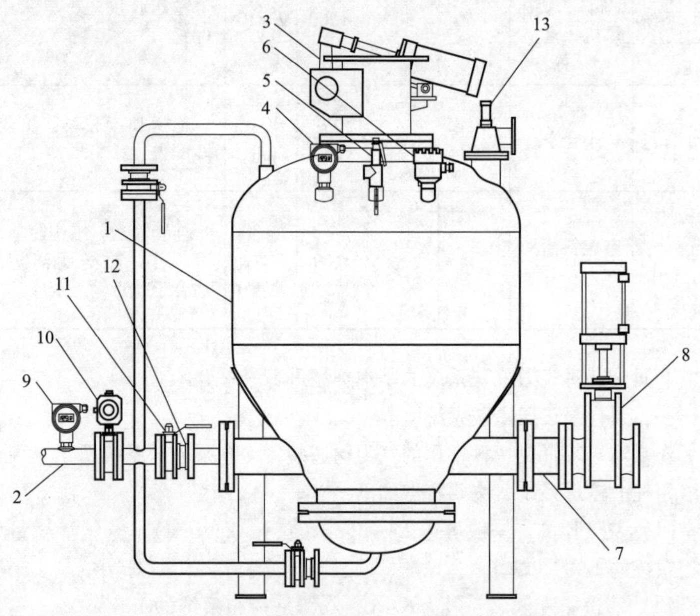

图22－3　流态化仓泵的结构

1—仓泵；2—输送气管；3—进料阀；4—仓泵压力变送器；5—安全阀；6—料位计；7—输灰管；8—出料阀；9—输送气压力变送器；10—输送气进气阀（气动阀）；11—输送气进气手动调节阀；12—逆止阀；13—仓泵排气平衡管

大仓泵正压气力除灰系统由供料设备、气源设备、集料设备及管道、控制系统等构成。不同类型的气力除灰系统采用的功能设备的类型、性能以及布置形式是不同的。大仓泵正压气力除灰系统的核心设备是仓式气力输送泵，电动锁气器（又称星形卸料器或回转式给料器）是与之相配套的前置供料器；气源设备采用较多的是空气压缩机组、罗茨风机或其他高压风机；集料设备是结构较为简单的布袋除尘器，布袋除尘器通常安装在灰库的库顶。

根据仓泵配置方式的不同，大仓泵正压气力除灰系统可分为集中供料式和直联供料式两种类型。集中供料系统是指多只灰斗共用一台仓泵，俗称大仓泵系统。直联供料系统是指每一只灰斗单独配置一台仓泵，这种系统因仓泵的容积较小，因而习惯上称之为小仓泵系统。在工程设计中可根据现场条件、设计要求及系统出力等情况来确定采用哪种类型的供料系统。集中供料系统需在若干并联灰斗下安装一台干灰集中设备，其作用是将每个灰斗的干灰按照控制程序依次输入仓泵内，再向外输送。

典型的大仓泵正压气力除灰系统的工艺流程如图 22－4 所示。干灰从电除尘器（EP）灰斗流出，经闸板阀、电动锁气器进入干灰集中设备，干灰集中设备将来自若干不同灰斗的干灰集中输送给一台仓泵。在仓泵内干灰与压缩空气混合，使干灰呈悬浮状态，并经除灰管道打入灰库。大部分干灰直接落入库底，少量细灰随乏气进入安装于库顶的布袋收尘器，细灰被收集下来重新落入灰库，清洁空气则直接排入大气。

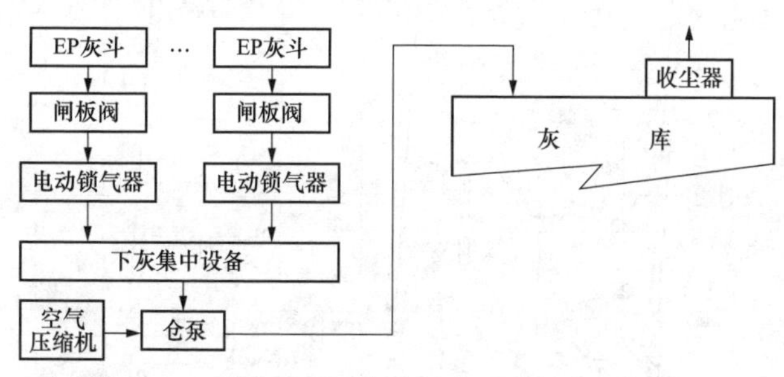

图 22－4　大仓泵正压气力除灰系统工艺流程框图

大仓泵正压除灰系统除含泵外，还应包括前置给料设备——电动锁气器和干灰集中设备。电动锁气器的主要作用一是连续定量给料，二是隔绝上下空气。干灰集中设备将多只灰斗的灰汇集在一起，达到多灰斗共用一台仓泵的目的。燃煤电厂常用的干灰集中设备有空气斜槽、螺旋输送机和埋刮板机等。燃煤电厂中电除尘器灰斗的数量依实际工程情况是不尽相同的。当电除尘器灰斗数量较多时，采用集中供料系统可以减少仓泵数量，使整个除灰系统大大简化，从而减少了除灰管道的数量，降低了除灰系统的投资。

图 22－5 为一套典型的燃煤电厂大仓泵正压气力除灰系统布置图。此

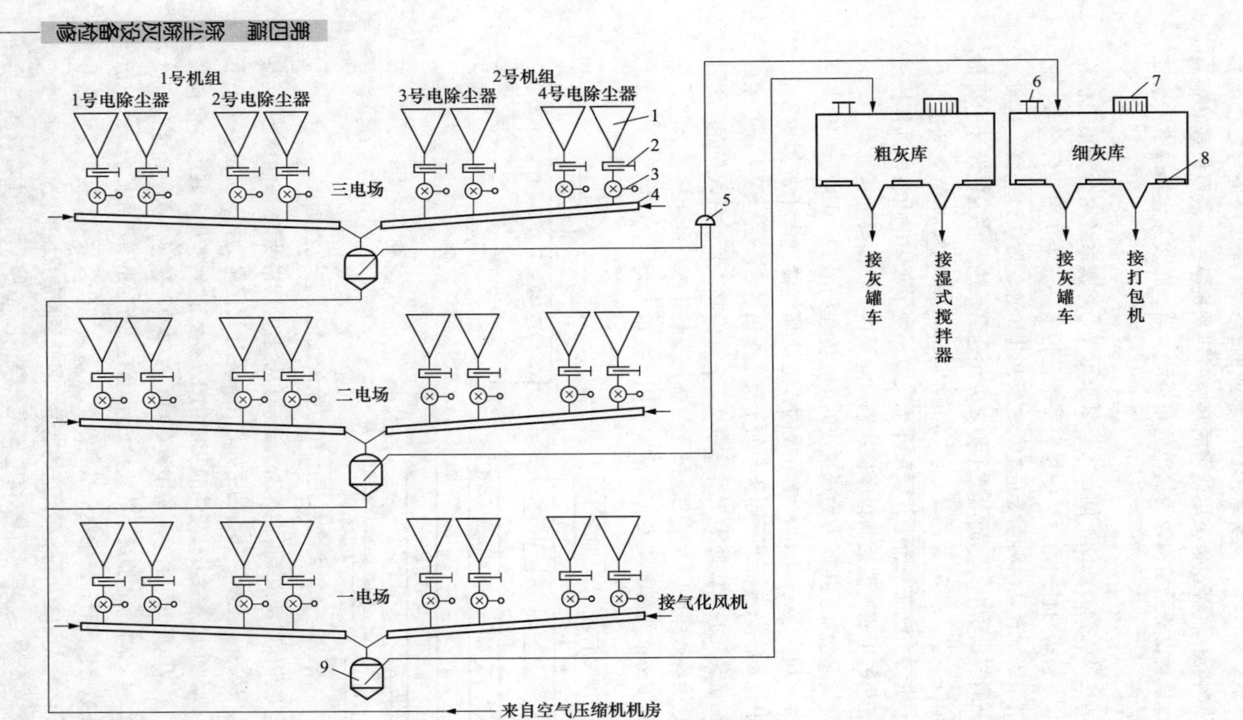

图 22-5 大仓泵正压气力除灰系统布置图

1—灰斗；2—插板；3—电动锁气器；4—空气斜槽；5—出料阀；6—压力释放阀；7—布袋除尘器；8—库底气化板；9—大仓泵

系统为单炉双电除尘器配置，每台电除尘器为双室三电场结构。该系统共有两条除灰管路，采用粗细灰分输、分储的方式。一电场干灰为粗灰，二、三电场为细灰。两台电除尘器的一电场 8 只灰斗共用一条输灰母管，二、三电场的 16 只灰斗共用另一条输灰母管。系统共配有两座储灰库，其中一座用于储存一电场的粗灰，另一座用于储存二、三电场的细灰。

二、负压气力除灰系统

1. 系统流程

负压气力除灰系统的工艺流程如图 22－6 所示。利用抽气设备的抽吸作用，使除灰系统内产生一定负压，当灰斗内的干灰通过电动锁气器落入供料设备时，与吸入供料设备的空气混合，并一起吸入管道，经气粉分离器分离后的干灰落入灰库，清洁空气则通过抽气设备重返大气。

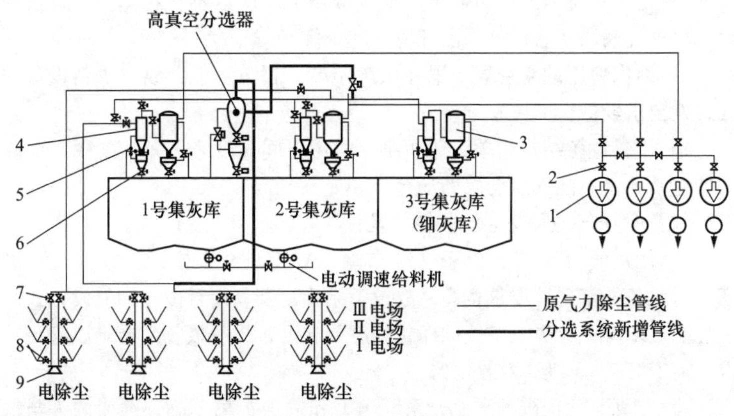

图 22－6　负压气力除灰系统工艺流程图

1—水环式真空泵；2—真空阀；3—布袋分离器；4—旋风分离器；5—三通平衡阀；6—双联插板阀；7—旋转挡板阀；8—卸灰器；9—进风阀

负压气力除灰系统应在电除尘器的每只灰斗下分别装一台供料设备。负压气力除灰系统常用的供料设备有除灰控制阀和受灰器，目前采用除灰控制阀的系统逐渐增多。当用受灰器时，受灰器与除尘器灰斗之间应装设手动插板门和电动锁气器；当用除灰控制阀时，控制阀与除灰器灰斗之间可只装设手动插板门。当采用除灰控制阀的系统配有多根分支输送管时，在每根分支输送管上应装切换阀，切换阀应尽量靠近输送总管。每根分支输送管终端还应设有自动进风门，自动进风门的大小与输送管管径的关系为：管径小于或等于 DN200 时，进风门为 DN32；管径大于或等于 DN200 时，进风门为 DN50。

在一定的输送距离下，采用除灰控制阀的负压气力除灰系统的出力主要取决于管道的直径，如果输送距离较长时分为两段变径布置，在各段起点的输送速度均应大于最低输送速度。

负压气力除灰系统应设专用的抽真空设备，抽真空设备可选用回转式风机、水环式真空泵或水力抽气器。水力抽气器现已较少采用，只有当输送灰量较小、卸灰点分散，而且外部允许湿排放时才可采用。

2. 负压气力除灰系统的特点

（1）负压气力除灰系统的优点是：

1）适用于从多处向一处集中送灰，无须借助干灰集中设备，多个灰斗可以共用一条输送母管，将粉煤灰同时送入或依次送入灰库；

2）由于系统内的压力低于外部大气压力，所以不存在跑灰、冒灰现象，故系统漏风不会污染周围环境；

3）因供料用的受灰器布置在系统始端，真空度低，故对供料设备的气封性要求较低；

4）供料设备结构简单，体积小，占用空间高度小，尤其适用于电除尘器空间狭小不能安装仓泵的场合。

（2）负压气力除灰系统的缺点是：

1）因灰气分离装置处于系统末端，与气源设备接近，故其真空度高，对设备的密封性要求也高，故设备结构复杂，而且由于抽气设备设在系统的最末端，对吸入空气的净化程度要求高，故一级收尘器难以满足要求，需安装 2～3 级高效收尘器；

2）受真空度极限的限制，系统出力和输送距离不高，因为浓度与输送距离越大，阻力也越大，这样输送管内的压力越低，空气也越稀薄，携载灰料的能力也就越低。

三、微正压气力除灰系统

微正压气力除灰系统是一种继高正压（仓泵式）和负压之后出现的新型粉煤灰输送系统。由于微正压气力除灰系统的供料设备采用的是锁阀，因此又称为气锁阀正压气力除灰系统。

微正压气力除灰系统既不同于仓泵正压系统和负压气力系统，又与两者有着相似之处。比如，微正压气力除灰系统的气锁阀和仓泵正压气力除灰系统的仓泵都是借助于外部气源压力发送罐，只是罐体结构及气源压力有所不同，微正压系统通常用回转式鼓风机作为气源设备，额定压力小于200kPa，仓泵的额定压力则要高许多。此外，微正压气力除灰系统的库顶布袋除尘器的结构原理与仓泵正压除灰系统的也相同。但是在系统布置方式上，微正压气力除灰系统与负压气力除灰系统相似，都是采用直联方式，即每只灰斗配置一台气锁阀，几台气锁阀共用一条分支管路，多条分支管路共用一条输灰母管。

图 22 - 7 所示为安装于国内某电厂的一套微正压气力除灰系统。该系统利用风机产生 0.10 ~ 0.14MPa 的输送风压，将干灰直接送至灰库，风量约 $57m^3/min$，由容积式旋转风机提供。

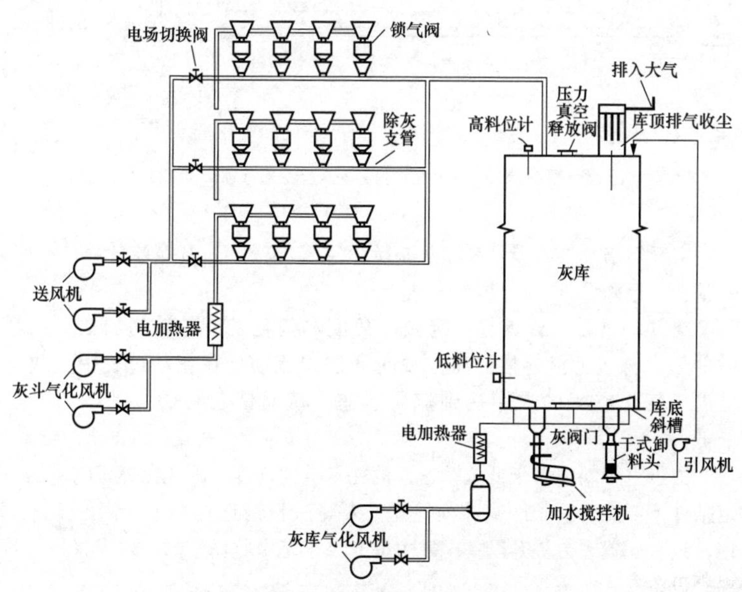

图 22 - 7　微正压气力除灰系统

灰从灰斗进入除灰管道，由气锁阀调节灰斗与除灰管之间的压力，保证干灰能够从压力较低的灰斗流入压力较高的除灰管道。与负压系统相比，微正压系统的输送量较大，输送距离也较远，同时简化了灰库库顶的气灰分离设备，其缺点是每个灰斗下均需要较大的空间来安装气锁阀，基建投资较高。

四、空气斜槽 - 气力提升泵除灰系统

空气槽是一个长方形断面的槽，可水平或倾斜安装用来输送粉煤灰，倾斜安装的空气槽被称为空气斜槽，如图22－8所示。它由上下两个槽体（物料槽体2和空气槽体3）构成，两槽之间用多孔气流分布板4隔开，上槽为物料输送槽，下槽为通风槽。物料经进料口5进入槽内，鼓风机的空气由进风管6进入通风槽穿过气流分布板均匀地分布在物料颗粒之间，使物料形成流态化状态，在重力的作用下沿着槽体移动，经卸料口排出，余气由滤气孔1排放至大气。

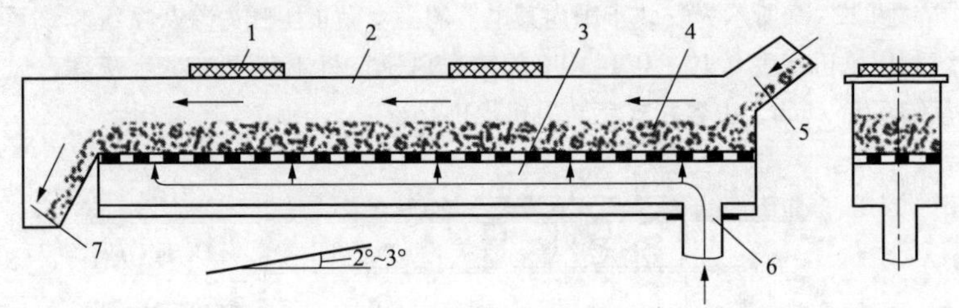

图22－8　空气斜槽

1—滤气孔；2—物料槽体；3—空气槽体；4—多孔气流分布板；5—进料口；6—进风口；7—卸料口

空气斜槽－气力提升泵除灰系统由空气斜槽、气力提升泵及垂管道、膨胀仓、气源设备等组成。

空气斜槽是一种具有一定倾斜角度和气化功能的输送料槽，灰料借助于自身重力沿料槽的高位端向低位端流动。在流动过程中，灰料借助于气化空气的作用达到流化状态，从而使灰料的流动阻力降至最低。

由于空气斜槽属于低位输送，消耗了空间高度，因此在燃煤电厂的特定条件下不能进行长距离物料输送。要将灰料输送到几十米高的灰库库顶，只有配置一台提升设备。气力提升泵正是由此而生的一种理想的灰料提升设备。

空气斜槽的作用是将干灰收集在一起，并输入气力提升泵；气力提升泵的作用是将泵体内的干灰垂直打入数十米高的中转灰库。这一系统适用于干灰的就地入库。当需要进行远距离输送时，在灰库底部安装一台仓式气力输送泵即可。

五、小仓泵正压气力除灰系统

1. 输送机理

小仓泵正压气力除灰系统是基于流态化和气固两相流技术而研制的，是一种利用压缩空气的动压能与静压能联合输送的高浓度、高效率气力输送系统。其输送技术的关键是必须将物料在小仓泵内得到充分的流态化，而且是边流化、边输送，改悬浮式气力输送为流态化气力输送，因此系统整体性能指标大大超过常规的气力除灰系统，是目前世界上成熟可靠的气力输送技术之一。

仓泵控制采用PLC程序控制与现场就地手操相结合的方式。PLC控制为经常运行方式，系统根据设定的程序自动运行。正常情况下，仓泵进料阀打开，仓泵进料，当仓泵内料满，仓泵料位计发出料满信号；PLC接到料满信号后，发出指令，相继关闭仓泵进料阀，打开进气阀，仓泵开始充气流化；当仓泵内压力达到双压力开关所设定的上限压力时，仓泵出料阀打开，仓泵内灰气混合物通过管道送入灰库；随着仓泵内灰量的减少，仓泵内压力也随之降低，至双压力开关所设定的下限压力后，再延时一定时间吹扫管道，然后关闭进气阀、出料阀，打开进料阀，仓泵开始再次进料。该系统如此循环，在实现自动运行的同时也具备了自动保护功能，并在达到某一限值时发出声光报警信号。

小仓泵正压输送装置的主要特点有：

（1）灰气比高。一般可达25～35kg（灰）/kg（气），空气消耗量为稀相系统的1/3～1/2。

（2）输送速度低。一般为5～15m/s，是稀相系统的1/3～1/2，输灰直管采用普通无缝钢管，只在弯头部位采用耐磨材料，基本解决了管道磨损、阀门磨损等问题。

（3）流动性好。粉尘颗粒能被气体充分流化而形成“拟流体”，从而改善了粉尘的流动性，使其能够沿管道浓相顺利输送。

（4）可实现远距离输送。其单级输送距离达1500m，输送压力一般为0.15～0.22MPa，高于稀相系统；

（5）安装维修方便。由于仓泵体积小、质量轻，故安装方便，维修也容易。常用仓泵规格为0.25～2.50m^3，设备质量为250～1500kg，可直接吊挂在灰斗下。

（6）可靠性和可维修性。具体如下：

1）系统具备的故障备用方式优越，可大大提高系统的可靠性和可维修性，如电除尘器某一个电场下的仓泵故障，即可停止此电场仓泵的输送，而不影响其他电场仓泵工作，这对维修是有利的；

2）对于本系统内的主要动作部件，如电磁阀、气缸等，由于控制用气经过严格的净化处理，因而具有很高的可靠性；

3）对于本系统内工作工况恶劣的关键部件，如进料阀和出料阀等，针对高冲刷性灰气混合两相流工况进行设计和制造，以满足其工况适应性和长期使用的可靠性能要求，并考虑可维修性要求；

4）系统的大量配套件，如阀门、气缸、仪器仪表等，都尽量采用标准元件，互换性强，维修费用低，且更换方便。

(7) 自动运行水平高。本系统自动化程度高，操作简单，系统动态显示、故障报警和处理功能齐全。必要时，既可与电除尘器控制中心联合构成一集控中心，同时又可以在本系统局部范围内（如对某一仓泵）实现手动操作，因此操作、管理非常灵活方便。

2. 小仓泵的工作过程

小仓泵的工作过程可分为四个阶段，即进料阶段、流化阶段、输送阶段和吹扫阶段，如图 22－9 所示。工作过程形成的压力曲线如图 22－10 所示。

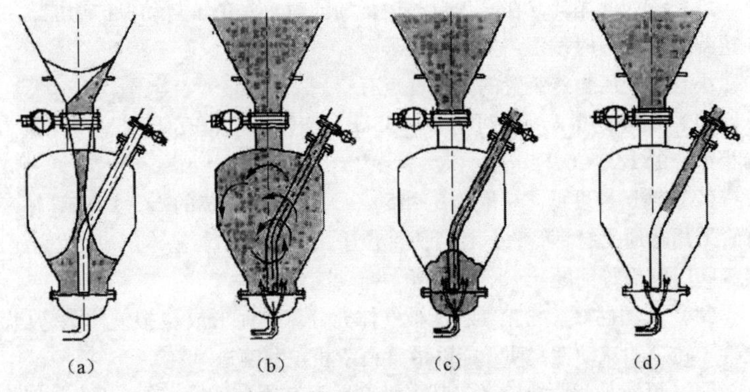

图 22－9　小仓泵工作过程

(a) 进料阶段；(b) 流化阶段；(c) 输送阶段；(d) 吹扫阶段

(1) 进料阶段。进料阀呈开启状态，进气阀和出料阀关闭，仓泵内部与灰斗连通，仓泵内无压力（与除尘器内部等压），飞灰源源不断地从除尘器灰斗进入仓泵，当仓泵内飞灰灰位高至与料位计探头接触，则料位计产生料满信号，并通过现场控制单元进入程序控制器。在程序控制器的控制下，系统自动关闭进料阀，进料状态结束。

(2) 流化阶段。进料阀关闭，打开进气阀，压缩空气通过流化盘均匀进入仓泵，仓泵内飞灰充分流态化，同时压力升高，当压力高至双压力开关上限压力时，则双压力开关输出上限压力信号至控制系统，系统自动打开出料阀，加压流化阶段结束，进入输送阶段。

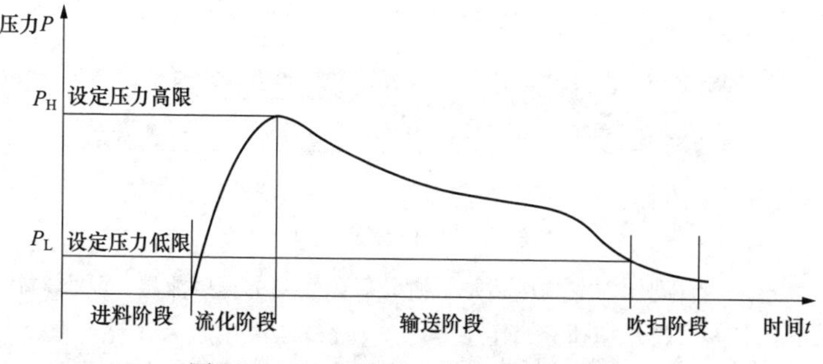

图 22－10　小仓泵工作过程压力曲线

（3）输送阶段。出料阀打开，此时仓泵一边继续进气，飞灰被流态化，灰气均匀混合；一边气灰混合物通过出料阀进入除灰管道，并输送至灰库，此时仓泵内压力保持稳定。当仓泵内飞灰输送完后，管路阻力下降，仓泵内压力降低，当仓泵内压力降低至双压力开关设定的下限压力值时，输送阶段结束，进入吹扫阶段，但此时进气阀和出料阀仍保持开启状态。

（4）吹扫阶段。进气阀和出料阀仍开启，压缩空气吹扫仓泵和除灰管道，此时仓泵内已无飞灰，管道内飞灰逐步减少，最后几乎呈空气流动状态，系统阻力下降，仓泵内压力也下降到稳定值。吹扫的目的是吹尽管路和泵体内残留的飞灰，以利于下一循环的输送。

六、双套管紊流气力输灰系统

1. 系统基本原理

随着气力输灰技术的广泛应用和粉煤灰综合利用技术的进步，电力行业出现了对粉煤灰超长距离输送（大于1000m）的需求，采用双套管特殊管道结构等技术措施可实现长距离输送。双套管紊流气力除灰系统属于正压气力除灰方式，该系统的工艺流程和设备组成与常规气力除灰系统基本相同，即通过压力发送器（仓式泵）把压缩空气的能量（静压能和动压能）传递给被输送物料，克服沿程各种阻力，将物料送往储料库。但是双套管紊流气力输灰系统的输送机理与常规气力除灰系统不尽相同，主要不同点在于该系统采用了特殊结构的输送管道，沿着输送管的输送空气保持连续紊流，这种紊流是采用第二条管来实现的，即管道采用大管内套小管的特殊结构形式，小管布置在大管内的上部，在小管的下部每隔一定距离开有扇形缺口，并在缺口处装有圆形孔板，如图 22－11 所示。当输料管中某处发生物料堵塞时，堵塞后方的输送压力增高而迫使气流进入内

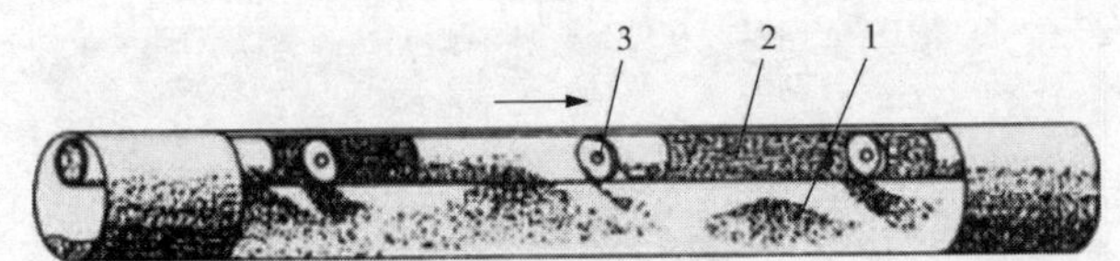

图 22－11　双套管紊流气力除灰系统输料管结构

1—输料管；2—内套管道；3—孔板

管，进入内管的压缩空气从堵塞下游开口以较高的速度流出，从而对该处堵塞的物料产生扰动和吹通作用。

正常输送时大管主要走灰，小管主要走气，压缩空气在不断进入和流出内套小管上特别设计的开口及孔板的过程中形成剧烈紊流效应，不断扰动物料。低速输送会引起输送管道中物料堆积，这种堆积物会引起相应管道截面压力降低，所以迫使空气通过第二条管（即内套小管）排走，第二条管中的下一个开孔的孔板使“旁路空气”改道返回原输送管中，此时增强的气流将吹散堆积的物料，并使之向前移动，以这种受控方式产生扰动，从而使物料实现低速输送而不堵管。

2. 系统主要特点

（1）安全性和可靠性高。由于双套管紊流气力输灰系统独特的工作原理，保证了气力除灰系统管道不易堵塞，即使短时停运后再次启动也能迅速疏通，提高了气力除灰的安全性和可靠性。

（2）输送速度低，管道磨损小。气力除灰系统起始速度为 2～6m/s，末速度为 15m/s，平均速度为 10m/s。而稀相气力输送系统初速度为 10m/s，末速度为 30m/s，平均速度为 20m/s。管道的磨损量与输送速度的 3 次方成正比，前者是后者管道磨损量的 1/8，管道的使用寿命，前者为后者的 8 倍。

（3）运行费用低。据资料统计，稀相气力除灰单位电耗一般为 7～10kW · h/（t · km），而双套管气力除灰系统一般为 4～6kW · h/（t · km），因此能耗低。

（4）出力大。双套管气力除灰系统出力可达 100t/h 以上，输送距离可达 1000m 以上。

第四节　气力除灰系统组成

气力除灰系统由仓泵、气源、管道和灰库等部分组成，采用集中程序控制方式，实现系统设备的协调有序运行。系统采用F型上引式流态化仓泵作为关键输送设备，仓泵直接连接在电除尘器灰斗下，接受电除尘器收集的飞灰，同时采用空气压缩机作为动力源，通过密闭的管道，在高浓度、低流速的状态下，把飞灰输送至储灰库。

一、仓泵

仓泵本体是能承受一定压力与温度的压力容器，其上端为气动进料阀，内部为一上引式管道，与气动出料阀及除灰管道相连，上引管下端为流化盘。气动进料阀、气动出料阀、进气阀、二次气阀均由电磁气动换向阀控制。仓泵采用间歇式自动控制方式运行。仓泵的组成部件包括：

（1）进料装置。进料装置也叫进料阀，设置在气力输送仓泵上部，进料阀直接与仓泵相连接并融合为一个整体，由直行程缸通过摇臂驱动翻板做90°旋转以控制开闭。

仓泵进料装置有回转式给料器和星形泄料阀、圆顶阀等几种。圆顶阀是微正压气力除灰系统的核心设备。它是一种利用重力将灰或其他干燥的、可以自由流动的灰料物料，从其上方的低压区传送到下部高压区的供料设备。圆顶阀由于其独特的结构和加工工艺，使其可在磨损、高温、腐蚀或黏性等特殊工况下连续稳定地运行，且性能可靠，在正常使用工况下，每运转100万次才需要检修一次。密封圈是其唯一的磨损件，而由于密封圈是一种柔性部件，位于托圈和顶盘之间，由紧固件固定，因此便于拆卸和检修。

1）圆顶阀的工作原理。圆顶阀阀芯是一个球面圆顶，圆顶阀在开关过程中，阀芯与橡胶密封圈间保持有约0.3～1.0mm的间隙，使阀芯与橡胶密封圈可以以无接触的方式运动，目的是使阀芯与橡胶密封圈之间不产生摩擦，减少磨损。圆顶阀的气动执行元件为全密封直线或扇形气缸，直接驱动圆顶阀转动，有效地防止了灰尘进入其中造成磨损、泄漏等现象的发生。当圆顶阀处于关闭状态时，橡胶密封圈充气、膨胀，紧紧地压在球面圆顶阀芯上，从而形成一个非常可靠的密封环带，阻止了管道内物料的流动。

圆顶阀关闭时，密封圈处于完全松弛（不充气）状态，阀瓣与阀座之间存在一定的间隙。阀瓣旋转，物料随着阀瓣的转动，有的穿过该间隙进入容器，有的停留在间隙处。当阀瓣旋转至关闭位置时，密封圈开始充气膨胀，并紧紧裹住间隙里各种形状的颗粒附着在阀瓣的边缘，圆顶阀完全关闭。圆顶阀开启之前，密封圈先排气至完全松弛。阀瓣与阀座间恢复到原来的间隙，阀瓣开始转动至开位。

根据适用物料情况可选用带刮圈（清洁黏附在穹体表面的残余物料，用于黏性物料）或不带刮圈（适用于流动性好的物料）的圆顶阀。圆顶阀使用时必须检查所有紧固件，尤其要确保阀内固定穹形体和轴的螺栓已紧固。圆顶阀开启或关闭时，两侧应无压差，否则压力高侧的气体和物料将高速穿过阀瓣和密封圈的间隙，造成阀瓣和密封圈磨损。可膨胀密封圈在阀门开启或关闭之前应该完全收缩，否则将造成阀瓣切割损坏密封圈。可膨胀密封圈的膨胀压力必须高于阀门的介质压力，否则密封圈将不完全膨胀，会导致密封圈和阀瓣之间产生空气及物料泄漏，会冲刷密封圈、阀瓣及其他部件。

2）圆顶阀的结构。圆顶阀的结构如图 22－12 所示。由于其结构的特殊性，通常是气力输送中的首选阀门。圆顶阀的壳体与穹形阀瓣材料常选用球墨铸铁、不锈钢、特种耐磨材料和钢衬氟塑料。密封圈材料常选用氯丁橡胶、硅酮橡胶、氟橡胶和三元乙丙橡胶等。圆顶阀是依靠压缩空气实现紧密密封效果的特殊阀门，适用于处理含尘气体、冲蚀性散装物料，如用于库/仓的放料阀、工艺流程阀门、换向阀门、反应堆阀门、流化床燃烧室阀门、高压气体反应器和降压装置等。

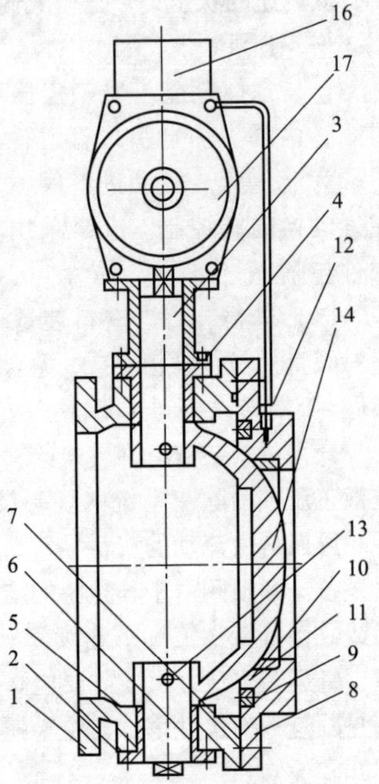

图 22－12　圆顶阀结构示意图
1—阀体；2—轴套；3—转轴（一）；4—接套；5—O 型密封圈（一）；6—O 型密封圈（二）；7—O 型密封圈（三）；8—顶座体；9—压紧圈；10—固定圈；11—橡胶密封圈；12—管接头；13—销；14—阀芯；15—转轴（二）；16—控制箱；17—执行器

（2）排气装置。排气装置也叫排气阀，有的仓泵排气阀直接连接在灰斗上，此称之为平衡阀。它设置在气力输送仓泵上部，作用为通过气缸的动作打开或关闭阀门，使气力输送仓泵内余气排至储料仓。

（3）流态化装置。流态化装置也叫气化室，它设置在气力输送仓泵的底部，在室的下部设有气化装置，由流化盘和硫化布组成，中部设置喷射管。

（4）气动出料阀。气动出料阀设置于气力输送仓泵物料出口处，气力输送仓泵输送时，该阀打开；气力输送仓泵输送结束时，该阀关闭。工作时，气缸通过活塞杆带动双闸板阀芯做上下运动，从而打开或关闭阀门。

（5）泵体。泵体作为整个输送系统的发送物料存储装置，它是一个耐磨损、抗疲劳的压力容器，能长期经受气流和物料的冲刷和磨损。

（6）电气控制柜。通常是一台气力输送仓泵配置一个电气控制柜。

（7）气动控制箱。即电磁阀箱，箱内一般配置了控制每台气力输送仓泵气缸工作的电磁阀，通常是一台气力输送仓泵配置一个电磁阀箱。

二、气源

气源由空气压缩机、压缩空气净化过滤设备及储气罐等组成。空气压缩机一般采用流量 10～20m^3/min、压力 0.7MPa 的螺杆式空气压缩机，对于连续运行工况，螺杆式空气压缩机比活塞往复式空气压缩机具有更高的可靠性。储气罐起到稳定压力、缓冲用气、冷却除水等作用，为满足间歇用气的工况要求，一般选用较大容量的储气罐。由于空气压缩机排出的压缩空气中含有大量的水分，包括液态水分和气态水分，这些水分对飞灰输送是不利的，因此可采用多级过滤除去液态水分，同时采用干燥机（冷冻干燥机或吸附式干燥机）除去部分气态水分，降低压缩空气露点，以防止和飞灰混合时产生结露、结块等现象。

1. 螺杆式空气压缩机的工作原理

如图 22－13 所示，螺杆式空气压缩机是由两个方向相反的螺杆作为主、副转子。通常主转子靠电动机通过齿轮联轴器及增速器驱动；副转子靠从动齿轮做相反方向旋转。转子旋转时，空气先进入啮合部分，靠转子沟与外壳之间形成的空间进行压缩，提高压力后从排气口排出，吸气侧则不断将空气吸入。

转子与外壳之间要保持一定的间隙，靠轴承支撑。两个转子靠定时齿轮调整，使它在旋转时，既保持一定间隙，又不相互接触。轴封部分装有碳精制的迷宫式密封材料，以防止漏气。轴承除滑动轴承外，还装有止推轴承，以保持与外壳之间一定的外间隙。轴封部分与轴承之间装有挡油填料，防止润滑油吸入外壳内。

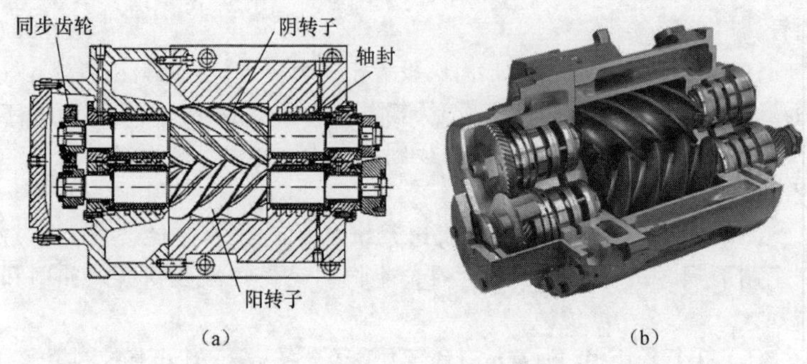

图 22－13　螺杆式空气压缩机

（a）结构简图；（b）外形图

2. 螺杆式空气压缩机的性能特点

（1）压缩过程是容积式的连续压缩，压缩比在很大的范围内仍能稳定运转，完全没有脉动现象和飞动现象。

（2）即使工作压力有些变化，排气或吸气量变化也很小，这一特性使它适合作为气力输送装置的空气源。

（3）转子间及转子与外壳间留有一定的间隙，完全不接触，因此磨损问题不大，并且内部不需要润滑，所以产生的压缩空气不含油分。

（4）无往复运动部件，只做高速运动，因此运动部件的平衡好，振动小。

（5）体积小、质量轻，基础及占地面积不大。

三、除灰管道

除灰管道是气力除灰系统的基本组件，也是影响除灰系统正常运行的重要环节。许多除灰系统故障都与管线设计和管件配置有关，不合理的管线设计会增大输送阻力，引发堵管；而不合理的管件配置不仅会增大输送阻力，而且还是造成管道磨损的重要原因。管道的堵灰和磨损是气力除灰系统运行中的两大问题。

（一）除灰管道的配管技术

气力除灰系统的运行性能随着除灰管道设计布置的不同而有很大变化。除灰管道的布置应注意以下问题：

1. 尽量减少弯头数量

灰气混合物在弯头处发生转向，产生局部阻力损失，消耗气源能量，灰料因与弯管内壁外侧发生碰撞而突然减速，通过弯头后又被气流加速，如果在短距离内设置弯头过多，就会使在第一个弯头中减速的灰料还未充分加速又进入下一个弯头。这样不仅会造成输送速度间断并逐渐地减小，使两相流附加压力损失增大，而且还会造成气流脉动。当输送气流速度不足时，会使颗粒群的悬浮速度降低到临界值以下，从而引起管道堵塞。这也是为什么灰管堵塞往往从弯头开始的原因。因此，在配管设计中，应尽量减少弯头数量，多采用直管。

2. 采用大曲率半径的弯管

任何一个气力除灰系统，弯管的采用都是不可避免的。这时要求尽量采用大曲率半径的弯管。对于相同弯曲角度的弯管，弯管的压力损失明显小于成型直弯管件和虾腰管。弯管的压力损失不仅取决于弯曲角度，而且与曲率半径有关。曲率半径越大，压损越小。因此，弯管的曲率半径应根据实际情况尽可能大一些，避免拐“死弯”。

3. 水平管与垂直管合理配置

燃煤电厂气力除灰系统的输送管道总是存在一定的高差。有人认为，若以倾斜直管相连接，使输送管道长度达到最短，还可以降低输送阻力，而且减少工程投资，但实际情况并非如此。根据气固两相流悬浮输送理论及其相关试验可知，灰管内灰气混合物的流动状态是决定其输送阻力和输送效果的先决条件。气流在管内的流动越紊乱，则沿灰管断面的浓度分布越均匀，因而就越不容易堵塞。在长直倾斜管道中，气流的流动相对平稳，灰料受到的垂直向上的扰动力较小，当这种扰动力不足以克服颗粒重力作用时，就会逐步产生颗粒沉降，出现灰在管底停滞，即形成空气只在管子上部流动的“管底流”，或者出现停滞的灰在管底忽上忽下的滚动流动，最终造成管道堵塞。如果采用水平管加垂直管的配管方式，则有可能导致灰尚未到达垂直管时就已因颗粒沉降而发生堵管现象。因此，长水平灰管所需要的气流速度远远比短输料管大。

4. 合理配置变径管

变径管俗称“大小头”，是长距离气力输送管道常用的一种管件。灰气混合物经过一段距离输送后，会因压力损失而消耗一定的输送能量，这部分压损消耗的主要是气体的静压头。由于损失的能量以废热的能量形式传递到介质中，因此这一能量转换过程是个不可逆过程。对于等直径管道，管道延伸越长，压损越大，气流的压力就越低；而气流压力的降低，必然导致气体密度减小，气体膨胀，流速提高。密度的减小，将使气流携带能力下降，容易造成堵管；而气体流速的提高，又将提高灰料对管壁的磨损。增设变径管使输送管径增大，可以使气流的静压提高，流速降低，能够有效地避免上述情况的发生。

（二）除灰管道的防磨技术

1. 除灰管道磨蚀机理

在输送粒状物料时，一般是越接近输料管底部，物料分布越密。因此，在水平直管或倾斜管中输送磨削性强的物料时，首先是在管底磨损。但是，输料管中粒子的分布是随物料的特性、输送气流速度、输送浓度、管径及配管等情况而变化的。有时物料是在管底停滞，只在上部进行输送，经验证明，此时管道上部的磨损比管底还严重。

对弯头来说，物料由于惯性而撞到外壁，一部分粒子又从壁面反射回来，另一部分粒子在壁面擦动。因此，在圆断面弯头的外壁中部，会产生像用凿子凿出的凹坑。即便改变弯头的曲率半径和输送气流速度，这种现象也大致相同。对方形断面的弯头，由于物料是分散撞到壁面的，所以可以延长其使用寿命。

输料管的磨损是一个非常复杂的现象，实际情况难以从理论上做出定量的分析。关于磨损机理的假设，认为有以下三种形式：

（1）擦动和滚动磨损，即由于粒子的摩擦引起的表面磨薄。

（2）刮痕磨损，即由于粒子深入表面，产生局部的削离。

（3）撞击磨损，即由于粒子的撞击，使表面的组织产生局部的破碎和脱离。

然而在实际中这几种磨损是很难明确区分的，往往是同时并存，并且一种形式的磨损也会引起其他形式的磨损。

2. 管道的防磨技术

（1）防磨结构。管道的防磨结构设计主要包括以下三类，如图 22－14 所示。

1）活肘板的防磨弯头。如图 22－14（a）所示，此为一种特殊结构的防磨弯头。考虑到弯头的磨损一般发生在背部，该弯头在背部设计了可拆卸的肘板，当肘板磨穿后，不必将整个弯头更换，只需将肘部四只螺栓拆下换上新的肘板即可。这样不仅节省了维修费用，而且省时、省力、灵活方便。

2）梯形衬板防磨弯头。如图 22－14（b）所示，将弯头肘部内壁铸成梯形结构，可使物料与弯头垂直撞击，变划痕磨损为撞击磨损，避开划

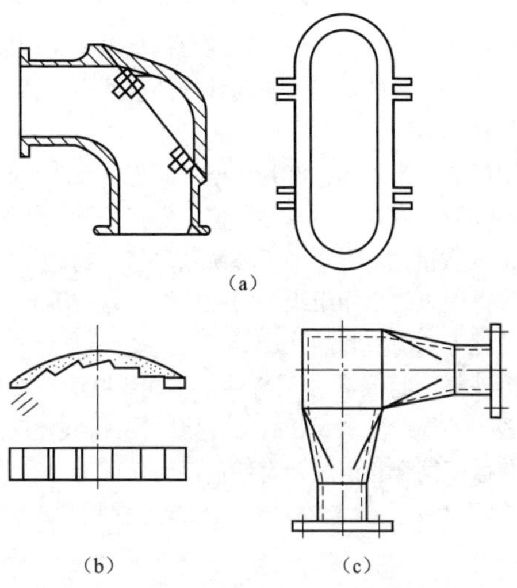

(a)

(b)　　(c)

图 22－14　防磨弯头结构设计

(a) 活肘板防磨弯头；(b) 梯形衬板防磨弯头；(c) 矩形截面防磨弯头

损最为严重的20°～30°的碰撞角，从而可以延长弯头的使用寿命。此结构的弊端是增大了弯头的局部压损。

3) 矩形截面防磨弯头。如图 22－14 (c) 所示，矩形结构的弯头是使物料分散撞击肘板表面，并在管壁外侧衬有耐磨材料制成的衬板，且采用可更换结构。该结构弯头使用寿命较长，制造、更换方便。

(2) 耐磨管材。工作压力、工作温度和耐磨蚀性是选择气力除灰管道材料的主要依据。耐磨管材可分为两大类：一类是普通碳钢管，如 20 号无缝钢管；另一类是耐磨管道，包括低合金钢管、合金铸铁管、各种复合管、陶瓷管、衬胶管、铸石管道等。由于飞灰磨蚀性强，介质流速也较高，所以管道磨损是影响气力除灰系统安全运行的主要问题。解决灰管磨损的最有效途径是因地制宜、合理选择耐磨管材。下面介绍几种近年来火电厂采用较多的耐磨管材：

1) 低铬锰铸铁锌管。根据成分含量的不同有多种规格。低铬锰铸铁管的直管用离心铸造制作，管道连接采用耐振接头或用不锈钢焊条焊接的法兰。肖氏硬度为 HS65 左右的铸管，适合用作火力发电厂的除灰管道。直管能耐用数年，万一磨损时，可用不锈钢焊条堆焊修理。

2）抗磨白口铸铁复合管（双金属复合管）。该复合管由内外两种不同材料的金属管构成。外管为无缝钢管或由钢板制成，用以保证承压、结构强度及管道连接。衬管的材料为不同牌号的抗磨白口铸铁，用以抵抗不同输送条件下的物料磨损。

复合管采用如下生产工艺：首先根据不同牌号要求，按化学成分配比熔化制取合格的熔体。直管采用离心工艺，先将外管加热至一定温度，按规定厚度注入相应质量的熔体，而后离心成型，再按热处理规范进行淬火、回火，以获得理想的金相组织及物理性能；弯头等异型管采用静态浇注法制造，热处理工艺与直管相同。

抗磨白口铸铁复合管具有如下特性：①在500℃下长期使用不变形、不氧化；②低碳钢外管可承压6MPa；③衬管白口铸铁硬度为HRC50～58，根据工况要求获取不同金相组织，磨耗量仅为0.005g/h；④质量轻，单位质量仅为铸石管的50%；⑤安装方便，外管可根据实际情况采用电焊对接、法兰连接。

3）铸石复合管。铸石是由多种精选天然岩石，经配料、熔融、浇注、热处理等工序制成的一种晶体排列规则、质地坚硬、细腻的非金属工业材料。其硬度仅次于金刚石。

铸石材料具有非常高的硬度和良好的耐磨性。以某电厂内径为88mm除灰管道的弯头为例，使用224天的磨损量仅为0.40～0.75mm，其耐磨性约为铸铁的200倍，是低铬锰铸铁的10倍。同时，铸石材料的防腐性能也是普通金属材料所不可比拟的。

利用铸石材料制成的铸石复合管已被广泛应用于电力、冶金、煤炭、化工及建材等各行业的气力和水力物料输送管道。

4）钢铁陶瓷复合管。钢铁陶瓷复合管是采用自蔓延高温合成离心法制造的。具体地讲，就是把无缝钢管放在离心机的管模内，在钢管内布入铁红和铝粉混合物，这种混合物在化学中称为铝热剂。当离心机旋转达到一定速度后，经点燃，铝热剂立即燃烧，产生的熔融物迅速蔓延到整个内管壁，形成致密的陶瓷层，其化学反应为：

$$2Al + Fe_2O_3 = Al_2O_3 + 2Fe + 836kJ$$

$$3Fe_3O_4 + 8Al = 4Al_2O_3 + 9Fe + 3265kJ$$

铝热剂反应后的主要生成物为Al_2O_3（即刚玉）和铁，同时放出大量热量。这些热量如在绝热条件下，绝热温度可达3509～3753K，反应后生成的Al_2O_3和Fe熔体完全处于熔融状态。Al_2O_3和Fe熔体由于比重不同（铁的比重7.8g/cm^3，Al_2O_3的比重3.8g/cm^3），所以在离心力的作用下，铁被离心力甩到钢管内壁，Al_2O_3则分布在铁的表面。由于钢管迅速吸热和传热，Al_2O_3和 Fe 迅速达到凝固点，很快分层凝固。由于高温熔融的铁液和 Al_2O_3液与钢管内壁接触，使钢管内壁处于熔融状态，这样使铁层与钢管形成牢固的冶金结合，最后形成的陶瓷复合钢管从内到外分别为刚玉瓷层、以铁为主的过渡层、钢管层。

陶瓷复合管兼有钢管的耐冲击及强度高、韧性好、焊接性能好和刚玉陶瓷的高硬度、高耐磨、耐腐蚀、耐热性好的双重特点，因此具有良好的耐磨、耐热、耐蚀、可焊性及抗机械冲击与热冲击等综合性能。经国家材料检测中心测定：其陶瓷层硬度 HV1100～1400，相当于 HRC90 以上，莫氏硬度约为 9，仅次于金刚石；耐磨性能相当于钨钴硬质合金，比淬火钢高十倍以上；耐蚀性能为 0.05～0.10g/（m^2·h），比不锈钢高十倍。钢铁陶瓷复合管由于其独特的性能，现在已被大量电厂作为首选耐磨除灰管道。

各种耐磨管材的使用效果不仅取决于管材本身的性能，而且与输送条件有关。虽然耐磨材料有许多优点，但其价格一般比普通钢管要高得多，所以应通过技术经济比较合理选用。表 22－2 列出了几种耐磨管材的性能及特点。

表 22－2　　几种耐磨管材的性能及特点

管道品种	高铬合金铸钢管	陶瓷复合管	高铬合金铸铁复合管	铸石夹套管
材料	ZC40CrNiMoMnSiRe	外管：无缝钢管 内衬：陶瓷	外管：无缝钢管 内衬：白口合金铸铁	外管：无缝钢管 内衬：铸石 ϕ35mm 内管：焊接钢管 Q235－A. F
生产工艺	直管离心铸造，弯管砂型铸造	采用自蔓延高温合成离心法铸造	离心法铸造	浇铸法
适应温度范围（℃）	<300	50～600	<550	<350
适应管道工作压力（MPa）	<2	<4	<6	<2.5

续表

管道品种	高铬合金铸钢管	陶瓷复合管	高铬合金铸铁复合管	铸石夹套管
硬度	HRC > 50	HV1100 ~ 1400	HRC≥55	
绝对粗糙度（mm）		0.195		
冲击韧度（J/cm^2）	>12		>12	
抗拉强度（kg/mm^2）	70 ~ 100		415 ~ 500	>58860
连接方式				
直管价格（元/吨）	13000	15000	12000	7500

综上所述，选择普通碳钢管还是耐磨管，以及选用何种类型的耐磨管，应首先考虑飞灰的化学成分、管道介质流速、灰气比、安装布置要求等因素，结合现场实际情况经过技术和经济比较后选取。通常认为，除灰管至少应连续运行 6000h 不被磨穿。

第五节　气力除灰系统检修

一、常用进出料阀、平衡阀类检修工艺

输灰系统运行过程中，圆顶阀最容易出现的故障是球面和橡胶密封圈磨损（见图 22－15、图 22－16），通常的原因为圆顶阀阀板开关不到位、密封圈充气压力低、密封圈耐温性能差等。

1. 进料阀（圆顶阀）检修

（1）手动插板门全关，输送系统继续运行直至排空。

（2）关断并隔离系统。

（3）切断并标识连接气缸和限位开关的尼龙供气管道，以及到顶板/球顶的供水管道（仅用于高温圆顶阀）。

（4）去掉圆顶阀顶板和手动插板门之间的螺栓。

（5）去掉圆顶阀下法兰和泵壳体之间的螺栓。

图 22－15　圆顶阀球面冲刷

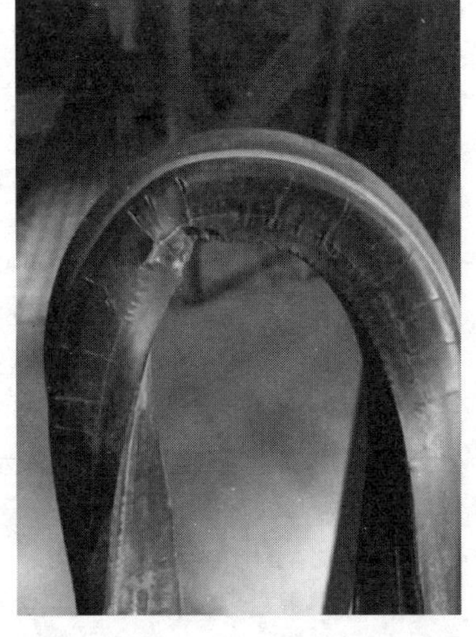

图 22－16　圆顶阀密封圈老化、破损

（6）利用壳体支腿的顶起螺栓降低壳体。

（7）使用起吊设备将圆顶阀从侧面抽出。

2. 出料阀（圆顶阀）检修

（1）手动插板门全关，输送泵继续运行直至排空。

（2）关断并隔离系统。

（3）切断并标识连接气缸和限位开关的尼龙供气管道，以及到顶板/球顶的供水管道（仅用于高温圆顶阀）。

（4）确保出口圆顶阀的连接管可靠支撑，除去圆顶阀连接法兰的螺栓。

（5）使用起吊设备将圆顶阀从侧面卸出。

3. 平衡阀（圆顶阀）检修

（1）手动插板门全关，输送系统继续运行直至排空。

（2）关断并隔离系统。

（3）切断并标识连接气缸和限位开关的尼龙供气管道，以及到顶板/球顶的供水管道（仅用于高温圆顶阀）

（4）拆除顶部连接法兰与管路法兰连接的螺栓，滑出孔板（如果有的话）和垫片。

（5）拆除底部连接法兰与容器短管法兰连接的螺栓。

（6）如果可能，使用起吊设备取出排气圆顶阀。

4. 圆顶阀阀顶密封圈的更换和检查

（1）拆除顶板/接头的螺栓，吊出由顶板/接头、密封圈、嵌入环和接头箍圈等组成的密封组件。

（2）记下接头箍圈下垫片的数量和厚度，使用 0.4mm、0.8mm 和 1.5mm 厚度的垫片，得到要求的密封间隙（密封圈和圆顶之间）。

（3）从嵌入环上拆下密封圈，检查磨损和损坏的情况，必要时马上更换。

（4）用手转动圆顶，检查轴承状况。如果轴承卡住或需要更换，按照“圆顶阀轴承拆除/更换”部分处理。

（5）重新组装阀门时，确保顶板/接头下侧没有腐蚀。所有表面应清洁，保证密封的严密。

（6）将垫片装入阀体，随后装接头箍圈和嵌入环/密封圈。

（7）顶板/接头就位，注意不要压住密封圈，拧紧螺栓。

5. 圆顶阀轴承拆卸与更换（直行程气缸型）

（1）拆除气缸防护罩头部盖板。

（2）拆除气缸防护罩外侧盖板。

（3）拆除气缸与摇臂连接。

（4）拆出气缸。

（5）拆除销轴润滑脂注入油嘴。

（6）敲出固定圆顶阀与销轴的弹簧销，必要时拆除气缸摇臂。

（7）拆除气缸防护罩内侧板。

（8）取出销轴，吊出球顶。注意：销轴上是否有薄垫片，应注意垫片的安装位置，回装时在原位置应装入这些垫片。

（9）把轴承和密封推向阀门中心，拆除。注意密封件的安装顺序和方向。

（10）彻底清洗并检查所有机加工面。检查球顶和销轴的表面是否平整，必要时更换。去除边缘的毛刺，防止重新安装时损坏更换的密封和轴承。

（11）仔细地把更换的密封装入座圈，密封唇朝向座圈的倒角边。

（12）座圈平直压入孔内。轴承导向边朝向孔，轴承孔与阀体 1/8 NPT 孔中心对准。平直压入直到轴承位于孔表面下约 3mm，另一侧重复相同过程。

（13）密封之间的空间填满 Shell Malleus JB 或相当的润滑脂，轴承也使用这种润滑脂。

（14）重新装入薄垫片（如果有），新O型圈沿着销轴滑入轴套。

（15）销轴滑过轴承直到它与第一个密封接触，另一侧重复同样的过程。

（16）保持球顶靠近孔，用塑料/皮锤敲打销轴穿过密封和球顶，重新安装注润滑脂嘴。

（17）转动销轴，直到轴孔和球顶对中，装入弹簧销定位。

（18）阀门转动180°。

（19）按照步骤（2）~（7）的相反顺序重新安装气缸组件，缸套固定就位。

（20）重新安装气缸防护罩头部盖板。

（21）调整限位开关，拧松气缸摇臂上的锁定螺母。圆顶阀全关时，拧出螺栓，直到六角头与限位开关上的撞杆接触。螺栓拧紧4mm（3.25转），压下撞杆。

注意：①圆顶阀维修前，确保阀体已降下来；②拆除轴承前，关断冷却水源（对水冷圆顶阀）。

6. 圆顶阀轴承拆卸与更换（扇形气缸型）

（1）拆除密封头组件。

（2）转动球顶到一个阀门开关的中间位置。

（3）拧出连接气缸和阀体的螺栓。

（4）拆除润滑脂注入嘴。

（5）阀门转过180°。

（6）敲出固定圆顶阀与销轴的弹簧销。

（7）取出销轴，吊出球顶。注意：销轴上是否有薄垫片，应注意垫片的安装位置，回装时在原位置应装入这些垫片。

（8）把轴承和密封推向阀门中心，拆除。注意密封件的安装顺序和方向。

（9）彻底清洗并检查所有机加工面。

（10）检查球顶和销轴的表面是否平整，必要时更换。去除边缘的毛刺，防止重新安装时损坏更换的密封和轴承。

（11）仔细地把更换的密封装入座圈，密封唇朝向座圈的倒角边。

（12）座圈平直压入孔内。轴承导向边朝向孔，轴承孔与阀体1/8 NPT孔中心对准。平直压入直到轴承位于孔表面下约3mm，另一侧重复相同过程。

(13) 密封之间的空间填满 Shell Malleus JB 或相当的润滑脂，轴承也使用这种润滑脂。

(14) 重新装入薄垫片（如果有)，新 O 型圈沿着销轴滑入轴套。

(15) 销轴滑过轴承直到它与第一个密封接触，另一侧也重复同样的过程。

(16) 保持球顶靠近孔，用塑料/皮锤敲打销轴穿过密封和球顶。

(17) 转动销轴，直到轴孔和球顶对中，装入弹簧销定位。

(18) 阀门转动 180°。

(19) 装上注润滑脂嘴和执行机构。

(20) 重新安装密封头组件。

(21) 调整限位开关，拧松气缸摇臂上的锁定螺母。圆顶阀全关时，拧出螺栓，直到六角头与限位开关上的撞杆接触。螺栓拧紧 4mm（3.25 转)，压下撞杆。

注意：①圆顶阀维修前，确保阀体已降下来；②拆除轴承前，关断冷却水源（对水冷圆顶阀)。

二、输灰系统其他阀门检修

1. 手动蝶阀检修

手动蝶阀检修工艺与质量标准见表 22－3。

表 22－3　　手动蝶阀检修工艺与质量标准

检修项目	检修工艺	质量标准
解体	1) 松开阀门的法兰螺栓，取下阀门； 2) 将阀盘置于打开位置； 3) 用撬棍用力将阀轴向上抽出； 4) 拆下阀盘； 5) 拆下环形波纹管和塑料轴承； 6) 检查滑动轴承有无磨损现象； 7) 检查密封环是否完好无损； 8) 检查环形波纹管有无损坏； 9) 检查阀轴及阀盘、手柄等有无损坏	所有零件严密无损，运动灵活
回装	1) 按上述拆卸的相反顺序进行回装； 2) 校准法兰和阀门； 3) 交叉拧紧所有法兰螺栓	螺栓紧固力矩为 210N·m

2. 气动蝶阀检修

气动蝶阀检修工艺与质量标准见表22－4。

表22－4　　气动蝶阀检修工艺与质量标准

检修项目	检修工艺	质量标准
解体	1）拧下螺栓； 2）拆下外壳盖； 3）拆下气缸盖密封圈； 4）拆下活塞及活塞密封圈、滑动瓦； 5）拆下盘； 6）顶出齿轮轴； 7）拆下上、下轴承及O型圈； 8）检查密封圈是否完好无损； 9）检查O型圈有无损坏； 10）检查上、下轴承是否完好、光滑、严密； 11）检查活塞、滑动瓦是否完好无损； 12）检查齿轮轴及其齿轮平直无磨损	1）密封圈如有磨损应更换； 2）O型圈磨损应更换； 3）轴承各部件不得有裂纹、起皮、凹坑等缺陷
回装	按上述拆卸的相反顺序进行回装	注意要严密无泄漏

3. 止回阀检修

止回阀检修工艺与质量标准见表22－5。

表22－5　　止回阀检修工艺与质量标准

检修项目	检修工艺	质量标准
解体	1）用专用工具拆除阀体阀盖； 2）取下盖板下部四合环的挡圈； 3）用专用工具将阀盖的密封体向下压，使四合环处产生间隙； 4）取出四合环； 5）用起吊工具将阀盖密封体吊出阀体，取下密封件，清理	1）阀体： ①阀体应无砂眼、裂纹及冲刷等缺陷； ②阀体内清洁，无锈垢，出入口畅通，无杂物； ③阀芯密封无坑点、沟槽和腐蚀点，密封面全圈光亮； ④接触面宽度应为全部口宽的2/3以上。

续表

检修项目	检修工艺	质量标准
解体	密封面； 6）取下阀体两侧阀芯窜心轴密封填料、法兰，然后将阀芯板从阀盖孔取出； 7）检查接触面损坏情况，确定研磨方法； 8）检查阀体部分有无砂眼、裂纹及冲刷腐蚀等缺陷； 9）检查四合环，配合后表面平整，与卡槽间隙是否符合要求； 10）阀座密封面应用手工或研磨机消除其表面坑点、沟槽、划痕，使密封面达到规定的标准； 11）阀芯密封面的缺陷可用平板研磨或砂布研磨的方法消除，缺陷较严重的阀芯可用车床加工； 12）阀盖密封处进行清理，去掉密封填料，将填料压圈及各处打磨干净，提升螺母应保证丝扣完整； 13）阀芯板及窜心轴应完整，配合灵活，垂直方向范围内自由抬起和降落，不应有卡涩现象； 14）检查工作结束后，将阀体盖好，并加密封条	2）阀芯板： ①阀芯板表面光洁，无锈垢； ②旋启式止回阀，其阀芯与阀体固定部位连接应灵活、可靠，抬起阀芯板后靠自重应能自由落下，并与阀座接合面密封完好，不得有可见间隙； ③垂直上下的阀芯板，其上部应与导向套配合灵活，无卡涩。 3）填料密封： ①所选用的填料规格、型号应符合阀门管道介质压力、温度的要求； ②密封填料应保证其高度、填料压圈套入阀体后无卡涩，以保证对填料的压紧作用； ③填料接口应切成斜形，角度为45°，各圈接口应错开90°~180°； ④成型石墨填料内外尺寸合适，接口处不得有间隙； ⑤使用高压石棉填料时，切割后的填料长短应适合，放入填料箱接口处不应有间隙或叠加现象。 4）螺栓及四合环： ①螺栓丝扣部分应完好，无断扣、咬扣现象，螺母应灵活，组合时应涂铅粉； ②四合环各块环瓦应完整、清洁，无锈垢和毛刺，放入卡槽内应灵活，与卡槽上下侧应保持一定活动间隙
回装	1）将阀芯板装入阀体内，将阀芯板与连接架用销轴连接可靠，然后将连接架与阀体固定头用销轴连接； 2）将阀盖密封体放置阀体内，按规定要求装入密封填料； 3）填料压圈套在阀盖密封部位，将填料压好； 4）四合环分段装复，各部间隙应均匀，然后用挡圈加以防脱； 5）将压盖放入阀盖上部将阀门上部封闭，旋紧压盖上六角螺母，使密封部位填料压紧	整体阀门的验收： 1）阀门组装后，随锅炉进行整体水压试验，检查阀门各处不得有泄漏点； 2）阀门标牌清晰； 3）做好检修记录，经验收合格

4. 关断滑阀检修

关断滑阀检修工艺与质量标准见表22－6。

表22－6　　关断滑阀检修工艺与质量标准

检修项目	检修工艺	质量标准
解体	1）拆卸接线盒； 2）拆卸驱动装置； 3）拆卸传感器； 4）拆卸密封垫； 5）拆卸闸板； 6）检查壳体是否泄漏； 7）检查闸板的磨损情况； 8）检查气动驱动是否漏气； 9）检查气缸活塞及缸体的磨损情况； 10）更换密封垫和O型圈	
回装	按上述拆卸的相反顺序进行回装	1）密封绳至法兰内缘和外缘的距离应不小于5mm； 2）拧紧螺栓的拧紧力矩为M10＝49N·m，M12＝86N·m

三、仓泵的检修

仓泵的检修工艺与质量标准见表22－7。

表22－7　　仓泵的检修工艺与质量标准

检修项目	检修工艺	质量标准
入口膨胀节	1）清理积灰； 2）检查膨胀节有无损坏；	检查有无损坏，视情况更换
手动插板门	检查阀板的灵活情况	视情况进行拆解或更换

续表

检修项目	检修工艺	质量标准
入口圆顶阀	1）拆下仓泵入口圆顶阀，并进行检查，应完整无损，阀板密封面应光滑无毛刺、无沟痕，若阀板局部有沟痕，可用电焊补焊并打磨平整，如有大面积磨损应更换阀板。 2）检查阀轴，门轴若有磨损则必须更换，以免密封不好造成漏灰。 3）检查阀体及门板挡圈，阀体无明显磨损，挡圈焊接牢固无磨损，如局部磨损可用电焊补焊后打磨平整光滑，如大面积磨损（超过1/2）应更换阀体。 4）检查入口圆顶阀密封圈，密封圈无损坏，球顶无磨损、结垢；检查入口圆顶阀两侧轴封，填料完好，两侧轴承转动灵活。 5）拆下入口圆顶阀气缸，通上压缩空气，检查各接合面是否有漏气，检查气缸阀片是否窜气；解体气缸，清理缸桶和阀片，应无划痕、密封严密，驱动轴两侧轴承无损坏。 6）入口圆顶阀回装，门轴加油	检查圆顶阀各部有无磨损，视情况更换
管路切换阀	1）拆下管路切换阀； 2）解体排灰阀阀体； 3）检查阀体及密封圈； 4）拆下管路切换阀气缸，用压缩空气检查各接合面是否有漏气，检查拉杆密封圈是否漏气，检查气缸活塞密封圈是否窜气； 5）解体气缸，清洗各部件，各连接螺栓紧固，活塞密封圈涂油后回装； 6）管路切换阀回装	阀体的磨损应小于原厚度的1/3，密封圈应完好，阀体旋转面应光滑无沟痕

续表

检修项目	检修工艺	质量标准
仓泵泵体	1）拆卸仓泵泵体下部法兰； 2）清理仓泵泵体内的局部积灰； 3）检查仓泵内各部位的磨损情况，如发现局部磨损严重应进行补焊； 4）检查各法兰	
止回阀	1）拆开止回阀； 2）检查各止回阀阀芯情况，破损的应更换； 3）回装止回阀，严密	

四、空气压缩机和再生干燥机的检修

（一）空气压缩机维修

（1）空气压缩机维修项目与处理方法见表22－8。

表22－8　空气压缩机维修项目与处理方法

维修项目	处理方法
换油	1）小心打开螺塞，打开加油孔； 2）打开油气分离器和油冷却器的排油管； 3）在热油状态下将油排空； 4）关闭油气分离器和油冷却器的排油管； 5）加油，用螺塞将加油孔关闭； 6）让螺杆压缩机运行2min，检查是否有泄漏，关闭压缩机； 7）检查油位（检查油位前须让油安定下来），油位在油位指示管1/3时表明油已足够
更换油过滤器芯	1）用适当的工具将油过滤器芯旋下，需要时可卸掉螺塞，使环缝中的油也能排掉； 2）给新的油过滤器芯密封垫少抹一层油； 3）将新的油过滤器芯套上，手工旋紧，安上螺塞； 4）检查是否有泄漏，检查油位
更换油气分离器芯	1）压缩机停止运行并施放压力； 2）卸下油气分离器盖上所有管道； 3）旋松油气分离器盖边缘上所有六角螺栓； 4）将油气分离器盖和阀门一起拆下（或将盖上涂有红色标记的螺栓旋动，该螺栓只需稍微松一点，即可转动盖子）；

续表

维修项目	处理方法
更换油气分离器芯	5）将油气分离器芯取出； 6）清洁油气分离器芯的密封表面，需要时将 O 型圈卸下，进行清洁； 7）在油气分离器密封表面放置一片新的密封垫； 8）将新的油气分离器芯装入油气分离器中； 9）将油气分离器盖和阀门组合重新安上； 10）将油气分离器盖边缘上所有六角螺栓重新安上，对角旋紧； 11）将所有卸下的管子按正确的位置重新安装到油气分离器盖上； 12）调整吸油管的位置，其应距油气分离器芯底部 1～2mm； 13）用新的密封将压力管道重新接上
空气过滤器的更换和检查	空气过滤器中间清洗不能超过 5 次，若空气过滤器芯已损坏，或中间清洗超过 5 次，或已使用 2 年以上，则必须更换。中间清洗的步骤： 1）绝不可用汽油、碱溶液或热液体进行清洗； 2）将空气过滤器在含有专用无泡清洗剂的温水中搅动； 3）将空气过滤器晾干； 4）空气过滤器潮湿时不可安装； 5）用压缩空气吹通的办法，中间清洗过滤器，需要注意：压缩空气的压力不得超过 5Pa，应由内向外吹空气过滤器
V 带更换	1）不允许只更换一条 V 带，更换时必须更换整组 V 带； 2）在 V 带组的使用过程中，不需要对自动张紧装置系统进行任何的调整； 3）不允许松开枕块螺栓（防振座），对电动机防振座做任何的改动都可能大幅度缩短驱动系统的工作寿命； 4）安装和更换 V 带组时都必须对压紧弹簧预加压力，螺纹杆上有一个为此目的而做的蓝色标记； 5）更换 V 带应首先松开自胀紧系统，为此松开压紧弹簧，抬起电动机的防振底座（可用千斤顶）； 6）新的 V 带安装后，应将压紧弹簧预张紧到原先的预张紧率

（2）空气压缩机检修工艺与质量标准见表 22－9。

表 22-9　　　空气压缩机检修工艺与质量标准

检修项目	检修工艺	质量标准
油过滤器的更换	1）机器停止运行； 2）用链扳手旋下油过滤器，把新的油过滤器装到机器上	1）O 型圈应完好，如有破裂及老化现象应进行更换； 2）接合面应严密不漏油
空气过滤器的更换	1）压缩机停车； 2）松开进气过滤器壳体顶上的拉紧螺母，松开滤芯压紧螺母，拿掉旧滤芯； 3）装上新的进气过滤器及封盖； 4）紧固拉紧螺母	1）过滤器应无破损，无油污，无灰尘； 2）过滤器壳体应无灰尘，无油污； 3）过滤器壳体内导流叶片应完好无损； 4）应拧紧压紧螺母
油分离器芯子更换	1）拆下压缩机主机上的回油管； 2）松开油分离器顶盖上的回油管、管接头，抽出回油管组件； 3）拆下分离器顶盖的管道，如有必要，请系上表示管子连接关系的标签； 4）用合适的扳手拆下固定顶盖的螺栓，吊去顶盖； 5）小心提起分离器芯子并将其拿出筒体之外，报废已经用坏的芯子； 6）清理顶盖和桶体上两个垫片密封面，清理时要小心防止旧垫子的碎片落入油分离器里去； 7）检查油分离器内部，要保证绝对没有杂物； 8）放入新的油分离器芯子； 9）把顶盖放在正确位置拧上螺栓，要十字交叉，逐步拧紧螺栓，防止顶盖单边拧得太紧； 10）连接回油管、各管接头	1）装回油管时，回油管下端距分离器芯底部应留有 3～5mm 间隙； 2）筒体两接合面应光滑无伤痕； 3）接合面应严密，无渗漏现象； 4）分离器前后压差正常值为0.02～0.04MPa，当前后压差大于0.1MPa时应更换芯子

续表

检修项目	检修工艺	质量标准
调整油分离器压力	1）置“正常/空载”开关于“空载”位置，压缩机控制选择开关于“ON/OFF控制”位置，打开放气阀，让压缩机完全正确放空； 2）把指示压力选择开关转到“分离器前”位置； 3）关闭隔离阀进行调整	系统压力正常值为0.18～0.22MPa
止回阀的检修	1）检查止回阀的阀瓣及密封面是否完好； 2）检查复位弹簧是否有断裂现象	止回阀关闭时应严密无泄漏
蝶阀的检修	1）检查蝶阀有无变形现象； 2）检查阀体与转动轴有无脱胶现象	蝶阀转动应灵活，无卡涩现象
温控阀的检修	1）温控元件是否在规定温度下动作； 2）检查温控元件有无断裂脱焊现象	温控元件的动作温度为55℃
主机的拆卸	1）先办理工作票； 2）将机器润滑油放出； 3）拆下电动机的六角螺栓，吊出电动机； 4）拆下压缩机与冷油器、最小压力阀、空气过滤器及各测控元件的连接管道； 5）拆除油气分离器罐； 6）拆除压缩机底部四个减振螺栓，吊出压缩机； 7）拆下排气端轴承端盖，测量转子与排气端面的间隙； 8）在排气端装上百分表探头顶在轴端上，调整百分表指针到零位； 9）用千斤顶将螺栓顶起然后观看百分表读数，直至不再增加为止，并做好原始记录； 10）将专用工具放在轴承端面上，对准螺孔并用螺栓紧固，然后用油压千斤顶顶出转子，取出调整用金属垫片； 11）拆下排气端轴承室端面螺栓，吊出轴承室	在测量间隙前要将排气端与管体用螺栓全部压紧，否则会影响数值的精确性

续表

检修项目	检修工艺	质量标准
主机的装复	1）把空气压缩机各零部件清洗干净； 2）把转子箱体垂直固定在专用台上，使进气端朝上； 3）把阴阳转子放入转子箱内； 4）将吸气端轴承装好，安装前在轴颈处涂抹密封胶； 5）把吸气侧轴承室放在缸体接合面处，对准定位销并紧固连接螺栓（接合面涂抹密封胶）； 6）将转子箱反转180°，使排气端朝上； 7）将排气端轴承装到轴颈上（轴颈处涂抹密封胶），轴承背帽预紧； 8）在排气端装上百分表，使百分表探头顶在轴端上，调整百分表指针到0位； 9）将百分表探头顶在排气端轴承内圈压盖上，从进气端顶起千斤顶检测轴承的游隙，此游隙应符合要求，如果不在要求范围内可调整轴承背帽至符合要求为止； 10）在排气端端盖涂抹密封胶，紧固螺栓； 11）安装皮带轮	1）轴承内外套、滚珠无麻点、起层、裂纹等缺陷； 2）轴的弯曲不超过0.10mm； 3）轴颈的圆度与圆锥度不大于0.03mm； 4）轴颈无毛刺、麻点沟槽； 5）轴上螺纹完整，无滑扣松动； 6）阴阳转子表面无麻点、光滑无杂物，漏出金属光泽； 7）机壳内所有通气孔、油孔必须畅通无杂物； 8）排气端面与阴阳转子的间隙应在0.06～0.10mm内； 9）排气端轴承的游隙应在0.015～0.030mm内； 10）安装完毕，空盘车应能听到排气声
试车	1）试车前用人力进行盘车； 2）启动后应在空气压缩机运行中检查各接合处有无漏气、漏油现象，检查压力、温升、振动应在要求范围内，空负荷运行2h，如无异常方可带负荷运行	1）排气温度小于110℃； 2）空载时系统压力0.18～0.22MPa； 3）加载时应达到额定出力要求

（二）微热再生干燥机检修

再生吸附式压缩空气干燥机的工作原理：利用吸附剂的物理和化学原理使压缩空气中的水蒸气在压力下被吸附剂（氧化铝或分子筛）吸附，

从而除去压缩空气中的大部分水蒸气，使压缩空气得到干燥。微热再生干燥机采用低压加热干燥空气脱附/再生饱和的吸附剂，干燥的压缩空气通过减压阀减压后进入加热器加热，然后再进入吸附塔再生饱和的吸附剂。

1. 微热再生干燥机的故障及处理方法

微热再生干燥机常见故障及处理方法见表22-10。

表22-10　　微热再生干燥机常见故障及处理方法

故障现象	状态	故障原因	处理方法
无法启动	电源供应异常	主电源保护开关损坏或跳脱	确定电源是否有缺相短路、接地现象，检查电源开关是否损坏
		电压异常	依据铭牌上额定电压允许范围±10%供电
		断线	找出断线处并予以恢复
	电器元件故障	电源开关、电磁阀开关或保险丝不良	更换
		启动电器不良	更换
压力降太大	配管系统异常	管路阀门没有全开	全开管路阀门
		管径太小	加大管径
压力降太大	配管系统异常	两台以上空气压缩机并联运行匹配不良	重新设计管路
		管路过滤器堵塞	清洗过滤器或更换新滤芯
		管路太长，弯头接头太多	重新设计管路系统
		管路连接处漏气太多	检查管路杜绝漏气
	空气处理量超过额定	流速过大	更换较大处理量干燥机或减小空气流量

续表

故障现象	状态	故障原因	处理方法
其他故障	再生塔与吸附塔不切换	气缸的电磁阀不动作	检查接线及线圈
	再生塔压力不复零	再生气偏大	在正常工作下减小再生量
		止回阀漏气	更换止回阀
		气动球阀泄漏	调整阀体与阀芯的间隙
	消声器排气声异常	消声网板堵塞	清洗
	消声器排气带大量的白色粉末	吸附剂老化	更换吸附剂

2. 微热再生干燥机的保养

(1) 定期检查干燥机的完好情况，确保干燥机始终在良好的工作状态，每周进行一次。

(2) 定期对排水器进行清洗，清除积聚在排水器中影响正常工作的油分和杂质，每周一次。

(3) 定期对消声器内外两层网板上的粉尘及结垢进行清洗，每半年一次。

(4) 定期查看过滤器的压差指示器，及时更换失效滤芯。

(5) 定期更换吸附剂，一般每2~3年一次。

3. 微热再生干燥机的维修

(1) 自动排水装置的清洗。干燥机是由自动排水装置来承担旋风分离器和过滤器中的水。由于自动排水装置长期浸于污水中，因此必须定期清洗，周期根据实际情况而定。

(2) 浮球式自动排水器的清洗。关闭排水器前的检修阀；拆下排水器进行分解；用中性洗涤剂将分解的各部分进行清洗，特别注意浮球和丝网部分；复原各部分并装入干燥机，打开检修阀。

(3) 电子时间式排水阀的清洗。关闭排水阀前检修阀，将电磁阀断电，拆除电磁线圈，拧出衔铁头后，取出衔铁，对电磁阀的各个部分进行清洗。重新安装，供电并打开检修阀。注意：电磁阀重新安装过程中，电磁线圈上下不得沾水，否则就会造成电磁线圈的烧毁。

（4）消声器的清洗。消声器必须在停机状态下清洗。拆下消声器的四个固定螺栓，分别对二级消声网板和三级消声网板用中性洗涤剂清洗，去除网板上附着的油和粉尘。

（5）吸附剂的装填和更换。关机并关闭空气进出口阀门，泄去内部压力；拆除吸附塔底部吸附剂出口或法兰，以及吸附塔顶部吸附剂加入口堵头或法兰；放出吸附塔内的吸附剂，拧上吸附剂出口堵头或法兰；重新填满新吸附剂；必须充填紧实，然后拧上加入口堵头或法兰。